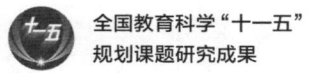全国教育科学"十一五"
规划课题研究成果

电机与拖动基础

Fundamentals of Electric Machinery
and Electric Drives

第 3 版

主 编　许建国
副主编　吴玉蓉 韩谷静

U0338001

高等教育出版社·北京

内容简介

本书包含电机和拖动两部分内容。

第1章至第5章是电机部分。前4章主要阐述直流电机、变压器、交流异步电动机和同步电动机的基本结构、工作原理及运行特性；第5章着重分析电磁弹射器的工作原理和磁悬浮装置的应用。

第6章至第10章是电力拖动部分。第6章和第7章分别阐述直流电动机电力拖动系统、三相异步电动机电力拖动系统的拖动原理、调速方法和控制规律；第8章论述的是同步电动机和直线电动机及磁浮列车的电力拖动系统，分析了磁浮列车的牵引原理、导向原理及调速方法；第9章介绍了太阳能和风能发电技术；第10章介绍了电力拖动系统中电动机的选择。

本书可作为高等学校自动化类、电气类、机电一体化、机械工程及自动化等专业的本科生教材，亦可供有关工程技术人员参考。

图书在版编目（CIP）数据

电机与拖动基础／许建国主编． -- 3版． -- 北京：高等教育出版社，2019.9（2022.12重印）
ISBN 978-7-04-052459-8

Ⅰ．①电… Ⅱ．①许… Ⅲ．①电机-高等学校-教材②电力传动-高等学校-教材 Ⅳ．①TM3②TM921

中国版本图书馆 CIP 数据核字（2019）第 168499 号

Dianji yu Tuodong Jichu

策划编辑	平庆庆	责任编辑	平庆庆	封面设计	张申申	版式设计	马 云
插图绘制	于 博	责任校对	刘丽娴	责任印制	韩 刚		

出版发行	高等教育出版社	网 址	http://www.hep.edu.cn
社 址	北京市西城区德外大街4号		http://www.hep.com.cn
邮政编码	100120	网上订购	http://www.hepmall.com.cn
印 刷	涿州市星河印刷有限公司		http://www.hepmall.com
开 本	787mm×1092mm 1/16		http://www.hepmall.cn
印 张	19	版 次	2004 年 8 月第 1 版
字 数	380 千字		2019 年 9 月第 3 版
购书热线	010-58581118	印 次	2022 年 12 月第 5 次印刷
咨询电话	400-810-0598	定 价	39.90 元

电机与拖动基础

第3版

主　编　许建国

副主编　吴玉蓉　韩谷静

1 计算机访问 http://abook.hep.com.cn/1235673，或手机扫描二维码、下载并安装 Abook 应用。

2 注册并登录，进入"我的课程"。

3 输入封底数字课程账号（20 位密码，刮开涂层可见），或通过 Abook 应用扫描封底数字课程账号二维码，完成课程绑定。

4 单击"进入课程"按钮，开始本数字课程的学习。

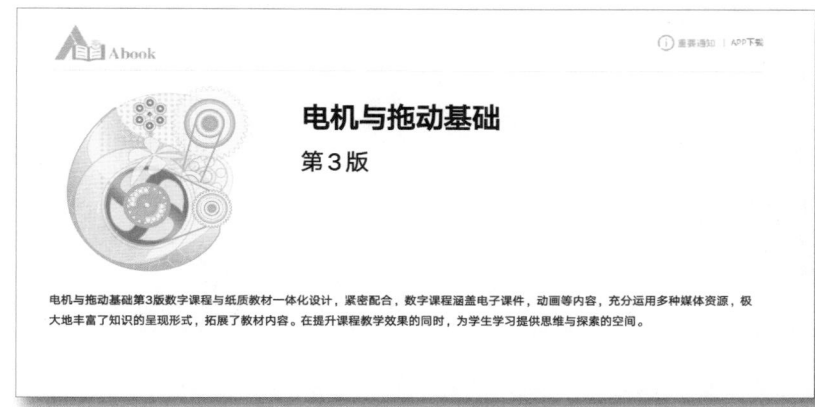

课程绑定后一年为数字课程使用有效期。受硬件限制，部分内容无法在手机端显示，请按提示通过计算机访问学习。

如有使用问题，请发邮件至 abook@hep.com.cn。

扫描二维码
下载 Abook 应用

http://abook.hep.com.cn/1235673

总　序

　　为了更好地适应当前我国高等教育跨越式发展的需要，满足我国高校从精英教育向大众化教育的重大转移阶段中社会对高校应用型人才培养的各类要求，探索和建立我国高等学校应用型人才培养体系，全国高等学校教学研究中心（以下简称"教研中心"）在承担全国教育科学"十五"国家规划课题——"21世纪中国高等教育人才培养体系的创新与实践"研究工作的基础上，组织全国100余所以培养应用型人才为主的高等院校，进行其子项目课题——"21世纪中国高等学校应用型人才培养体系的创新与实践"的研究与探索，在高等院校应用型人才培养的教学内容、课程体系研究等方面取得了标志性成果，并在高等教育出版社的支持和配合下，推出了一批适应应用型人才培养需要的立体化教材，冠以"教育科学'十五'国家规划课题研究成果"。

　　2002年11月，教研中心在南京工程学院组织召开了"21世纪中国高等学校应用型人才培养体系的创新与实践"课题立项研讨会。会议确定由教研中心组织国家级课题立项，为参加立项研究的高等院校搭建高起点的研究平台，整体设计立项研究计划，明确目标。课题立项采用整体规划、分步实施、滚动立项的方式，分期分批起动立项研究计划。为了确保课题立项目标的实现，组建了"21世纪中国高等学校应用型人才培养体系的创新与实践"课题领导小组（亦为高校应用型人才立体化教材建设领导小组）。会后，教研中心组织了首批课题立项申报，有63所高校申报了近450项课题。2003年1月，在黑龙江工程学院进行了项目评审，经过课题领导小组严格的把关，确定了首批9项子课题的牵头学校、主持学校和参加学校。2003年3月至4月，各子课题相继召开了工作会议，交流了各校教学改革的情况和面临的具体问题，确定了项目分工，并全面开始研究工作。计划先集中力量，用两年时间形成一批有关人才培养模式、培养目标、教学内容和课程体系等理论研究成果报告和在研究报告基础上同步组织建设的反映应用型人才培养特色的立体化系列教材。

　　与过去立项研究不同的是，"21世纪中国高等学校应用型人才培养体系的创新与实践"课题研究在审视、选择、消化与吸收多年来已有应用型人才培养探索与实践成果基础上，紧密结合经济全球化时代高校应用型人才培养工作的实际需要，努力实践，大胆创新，采取边研究、边探索、边实践的方式，推进高校应用型人才培养工作，突出重点目标，并不断取得标志性的阶段成果。

　　教材建设作为保证和提高教学质量的重要支柱和基础，作为体现教学内容和教学方法的知识载体，在当前培养应用型人才中的作用是显而易见的。探索、建设适应新世纪我国高校应用型人才培养体系需要的教材体系已成为当前我国高校教学改革和教材建设工作面临的十分重要的任务。目前,教材建设工作存在的问题不容忽视,适用于应用型人才培养的优秀教材还较少,大部分国家级教材对一般院校,尤其是新办本科院校来说,起点较高、难度较大、内容较多,难以适应一般院校的教学需要。因此,在课题研究过程中,各课题组充分吸收已有的优秀教学改革成果,并和教学实际结合起来,认真讨论和研究教学内容和课程体系的改革,组织一批学术水平较高、教学经验较丰富、实践能力较强的教师,编写出一批以公共基础课和专业、技术基础课为主的有特色、适用性强的教材及相应的教学辅导书、电子教案,以满足高等学校应用型人才培养的需要。

我们相信,随着我国高等教育的发展和高校教学改革的不断深入,特别是随着教育部"高等学校教学质量和教学改革工程"的起动和实施,具有示范性和适应应用型人才培养的精品课程教材必将进一步促进我国高校教学质量的提高。

全国高等学校教学研究中心

2003 年 4 月

第 3 版前言

随着电子信息技术的发展和广泛应用,丰富教材中数字资源内容、建设新形态教材已是大势所趋。本书这次修订着力在数字教学资源的利用,重点在构建新形态教材,其特点是 6 个"有":

1. 有声有色

与本书配套的教学资源有 PPT 课件、动画、习题解答、模拟试卷及参考答案等。其中动画、习题解答、模拟试卷及参考答案可以用手机扫描二维码进行观看;PPT 课件可以登录 abook 网站学习、观看。这些教学资源集声、光、电于一体,使教学内容更加丰富,形式更多样,将平面的纸质教材提升为有声有色的立体教材,有利于提高学习效率。

2. 有高新技术应用事例

书中第 5 章在直线电动机应用方面介绍了电磁弹射器的工作原理。航母的电磁弹射器是当今的尖端技术,学习这样的尖端技术能开扩视野,拓宽思路,扩大想象空间。在第 9 章新能源开发和利用方面,介绍了太阳能发电技术和风能发电技术。在化石能源日渐枯竭的情况下,学习太阳能发电技术和风能发电技术有现实意义。

3. 有知识扩展内容

在保证纸质教材更精练的前提下,将一些加深和拓宽的知识及技术放在 PPT 课件中。PPT 课件中还有较多的图表和资料数据,例如不同类型的直流电动机的图片,交流电动机的图片,变压器的图片等。这些丰富的教学内容能提高学生学习积极性,激发学习热情。

4. 有画龙点睛作用的各章小结

在每章的结尾部分有小结,将一章中各小节的知识点融会贯通,有机地形成一个整体。在浓缩和凝练的基础上使得概念更明确,重点更突出,难点易理解,有画龙点睛的作用。

5. 有利于理论联系实践

为提高学生实验能力和实际动手操作能力,在配套的教学资源平台中比较详细地介绍了实验设备、实验平台、实验操作规范,对实验过程中数据的采集和处理、误差分析和实验报告的书写都提出了明确要求。认真做好实验能提高学生实践能力和创新能力。

6. 有利于个性化学习

书中每章都有思考题和习题,便于学生课后复习;有习题解答,可供学习时参考。有模拟试卷和参考答案,用于学生自我测试学习效果,发现薄弱环节,可以有针对性地学习,补短板,为学生个性化学习提供了平台。

　　为了使纸质教材更精练,在增加高新技术内容的同时,不可避免地也对一些章节进行了压缩,如第 10 章"电力拖动系统中电动机的选择"压缩了一些内容,这是为了达到整体优化的目的。

　　本书由许建国教授修订。吴玉蓉老师制作了绪论和第 1、2、3、6、7 章的 PPT 课件,做了第 1、2、3、6、7 章的习题解答,提供了模拟试卷和参考答案。韩谷静老师提供了模拟试卷和参考答案,还提供了一些章节的 PPT 课件。许鼎衡在搜集和整理资料方面及计算机应用方面做了大量工作。在此表示衷心感谢。

　　由于编者学识有限,书中难免存在错误和不妥之处,敬请读者批评指正。Email:249382416@ qq.com.

编者

2018 年 10 月

第 2 版前言

国力的竞争是人才的竞争,人才的竞争体现在创新能力的竞争上。高等学校的教材是为培养人才服务的,要培养创新型人才,教材必须创新。

本教材本着为培养创新型人才服务的宗旨,努力在"新"上着力。作为一门重要的技术基础课,"新"就体现在新技术上:在第 1 版的第 5 章和第 8 章中编写了高速列车和磁浮列车电力拖动技术。时速高达 350 km 的高速列车和磁浮列车集机械制造、电子电气、计算机控制等多种高新技术于一体,是现代电力拖动技术发展的最新成果。第 2 版在修订这两章时又补充了新内容,对于帮助学生开拓视野是很有意义的。

本书第 2 版"新"的特色还体现在"新能源"上。随着全世界能源消耗越来越大,以及煤、石油和天然气等化石燃料资源的日渐枯竭,人们渴望用可再生能源来发电,这就是风能发电。风能是太阳能的转换形式,可谓取之不尽,用之不竭,是遍布全球的可再生能源。风能发电不会污染环境,也不会有温室效应的问题,所以风能是绿色、环保的能源,用风能发电也是节能减排及缓解能源短缺的有效方法。本书第 2 版增编了第 9 章可再生能源发电技术,介绍风能发电原理和风能发电技术。

根据整体优化的原则,在增编有关新技术、新能源内容的同时,也压缩和删去了一些内容。例如,在直流电机一章中压缩了有关换向方面的内容;在变压器部分删去了磁路系统对电动势波形影响的内容;在特种电机中删去了自整角机和旋转变压器;在电力拖动中删去了串励直流电动机的电力拖动等。全书内容更加精练,重点更加突出。

本书第 2 版由许建国教授进行全面修订,书中所有符号和术语都得到了统一,各章节之间进行了有机地连接,增强了系统性和连贯性。华中科技大学陶醒世教授对本书进行了细致认真地审阅,提出了很多宝贵的意见,在此深表谢忱。由于编者学识有限,第 2 版仍难免有错误和不妥之处,敬请读者批评指正。

编者

2009 年 1 月

第 1 版前言

迈入 21 世纪,我国高等教育事业进入了蓬勃发展的新时期。高等教育事业的发展推动了教学改革,开创了教材建设的新局面。本教材就是在这种新形势下为适应高等教育事业的发展,为电气及电子信息类专业而编写的规划教材。

本教材是编者在总结多年教学工作的基础上,结合当前有关科技研究成果而编写的,具有如下特点:

1. 传统技术与高新技术相结合

伴随着工业化的进程,电动机及电力拖动技术不断地发展,逐步形成了电力拖动领域中的传统技术,如电动机的起动、制动和调速等;但是随着电力电子技术的发展,电动机及电力拖动技术又不断地在技术上取得重大突破,形成了一系列高新技术,例如近年来随着我国铁路电气化改造速度的加快,随着铁路列车不断地提速,随着磁(悬)浮列车的运行,电动机及电力拖动技术取得了令人瞩目的成就。所以本教材在讲述传统的拖动技术后,紧接着在第八章中讲述磁(悬)浮列车的拖动技术,以反映最新的科研成果。

2. 讲述基础理论与分析应用实例相结合

电动机及电力拖动技术涉及电学、磁学、力学、机械学等多种学科,基础理论丰富,需要重点讲述;但是学习理论的目的归根结底在于应用,所以在教材中增加了应用实例的分析,如磁悬浮装置、融熔玻璃液搅拌器等。

本教材由许建国教授主编,姚裕安副教授任副主编。绪论、第二章、第四章、第五章和第八章由许建国教授编写,第一章和第六章由邵可然教授编写,第三章和第七章由姚裕安副教授编写,第九章由杨刚副教授和吴雨川副教授编写。全书由许建国教授统稿和定稿。许鼎衡在网上查询及下载资料与收集资料方面做了大量工作,许雪清在资料整理及计算机处理等方面做了大量的工作。

由于编者学识有限,书中难免有错误和不妥之处,敬请读者批评指正。

编者

2004 年 2 月

目　录

绪　论

PPT
绪论

0.1　电机与电力拖动在国民经济中的重要作用

电能易于转换,便于传输,应用方便,是现代社会使用最为广泛的能源。

电能通常由其他形式的能量转换而来。火力发电厂用发电机将热能转换为电能;水力发电站用发电机将水能转换为电能;核电站则将核能转换为电能。

随着能源的消耗越来越大,以及煤、石油、天然气等化石燃料资源的逐渐枯竭,人们渴望用再生能源来发电,这就是太阳能和风能发电,将太阳能和风能转换为电能。

发电厂(站)发出的电能通过电力网实现远距离传输。为了减少传输损耗,常用变压器将发电机发出的电压升高,实现高压传输。由于能实现高压远距离输电,一些火力发电厂就建在煤矿附近,俗称"坑口电站",就地将煤燃烧产生的热能转换为电能输往大城市;也正是采用了高压远距离输电技术,我国西部水电站发出的电能才能传输到东南沿海一带,形成"西电东送"的格局。电能被输送到用电地区,要经过变压器降压,才能供用户使用。通过电力网和变压器的升压及降压作用,能够很方便地实现电能的传输和分配,由此可以看出,变压器是在国民经济中起着重要作用的变电设备。

用户用电就是将电能转换为其他形式的能量。用户用电的一个重要方面是用电动机将电能转换为机械能,拖动生产机械工作。

用电动机拖动生产机械工作称为电力拖动,也称电气传动。由电动机拖动生产机械组成的系统称为电力拖动系统,其组成原理示意图如图 0.1 所示,一般由电动机、生产机械、传动机构、控制装置和电源五部分组成。电动机的作用是将电能转换为机械能,为生产机械提供动力。生产机械是直接进行工作的装置,在电动机的带动下完成生产任务。

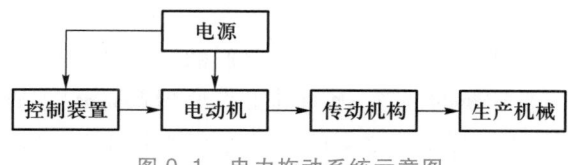

图 0.1　电力拖动系统示意图

传动机构的作用是在电动机和生产机械之间实现功率传递及速度与运动方式的配合。控制装置的作用是根据生产工艺要求控制电动机的运行,从而控制生产机械的运行。电源向电动机和控制装置提供电能。

电力拖动系统传动效率高、操作简便、能实现自动控制和远距离控制,因而得到了越来越广泛的应用,特别是在现代工业企业中,几乎所有的生产机械都是由电动机来拖动的,例如各种机床、风机、水泵等。可以毫不夸张地说,没有电动机、没有电力拖动技术,就没有现代工业。这样,电动机和电力拖动技术在国民经济中的重要作用就不言而喻了。

0.2 课程的性质、教学要求及学习方法

1. 课程的性质

"电机与拖动基础"是专业技术基础课,先修课程是高等数学、大学物理、电路等课程。本课程既是技术基础课,又具有专业课性质,因而理论性强,实践性也强。

在电机中,各种电、磁、力、热等方面的物理定律同时作用,所以,本课程具有复杂性和综合性的特点。

2. 教学要求

通过本课程的教学,使学生掌握常用的交、直流电机和变压器的基本结构、工作原理和运行特性;掌握他励直流电动机的起动、制动及调速方法;掌握交流异步电动机的机械特性;掌握交流电动机起动、制动规律和调速方法;了解选择电动机容量的一般方法。

3. 学习方法

在实际运行的电机中,电、磁、力、热等物理定律同时作用,使得电机内部电磁关系颇为错综复杂,在学习中要抓住本质的和精髓的东西,以期取得良好的学习效果。

虽然电机、变压器等种类繁多,各有特点,各具个性,但其电磁耦合关系、能量转换关系是相同的,具有共性,在学习中要抓住共性,才能做到举一反三。

0.3 常用的基本定律与定则

发电机、电动机、变压器等电磁装置,尽管它们的功能及结构有所不同,但是它们都是以磁场为媒介进行能量转换的装置,因而其工作原理都是建立在电磁感应定律、电磁力定律、全电流定律等基本电磁定律之上的。综述这些常用的定律和定则对本课程的学习是有帮助的。

0.3.1　电机磁场的描述

电机和变压器的绕组流过电流时会在周围空间产生磁场。为了表述磁场特性,常用磁感应强度 B 来表示磁场的强弱。为了形象地描绘磁场的空间分布情况,通常使用磁感应线(磁力线)。磁感应线是无头无尾的闭合曲线,曲线上任一点的切线方向表示了该点磁感应强度 B 的方向。电流与其产生的磁场方向用右手螺旋定则确定,如图 0.2 所示。对直导线,用右手握住载流导线,大拇指伸直代表电流方向,弯曲的四指指向磁感应线的回绕方向,如图 0.2(a)所示;对于半径为 R 的线圈,弯曲的四指表示线圈中电流方向,伸直的大拇指表示了磁感应线的方向,如图 0.2(b)所示。

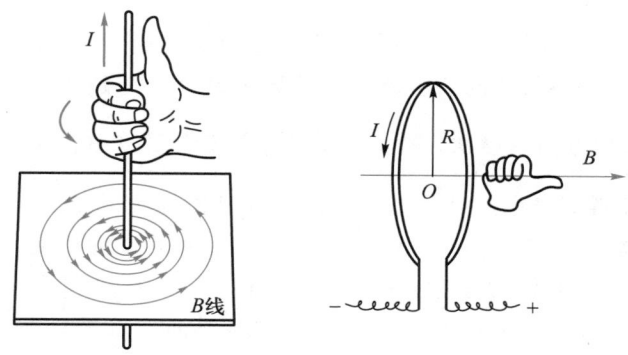

(a) 载流直导线磁场的方向　　(b) 线圈中的电流与磁场方向

图 0.2　电流与产生的磁场方向

在均匀的磁场中,如果 B 与截面 A 垂直,如图 0.3 所示,则通过该截面的磁感应通量 Φ 可表示为

$$\Phi = BA \ 或 \ B = \Phi/A \qquad (0.1)$$

Φ 亦称为磁通量,简称为磁通。由上式可知,磁感应强度 B 表示了单位面积上的磁通,故而又被称为磁通密度。在国际单位制中,磁通 Φ 的单位为韦[伯](Wb);磁通密度 B 的单位为特[斯拉](T),$1 \ T = 1 \ Wb/m^2$;A 的单位为平方米(m^2)。

在电机和变压器的磁路计算中,为了计算上的方便,还经常使用磁场强度 H 这一辅助物理量。H 与 B 的关系是

$$B = \mu H \qquad (0.2)$$

式中的 μ 是磁介质的磁导率,单位为亨/米(H/m),不同的物质具有不同的磁导率。真空的磁导率为 $\mu_0 = 1.25 \times 10^{-6}$ H/m,是常数。铁磁材料的磁导率 μ 远远大于 μ_0,μ 为 μ_0 的数百倍到数千倍,如硅钢片的 μ 为 μ_0 的 6 000~7 000 倍,但不是一个常数。在同样大小的电流下,铁心线圈的

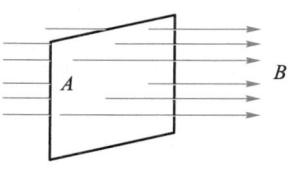

图 0.3　均匀磁场中的磁通

磁通比空心线圈的磁通大得多,这就是电机和变压器通常都用铁磁材料来制造的原因。H 的单位是安/米(A/m)。

0.3.2 电磁感应定律

电磁感应定律是电机和变压器的理论基础。电机和变压器的绕组(或线圈)只有两种情况能够产生感应电动势:一是如变压器,绕组和磁场相对静止不动,与绕组相交链的磁链发生变化而在绕组中产生感应电动势,称为变压器电动势;二是如电机,绕组和磁场之间有相对运动,绕组中的导线切割磁场而产生感应电动势,称为切割电动势(或称旋转电动势)。

1. 变压器电动势

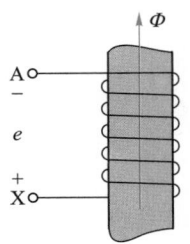

图 0.4 磁通及感应电动势方向

若线圈(或绕组)的匝数为 N,当与线圈相交链的磁链 $\Psi = N\Phi$ 发生变化时,会在线圈两端之间产生感应电动势 e,其大小与磁链的变化率 $\dfrac{\mathrm{d}\Psi}{\mathrm{d}t}$ 成正比;其方向由楞次定律确定,即闭合线圈回路中感应电流的方向总是使得它自己所产生的磁场反抗原来磁通量 Φ 的变化。如果磁通量 Φ、感应电动势 e 不仅大小是变化的,而且方向也变化时,就需选定一个方向作为参考方向,一般是先选定磁通 Φ 的参考方向,再用右手螺旋定则确定感应电动势 e 的参考方向。如图 0.4 所示,选定向上的方向为 Φ 的参考方向,用大拇指指向 Φ 的参考方向,其余四指指向 e 的参考方向,故 e 的参考方向由 A 点指向 X 点。当磁通增大时,即 $\dfrac{\mathrm{d}\Phi}{\mathrm{d}t} > 0$,根据楞次定律可知,感应电流所产生的磁通方向应该是向下的,才能反抗磁通的增大,又依照线圈电流与磁场方向之间的右手螺旋定则关系[如图 0.2(b)],可以确定感应电流的方向是由 X 流向 A 的,感应电动势与感应电流同方向,亦是由 X 指向 A 的,这与选定的参考方向是相反的,这时 e 应取负值;当 $\dfrac{\mathrm{d}\Phi}{\mathrm{d}t} < 0$ 时,应用楞次定律可知,感应电动势方向与选定的参考方向是相同的,这时 e 应取正值。由此可知,e 的正、负与 $\dfrac{\mathrm{d}\Phi}{\mathrm{d}t}$ 的正、负是相反的,$\dfrac{\mathrm{d}\Phi}{\mathrm{d}t}$ 为正,则 e 为负,$\dfrac{\mathrm{d}\Phi}{\mathrm{d}t}$ 为负,则 e 为正。这样,应用楞次定律,e 与 Φ 之间的关系为

$$e = -\frac{\mathrm{d}\Psi}{\mathrm{d}t} = -N\frac{\mathrm{d}\Phi}{\mathrm{d}t} \tag{0.3}$$

2. 切割电动势

若长度为 l 的直导线与磁场有相对运动,其切割磁感应线速度为 v,导线所在处的磁

感应强度为 B,且直导线 l、磁感应强度 B 和相对切割速度 v 三者之间互相垂直,则导线中感应电动势 e 的大小为

$$e = Blv \tag{0.4}$$

e 的方向用右手定则确定,即把右手伸开,大拇指与其他四指垂直成 $90°$,如图 0.5 所示,让磁感应线指向手心,大拇指指向导线运动方向,其他四指的指向就是导线中感应电动势即切割电动势 e 的方向。

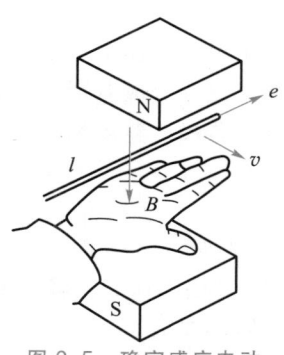

图 0.5　确定感应电动
势方向的右手定则

0.3.3　电磁力定律

通电导体受到的磁场对它的作用力称为电磁力,也称安培力。一根长度为 l 的直导线中流过的电流为 i,其所在的磁场为均匀磁场,磁感应强度为 B,且直导线 l 与磁感应强度 B 的方向垂直,则导线上所受到的电磁力 f 大小为

$$f = Bli \tag{0.5}$$

用左手定则确定 f 的方向,即把左手伸开,大拇指与其他四指垂直成 $90°$,如图 0.6 所示,让磁感应线指向手心,四指指向电流 i 的方向,则大拇指的指向就是导线所受到的电磁力 f 的方向。

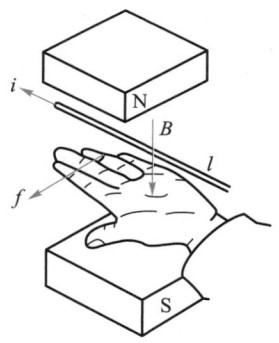

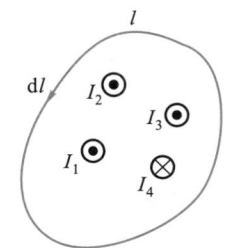

图 0.6　确定载流导体受力方向的左手定则　　　　图 0.7　全电流定律

0.3.4　全电流定律

全电流定律亦称安培环路定律,是表示电流与所产生的磁场之间关系的定律。设空间有多根载流导体,流过的电流分别为 I_1、I_2、I_3、$\cdots$、I_n,则沿任何闭合路径 l 对磁场强度 H 的线积分,等于该闭合回路所包围的电流的代数和,即全电流 $\sum I$,于是就有

$$\oint_l H \mathrm{d}l = \sum I \tag{0.6}$$

上式就是全电流定律的表达式,$\sum I$ 为电流的代数和,其正、负由右手螺旋定则确定,当导体中电流方向与积分路径方向符合右手螺旋定则时,该电流取正号,否则取负号。如在图 0.7 中①,积分路径方向为逆时针方向,所以 I_1、I_2、I_3 为正,I_4 为负,故 $\sum I = I_1 + I_2 + I_3 - I_4$。

全电流定律常用于电机和变压器的磁路计算,这时根据磁路在几何形状上的特点,把整个磁路分成若干段,几何形状相同的为一段,这样,磁场强度 H 沿整个磁路的线积分就等于各段磁路磁场强度与磁路长度乘积之和,即

$$\oint_l H\mathrm{d}l = \sum_{k=1}^{n} H_k l_k = \sum I = NI = F \tag{0.7}$$

式中,H_k 为第 k 段磁路的磁场强度;l_k 为第 k 段磁路的长度;$H_k l_k$ 为第 k 段磁路的磁压降;$F = NI$ 为作用在整个磁路上的磁动势,就是电机或变压器励磁绕组的安匝数;N 为励磁绕组串联的匝数。

上式表明,作用在整个磁路上的磁动势等于各段磁路磁压降之和。

将 $H = \dfrac{B}{\mu}$ 和 $B = \dfrac{\Phi}{A}$ 代入磁路的磁压降的表达式中,则第 k 段磁路的磁压降可表示为

$$H_k l_k = \frac{B_k}{\mu_k} l_k = \frac{\Phi_k}{\mu_k A_k} l_k = \Phi_k R_k \tag{0.8}$$

式中,$R_k = \dfrac{l_k}{\mu_k A_k}$ 为第 k 段磁路的磁阻。式(0.8)表示,一段磁路的磁通乘以该段磁路的磁阻等于该段磁路的磁压降,这与电路的欧姆定律 $U = RI$ 相似。

对于无分支磁路,由于各段磁路的磁通是相等的,式(0.7)所表示的全电流定律可以写成为

$$F = NI = \sum_{k=1}^{n} H_k l_k = \sum_{k=1}^{n} \Phi_k R_k = \Phi \sum_{k=1}^{n} R_k = \Phi R_z$$

也可写成

$$\Phi = \frac{F}{R_z} \tag{0.9}$$

上式表明,磁路的磁通 Φ 等于作用在磁路上的总磁动势 F 除以磁路的总磁阻 R_z,称为磁路的欧姆定律。式中 $R_z = \sum\limits_{k=1}^{n} R_k$ 为各段磁路磁阻之和,即磁路的总磁阻。在铁磁材料构成的磁路中,由于磁路有饱和现象,R_z 不为恒值,因此式(0.9)一般只用于定性分析,不用于定量计算。

---

① ⊙表示电流 I 垂直纸面流出,方向为正;⊗表示垂直纸面流入,方向为负。对书中其他图中的物理量而言,⊙均表示垂直纸面向外,⊗均表示垂直纸面向内。

0.3.5　铁磁材料的特性

电机是以磁场为媒介,利用电磁感应作用实现能量转换的。为了在较小的励磁电流作用下产生较强的磁场,电机和变压器的磁路都用导磁性能良好的铁磁材料来制造。

与其他材料相比,铁磁材料具有如下的独特性能。

1. 高导磁性能

所有非铁磁材料(木材、铜、铝等)的磁导率都接近真空的磁导率 μ_0,而铁磁材料的磁导率 μ 比 μ_0 大数百倍到数千倍,如各种硅钢片的 μ 为 μ_0 的 $6\ 000 \sim 7\ 000$ 倍。这一宝贵的特性,使得在由铁磁材料构成的电机和变压器的磁路中,通入较小的励磁电流就能产生较强的磁场,提高了电机运行效率。

2. 饱和特性

在非铁磁材料中,磁感应强度 B 与磁场强度 H 成正比,即 $B = \mu_0 H$,B 与 H 成线性关系。在铁磁材料中,B 与 H 是非线性关系,即 $B = f(H)$ 是一条曲线,称为磁化曲线,如图 0.8 所示。由磁化曲线可见:随着 H 的增加,在磁化开始的 Oa 段,B 缓慢增加;之后,B 迅速增加,如 ab 段;再以后,B 的增加又缓慢下来,如 bc 段所示;过 c 点后,当 H 再继续增加时,B 增加很小,甚至几乎不增加。这种当 H 较大时,随着 H 的增大 B 的增加缓慢甚至几乎不增加的现象称为饱和现象。铁磁物质具有饱和现象的特性称为饱和特性。由 $\mu = B/H$ 可作出 $\mu = f(H)$ 曲线,示于图 0.8 中,由图可知,当铁磁材料饱和时,磁导率 μ 变小,导磁性能变差。

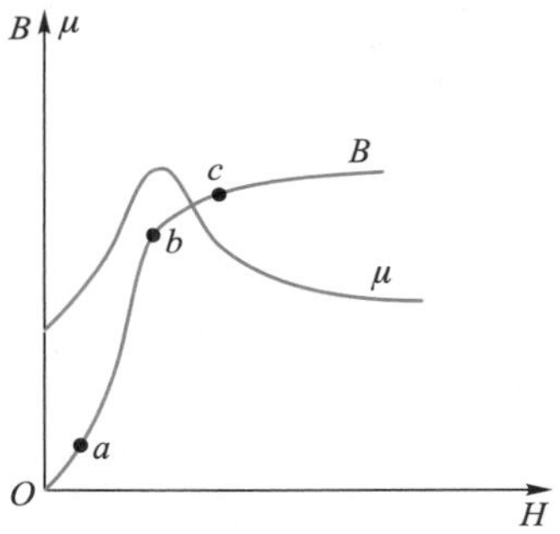

图 0.8　铁磁材料的磁化曲线

3. 磁滞特性

铁磁材料的磁化曲线可以用实验测绘。做实验时,改变励磁磁动势的大小和方向,使磁场强度 H 在 $0 \sim H_m \sim 0 \sim -H_m \sim 0 \sim H_m$ 之间反复变化,所得的 $B-H$ 关系曲线是图 0.9 所示的闭合曲线 $abcdefa$,称为铁磁材料的磁滞回线。图中 B_m 是与 H_m 对应的磁感应强度。由磁滞回线可以看到,B 的变化总是滞后于 H 的变化,当 H 下降为零时,B 不为零而是 B_r,这种现象称为磁滞现象,B_r 称为剩余磁感应强度。铁磁材料具有磁滞现象的特性称为磁滞特性。

同一铁磁材料在不同的 H_m 下有不同的磁滞回线,把所有磁滞回线的顶点连接起来而得到的曲线称为铁磁材料的基本磁化曲线(或平均磁化曲线),如图中的 O

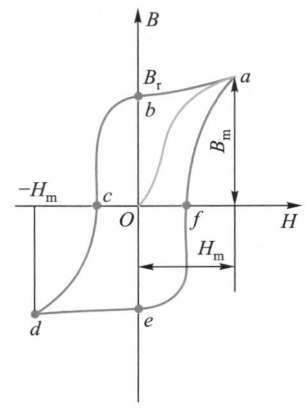

图 0.9　铁磁材料的磁滞回线

和 a 之间连接的曲线,这就是工程上常用的磁化曲线。

4. 铁心损耗

铁磁材料在交变磁场作用下反复磁化时产生的损耗,称为磁滞损耗 P_h。磁滞回线面积愈大,损耗愈大,硅钢片的磁滞回线较窄,损耗较小,所以电机和变压器的铁心都用硅钢片。试验表明磁滞损耗与磁通的交变频率 f 成正比,与磁通密度的幅值 B_m 的平方成正比,即

$$P_h \propto f B_m^2$$

当通过铁心的磁通发生交变时,根据电磁感应定律,在铁心中将产生感应电动势和感应电流,这些电流在铁心内环绕磁通呈漩涡流动,称为涡流。涡流在铁心中流动时产生的损耗称为涡流损耗 P_e,与 f、B_m、钢片电阻 R 及钢片厚度 d 有关,即

$$P_e \propto f^2 B_m^2 d^2 / R$$

为了减少涡流损耗,必须减少钢片的厚度,因而电工钢片都很薄,薄到只有0.35 mm。同时电工钢片中常加入4%的硅,变成硅钢片,以提高电阻率。

综上所述,当铁心中的磁通交变时,同时存在磁滞损耗和涡流损耗,合称为铁心损耗 P_{Fe},它与 f 及 B_m 的关系为

$$P_{Fe} \propto f^\beta B_m^2, \beta = 1.2 \sim 1.6$$

第1章 直流电机

  直流电机是一种能进行机电能量转换的电磁装置,既可以将直流电能转换为机械能,也可以将机械能转换为直流电能。将直流电能转换为机械能的称为直流电动机;反之,将机械能转换为直流电能的称为直流发电机。

  直流电动机的主要优点是起动性能和调速性能好,过载能力大,易于控制。常用于对起动和调速性能要求较高的生产机械中,例如电力机车、轧钢机、矿井卷扬机等都广泛使用直流电动机作为拖动电动机。

  直流发电机主要用作直流电源,为直流电动机、电解、电镀等提供所需的直流电能。

  本章主要分析直流电机的原理、结构和运行性能。

1.1 直流电机的工作原理

1.1.1 直流电动机的基本工作原理

  图 1.1 是一台最简单的直流电动机的模型,N 和 S 是一对固定的磁极(一般是电磁铁,也可以是永久磁铁)。磁极之间有一个可以转动的铁质圆柱体,称为电枢铁心(图中没有画出铁心)。铁心表面固定一个用绝缘导体构成的电枢线圈 abcd,线圈的两端分别接到相互绝缘的两个半圆形的弧形铜片上,弧形铜片称为换向片,由两个弧形铜片构成的组合体称为换向器。在换向器上放置固定不动而与换向片滑动接触的电刷 A 和 B,线圈 abcd 通过换向器和电刷接通外电路。电枢铁心、电枢线圈和换向器构成的整体称为电枢。

  如果将电源正极接电刷 A,电源负极接电刷 B,则线圈 abcd 中流过电流 I_a。在导体 ab 中,电流由 a 流向 b,在导体 cd 中,电流由 c 流向 d,如图 1.1(a)所示。载流导体 ab 和 cd 均处于 N 和 S 极之间的磁场当中,受到电磁力的作用。用左手定则可知,载流导体 ab 受到的电磁力 F 的方向是向左的,力图使电枢逆时针方向运动,载流导体 cd 受到的电磁力 F 的方向是向右的,也是力图使电枢逆时针方向运动,这一对电磁力形成一个转矩,称为电磁转矩,用 T 表示,转矩的方向为逆时针方向,使整个电枢沿逆时针方向转动。当电枢转过 180°,导体 cd 转到 N 极下,ab 转到 S 极上,如图 1.1(b)所示。由于电流仍从电刷 A 流入,使 cd 中的电流变为由 d 流向 c,而 ab 中的电流由 b 流向 a,再从电刷 B 流出。用左手定则判别可知,导体 cd 受到的电磁力的方向是向左的,ab 受到的电磁力的方向是向右的,因而电磁转矩的方向仍是逆时针方向,使电枢沿逆时针方向继续转动。当电枢再转过 180°,就又回到图 1.1(a)所示的情况。这样,在逆时针方向电磁转矩的作用下,电枢不停地沿逆时针方向旋转,直流电机就作为直流电动机运行,其转速用 n 表示。

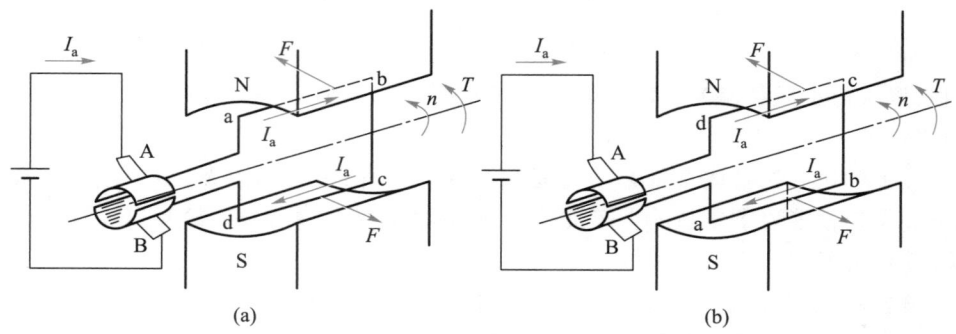

图 1.1   直流电动机的基本工作原理

实际的直流电动机,电枢圆周上均匀地嵌放许多线圈,相应地,换向器由许多换向片组成。这样,使电枢线圈产生的总的电磁转矩足够大,并且比较均匀,电动机的转速也就比较均匀。

1.1.2   直流发电机的基本工作原理

直流发电机的模型与直流电动机相同,不同的是电刷上不加直流电压,而是利用原动机拖动电枢朝某一方向例如逆时针方向旋转,如图 1.2 所示。这时导体 ab 和 cd 分别切割 N 极和 S 极的磁场,产生感应电动势 e,用右手定则可以确定,导体 ab 中感应电动势的方向由 b 指向 a,导体 cd 中感应电动势的方向由 d 指向 c,所以电刷 A 为正极性,电刷 B 为负极性。电枢旋转 180°时,导体 cd 转至 N 极下,感应电动势的方向由 c 指向 d,电刷 A 与 d 所连换向片接触,仍为正极性;导体 ab 转至 S 极上,感应电动势的方向变

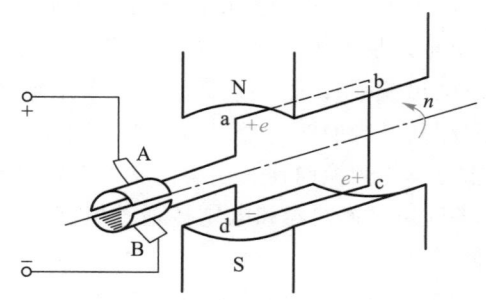

图 1.2   直流发电机的工作原理

为 a 指向 b,电刷 B 与 a 所连换向片接触,仍为负极性。可见,直流发电机电枢线圈中的感应电动势的方向是交变的,而通过换向器和电刷的作用,在电刷 A 和 B 两端输出的电动势是方向不变的直流电动势。若在电刷 A 和 B 之间接上负载,发电机就能向负载供给

直流电能。这就是直流发电机的基本工作原理。

从以上分析可知：一台直流电机原则上既可以作为电动机运行，也可以作为发电机运行，取决于外界不同的条件。将直流电源外加于电刷，输入电能，直流电机能将电能转换为机械能，拖动生产机械旋转，作电动机运行；如用原动机拖动直流电机的电枢旋转，输入机械能，直流电机能将机械能转换为直流电能，从电刷上引出直流电动势，作发电机运行。同一台电机，既能作电动机运行，又能作发电机运行的原理，称为可逆原理。

1.2 直流电机的结构和额定值

1.2.1 直流电机的结构

直流电机由定子和转子两部分组成。直流电机运行时静止不动的部分称为定子，定子的主要作用是产生磁场，由机座、主磁极、换向极、端盖、轴承和电刷装置等组成。运行时转动的部分称为转子，其主要作用是产生电磁转矩和感应电动势，是直流电机进行能量转换的枢纽，所以通常又称为电枢，由转轴、电枢铁心、电枢绕组、换向器和风扇等组成。图 1.3 是直流电机的纵剖面图，图 1.4 是横剖面图。对图中各主要部件的结构和功能介绍如下。

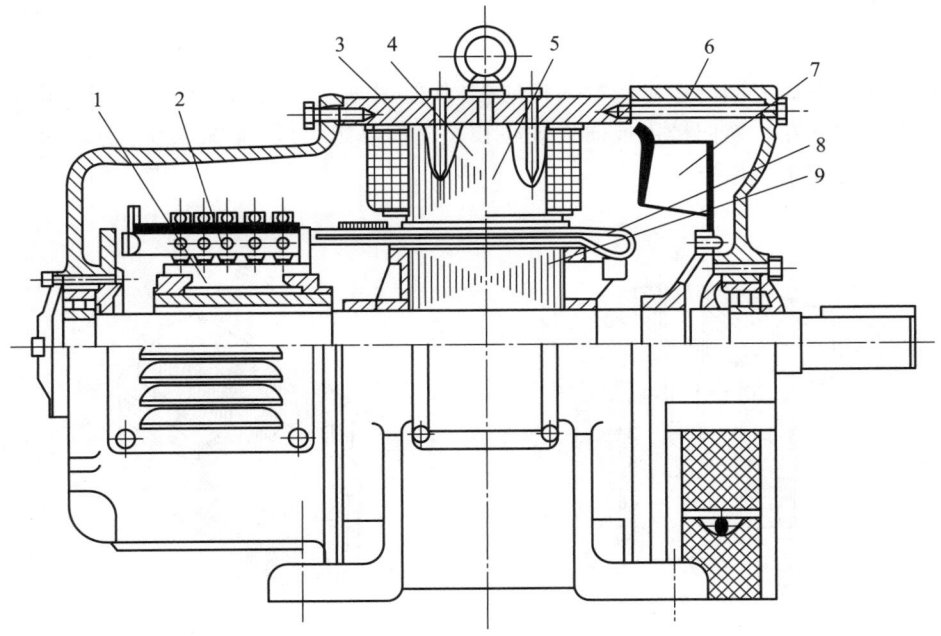

图 1.3 直流电机的纵剖面图

1. 换向器 2. 电刷装置 3. 机座 4. 主磁极 5. 换向极 6. 端盖 7. 风扇 8. 电枢绕组 9. 电枢铁心

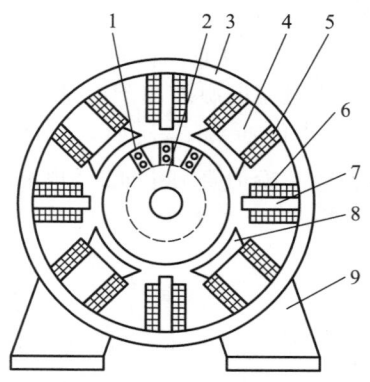

图 1.4   直流电机的横剖面图

1. 电枢绕组   2. 电枢铁心   3. 机座   4. 主磁极铁心   5. 励磁绕组
6. 换向极绕组   7. 换向极铁心   8. 主磁极极靴   9. 机座底脚

1. 定子部分

（1）主磁极

主磁极的作用是产生气隙磁场。主磁极由主磁极铁心和励磁绕组两部分组成,如图 1.5 所示。铁心用 0.5～1.5 mm 厚的钢板冲片叠压铆紧而成,上面套励磁绕组的部分称为极身,下面扩宽的部分称为极靴,极靴宽于极身,既可使气隙中磁场分布比较理想,又便于固定励磁绕组。励磁绕组用绝缘铜线绕制而成,套在极身上。再将整个主磁极用螺钉固定在机座上。

（2）换向极

两相邻主磁极之间的小磁极称为换向极,其作用是减小电机运行时电刷与换向器之间可能产生的火花。换向极由换向极铁心和换向极绕组组成,如图 1.6 所示。整个换向极也用螺钉固定于机座上。

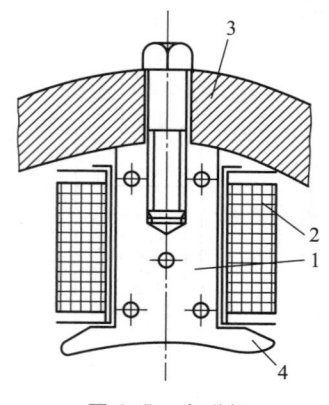

图 1.5   主磁极

1. 主磁极铁心   2. 励磁绕组   3. 机座   4. 极靴

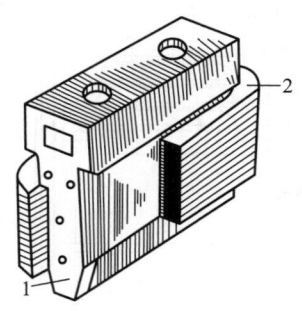

图 1.6   换向极

1. 换向极铁心   2. 换向极绕组

（3）机座

电机定子部分的外壳称为机座，一方面用来固定主磁极、换向极和端盖，对整个电机起支撑和固定作用；另一方面也是磁路的一部分，借以构成磁极之间的通路，磁通通过的部分称为磁轭。

（4）电刷装置

电刷装置用来连接电枢电路和外部电路，其中的电刷是由石墨制成的导电块，放在刷握内，用弹簧压紧，使电刷与换向器之间有良好的滑动接触，电刷后面镶有铜丝辫，以便引出电流，如图 1.7 所示。

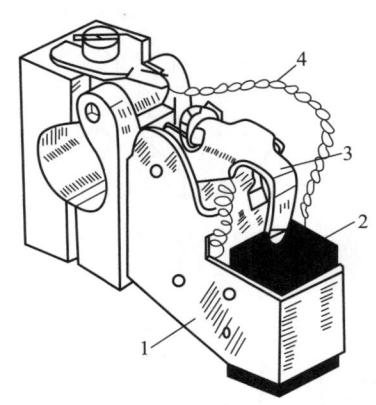

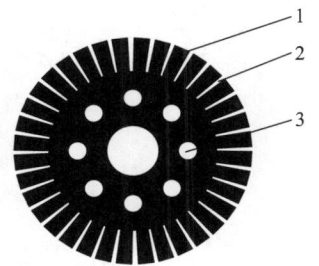

图 1.7 电刷装置

1. 刷握 2. 电刷 3. 压紧弹簧 4. 铜丝辫

图 1.8 电枢铁心冲片

1. 齿 2. 槽 3. 轴向通风孔

2. 转子（电枢）部分

（1）电枢铁心

电枢铁心是主磁通磁路的主要部分，同时用以嵌放电枢绕组。为了降低铁心损耗，电枢铁心用 0.5 mm 厚的硅钢片冲片叠压而成，冲片的形状如图 1.8 所示。叠成的铁心固定在转轴上，铁心的外圆开有电枢槽，槽内嵌放电枢绕组。

（2）电枢绕组

电枢绕组的作用是产生电磁转矩和感应电动势，是由许多线圈按一定规律连接而成。线圈也称元件，是用包有绝缘的铜导线绕制而成，嵌放在电枢铁心槽内，线圈与铁心之间以及上、下两层线圈边之间都必须有良好的绝缘，如图 1.9 所示。每个线圈的两个出线端都按一定的规律和换向器的换向片相连，从而构成电枢绕组。

（3）换向器

换向器是由许多具有鸽尾形的换向片组成的圆筒体，换

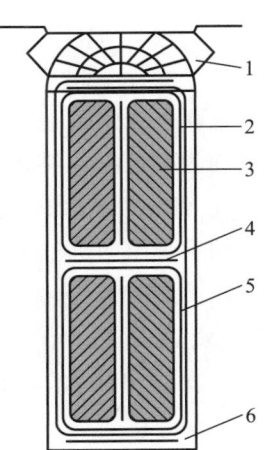

图 1.9 电枢槽内绝缘

1. 槽楔 2. 线圈绝缘
3. 导体 4. 层间绝缘
5. 槽绝缘 6. 槽底绝缘

向片之间用云母片绝缘。换向器两端分别用 V 形套筒和 V 形环夹紧,在换向器与 V 形套筒和 V 形环之间垫上 V 形云母环,使其互相绝缘,如图 1.10 所示。对于小型直流电机,通常将换向片和片间云母叠成圆筒体后用酚醛玻璃纤维热压成形,做成塑料换向器,如图 1.11 所示。

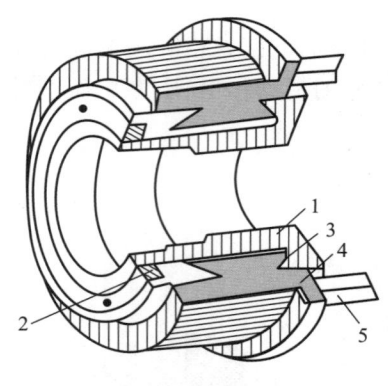 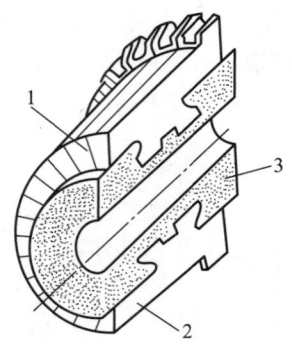

图 1.10 普通换向器   图 1.11 塑料换向器
1. V 形套筒 2. V 形环 3. V 形云母环   1. 云母片 2. 换向片 3. 塑料
4. 换向片 5. 连接片

（4）转轴

转轴对旋转的转子起支撑作用,需有一定的机械强度和刚度,一般用圆钢加工而成。为了使电机能够运转自如,定子与转子之间要有间隙,称为气隙,气隙是磁路的组成部分。

1.2.2 直流电机的额定值

直流电机铭牌上标明的数据称为直流电机的额定值。直流电机运行时,如果各个物理量均为额定值,就称电机工作在额定运行状态,亦称为满载运行。

1. 额定功率 P_N[①],是电机在额定运行状态时所能提供的输出功率。对电动机而言,是指轴上输出的机械功率;对发电机而言,是指出线端输出的电功率,单位为千瓦(kW)。

2. 额定电压 U_N,是电机的电枢绕组能够安全工作的最大外加电压或输出电压,单位为伏(V)。

3. 额定电流 I_N,是电机在额定运行状态时电枢绕组允许流过的最大电流,单位为安(A)。

4. 额定转速 n_N,是电机在额定运行状态时的旋转速度,单位为转/分(r/min)。
额定功率与额定电压和额定电流的关系为

---

① 在以后的分析中,电动机的各个参数的额定值均用下标"N"来表示。

直流电动机 $P_N = U_N I_N \eta_N \times 10^{-3}$ kW   (1.1)

直流发电机 $P_N = U_N I_N \times 10^{-3}$ kW   (1.2)

η_N 是直流电动机的额定效率,不一定标在铭牌上,可查产品说明书。

在直流电机的铭牌上还标明了直流电机的型号。直流电机的型号由汉语拼音字母和阿拉伯数字组成,例如直流电机的型号为 Z_2-51,各部分的含义如下

型号为 Z_2-51 的直流电机是一台机座号为 5、电枢铁心为短铁心的第 2 次改型设计的直流电机。机座号表示直流电机电枢铁心外直径的大小,共有 1~9 个机座号,机座号数越大,直径越大。电枢铁心长度分为短铁心和长铁心两种,1 表示短铁心,2 表示长铁心。

例 1.1   一台直流电动机的额定值为 $P_N = 12$ kW, $U_N = 220$ V, $n_N = 1\ 500$ r/min, $\eta_N = 89.2\%$,试求该电动机额定运行时的输入功率 P_1 及电流 I_N。

解:额定运行时的输入功率

$$P_1 = \frac{P_N}{\eta_N} = \frac{12}{0.892}\ \text{kW} = 13.45\ \text{kW}$$

额定电流 $$I_N = \frac{P_N \times 10^3}{U_N \eta_N} = \frac{12 \times 10^3}{220 \times 0.892}\ \text{A} = 61.15\ \text{A}$$

例 1.2   一台直流发电机的额定值为 $P_N = 95$ kW, $U_N = 230$ V, $n_N = 1\ 450$ r/min, $\eta_N = 91.8\%$,试求该发电机的额定电流 I_N。

解:额定电流

$$I_N = \frac{P_N \times 10^3}{U_N} = \frac{95 \times 10^3}{230}\ \text{A} = 413.04\ \text{A}$$

1.3   直流电机的电枢绕组

电枢绕组是直流电机产生电磁转矩和感应电动势、实现机电能量转换的枢纽,电枢绕组的名称由此而来,并为此把直流电机的转子称为电枢。

电枢绕组由许多线圈(以下称元件)按一定规律连接而成。本节先介绍元件的基本特点,再阐述电枢绕组的连接规律。

1.3.1   元件与节距

1. 电枢绕组元件

电枢绕组元件有叠绕组元件和波绕组元件,如图 1.12 所示。元件嵌放在电枢槽中的部分称为有效边,也称元件边。为便于嵌线,每个元件的一个元件边嵌放在某一槽的上层,称为上层边,用实线表示;另一个元件边则嵌放在另一槽的下层,称为下层边,用虚线表示。元件的槽外部分称为端接部分。每个元件的首端和末端均与换向片相连。每片换向片又总是接一个元件的首端和另一个元件的末端,所以元件数 S 总等于换向片数 K,即

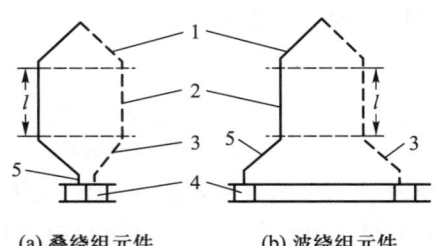

图 1.12   电枢绕组元件
1. 端接部分   2. 有效边   3. 末端
4. 换向片   5. 首端

$$S = K \qquad (1.3)$$

每个电枢槽分上、下两层嵌放两个元件边,所以元件数 S 又等于槽数 Z,即

$$S = K = Z \qquad (1.4)$$

对于小容量电机,电枢直径小,电枢铁心外圆不宜开太多槽时,往往在一个槽的上层和下层各放 u 个元件边,即把一个实槽当成 u 个虚槽使用。虚槽数 Z_u 与实槽数 Z 之间的关系为

$$Z_u = uZ = S = K \qquad (1.5)$$

为分析方便起见,设 $u = 1$。

2. 节距

表示元件几何尺寸以及元件之间连接规律的数据为节距,共有四种节距,如图 1.13 所示。

(1)第一节距 y_1,指同一元件的两个元件边在电枢圆周上所跨的距离,用槽数来表示。通常将相邻的两个主磁极轴线之间的距离称为极距,记为 τ,当用槽数来表示时

$$\tau = \frac{Z}{2p} \qquad (1.6)$$

式中,p 为磁极对数。

为使每个元件的感应电动势最大,第一节距 y_1 应等于极距 τ,但 τ 不一定是整数,而 y_1 必须是整数,为此,一般取第一节距

$$y_1 = \frac{Z}{2p} \pm \varepsilon = 整数 \qquad (1.7)$$

式中,ε 为小于 1 的分数。

$y_1 = \tau$ 的元件为整距元件,绕组称为整距绕组;$y_1 < \tau$ 的元件称为短距元件,绕组称为

短距绕组;$y_1 > \tau$ 的元件,耗铜多,一般不用。

（2）第二节距 y_2,指第一个元件的下层边与直接相连的第二个元件的上层边在电枢圆周上所跨的距离,用槽数表示。

（3）合成节距 y,指直接相连的两个元件的对应边在电枢圆周上跨过的距离,用槽数表示。

（4）换向器节距 y_k,指每个元件的首、末两端所接的两片换向片在换向器圆周上所跨的距离,用换向片数表示。

由图 1.13 可见,换向器节距 y_k 与合成节距 y 总是相等的,即

$$y_k = y \qquad\qquad (1.8)$$

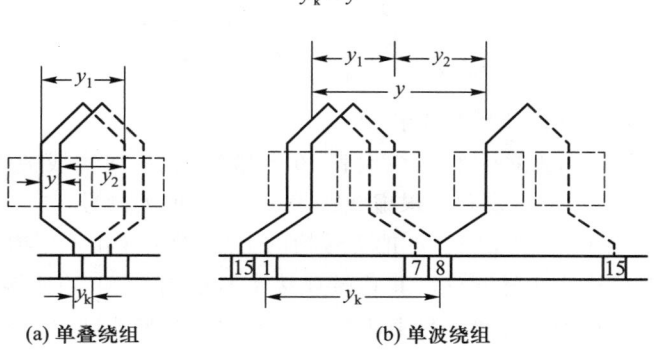

(a) 单叠绕组　　　　　　　　(b) 单波绕组

图 1.13　电枢绕组的节距

1.3.2　单叠绕组

后一元件的端接部分紧叠在前一元件的端接部分上,这种绕组称为叠绕组。当叠绕组的换向器节距 $y_k = 1$ 时,称为单叠绕组,如图 1.13(a)所示。

例 1.3　一台直流电机,$Z = S = K = 16$,$2p = 4$,接成单叠绕组,试说明绕组的连接规律和特点。

1. 计算节距

$$y_1 = \frac{Z}{2p} \pm \varepsilon = \frac{16}{4} \pm \varepsilon = 4 \, (\varepsilon = 0)$$

换向器节距和合成节距为

$$y_k = y = 1$$

由图 1.13(a)可见,第二节距 y_2 为

$$y_2 = y_1 - y = 4 - 1 = 3$$

2. 绘制绕组展开图

假想把电枢从某一齿的中间沿轴向切开展成平面,所得绕组连接图形称为绕组展开图,如图 1.14 所示。

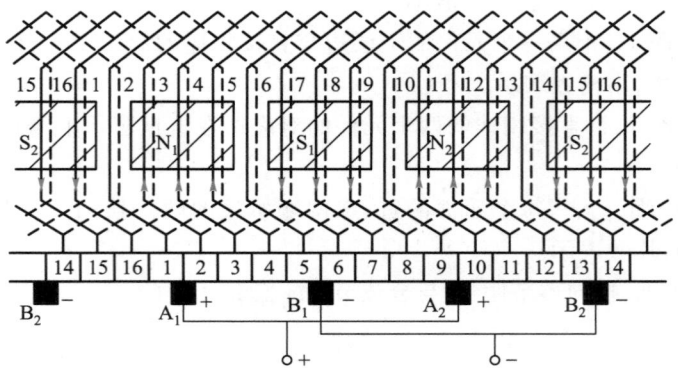

图 1.14 $Z=16,2p=4$ 单叠绕组展开图

绘制单叠绕组展开图的步骤如下：

（1）画 16 根等长、等距的平行实线代表 16 个槽的上层，在实线旁画 16 根平行虚线代表 16 个槽的下层。一根实线和一根虚线代表一个槽，编上槽号。

（2）按节距 y_1 连接一个元件。可把 1 号槽的上层（实线）和 5 号槽的下层（虚线）用左右对称的端接部分连成 1 号元件。其首端连接 1 号换向片，末端连接 2 号换向片。显然，元件号、上层边所在槽号和该元件首端所连换向片的编号相同。

（3）类似于画 1 号元件的方法，可以依次画出 2 至 16 号元件，从而将 16 个元件通过 16 片换向片连成一个闭合的回路。

单叠绕组的展开图已经画成，但为帮助理解绕组工作原理和电刷位置的确定，一般在展开图上还应画出磁极和电刷。

（4）画磁极，极距 $\tau=4$，已知 $2p=4$，画出 4 个磁极 N_1、S_1、N_2、S_2，一般假设磁极在电枢绕组的上面。

（5）当电刷中心线对准磁极中心线时，被电刷短路的元件感应电动势最小，有利于换向，而正、负电刷之间引出的电动势最大。这样就可画出 4 组电刷 A_1、B_1、A_2、B_2，电刷组数等于磁极数，电刷中心线对准磁极中心线，图中设电刷宽度等于一片换向片的宽度。

设电机工作在电动机状态，并欲使电枢绕组向左移动，根据左手定则可知，电枢绕组各元件中电流的方向应如图 1.14 所示。为此应将电刷 A_1 和 A_2 连起来作为电枢绕组的"+"端，接电源正极；将电刷 B_1 和 B_2 连起来作为"-"端，接电源负极。

3. 单叠绕组连接顺序表

绕组展开图比较直观，但画起来比较麻烦，为简便起见，绕组连接规律也可用连接顺序表表示，如图 1.15 所示。表中上排数字同时代表上层元件边的元件号、槽号和换向片号，下排带"'"的数字代表下层元件边所在的槽号。

4. 单叠绕组的并联支路图

保持图 1.14 中各元件的连接顺序不变，将此瞬间不与电刷接触的换向片省去不画，可以得到图 1.16 所示的并联支路图。

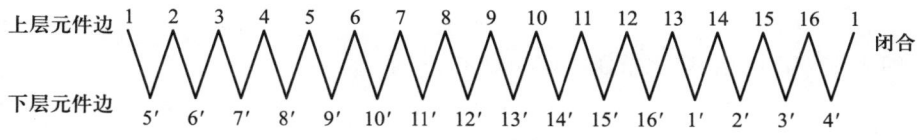

图 1.15　单叠绕组连接顺序表

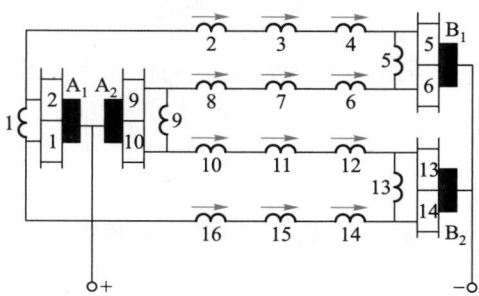

图 1.16　与图 1.14 相对应的并联支路图

5. 单叠绕组连接规律和特点

（1）对照图 1.16 和图 1.14，可以看出，单叠绕组的连接规律是将同一磁极下的各个元件串联起来组成一条支路。所以单叠绕组的并联支路对数 a 总等于磁极对数 p，即

$$a = p \tag{1.9}$$

（2）电刷组数等于磁极数。

（3）当元件左右对称、电刷中心线对准磁极中心线时，正、负电刷之间引出的电动势最大，被电刷短路的元件感应电动势最小。

1.3.3　单波绕组

单波绕组的元件如图 1.13（b）所示，首、末端之间的距离接近两个极距，$y_k > y_1$，两个元件串联起来成波浪形，故称波绕组。如果电机有 p 对磁极，则 p 个元件串联后，其尾端所连的换向片，应该是与首端所连的换向片相邻的换向片，这样才能继续串联其余元件。这种首端、尾端连接的换向片相差一片的波绕组称为单波绕组，其换向器节距必须满足以下关系

$$p y_k = K - 1$$

由此可知，单波绕组是将同一极性磁极下所有元件顺序串联起来组成一条支路，所以单波绕组的并联支路数总是 2，并联支路对数恒等于 1，即 $a = 1$

换向器节距

$$y_k = \frac{K-1}{p} = 整数 \tag{1.10}$$

合成节距

$$y = y_k$$

由图 1.13(b)可见,第二节距

$$y_2 = y - y_1$$

第一节距

$$y_1 = \frac{Z}{2p} \pm \varepsilon = 整数$$

设绕组的支路电流为 i_a,电枢电流为 I_a,无论是单叠绕组还是单波绕组均有

$$I_a = 2ai_a$$

1.4   直流电机的磁场

磁场是直流电机进行能量转换的媒介,直流电机运行时必须具有一定强度的磁场。本节重点分析直流电机磁场的强弱及分布规律。

1.4.1   直流电机的励磁方式

励磁绕组通直流电流产生的磁动势称为励磁磁动势,励磁磁动势产生的磁场称为主磁场,又称为励磁磁场。励磁绕组的供电方式称为励磁方式。按励磁方式的不同,直流电机可以分为四类。

1. 他励直流电机

励磁绕组由其他直流电源供电,与电枢绕组之间没有电的联系,如图 1.17(a)所示。永磁直流电机也属于他励直流电机。图 1.17 中电流参考方向是按电动机惯例设定的。M 表示电动机,F 是励磁绕组,I、I_a、I_f 分别是电动机电流、电枢电流、励磁电流,U、U_f 分别是电源电压、励磁电压。他励直流电动机 $I = I_a$。

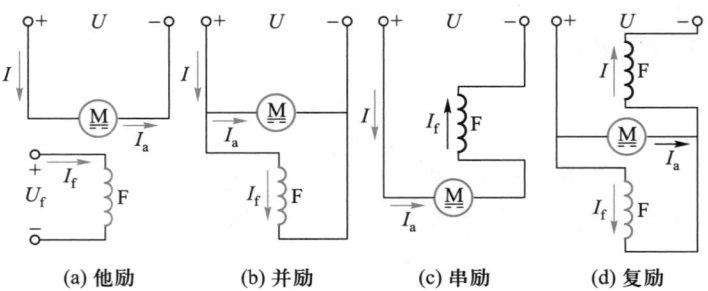

(a) 他励   (b) 并励   (c) 串励   (d) 复励

图 1.17   直流电机的励磁方式

2. 并励直流电机

励磁绕组与电枢绕组并联,如图 1.17(b)所示,$I = I_a + I_f$。

3. 串励直流电机

励磁绕组与电枢绕组串联,如图 1.17(c)所示,励磁电流等于电枢电流,$I = I_a = I_f$。

4. 复励直流电机

每个主磁极上套有两个励磁绕组,一个与电枢绕组并联,称为并励绕组;另一个与电枢绕组串联,称为串励绕组,如图 1.17(d)所示,$I = I_a + I_f$。两个绕组产生的磁动势,方向相同时称为积复励,方向相反时称为差复励,通常采用积复励方式。

1.4.2　直流电机的空载磁场

直流电机不带负载(即不输出功率)时的运行状态称为空载运行。空载运行时电枢电流为零或近似等于零,所以空载磁场是指主磁极励磁磁动势单独产生的励磁磁场,亦称主磁场。一台四极直流电机空载磁场的分布示意图如图 1.18 所示。

1. 主磁通和漏磁通

图 1.18 表明,当励磁绕组通以励磁电流时,产生的磁通大部分由 N 极出来,经气隙进入电枢齿,通过电枢铁心的磁轭(电枢磁轭)到 S 极下的电枢齿,又通过气隙回到定子的 S 极,再经机座(定子磁轭)形成闭合回路。这部分同时与励磁绕组和电枢绕组交链的磁通称为主磁通,用 Φ_0 表示。主磁通经过的路径称为主磁路。另有一部分磁通不通过气隙,直接经过相邻磁极或定子磁轭形成闭合回路,这部分仅与励磁绕组交链的磁通称为漏磁通,以 Φ_σ 表示。漏磁通路径主要为空气,磁阻很大,所以漏磁通的数量只有主磁通的 20% 左右。

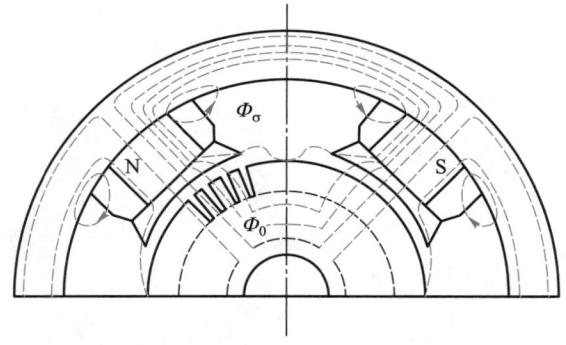

图 1.18　直流电机的空载磁场

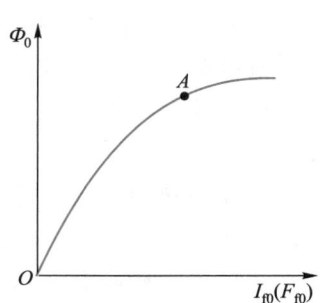

图 1.19　空载磁化特性

2. 直流电机的空载磁化特性

直流电机运行时,要求每个极下有一定数量的气隙磁通,称为每极磁通 Φ_0,空载时每极磁通 Φ_0 与空载励磁电流 I_{f0} 的关系,即 $\Phi_0 = f(I_{f0})$ 称为电机的空载磁化特性。由于铁

磁材料磁化时的 $B-H$ 曲线有饱和现象,所以空载磁化特性 $\Phi_0 = f(I_{f0})$ 在 I_{f0} 较大时也出现饱和,如图 1.19 所示。为充分利用铁磁材料,又不至于使磁阻太大,电机的额定磁通一般取在磁化特性开始弯曲的地方,亦即磁路开始饱和的地方(图中 A 点附近)。

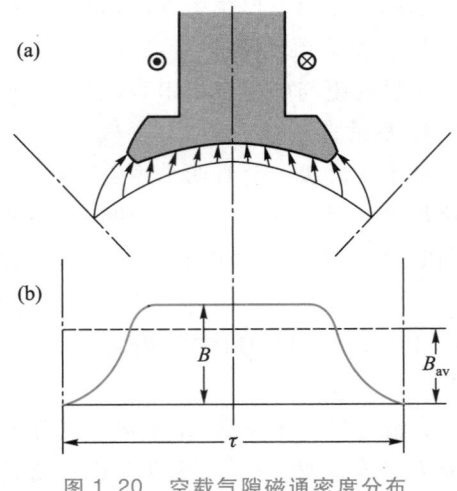

3. 空载磁场气隙磁通密度分布曲线

当忽略主磁路中铁磁材料的磁阻时,主磁极的励磁磁动势主要消耗在气隙上。气隙 δ 的大小如图 1.20(a) 所示,磁极中心及其附近,气隙 δ 较小且均匀不变,磁通密度较大且基本为常数;靠近两边极尖处,气隙逐渐变大,磁通密度减小;在磁极之间的几何中心线处,气隙磁通密度为零。所以,空载气隙磁通密度分布为一礼帽形的平顶波,如图 1.20(b)

图 1.20 空载气隙磁通密度分布

所示。图中 B_{av} 是平均磁通密度,$B_{av} = \dfrac{\Phi_0}{\tau \cdot l}$,$\Phi_0$ 为每极磁通,τ 为极距,l 为电枢铁心长度。

1.4.3 直流电机的电枢反应及负载磁场

1. 直流电机的电枢反应

直流电机带负载时,电枢绕组流过电枢电流 I_a,产生电枢磁动势 F_a,与励磁磁动势 F_f 共同建立负载时的气隙合成磁通密度,必然会使原来的空载气隙磁通密度的分布发生变化。通常把电枢磁动势对空载气隙磁通密度分布的影响称为电枢反应。

下面先分析电枢磁动势单独作用时在电机气隙中产生的电枢磁场,再与空载气隙磁场叠加得到负载磁场,将负载磁场与空载气隙磁场相比较,就可以知道电枢反应的影响。

2. 直流电机的电枢磁场

图 1.21 表示一台两极直流电机电枢磁动势单独作用产生的电枢磁场分布情况。由 1.3.2 节可知,当电刷中心线对准磁极中心线时,通过换向片被电刷短路的元件,其元件边位于磁极几何中心线(相邻两磁极中心线)附近,这时短路元件感应电动势很小,有利于换向。为绘图方便,在图 1.21 中,省去换向片,直接将电刷画在位于磁极几何中心线的元件边上。根据图中

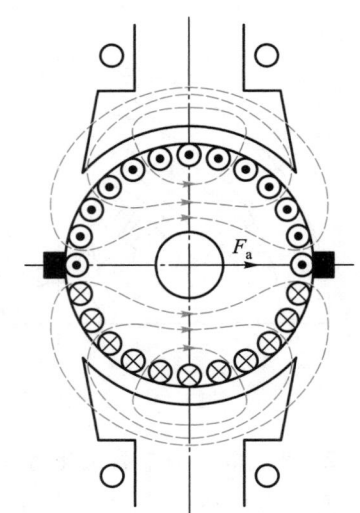

图 1.21 电枢磁场

电流方向,用右手螺旋定则可知,电枢磁动势 F_a 的方向由左向右,其轴线与电刷轴线重合,位于几何中心线上,亦即与磁极轴线垂直(正交)。

假设图 1.21 所示电枢绕组只有一个整距元件 AX,如图 1.22(a)所示。该元件有 N_c 匝,元件中电流为 i_a,则元件的磁动势为 $i_a N_c$,由该元件建立的磁场的磁感应线如图 1.22(a)所示。

假想将此电机从中心线处切开展平,如图 1.22(b)所示。以图中的磁感应线为闭合磁路,根据全电流定律可知,作用在这一闭合磁路的磁动势等于它所包围的全电流 $N_c i_a$,忽略铁磁材料的磁阻,并认为电机的气隙是均匀的,则每个气隙所消耗的磁动势为 $N_c i_a/2$。一般取磁感应线自电枢出来,进入定子时的磁动势为正,反之为负。这样可得到一个整距绕组元件产生的磁动势在空间的分布波形为矩形波,矩形波的周期为两倍极距(2τ)、幅值为 $N_c i_a/2$,如图 1.22(b)所示。

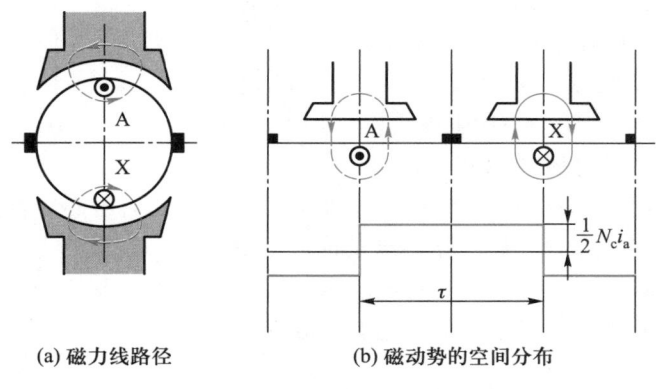

(a) 磁力线路径   (b) 磁动势的空间分布

图 1.22　一个绕组元件的磁动势

当电枢绕组有许多整距元件均匀分布于电枢表面时,利用叠加原理可知,电枢磁动势在空间的分布是一个以两倍极距 2τ 为周期的多阶梯形波。为分析简便起见,将多阶梯形波简化为三角形波,三角形波磁动势的最大值在几何中心线,磁极中心线处为零,如图 1.23 中的曲线 2 所示。

如果忽略铁心中的磁阻,认为电枢磁动势全部消耗在气隙上,则根据磁路的欧姆定律,可得到电枢磁场气隙磁通密度的表达式为

$$B_{ax} = \mu_0 \frac{F_{ax}}{\delta} \tag{1.11}$$

式中,F_{ax} 为气隙中 x 处的磁动势,B_{ax} 为气隙中 x 处的磁通密度。

由式(1.11)可知,在磁极极靴下,气隙 δ 较小且变化不大,所以气隙磁通密度 B_{ax} 与电枢磁动势 F_{ax} 成正比。而在两磁极间的几何中心线附近,气隙较大,超过 F_{ax} 增加的程度,使 B_{ax} 反而减小,所以电枢磁场气隙磁通密度分布波形为马鞍形,如图 1.23 中的曲线 3 所示。

3. 负载时气隙合成磁场

如果磁路不饱和,可以利用叠加原理,将空载磁场的气隙磁通密度分布曲线 1 和电枢磁场的气隙磁通密度分布曲线 3 相加,即得到负载时气隙合成磁场的磁通密度分布曲线,如图 1.23 中的曲线 4 所示。磁路饱和时,要利用磁化曲线才能得到负载时气隙合成磁场的磁通密度分布曲线,如图 1.23 中的曲线 5 所示。由曲线 1、4 和 5 可见,电枢反应的影响如下。

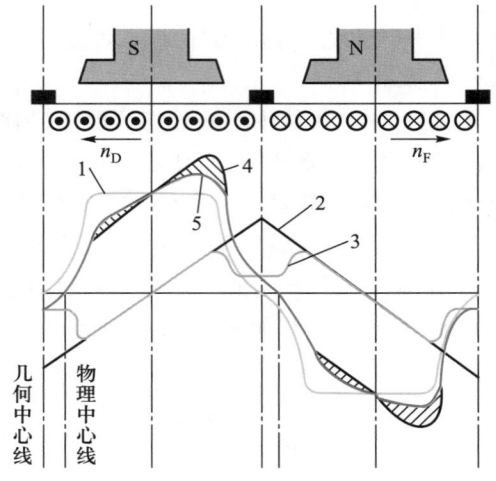

图 1.23　直流电机的电枢反应

（1）使气隙磁场发生畸变。对比曲线 1 和 4 可知,半个极下磁场削弱,半个极下磁场加强。对发电机,是前极端(电枢进入端)的磁场削弱,后极端(电枢离开端)的磁场加强;对电动机,则与此相反。

（2）气隙磁场的畸变使物理中心线偏离几何中心线。空载时磁通密度等于零的物理中心线与几何中心线重合,负载时物理中心线偏离几何中心线:对发电机,是顺着旋转方向 n_F 偏离;对电动机,是逆着旋转方向 n_D 偏离。

（3）磁路饱和时,有去磁作用。对比曲线 4 和 5 可知,半个极下增加的磁通小于另半个极下减少的磁通,使每个极下总的磁通有所减少。

1.5　直流电机的感应电动势和电磁转矩

1.5.1　直流电机电枢绕组的感应电动势

电枢绕组的感应电动势是指直流电机正、负电刷之间的感应电动势,也就是电枢绕组一条并联支路的电动势。

直流电机运行时,电枢绕组元件内的导体切割气隙合成磁场,产生感应电动势。由于气隙合成磁通密度在一个极下的分布不均匀,如图 1.24 所示,所以导体中感应电动势的大小是变化的。设一个极下气隙磁通密度的平均值为 B_{av},称平均磁通密度,则

$$B_{av} = \frac{\Phi}{\tau \cdot l}$$

Φ 为每极磁通,τ 为极距,l 为电枢铁心长度。

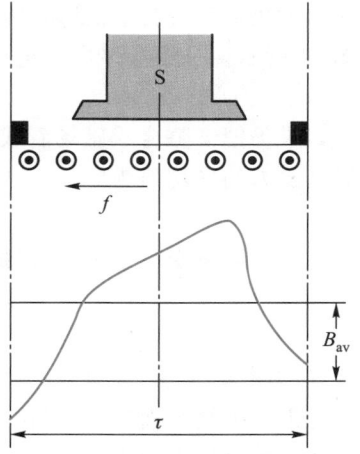

一根导体在一个极距范围内切割气隙磁通密度产生的电动势的平均值 e_{av} 为

$$e_{av} = B_{av} l v$$

l 为导体的有效长度（槽内部分）；v 为电枢表面的线速度。

$$v = \frac{n}{60} 2p\tau$$

将 v 的表达式代入 e_{av} 中，得到

$$e_{av} = \frac{\Phi}{\tau \cdot l} l \frac{n}{60} 2p\tau = \frac{2p}{60} \Phi n$$

设电枢绕组是整距绕组，并联支路对数为 a，元件数为 S，每个元件有 N_c 匝。则总的导体数为 $N = 2SN_c$，每一条并联支路串联导体数为 $N/2a$，这样，电枢绕组的感应电动势为

图 1.24 气隙合成磁场磁通密度的分布和平均磁通密度

$$E_a = \frac{N}{2a} e_{av} = \frac{N}{2a} \frac{2p}{60} \Phi n = \frac{pN}{60a} \Phi n = C_e \Phi n \qquad (1.12)$$

式中，$C_e = \dfrac{pN}{60a}$，称为直流电机的电动势常数。

每极磁通 Φ 的单位为 Wb，转速单位为 r/min，则电动势 E_a 的单位为 V。

式（1.12）表明，电枢电动势 E_a 与每极磁通 Φ 和转速 n 的乘积成正比。

如果是短距绕组，电枢电动势只略有减小，可以不用考虑短距的影响。

例 1.4 已知一台 10 kW，4 极，2 800 r/min 的直流发电机，电枢绕组是单波绕组，整个电枢总导体数为 380。当发电机发出的电动势 $E_a = 250$ V 时，求这时气隙每极磁通量 Φ 是多少？

解：已知这台直流电机的磁极对数 $p=2$，单波绕组的并联支路对数 $a=1$，于是可以计算出电动势常数

$$C_e = \frac{pN}{60a} = \frac{2 \times 380}{60 \times 1} = 12.67$$

根据式（1.12），气隙每极磁通 Φ 为

$$\Phi = \frac{E_a}{C_e n} = \frac{250}{12.67 \times 2\ 800}\ \text{Wb} = 7.047 \times 10^{-3}\ \text{Wb}$$

1.5.2 电枢绕组的电磁转矩

当电枢绕组中流过电枢电流 I_a 时，元件的导体中流过支路电流 $i_a = \dfrac{I_a}{2a}$（a 是并联支路

对数),成为载流导体,在磁场中受到电磁力的作用。电磁力 f 的方向按左手定则确定,如图 1.24 所示。一根导体所受电磁力的大小为

$$f = Bli_a$$

如果仍把气隙合成磁场看成是均匀的,气隙磁通密度用平均值 B_{av} 表示,则每根导体所受电磁力的平均值为

$$f_{av} = B_{av} li_a$$

一根导体所受电磁力对转轴产生电磁转矩,其大小为

$$T_{av} = f_{av} \frac{D}{2}$$

式中,D 为电枢外径。

对于电枢绕组而言,凡是位于 N 极下的导体中的电流方向都相同,凡是位于 S 极下的导体中的电流方向都与 N 极下的相反,这样,电枢所有导体产生的电磁转矩方向都是相同的,因而电枢绕组的电磁转矩等于一根导体电磁转矩的平均值 T_{av} 乘以电枢绕组总的导体数 N,即

$$T = NT_{av} = NB_{av} li_a \frac{D}{2} = N \frac{\Phi}{\tau \cdot l} l \frac{I_a}{2a} \cdot \frac{1}{2} \frac{2p\tau}{\pi} = \frac{pN}{2\pi a} \Phi I_a = C_T \Phi I_a \qquad (1.13)$$

式中,$C_T = \frac{pN}{2\pi a}$,称为直流电机的转矩常数。

磁通的单位用 Wb,电流的单位用 A,则电磁转矩 T 的单位为 N·m。

式(1.13)表明,电磁转矩 T 与每极磁通 Φ 和电枢电流 I_a 的乘积成正比。

电动势常数 C_e 和转矩常数 C_T 之间具有确定的关系

$$C_T = \frac{60a}{2\pi a} C_e = 9.55 C_e \qquad (1.14)$$

或

$$C_e = \frac{2\pi a}{60a} C_T = 0.105 C_T$$

例 1.5　已知一台四极直流电动机额定功率为 100 kW,额定电压为 330 V,额定转速为 720 r/min,额定效率为 91.5%,单波绕组,电枢总导体数为 186,额定每极磁通为 6.98×10^{-2} Wb,求额定电磁转矩是多少?

解:转矩常数

$$C_T = \frac{pN}{2\pi a} = \frac{2 \times 186}{2 \times 3.141\ 6 \times 1} = 59.2$$

额定电流

$$I_N = \frac{P_N}{U_N \eta_N} = \frac{100 \times 10^3}{330 \times 0.915} \text{ A} = 331 \text{ A}$$

额定电磁转矩

$$T_N = C_T \Phi_N I_N = 59.2 \times 6.98 \times 10^{-2} \times 331 \ \text{N} \cdot \text{m} = 1\ 367.7 \ \text{N} \cdot \text{m}$$

1.6　直流电动机

按励磁方式的不同,直流电动机分为他励直流电动机、并励直流电动机、串励直流电动机和复励直流电动机四类。当额定励磁电压与电枢电压相等时,他励和并励直流电动机就无实质性区别。本节以分析并励直流电动机为重点。

1.6.1　直流电动机稳态运行的基本关系式

图 1.25 为并励直流电动机的示意图。接通直流电源时,励磁绕组中流过励磁电流 I_f,建立主磁场。电枢绕组流过电枢电流 I_a,一方面形成电枢磁动势 F_a,通过电枢反应使主磁场变为气隙合成磁场;另一方面使电枢元件导体中流过支路电流 i_a,与气隙合成磁场作用产生电磁转矩 T,使电枢沿 T 的方向以转速 n 旋转。电枢旋转时,电枢导体又切割气隙合成磁场,产生电枢电动势 E_a,在电动机中,电动势的方向与电枢电流 I_a 的方向相反,称为反电动势。当电动机稳态运行时,有关的电磁量有确定的平衡关系,分别用方程式表示。

1. 电压平衡方程式

根据图 1.25 中用电动机惯例所设各量的参考方向,可以列出电压平衡方程式和电流平衡方程式

$$\left. \begin{array}{l} U = E_a + R_a I_a \\ I = I_a + I_f \end{array} \right\} \tag{1.15}$$

式中,R_a 为电枢回路电阻,其中包括电刷和换向器之间的接触电阻。

2. 转矩平衡方程式

稳态运行时,作用在电动机轴上的转矩有三个。一是电磁转矩 T,方向与转速 n 相同,为拖动转矩;二是电动机空载损耗转矩 T_0,方向总与转速 n 相反,为制动转矩;三是拖动生产机械运行的转矩 T_2,即生产机械的负载转矩,一般亦为制动转矩。稳态运行时拖动转矩等于总的制动转矩,即

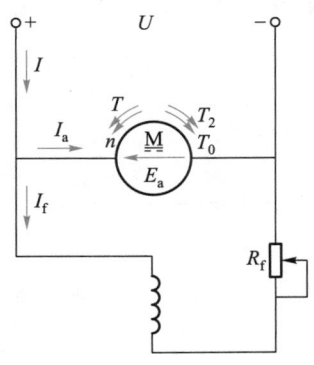

图 1.25　并励直流电动机

$$T = T_2 + T_0 \tag{1.16}$$

3. 功率平衡方程式

电动机输入功率 P_1 为

$$P_1 = UI = U(I_a + I_f) = (E_a + R_a I_a)I_a + UI_f = E_a I_a + R_a I_a^2 + UI_f$$
$$= P_M + P_{Cua} + P_{Cuf} \tag{1.17}$$

式中,$P_M = E_a I_a$,为电磁功率;$P_{Cua} = R_a I_a^2$,是电枢回路的铜损耗;$P_{Cuf} = UI_f$,为励磁绕组的铜损耗。

电磁功率

$$P_M = E_a I_a = \frac{pN}{60a}\Phi n I_a = \frac{pN}{2\pi a}\Phi I_a \frac{2\pi n}{60} = T\Omega$$

式中,$\Omega = 2\pi n/60$,是电动机的机械角速度,单位是 rad/s。

从上式 $P_M = E_a I_a$ 可知,电磁功率具有电功率性质;从 $P_M = T\Omega$ 可知,电磁功率又具有机械功率性质。

将式(1.16)两边乘以机械角速度 Ω,得

$$T\Omega = T_2\Omega + T_0\Omega$$

可写成

$$P_M = P_2 + P_0 = P_2 + P_{mec} + P_{Fe} \tag{1.18}$$

式中,$P_M = T\Omega$,电磁功率;$P_2 = T_2\Omega$,轴上输出的机械功率;$P_0 = T_0\Omega$,空载损耗,包括机械损耗 P_{mec} 和铁损耗 P_{Fe}。

由式(1.17)和式(1.18)可以得到并励直流电动机的功率平衡方程式

$$P_1 = P_2 + P_{Cuf} + P_{Cua} + P_{Fe} + P_{mec} = P_2 + \sum P \tag{1.19}$$

式中,$\sum P = P_{Cuf} + P_{Cua} + P_{Fe} + P_{mec}$,为并励直流电动机的总损耗。

由式(1.19)可以作出并励直流电动机的功率流程图,如图 1.26(a)所示。图中 P_{Cuf} 为励磁绕组的铜损耗,称为励磁损耗。并励时,P_{Cuf} 由输入功率 P_1 供给;他励时,P_{Cuf} 由其他直流电源供给。他励直流电动机的功率流程图如图 1.26(b)所示。

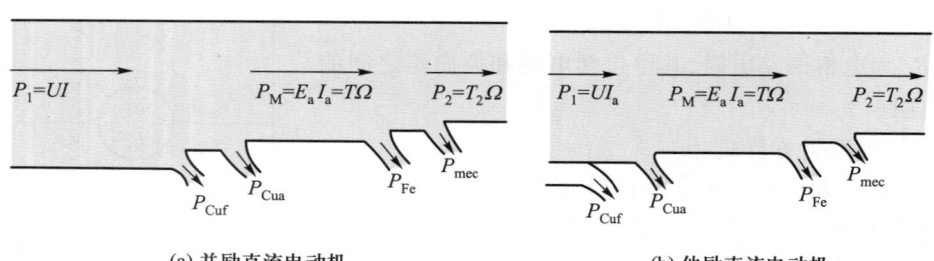

(a) 并励直流电动机   (b) 他励直流电动机

图 1.26 直流电动机功率流程图

1.6.2 并励直流电动机的工作特性

并励直流电动机的工作特性是指当电动机的端电压 $U = U_N$、励磁电流 $I_f = I_{fN}$、电枢回

路不串电阻时,转速 n、电磁转矩 T、效率 η 分别与电枢电流 I_a 之间的关系。

1. 转速特性 $n=f(I_a)$

当 $U=U_N$、$I_f=I_{fN}(\Phi=\Phi_N)$ 时,转速 n 与电枢电流 I_a 之间的关系 $n=f(I_a)$ 称为转速特性。

将电动势公式 $E_a=C_e\Phi n$ 代入电压平衡方程式 $U=E_a+R_aI_a$,可得转速特性公式

$$n=\frac{U_N}{C_e\Phi_N}-\frac{R_a}{C_e\Phi_N}I_a \tag{1.20}$$

如果忽略电枢反应的影响,认为 $\Phi=\Phi_N$ 保持不变。R_a 一般很小,I_a 增加时转速 n 略有下降,$n=f(I_a)$ 为一条稍稍向下倾斜的直线,如图 1.27 中的曲线 1 所示。在 I_a 较大时考虑电枢反应去磁作用的影响,随着 I_a 的增大,Φ 将减小,转速特性出现上翘现象,如图中曲线 1 的虚线部分所示。

2. 转矩特性 $T=f(I_a)$

当 $U=U_N$、$I_f=I_{fN}(\Phi=\Phi_N)$ 时,电磁转矩 T 与电枢电流 I_a 之间的关系 $T=f(I_a)$ 称为转矩特性。

由 $T=C_T\Phi I_a$ 可知,不考虑电枢反应影响时,$\Phi=\Phi_N$ 不变,T 与 I_a 成正比,转矩特性为过原点的直线。如果考虑电枢反应的去磁作用,则当 I_a 增大时,转矩特性略为向下弯曲,如图 1.27 中的曲线 2 所示。

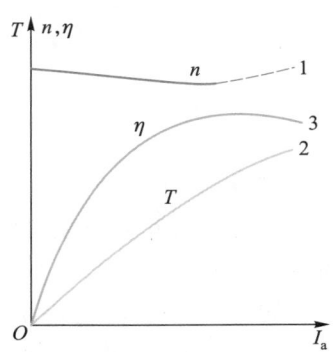

图 1.27 并励电动机的工作特性
1. 转速特性 2. 转矩特性
3. 效率特性

3. 效率特性 $\eta=f(I_a)$

当 $U=U_N$、$I_f=I_{fN}$ 时,效率 η 与电枢电流 I_a 的关系 $\eta=f(I_a)$ 称为效率特性。

并励直流电动机的效率

$$\eta=\frac{P_2}{P_1}\times100\%=\left(1-\frac{\sum P}{P_1}\right)\times100\%=\left[1-\frac{P_{Fe}+P_{mec}+P_{Cuf}+P_{Cua}}{U(I_a+I_f)}\right]\times100\% \tag{1.21}$$

式中,铁损耗 P_{Fe}、机械损耗 P_{mec}、励磁绕组的铜损耗 P_{Cuf} 都不随负载变化,统称为不变损耗;电枢回路的铜损耗 $P_{Cua}=R_aI_a^2$ 与电枢电流的平方成正比,称为可变损耗。当忽略式(1.21)分母中的 $I_f(I_f\ll I_a)$ 时,可以由 $\dfrac{\mathrm{d}\eta}{\mathrm{d}I_a}=0$ 求得当 I_a 增大到不变损耗等于可变损耗时,即

$$P_{Cuf}+P_{Fe}+P_{mec}=R_aI_a^2$$

电动机的效率达到最高,效率特性如图 1.27 中的曲线 3 所示。

1.6.3 串励直流电动机的工作特性

图 1.28 是串励直流电动机的原理接线图。串励直流电动机的励磁绕组与电枢绕组串联,励磁电流 I_f 就是电枢电流 I_a,即 $I_f=I_a$,其转速特性、转矩特性与并励直流电动机有明显的不同。

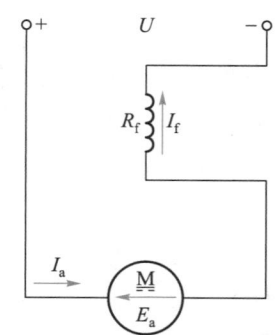

图 1.28   串励直流电动机的
原理接线图

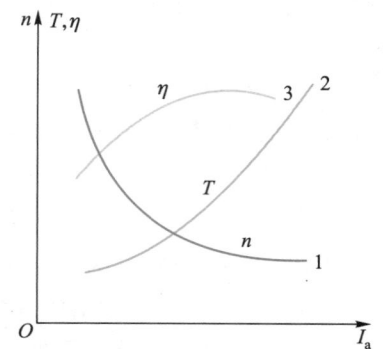

图 1.29   串励直流电动机的工作特性
1. 转速特性   2. 转矩特性   3. 效率特性

1. 转速特性

电枢绕组电阻 R_a 和励磁绕组电阻 R_f 都比较小,$(R_a+R_f)I_a$ 与 E_a 相比很小,电压方程式可简化为 $U=E_a+(R_a+R_f)I_a \approx E_a = C_e\Phi n$。由于 $I_f=I_a$,I_a 小时 I_f 也小,Φ 也小,在电压 U 不变时转速 n 就大,转速特性具有双曲线性质,如图 1.29 中的曲线 1 所示。当 I_a 很小时,n 就很大,可能导致转子损坏,所以,串励直流电动机不允许在空载或轻载下运行。

2. 转矩特性

当 I_a 较小时,磁路没有饱和,$\Phi=k_f I_f=k_f I_a$,k_f 为比例系数。串励时,电动机的转矩公式

$$T = C_T\Phi I_a = C_T k_f I_a^2 = C_T' I_a^2 \tag{1.22}$$

式中,$C_T' = C_T k_f$,磁路不饱和时为常数。

上式表明,电磁转矩与电枢电流的平方成正比,所以起动转矩大,过载能力强。转矩特性如图 1.29 中的曲线 2 所示。串励直流电动机适用于起动能力或过载能力要求较高的场合,如拖动闸门、电力机车等负载。

3. 效率特性

串励直流电动机的效率特性与并励直流电动机相同,如图 1.29 中的曲线 3 所示。

1.7   他励直流电动机的机械特性

直流电动机的电枢电压 U 为常数、励磁电流 I_f 为常数、电枢回路电阻为常数时,转速 n 与电磁转矩 T 之间的关系,即 $n=f(T)$ 称为直流电动机的机械特性。**机械特性是电动机机械性能的具体表现,它与拖动系统的运动方程式密切相关,将决定拖动系统稳态运行及动态过程的工作情况。**他励直流电动机电路原理图如图 1.30 所示。

1.7.1 机械特性方程式

由电磁转矩方程可得到 $I_a = \dfrac{T}{C_T \Phi}$，代入转速特性方程式 $n = \dfrac{U - RI_a}{C_e \Phi}$，得到机械特性方程式

$$n = \frac{U}{C_e \Phi} - \frac{R}{C_e C_T \Phi^2} T \tag{1.23}$$

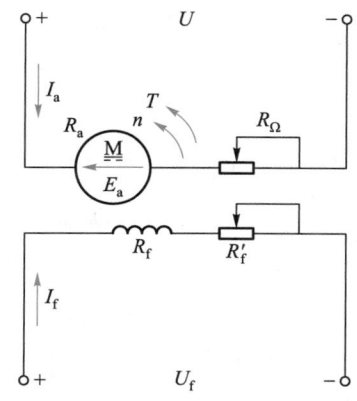

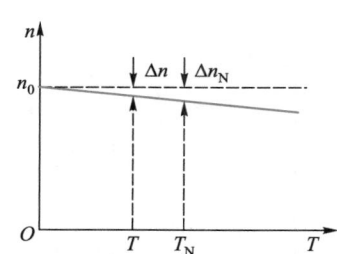

图 1.30 他励直流电动机电路原理图   图 1.31 他励直流电动机的机械特性

式中，$R = R_a + R_\Omega$，是电枢回路总电阻，R_a 是电枢电阻，R_Ω 是电枢回路串接的电阻。机械特性是一条向下倾斜的直线，如图 1.31 所示。

令 $\dfrac{U}{C_e \Phi} = n_0$，称 n_0 为理想空载转速，是机械特性曲线和纵轴交点的转速；

令 $\dfrac{R}{C_e C_T \Phi^2} T = \beta T = \Delta n$，是负载转矩为 T 时的转速降，式中，$\beta = \dfrac{R}{C_e C_T \Phi^2}$ 称为机械特性曲线的斜率。这样，可将式(1.23)简写为

$$n = n_0 - \beta T \tag{1.24}$$

或 $n = n_0 - \Delta n$

由上式可知，β 越大，Δn 越大，机械特性曲线越斜，称为软特性；反之将 β 小、Δn 小的特性称为硬特性。图中 $\Delta n_N = \beta T_N$，称为额定转速降。

并励直流电动机的机械特性与他励直流电动机的机械特性相似。

1.7.2 固有机械特性与人为机械特性

当电枢上加额定电压、气隙每极磁通为额定磁通、电枢回路不串电阻时的机械特性

称为他励直流电动机的固有机械特性。

人为地改变电动机的参数,如改变电压 U、改变励磁电流 I_f(即改变磁通 Φ)、电枢回路串电阻等所得到的机械特性称为人为机械特性。

电枢回路串电阻使斜率 β 增大,特性曲线变软,但理想空载转速不变,所以人为机械特性为一簇经过理想空载转速点的放射性直线,如图 1.32 所示。

改变电枢电压会改变理想空载转速,但不会改变斜率 β,所以人为机械特性是一组平行直线,如图 1.33 所示。

减小励磁电流即减小气隙磁通的人为机械特性如图 1.34 所示。

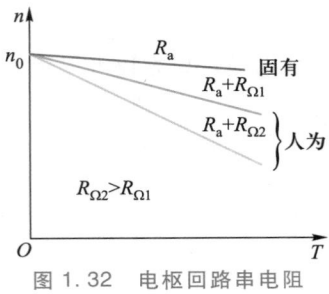

图 1.32　电枢回路串电阻
时的人为特性

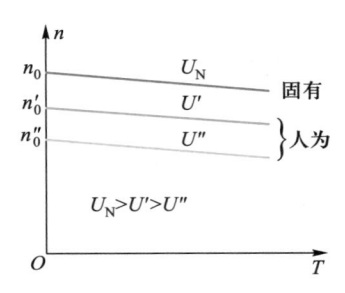

图 1.33　变电压时的人为机械特性

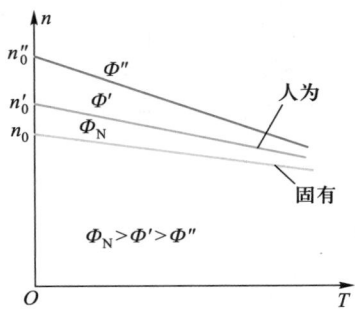

图 1.34　弱磁时的人为机械特性

1.8　直流发电机

根据励磁方式的不同,直流发电机可分为他励直流发电机、并励直流发电机、串励直流发电机和复励直流发电机。本节重点分析他励直流发电机。

1.8.1　直流发电机稳态运行时的基本方程式

图 1.35 为一台他励直流发电机的示意图。电枢旋转时,电枢绕组切割主磁通,产生电枢电动势 E_a,如果外电路接有负载,则产生电枢电流 I_a,按发电机惯例,I_a 的参考方向与 E_a 相同,如图 1.35 所示。

1. 电压平衡方程式

根据图 1.35 中所示电枢回路各量参考方向,用基尔霍夫电压定律,可以列出电压平

衡方程式为

$$U = E_a - R_a I_a \qquad (1.25)$$

上式表明,直流发电机的端电压 U 等于电枢电动势 E_a 减去电枢回路内部的电阻压降 $R_a I_a$,所以 E_a 大于端电压 U。

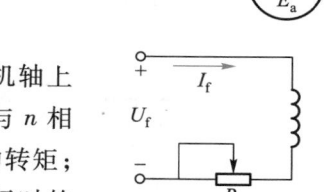

2. 转矩平衡方程式

直流发电机以转速 n 稳态运行时,作用在电机轴上的转矩有三个:一是原动机的拖动转矩 T_1,方向与 n 相同;二是电磁转矩 T,方向与 n 相反,为制动性质的转矩;三是空载转矩 T_0,也是制动性质的转矩。稳态运行时的转矩平衡方程式为

$$T_1 = T + T_0 \qquad (1.26)$$

图 1.35 他励直流发电机的示意图

3. 功率平衡方程式

将式(1.26)两边乘以发电机的机械角速度 Ω,得

$$T_1 \Omega = T\Omega + T_0 \Omega$$

可以写成

$$P_1 = P_M + P_0 \qquad (1.27)$$

式中,$P_1 = T_1\Omega$,为原动机输给发电机的机械功率,即输入功率;$P_M = T\Omega$,为发电机的电磁功率;$P_0 = T_0\Omega$,为发电机的空载损耗功率。

电磁功率

$$P_M = T\Omega = \frac{pN}{2\pi a}\Phi I_a \frac{2\pi n}{60} = \frac{pN}{60a}\Phi I_a n = E_a I_a$$

和直流电动机一样,直流发电机的电磁功率亦是既具有机械功率的性质,又具有电功率的性质。

直流发电机的空载损耗 P_0 也是包括机械损耗 P_{mec} 和铁损耗 P_{Fe} 两部分。

将式(1.25)两边乘以电枢电流 I_a 并移项后得

$$E_a I_a = UI_a + R_a I_a^2$$

即

$$P_M = P_2 + P_{Cua} \qquad (1.28)$$

式中,$P_2 = UI_a$,为发电机输出的功率;$P_{Cua} = R_a I_a^2$,为电枢回路铜损耗。

式(1.28)可以写成如下形式

$$P_2 = P_M - P_{Cua}$$

综合以上功率关系,可得功率平衡方程式

$$P_1 = P_M + P_0 = P_2 + P_{Cua} + P_{mec} + P_{Fe} \qquad (1.29)$$

为更清楚地表示直流发电机的功率关系,可用图 1.36 所示的功率流程图。图中画

出了励磁损耗 P_{Cuf}，为励磁回路电阻的铜损耗。他励时，由其他直流电源供给，不在 P_1 的范围之内；并励时，由发电机本身供给，是 P_1 的一部分，相应地在式(1.29)中的右边应加上 P_{Cuf}。

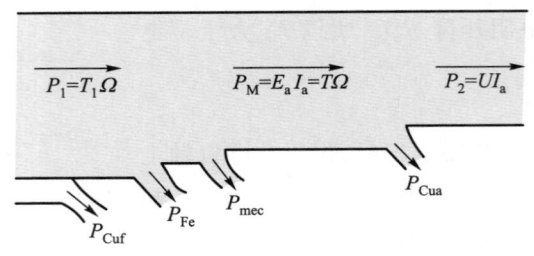

图 1.36   他励直流发电机的功率流程图

一般情况下，直流发电机的总损耗

$$\sum P = P_{\mathrm{Cua}} + P_{\mathrm{Cuf}} + P_{\mathrm{Fe}} + P_{\mathrm{mec}}$$

直流发电机的效率

$$\eta = \frac{P_2}{P_1} \times 100\% = \left(1 - \frac{\sum P}{P_2 + \sum P}\right) \times 100\%$$

1.8.2　他励直流发电机的运行特性

直流发电机由原动机拖动，转速为额定转速不变。运行中电枢端电压 U、励磁电流 I_{f}、负载电流 I(他励时 $I = I_{\mathrm{a}}$)是可以变化的。运行特性就是 U、I_{f}、I 三个物理量保持其中一个不变时，另外两个物理量之间的关系。显然，运行特性应有三个，即空载特性、外特性、调节特性。

1. 空载特性

$n = n_{\mathrm{N}}$，$I_{\mathrm{a}} = 0$ 时，端电压 U_0 与励磁电流 I_{f} 之间的关系 $U_0 = f(I_{\mathrm{f}})$ 称为空载特性，如图 1.37 所示。由于铁磁材料的磁滞现象，特性的上升分支 3(I_{f} 连续增大)和下降分支 1(I_{f} 连续减小)不重合，一般取其平均值作为电机的空载特性，称为平均空载特性，如图中曲线 2 所示。空载特性 $U_0 = f(I_{\mathrm{f}})$ 与电机的空载磁化特性 $\Phi = f(I_{\mathrm{f}})$(图 1.19)相似，都是饱和曲线。电机的额定电压对应空载特性曲线开始弯曲的部分，即图中 A 点附近。图中 $I_{\mathrm{f}} = 0$ 时，$U_0 = E_{\mathrm{r}}$，为剩磁电压，是额定电压的 2%~4%。

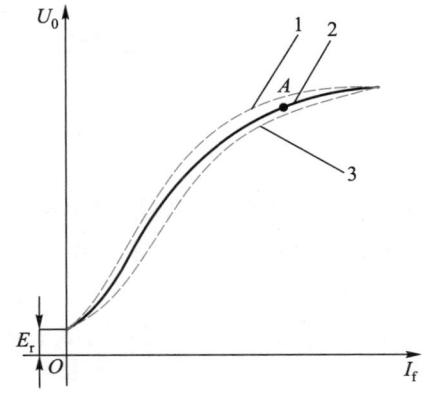

图 1.37   他励直流发电机的空载特性

2. 外特性

$n = n_{\mathrm{N}}$，$I_{\mathrm{f}} = I_{\mathrm{fN}}$ 时，端电压 U 与负载电流 I 之

间的关系 $U=f(I)$ 称为外特性,如图 1.38 所示,是一条稍稍向下倾斜的曲线。

从电压方程式 $U=E_a-R_aI_a=C_e\Phi n-R_aI_a$ 分析可以得知,负载电流 I(亦即电枢电流 I_a)增大使端电压 U 下降的原因有两个:一是当 I 增大时,电枢回路电阻上压降 R_aI_a 增大,引起端电压下降;二是 I 增大时,电枢磁动势增大,电枢反应的去磁作用使每极磁通 Φ 减小,E_a 减小,进而引起端电压 U 下降。

发电机端电压随负载电流增大而降低的程度用电压变化率 Δu 来表示。电压变化率是指发电机由额定负载过渡到空载时,电压升高的数值对额定电压的百分比,即

$$\Delta u = \frac{U_0-U_N}{U_N}\times100\% \tag{1.30}$$

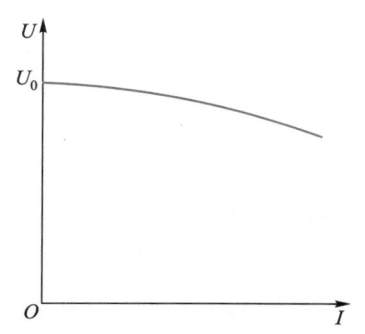
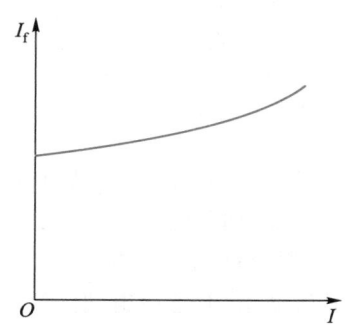

图 1.38 他励直流发电机的外特性　　　　图 1.39 他励直流发电机的调节特性

电压变化率 Δu 是衡量发电机运行性能的一个重要指标,一般他励发电机的电压变化率约为 10%。

3. 调节特性

$n=n_N$,$U=$常数时,励磁电流 I_f 与负载电流 I 之间的关系 $I_f=f(I)$ 称为调节特性,如图 1.39 所示。调节特性是随负载电流增大而上翘的,这是因为随着负载电流的增大,电压有下降趋势,为维持电压不变,就必须增大励磁电流,以补偿电阻压降增大和电枢反应去磁作用增大的影响。

1.8.3　并励直流发电机的自励过程和自励条件

并励直流发电机不需要其他直流电源励磁,使用方便,应用广泛。但在发电机起动瞬间,励磁电流为零,需要创造条件,使发电机的端电压和励磁电流互相促进,不断提高端电压,直至空载电压建立起来,这就是并励直流发电机的自励建压过程。

图 1.40 为并励直流发电机的原理接线图。图 1.41 为并励直流发电机空载时(S 断开)自励建压的过程,曲线 1 是发电机的空载特性,即 $U_0=f(I_f)$;曲线 2 是励磁回路的伏安特性 $U_f=f(I_f)$,当励磁回路总电阻为常数时,伏安特性为一直线。

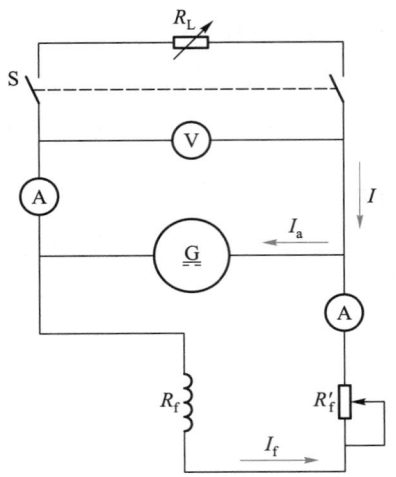

图 1.40   并励直流发电机的原理接线图

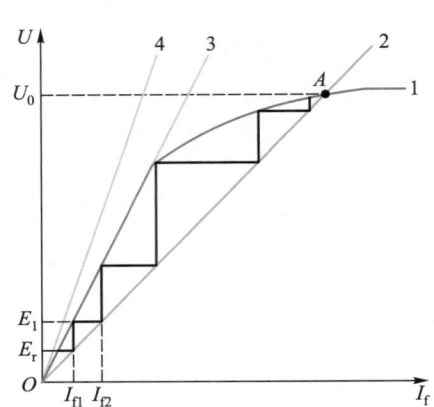

图 1.41   并励直流发电机的自励建压过程

　　如果电机磁路有剩磁,当原动机拖动发电机电枢朝规定的方向旋转时,电枢绕组切割剩磁产生不大的剩磁电动势 E_r(见图 1.37),E_r 作用在励磁回路,产生一个很小的励磁电流 I_{f1}。如果励磁绕组并联到电枢绕组的极性正确,则 I_{f1} 产生的励磁磁通与剩磁磁通方向一致,使总磁通增加,感应电动势增大为 E_1,励磁电流随之增大为 I_{f2}。如此互相促进,不断增长,空载电压就能建立起来。如果并励绕组与电枢绕组两端的连接不正确,使励磁磁通与剩磁磁通方向相反,剩磁被削弱,电压就建立不起来。

　　当并励直流发电机的自励过程结束,进入稳态运行时,既要满足空载特性,又要满足励磁回路的伏安特性,最后必然稳定在两条特性的交点 A 上,A 点所对应的电压即为发电机自励建立起来的空载电压 U_0。如果增大励磁回路的调节电阻 R_f',则励磁回路伏安特性的斜率加大,A 点沿空载特性下移,空载电压降低。当励磁回路总电阻增加到 R_{cf} 时,伏安特性(曲线 3)与空载特性直线部分相切没有明确的交点,空载电压没有稳定值,这时励磁回路的电阻值 R_{cf} 称为临界电阻。如果励磁回路电阻大于临界电阻 R_{cf},伏安特性如曲线 4 所示,$U_0 \approx E_r$,空载电压就建立不起来。

　　综上所述,并励直流发电机自励建压必须满足以下三个条件:

　　① 电机磁路中要有剩磁,如果电机磁路中没有剩磁,可用其他直流电源(例如干电池)短时间加于励磁绕组给主磁极充磁。

　　② 励磁绕组并联到电枢两端的极性正确,如果并联极性不正确,可将并励绕组并到电枢绕组的两个端头对调。

　　③ 励磁回路的总电阻小于临界电阻。

1.8.4 并励直流发电机的运行特性

1. 并励直流发电机的空载特性

并励直流发电机的空载特性与他励直流发电机相同,如图 1.37 所示。

2. 并励直流发电机的外特性

$n = n_N$,R_f = 常数时,端电压 U 与负载电流 I 之间的关系称为并励直流发电机的外特性,如图 1.42 中曲线 1 所示。图中曲线 2 为他励时的外特性。比较曲线 1 和 2 可以看出,并励直流发电机的外特性比他励的外特性向下倾斜得更多一些。这是因为负载电流增大时,除了电枢回路电阻压降和电枢反应去磁作用使端电压下降外,还由于端电压下降必将引起励磁电流减小,使每极磁通和感应电动势减小,从而使端电压进一步降低。

3. 并励直流发电机的调节特性

由于并励直流发电机负载电流增大时电压下降较多,为维持电压恒定所需增加的励磁电流也就较大,所以调节特性上翘程度超过他励,如图 1.43 中的曲线 1 所示,图中曲线 2 为他励时的调节特性。

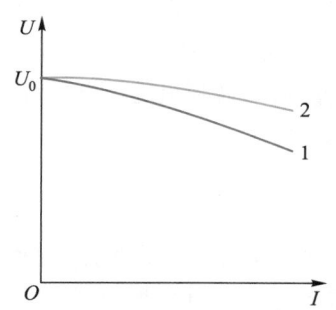

图 1.42　并励直流发电机的外特性
1. 并励　2. 他励

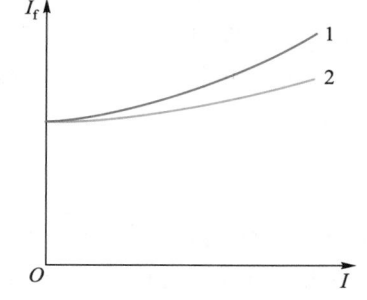

图 1.43　并励直流发电机的调节特性
1. 并励　2. 他励

1.9　直流电机的换向

直流电机运行时,随着电枢的转动,电枢绕组的元件会从一条支路(支路电流为 $+i_a$)经过电刷短路后进入另一条支路(支路电流为 $-i_a$),元件中的电流改变方向的过程称为换向过程,简称换向。**处于换向过程中的元件称为换向元件。** 换向元件从换向开始到换向结束所经过的时间称为换向周期,一般只有千分之几秒甚至更短。

换向元件中的电流由 $+i_a$ 变为 $-i_a$,会在换向元件中产生自感电动势 e_L;另外,实际电机的电刷宽度通常为 2~3 片换向片宽度,因而相邻几个元件同时进行换向,由于互感作用,换向元件中还会产生互感电动势 e_M。通常将自感电动势 e_L 和互感电动势 e_M 合起来,称为电抗电动势 e_X,其作用是阻碍换向元件中的电流变化。

换向元件中的元件边位于磁极的几何中心线附近,由于电枢反应使原本磁动势为零的几何中心线存在电枢磁动势产生的磁场(马鞍形分布的凹部),换向元件旋转切割电枢磁场也会产生感应电动势,称为旋转电动势,也称电枢反应电动势 e_a,它是阻碍电流变化的。

电抗电动势 e_X 和电枢反应电动势 e_a 都阻碍电流变化,会使换向时间延长,称为延迟换向。延迟换向严重时,会在电刷和换向器之间产生较大的火花。还有机械原因,例如换向器偏心、电刷与换向器接触不良等也会产生换向火花。

换向火花对直流电机运行不利,轻则会使换向器表面受到损伤,电刷磨损加快;重则烧坏电刷和换向器,使电机不能正常工作。

改善换向的方法就是装设换向极。换向极安装在主磁极之间的几何中心线上,产生换向极磁动势,方向与电枢磁动势相反,这样,换向元件在切割换向极磁动势时产生换向极电动势 e_K,其方向与 (e_X+e_a) 的方向相反。控制换向极磁动势的大小,使 e_K 与 (e_X+e_a) 大小相等或近似相等,用 e_K 抵消或明显削弱 (e_X+e_a),从而使换向元件回路中的合成电动势 $\sum e=(e_X+e_a+e_K)$ 为零或接近于零,不会出现延迟换向,从而使换向良好。

由于 e_X 与 e_a 随电枢电流增大而增大,为了使换向极磁动势在电枢电流变化时都能产生与 (e_X+e_a) 大小相等或近似相等的附加电动势 e_K,换向极绕组应与电枢绕组串联。

▶▶▶ 小结

1. 直流电机工作原理是建立在电磁感应定律和电磁力定律基础之上的。作为一种机械能和电能的转换装置,直流电机既可以将机械能转换为电能,作为直流发电机运行,也可以将电能转换为机械能,作为直流电动机运行。

2. 直流电机的独特结构是有电刷和换向器。电刷连接的外部电路是直流电路,电压、电流是直流。换向器连接的内部电路(电枢绕组)是交流电路,绕组元件中的感应电动势和流过的电流是交流电。电刷和换向器之间的滑动接触,将外部直流电路和内部交流电路连在一起,既可以将直流发电机发出的交流电整流为直流电,向外输出电能,也可以将直流电源的直流电逆变为交流电,输入到直流电动机电枢绕组中,向内输入电能。

3. 直流电机的磁场是由励磁磁动势和电枢磁动势共同作用产生的,电枢磁动势对励磁磁动势的影响称为电枢反应。电枢反应一是使气隙磁场发生畸变,二是产生去磁作用。

4. 电枢感应电动势为 $E_a=C_e\Phi n$,C_e 是电动势常数。对于发电机 $E_a>U$,I_a 与 E_a 同方向。对于电动机 $E_a<U$,I_a 与 E_a 反方向。

5. 电磁转矩公式 $T=C_T\Phi I_a$,C_T 是转矩常数。对于发电机而言,T 与转速 n 方向相反,是制动转矩。对于电动机而言,T 与转速 n 方向相同,是拖动转矩。

6. 电压平衡方程式,对发电机有 $U=E_a-R_aI_a$,对电动机有 $U=E_a+R_aI_a$。

7. 转矩平衡方程式。对发电机有 $T_1=T+T_0$,T_1、T、T_0 分别是拖动转矩、电磁转矩、空载转矩。对电

动机有 $T=T_2+T_0$，T、T_2、T_0 分别是电磁转矩、负载转矩、空载转矩。

8. 直流电动机转速 n 与电磁转矩 T 之间关系 $n=f(T)$ 称为机械特性。改变电压、改变励磁电流、电枢回路串电阻等所得到的机械特性称为人为机械特性。

9. 直流电动机调速性能好，易于控制，但结构复杂，换向不良时会引起火花。可以在定子上加装换向极改善换向条件。

▶▶▶ 思考题与习题

1.1　一台直流电动机的数据为：额定功率 $P_N=25$ kW，额定电压 $U_N=220$ V，额定转速 $n_N=1\ 500$ r/min，额定效率 $\eta_N=86.2\%$。试求：

(1) 额定电流 I_N；

(2) 额定负载时的输入功率 P_{1N}。

1.2　一台直流发电机的数据为：额定功率 $P_N=12$ kW，额定电压 $U_N=230$ V，额定转速 $n_N=1\ 450$ r/min，额定效率 $\eta_N=83.5\%$。试求：

(1) 额定电流 I_N；

(2) 额定负载时的输入功率 P_{1N}。

1.3　一台直流电机，已知磁极对数 $p=2$，槽数 Z 和换向片数 K 均等于 22，采用单叠绕组。

(1) 计算绕组各节距；

(2) 求并联支路数。

1.4　一台直流电机的数据为：磁极数 $2p=4$，元件数 $S=120$，每个元件的电阻为 0.2 Ω。当转速为 1 000 r/min 时，每个元件的平均感应电动势为 10 V，问当电枢绕组为单叠或单波绕组时，电刷间的电动势和电阻各为多少？

1.5　已知一台直流电机的磁极对数 $p=2$，元件数 $S=Z=K=21$，元件的匝数 $N_c=10$，单波绕组，试问当每极磁通 $\Phi=1.42\times10^{-2}$ Wb，转速 $n=1\ 000$ r/min 时的电枢电动势为多少？

1.6　一台直流电机，磁极数 $2p=6$，电枢绕组总的导体数 $N=400$，电枢电流 $I_a=10$ A，气隙每极磁通 $\Phi=0.21$ Wb。试问采用单叠绕组时电机的电磁转矩为多大？如把绕组改为单波绕组，保持支路电流 i_a 的数值不变，电磁转矩又为多大？

1.7　一台他励直流电机，磁极对数 $p=2$，并联支路对数 $a=1$，电枢总导体数 $N=372$，电枢回路总电阻 $R_a=0.208$ Ω，运行在 $U=220$ V，$n=1\ 500$ r/min，$\Phi=0.011$ Wb 的情况下。$P_{Fe}=362$ W，$P_{mec}=204$ W，试问：

(1) 该电机运行在发电机状态还是电动机状态？

(2) 电磁转矩是多大？

(3) 输入功率、输出功率、效率各是多少？

1.8　如果直流电机的电枢绕组元件的形状如题 1.8 图所示，则电刷应放在换向器的什么位置上？

1.9　一台并励直流电动机的额定数据为：$U_N=220$ V，$I_N=92$ A，$R_a=0.08$ Ω，$R_f=88.7$ Ω，$\eta_N=86\%$，试求额定运行时：

(1) 输入功率；

(2) 输出功率；

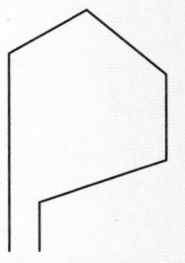

题 1.8 图　某种电枢绕组元件的形状

（3）总损耗；

（4）电枢回路铜损耗；

（5）励磁回路铜损耗；

（6）机械损耗与铁损耗之和。

1.10   一台并励直流电动机的额定数据为，$P_N = 17$ kW，$I_N = 92$ A，$U_N = 220$ V，$R_a = 0.08$ Ω，$n_N =$ 1 500 r/min，电枢回路总电阻 $R = 0.1$ Ω，励磁回路电阻 $R_f = 110$ Ω，试求：

（1）额定负载时的效率；

（2）额定运行时的电枢电动势 E_a；

（3）额定负载时的电磁转矩。

1.11   一台并励直流发电机，电枢回路总电阻 $R_a = 0.25$ Ω，励磁回路电阻 $R_f = 44$ Ω，当端电压 $U_N =$ 220 V，负载电阻 $R_L = 4$ Ω 时，试求：

（1）励磁电流和负载电流；

（2）电枢电动势和电枢电流；

（3）输出功率和电磁功率。

1.12   一台他励直流发电机，额定转速为 1 000 r/min，当满载时电压为 220 V，电枢电流为 10 A，励磁电流保持为 2.5 A。已知在 $n = 750$ r/min 时的空载特性如下表所列：

I_f/A	0.4	1.0	1.6	2.0	2.5	2.6	3.0	3.6	4.4
E_a/V	33	78	120	150	176	180	194	206	225

试问：

（1）转速为额定、励磁电流保持 2.5 A 时的空载电动势为多少？

（2）如果将发电机改为并励，且 $n = n_N$，为保持同样的空载电动势，磁场回路的电阻应为多少？

（3）如果保持磁场回路电阻不变，电机为并励，此时能够自励建压的临界转速为多少？

（4）如果保持 $n = n_N$，电机为并励，此时能够自励建压的临界电阻为多少？

第 1 章   习题解答

第2章　变压器

PPT
第2章
变压器

变压器是应用电磁感应原理工作的电磁设备,其主要功能是改变交流电的电压与电流。

变压器种类繁多,一般按用途分为以下几类:

① 电力变压器,用于电能传输和分配;

② 仪用互感器,用于电路测量,如电压互感器、电流互感器等;

③ 专用变压器,如电焊变压器、自耦变压器、整流变压器等,也称特种变压器。

尽管变压器的容量差别很大,用途各异,但其工作原理是相同的。本章重点分析电力系统中使用的双绕组变压器,分析方法及结论也适用于其他用途的变压器。

2.1　变压器的结构和铭牌数据

2.1.1　变压器的结构

变压器的基本结构是相同的,现以电力变压器为例,说明其基本结构和主要部件的功能。

组成电力变压器的主要部件有:由铁心和绕组装配组成的器身;放置器身且盛有变压器油的油箱。此外还有监测保护装置等。图 2.1 是一台三相油浸式电力变压器外形图,主要部件的功能如下:

1. 铁心

铁心既是变压器的磁路,又是器身的机械骨架。为减少磁滞损耗和涡流损耗,铁心用很薄的硅钢片叠装而成,硅钢片两面涂上绝缘漆而彼此绝缘。叠装时为使铁心磁路不形成间隙,相邻两层铁心叠片的接缝要互相错开,如图 2.2 所示,这样做可以减少铁心磁路的磁阻,从而减少励磁电流。

铁心由铁心柱和铁轭组成。铁心中套装绕组的部分是铁心柱,连接铁心柱形成闭合磁路的部分称为铁轭。用夹紧装置把铁心柱和铁轭夹紧以形成坚固的整体,用来支持和卡紧绕组。

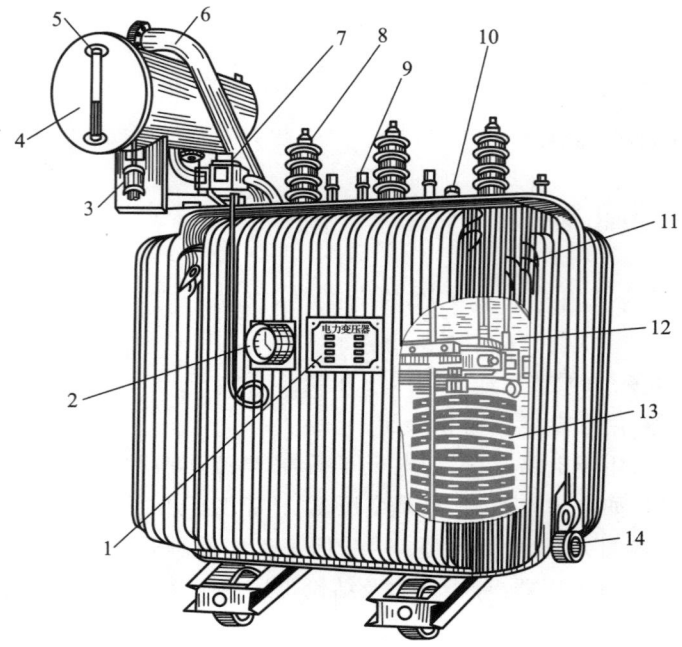

图 2.1   三相油浸式电力变压器外形图

1. 铭牌   2. 信号式温度计   3. 吸湿器   4. 储油柜   5. 油表   6. 安全气道   7. 气体继电器
8. 高压套管   9. 低压套管   10. 分接开关   11. 油箱   12. 铁心   13. 绕组   14. 放油阀门

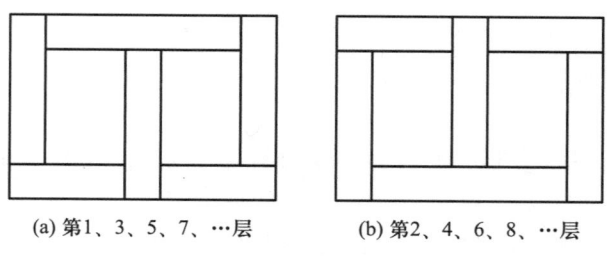

(a) 第1、3、5、7、…层   (b) 第2、4、6、8、…层

图 2.2   硅钢片的排法

2. 绕组

绕组是变压器的电路部分,一般用包有绝缘的铜导线绕制而成。双绕组变压器的每个铁心柱上放置两个绕组,接电源的绕组称为一次绕组(旧称初级绕组),接负载的绕组称为二次绕组(旧称次级绕组)。绕组采用同心式绕组,即两个绕组同心地套装在铁心柱上,如图 2.3 所示,通常低压绕组在里面,高压绕组在外面,这样做可以节省材料,也有利于绝缘。

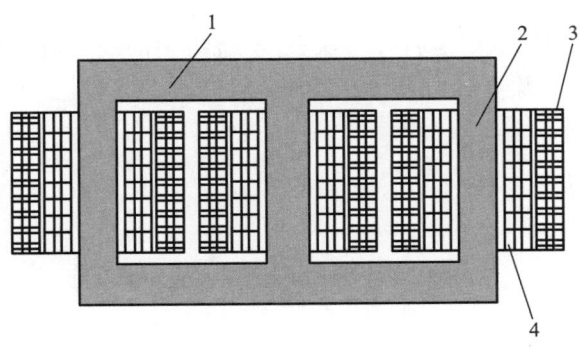

图 2.3 三相心式变压器的铁心与绕组

1. 铁轭 2. 铁心柱 3. 高压绕组 4. 低压绕组

3. 油箱

油箱里充满了变压器油,由铁心和绕组组成的器身就浸泡在变压器油中,这种变压器称为油浸式变压器。变压器油有绝缘作用和冷却作用。

变压器还有气体继电器、安全气道等,用作监视和保护装置,保护变压器安全运行。

2.1.2 变压器的铭牌数据

每一台变压器的铭牌上都标明了变压器的型号、额定数据及其他数据。

变压器的型号是由汉语拼音字母和数字组合起来的,字母表示类型;数字分别表示额定容量和高压侧的额定电压。例如

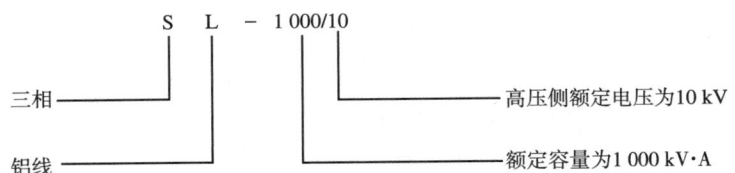

其中 SL 为变压器的基本型号,表示是一台三相油浸自冷式双绕组铝线变压器,其后的两组数字表示其额定容量为 1 000 kV·A 及高压侧额定电压为 10 kV。

变压器的额定数据有:

1. 额定容量 S_N

额定容量就是变压器的额定视在功率,单位为 V·A 或 kV·A。由于变压器效率高,通常把一次、二次绕组的容量设计为相等。

2. 额定电压 U_{1N}/U_{2N}

额定电压都是指线电压,一次绕组额定电压 U_{1N} 是指加到一次绕组上的电源线电压的额定值;二次绕组额定电压 U_{2N} 是指当一次绕组接额定电压、变压器空载运行时二次绕组的线电压。单位为 V 或 kV。

3. 额定电流 I_{1N}/I_{2N}

额定电流是变压器在额定运行时一次、二次绕组中的线电流,单位为 A。根据额定容量 S_N 和额定电压 U_{1N} 及 U_{2N},可以计算出额定电流 I_{1N} 及 I_{2N}。

对于单相变压器

$$I_{1N} = \frac{S_N}{U_{1N}} \tag{2.1}$$

$$I_{2N} = \frac{S_N}{U_{2N}} \tag{2.2}$$

对于三相变压器

$$I_{1N} = \frac{S_N}{\sqrt{3}\,U_{1N}} \tag{2.3}$$

$$I_{2N} = \frac{S_N}{\sqrt{3}\,U_{2N}} \tag{2.4}$$

4. 额定频率 f_N

我国规定工业用电标准频率为 50 Hz。

此外在变压器的铭牌上还标有额定效率 η_N、额定温升 τ_N、短路电压 u_K、联结组标号和接线图等,有关的数据将在后面讲述。

例 2.1　一台三相变压器 $S_N = 100$ kV·A,$U_{1N}/U_{2N} = 10$ kV/0.4 kV,试求一次、二次绕组的额定电流。

解:一次绕组额定电流为

$$I_{1N} = \frac{S_N}{\sqrt{3}\,U_{1N}} = \frac{100 \times 10^3}{\sqrt{3} \times 10 \times 10^3} \text{ A} = 5.77 \text{ A}$$

二次绕组的额定电流为

$$I_{2N} = \frac{S_N}{\sqrt{3}\,U_{2N}} = \frac{100 \times 10^3}{\sqrt{3} \times 0.4 \times 10^3} \text{ A} = 144.3 \text{ A}$$

2.2　变压器的空载运行

如果变压器的一次绕组接三相对称电压,二次绕组接三相对称负载(三相负载阻抗相等),变压器的这种运行状况称为对称运行。

分析对称运行的三相变压器,只需分析其中一相的运行情况即可,其余两相的情况由对称关系便可确定。这样,一台对称运行的三相变压器就可以简化为一台单相变压器进行分析。所以本章分析变压器运行理论和特性时,都是针对单相变压器的,所涉及的参数都是指单相值,分析结果不仅适用于单相变压器,也适用于三相变压器,只是在分析三相变压器时要注意参数的相值与线值的关系。

变压器一次绕组接电源,二次绕组不接负载的运行方式称为空载运行;二次绕组接负载的运行方式称为负载运行。分析时,先分析简单的空载运行,再分析负载运行。

分析中常用到相量和相量图。后面章节中,凡在大写英文字母上打"·"者,表示为相量。加粗的大写英文字母表示力的矢量。

2.2.1　变压器空载运行时的物理状况

变压器空载运行原理图如图 2.4 所示。在图中一次绕组的匝数为 N_1,其首端和末端用大写字母 U_1 和 U_2 表示;二次绕组的匝数为 N_2,其首、末端用对应的小写字母 u_1 和 u_2 表示。空载运行时,二次绕组 u_1u_2 开路,一次绕组 U_1U_2 接到电压为 $\dot{U}_1$ 的交流电源上,便有电流 $\dot{I}_0$ 流过,$\dot{I}_0$ 称为空载电流,亦称励磁电流,产生的磁动势 $\dot{I}_0N_1$ 称为空载磁动势,亦称励磁磁动势。在空载磁动势作用下,会在变压器中产生磁通。磁通的绝大部分经过铁心形成的闭合磁路,称为主磁通 $\dot{\Phi}_m$,主磁通 $\dot{\Phi}_m$ 同时与一次、二次绕组相交链,会在一次、二次绕组中产生感应电动势 $\dot{E}_1$ 及 $\dot{E}_2$;只有极小部分磁通经过由变压器油或空气形成的磁路,称为漏磁通 $\dot{\Phi}_{\sigma 1}$,漏磁通只与一次绕组相交链,只在一次绕组中产生漏感电动势 $\dot{E}_{\sigma 1}$。

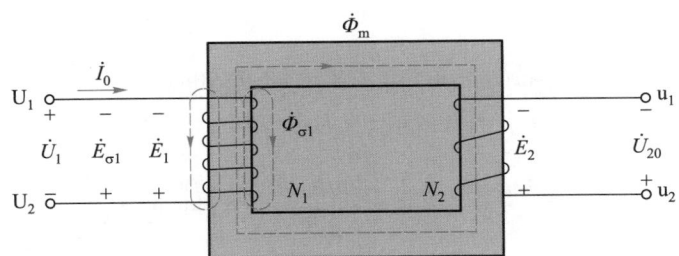

图 2.4　变压器空载运行原理图

2.2.2　电磁量参考方向的习惯规定

变压器接交流电源运行时,各电磁量都按电源的频率进行交变。为了便于表达电磁量之间的关系,习惯地规定了各电磁量的参考方向,如图 2.4 所示。

(1) 电源电压 $\dot{U}_1$ 的参考方向自一次绕组的首端 U_1 指向末端 U_2。

(2) 一次绕组接电源,是接收电能的,按电动机惯例,规定一次绕组电流 $\dot{I}_0$ 的参考方

向为顺电压降 $\dot{U}_1$ 的方向,即自 U_1 点流入,经一次绕组由 U_2 点流出。

(3)由励磁电流 $\dot{I}_0$ 的参考方向来确定所产生的主磁通 $\dot{\Phi}_m$ 和漏磁通 $\dot{\Phi}_{\sigma1}$ 的参考方向时,用右手螺旋定则。

(4)由磁通的参考方向确定感应电动势的参考方向亦用右手螺旋定则,如图 0.4 所示。由主磁通 $\dot{\Phi}_m$ 的参考方向确定 $\dot{E}_1$ 及 $\dot{E}_2$ 的参考方向用右手螺旋定则;由漏磁通 $\dot{\Phi}_{\sigma1}$ 的参考方向确定 $\dot{E}_{\sigma1}$ 的参考方向也用右手螺旋定则。

(5)二次绕组首、末端与 $\dot{E}_2$ 的关系类似于一次绕组首、末端与 $\dot{E}_1$ 的关系,$\dot{E}_1$ 的参考方向是由 U_1 指向 U_2,则 $\dot{E}_2$ 的参考方向也应由 u_1 指向 u_2,所以由 $\dot{E}_2$ 的参考方向可确定二次绕组的首端 u_1 及末端 u_2。

(6)由 $\dot{E}_2$ 的参考方向可确定 $\dot{U}_2$ 的参考方向,空载时 $\dot{U}_2$ 就是 $\dot{U}_{20}$,并且 $\dot{U}_{20}=\dot{E}_2$。

2.2.3 变压器绕组的感应电动势

假设变压器中的主磁通按正弦规律变化,即

$$\phi = \Phi_m \sin \omega t \tag{2.5}$$

式中,Φ_m 为主磁通的幅值,ω 是角频率,$\omega = 2\pi f$,f 是电源频率。

根据楞次定律,交变的主磁通在一次绕组中产生的感应电动势 e_1 为

$$e_1 = -N_1 \frac{\mathrm{d}\phi}{\mathrm{d}t} = -\omega N_1 \Phi_m \cos \omega t = \omega N_1 \Phi_m \sin(\omega t - 90°)$$

$$= E_{1m} \sin(\omega t - 90°) = \sqrt{2} E_1 \sin(\omega t - 90°) \tag{2.6}$$

式中,e_1 的幅值为 $E_{1m} = \omega N_1 \Phi_m$,而有效值 E_1 为

$$E_1 = \frac{E_{1m}}{\sqrt{2}} = \frac{N_1 \Phi_m}{\sqrt{2}} \omega = \frac{2\pi f N_1 \Phi_m}{\sqrt{2}} = 4.44 f N_1 \Phi_m \tag{2.7}$$

上式表明:绕组中感应电动势的有效值与磁通幅值成正比,与磁通交变频率及绕组匝数成正比。

一个正弦量,如正弦感应电动势 $e_1 = E_{1m} \sin(\omega t - 90°) = \sqrt{2} E_1 \sin(\omega t - 90°)$ 用相量来表示较为简单。相量的书写方式是,在表示正弦量有效值的大写字母上加一圆点,就是该正弦量的有效值相量;在表示正弦量幅值的大写字母上加一圆点,就是该正弦量的幅值相量。所以,$\dot{E}_1$ 和 $\dot{E}_{1m}$ 分别是正弦量 e_1 的有效值相量和幅值相量。

变压器中各电磁量之间的关系错综复杂,当用相量表示时就简单明了。例如式(2.7)表示了感应电动势 E_1 与主磁通 Φ_m 之间的大小关系,式(2.6)还表示了两者的相位关系,即 e_1 比 ϕ 滞后 90°。将两式合并用相量来表示就很简单,即有

$$\dot{E}_1 = -j4.44 fN_1 \dot{\Phi}_m \tag{2.8}$$

式中，$-j$ 表示在相位上相量 $\dot{E}_1$ 比相量 $\dot{\Phi}_m$ 滞后 $90°$；在大小关系上，$E_1 = 4.44 fN_1\Phi_m$，同理，交变的主磁通 $\dot{\Phi}_m$ 在二次绕组中的感应电动势 e_2 写成相量的形式为

$$\dot{E}_2 = -j4.44 fN_2 \dot{\Phi}_m \tag{2.9}$$

$\dot{E}_2$ 在相位上亦滞后 $\dot{\Phi}_m$ $90°$，与 $\dot{E}_1$ 同相位；在大小关系上，有

$$E_2 = 4.44 fN_2\Phi_m \tag{2.10}$$

在变压器中，一次、二次绕组感应电动势有效值 E_1 与 E_2 之比，就是变压器的变比 K，即

$$K = \frac{E_1}{E_2} = \frac{4.44fN_1\Phi_m}{4.44fN_2\Phi_m} = \frac{N_1}{N_2} \tag{2.11}$$

变压器的变比等于一次、二次绕组匝数之比。

在忽略绕组电阻和漏磁通时，根据电路的基尔霍夫电压定律，空载运行的变压器一次侧、二次侧电压为

$$\dot{U}_1 = -\dot{E}_1 \tag{2.12}$$

$$\dot{U}_{20} = \dot{E}_2 \tag{2.13}$$

仅仅比较一次、二次绕组电压的大小，就得到

$$\frac{U_1}{U_2} = \frac{U_1}{U_{20}} = \frac{E_1}{E_2} = K \tag{2.14}$$

由于正弦相量能同时表示正弦量之间的大小关系和相位关系，因而可以将多个同频率的正弦相量表示在一张图上，这样的图称为相量图。在忽略绕组电阻和漏磁通时，空载运行变压器的相量图如图 2.5 所示。

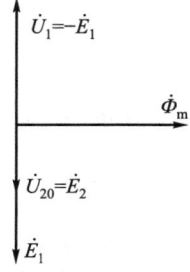

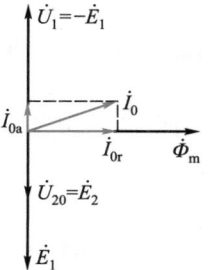

图 2.5　忽略绕组电阻和漏磁
通时空载运行变压器相量图

图 2.6　变压器励磁电流与
主磁通及感应电动势相量图

2.2.4　励磁电流

变压器空载运行时,一次绕组流过的电流 i_0 称为空载电流,亦称励磁电流。它一方面要建立起变压器空载运行的磁场,另一方面也会产生损耗。前者对应于励磁电流 i_0 中的无功电流分量,称为磁化电流 i_{0r};后者对应于 i_0 中有功电流分量 i_{0a},与磁滞损耗和涡流损耗即铁损耗相对应。

图 2.6 是空载运行时变压器励磁电流、主磁通和感应电动势的相量图,图中 $\dot{I}_0$ 是励磁电流,$\dot{I}_0$ 的无功分量电流 $\dot{I}_{0r}$ 与 $\dot{\Phi}_m$ 同相位;$\dot{I}_0$ 的有功分量电流 $\dot{I}_{0a}$ 与 $\dot{U}_1$ 同相位。

它们的相量关系为

$$\dot{I}_0 = \dot{I}_{0r} + \dot{I}_{0a} \tag{2.15}$$

它们的有效值关系为

$$I_0 = \sqrt{I_{0r}^2 + I_{0a}^2} \tag{2.16}$$

在变压器中,I_{0a} 与 I_{0r} 相比很小,一般是 $I_{0a} = 0.01 I_{0r}$,可以忽略,所以也就把励磁电流 $\dot{I}_0$ 称为磁化电流了。由于铁磁材料的导磁性能很好,绕组的励磁电流相对于额定电流很小,为额定电流的 2% ~ 10%。

2.2.5　空载运行时电压平衡方程式

变压器空载运行时,励磁电流 $\dot{I}_0$ 产生的磁通包括主磁通 $\dot{\Phi}_m$ 和漏磁通 $\dot{\Phi}_{\sigma 1}$,主磁通和漏磁通都与一次绕组相交链,会在一次绕组中分别产生感应电动势 $\dot{E}_1$ 及 $\dot{E}_{\sigma 1}$,如图 2.4 所示。

由于漏磁通经过的是线性磁路,其大小与励磁电流成正比,且两者相位相同,常用漏电感 L_{s1} 表示两者的关系。当用 $\Phi_{\sigma 1}$ 表示漏磁通的幅值时,就有 $N_1 \Phi_{\sigma 1} = \sqrt{2} I_0 L_{s1}$,则 $L_{s1} = \dfrac{N_1 \Phi_{\sigma 1}}{\sqrt{2} I_0}$ 表示单位励磁电流产生的漏磁链,L_{s1} 为常数。

式(2.8)$\dot{E}_1 = -j4.44 f N_1 \dot{\Phi}_m$ 表示 $\dot{E}_1$ 与 $\dot{\Phi}_m$ 的关系,$\dot{E}_{\sigma 1}$ 与 $\dot{\Phi}_{\sigma 1}$ 的关系与之类似,于是就有

$$\begin{aligned}
\dot{E}_{\sigma 1} &= -j4.44 f N_1 \dot{\Phi}_{\sigma 1} = -j\left(\frac{\omega}{\sqrt{2}}\right) N_1 \dot{\Phi}_{\sigma 1} = -j\left(\frac{\omega}{\sqrt{2}}\right) N_1 \dot{\Phi}_{\sigma 1} \frac{\dot{I}_0}{I_0} \\
&= -j\omega L_{s1} \dot{I}_0 = -jX_1 \dot{I}_0
\end{aligned} \tag{2.17}$$

式中 $X_1 = \omega L_{s1}$ 是一次绕组的漏电抗。

考虑一次绕组的漏电抗 X_1 和电阻 R_1,可得到一次绕组的电压平衡方程式为

$$\dot{U}_1 = R_1\dot{I}_0 - \dot{E}_1 - \dot{E}_{\sigma1} \qquad (2.18)$$

将式(2.17)代入式(2.18)就得到

$$\dot{U}_1 = R_1\dot{I}_0 - \dot{E}_1 + jX_1\dot{I}_0 = (R_1+jX_1)\dot{I}_0 - \dot{E}_1 = Z_1\dot{I}_0 - \dot{E}_1 \qquad (2.19)$$

式中,$Z_1 = R_1 + jX_1$ 是一次绕组的漏阻抗,上式就是变压器空载运行时一次绕组电压表达式。二次绕组没有电流流过,其电压表达式仍为

$$\dot{U}_{20} = \dot{E}_2$$

2.2.6　空载运行时的相量图及等值电路

1. 空载运行时的相量图

变压器空载运行时的相量图如图 2.7 所示。先画相量 $\dot{\Phi}_m$,再在滞后 90° 的位置上画出相量 $\dot{E}_1$ 和 $\dot{E}_2$,然后画出 $\dot{I}_0$,之后画出 $-\dot{E}_1$,在 $-\dot{E}_1$ 上加上与 $\dot{I}_0$ 同相位的电阻压降 $R_1\dot{I}_0$,再加上领先 $\dot{I}_0$90° 的漏电抗压降 $jX_1\dot{I}_0$,就可画出电源电压 $\dot{U}_1$。

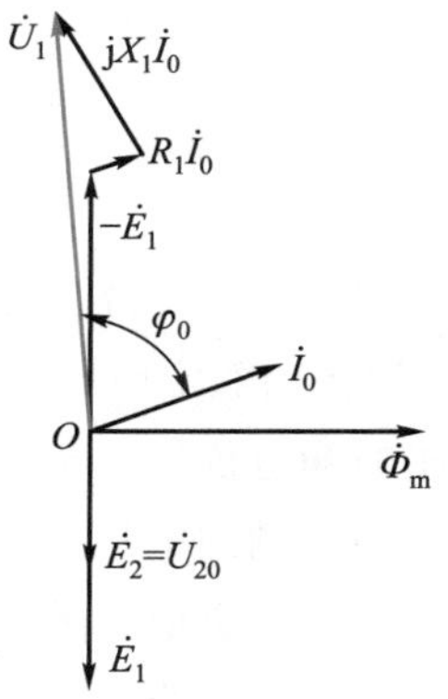

实际的 $R_1\dot{I}_0$ 和 $jX_1\dot{I}_0$ 都远小于 $-\dot{E}_1$,图中为便于观察将它们夸大了。

2. 空载运行时的等值电路

在变压器的分析和计算中,常将变压器内部复杂的电磁关系用一个模拟电路来等效,使得分析和计算工作大为简化,这个等效的模拟电路就称为变压器的等值电路。

由式(2.17)$-\dot{E}_{\sigma1}=jX_1\dot{I}_0$,可以认为 $-\dot{E}_{\sigma1}$ 是空载电流 $\dot{I}_0$ 在一次绕组漏电抗 X_1 上的电压降,那么同样也可以认为 $-\dot{E}_1$ 是 $\dot{I}_0$ 在某一电路如 $Z_m = R_m + jX_m$ 电路上的电压降,这样 $-\dot{E}_1$ 可以表示为

$$-\dot{E}_1 = (R_m + jX_m)\dot{I}_0 = Z_m\dot{I}_0 \qquad (2.20)$$

图 2.7　变压器空载运行相量图

式中,$Z_m = R_m + jX_m$ 称为变压器的励磁阻抗;R_m 称为励磁电阻,是反映变压器铁心损耗的参数,即 $P_{Fe} = R_m I_0^2$;X_m 称为励磁电抗,一般 $X_m \gg R_m$,故有 $X_m \approx |Z_m| = E_1/I_0$,所以 X_m 表示单位励磁电流产生的感应电动势。

把式(2.20)代入式(2.19)就得到

$$\dot{U}_1 = Z_1\dot{I}_0 - \dot{E}_1 = Z_1\dot{I}_0 + Z_m\dot{I}_0 = (Z_1+Z_m)\dot{I}_0 \qquad (2.21)$$

上式表明，变压器运行时，相当于阻抗分别为 Z_1 和 Z_m 的两个电路串联后接到电压为 $\dot{U}_1$ 的电源上，这样得到的等值电路图如图 2.8 所示。由图可见，空载运行的变压器可用两个线圈串联来等效，其中一个是空心线圈，它与一次绕组的漏阻抗 $Z_1 = R_1 + jX_1$ 等效，R_1 和 X_1 都是常数；另一个是铁心线圈，它与励磁阻抗 $Z_m = R_m + jX_m$ 等效。

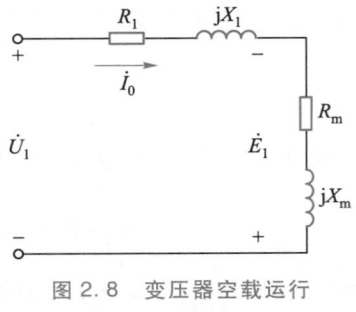

图 2.8　变压器空载运行
时的等值电路

与 R_1 和 X_1 不同的是，R_m 和 X_m 不是常数，它们随铁心饱和程度增加而减少。

从大小上看，Z_m 远大于 Z_1，则 $U_1 \approx E_1 = |Z_m| I_0$，$|Z_m|$ 是励磁阻抗 Z_m 的模，因而可以认为只有在电源电压不变时励磁阻抗 Z_m 才是一个常数。

综上所述，变压器空载运行时各电磁量之间的关系可用下面的方程组来表示

$$
\begin{aligned}
\dot{U}_1 &= Z_1 \dot{I}_0 - \dot{E}_1 \\
-\dot{E}_1 &= Z_m \dot{I}_0 \\
\dot{U}_{20} &= \dot{E}_2 \\
\frac{U_1}{U_2} &= \frac{E_1}{E_2} = \frac{N_1}{N_2} = K
\end{aligned}
\tag{2.22}
$$

例 2.2　一台三相变压器，Yy 联结（一次、二次绕组都接成星形），额定容量 $S_N = 100 \text{ kV·A}$，额定电压 $U_{1N}/U_{2N} = 6\,000/400 \text{ V}$，额定电流 $I_{1N}/I_{2N} = 9.62/144.3 \text{ A}$，一次绕组一相的漏电抗 $Z_1 = R_1 + jX_1 = (5 + j10) \Omega$，励磁阻抗 $Z_m = R_m + jX_m = (514 + j5\,526) \Omega$，计算

（1）励磁电流 I_0；

（2）励磁电流 I_0 与额定电流 I_{1N} 之比；

（3）一次绕组的相电压、相电动势及漏阻抗压降，并比较它们的大小。

解：（1）求励磁电流 I_0

$$Z_1 + Z_m = [(5 + j10) + (514 + j5\,526)]\Omega = 5\,560\underline{/84.65°}\ \Omega$$

则

$$|Z_1 + Z_m| = 5\,560$$

$$I_0 = \frac{U_{1N}/\sqrt{3}}{|Z_1 + Z_m|} = \frac{6 \times 10^3}{\sqrt{3} \times 5\,560}\ \text{A} = 0.623\ \text{A}$$

（2）求 I_0 与 I_{1N} 之比

$$\frac{I_0}{I_{1N}} = \frac{0.623}{9.62} \times 100\% = 6.48\%$$

（3）一次绕组的相电压、相电动势及漏阻抗压降

相电压

$$U_1 = \frac{U_{1N}}{\sqrt{3}} = \frac{6 \times 10^3}{\sqrt{3}} \text{ V} = 3\ 464 \text{ V}$$

相电动势

$$E_1 = |Z_m| I_0 = \sqrt{514^2 + 5\ 526^2} \times 0.623 \text{ V} = 3\ 458 \text{ V}$$

每相漏阻抗压降

$$|Z_1| I_0 = \sqrt{5^2 + 10^2} \times 0.623 \text{ V} = 6.97 \text{ V}$$

从上面的数值,可以比较它们之间的大小

$$|Z_1| I_0 \ll E_1, E_1 \approx U_1$$

通过本例题验证了变压器中的一些基本事实:漏阻抗远小于励磁阻抗,即 $|Z_1| \ll$ $|Z_m|$,且 $R_m \ll X_m$;I_0 / I_{1N} 很小,在 2% ~ 10% 之间。

2.3 变压器的负载运行

变压器的一次绕组接交流电源,二次绕组接负载的运行方式,称为变压器的负载运行,这是变压器正常的运行方式。变压器负载运行的原理图如图 2.9 所示。

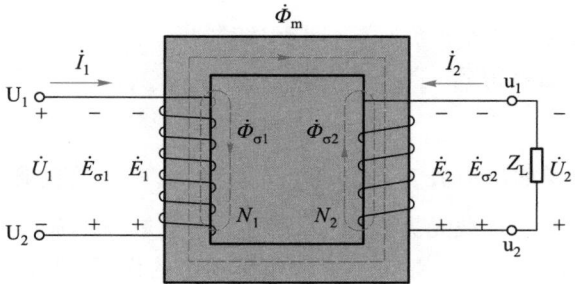

图 2.9 变压器负载运行原理图

2.3.1 负载运行时的物理状况及磁动势平衡方程式

当变压器一次绕组接电源,二次绕组两端接负载阻抗 Z_L 时,在二次绕组感应电动势 $\dot{E}_2$ 的作用下,就会有电流 $\dot{I}_2$ 流过负载,如图 2.9 所示。当 E_2 不变时,I_2 的大小就取决于 Z_L 的大小:Z_L 小,I_2 就大,称为重负载;反之,Z_L 大,I_2 就小,称为轻负载,因而也称 I_2 为负载电流。

负载阻抗 Z_L 上流过电流 I_2,负载就获得了电能,这是由变压器的一次绕组从电源吸收的电能,经过电磁感应传递到二次绕组,再输出到负载。设这时一次绕组的电流为 $\dot{I}_1$。

当一次绕组有电流 $\dot{I}_1$ 流过时,会产生主磁通 $\dot{\Phi}_1$ 和漏磁通 $\dot{\Phi}_{\sigma 1}$;当二次绕组有电流 $\dot{I}_2$ 流过时,会产生主磁通 $\dot{\Phi}_2$ 和漏磁通 $\dot{\Phi}_{\sigma 2}$。主磁通 $\dot{\Phi}_1$ 和 $\dot{\Phi}_2$ 都是经过铁心磁路而同时与一次和二次绕组相交链的磁通,$\dot{\Phi}_{\sigma 1}$ 是只与一次绕组相交链的漏磁通;$\dot{\Phi}_{\sigma 2}$ 是只与二次绕组相交链的漏磁通,如图 2.9 所示。

负载时也有 $|Z_1|I_1 \ll U_1$,可以忽略 $|Z_1|I_1$,这样 $U_1 \approx E_1 = 4.44 fN_1 \Phi_m$,这说明只要电源电压不变,不管负载怎么变,通过铁心的合成主磁通是不变的,也就等于空载时的主磁通 $\dot{\Phi}_m$,于是就得到主磁通平衡方程式,即

$$\dot{\Phi}_1 + \dot{\Phi}_2 = \dot{\Phi}_m \qquad (2.23)$$

根据磁路的欧姆定律,就有

$$\frac{N_1 \dot{I}_1}{R_z} + \frac{N_2 \dot{I}_2}{R_z} = \frac{N_1 \dot{I}_0}{R_z} \qquad (2.24)$$

式中,R_z 为铁心磁路的磁阻,在电源电压不变时为常数;$N_1 \dot{I}_1$ 为一次绕组电流 $\dot{I}_1$ 产生的磁动势;$N_2 \dot{I}_2$ 为二次绕组电流 $\dot{I}_2$ 产生的磁动势;$N_1 \dot{I}_0$ 为空载磁动势。

由上式可得

$$N_1 \dot{I}_1 + N_2 \dot{I}_2 = N_1 \dot{I}_0 \qquad (2.25)$$

这就是变压器的磁动势平衡方程式,即负载时的磁动势等于空载时的磁动势。

将式(2.25)移项后就得到

$$N_1 \dot{I}_1 = N_1 \dot{I}_0 + (-N_2 \dot{I}_2) \qquad (2.26)$$

上式说明一次绕组的磁动势 $N_1 \dot{I}_1$ 由两个分量组成,一个是励磁磁动势 $N_1 \dot{I}_0$,用来产生主磁通 $\dot{\Phi}_m$,这是一个与负载无关的分量;另一个分量是$(-N_2 \dot{I}_2)$,大小与二次绕组的磁动势相等,而方向相反,其作用是抵消二次绕组磁动势的作用,是随负载而变化的分量。

将式(2.26)改写为

$$\dot{I}_1 = \dot{I}_0 + \left(-\dot{I}_2 \frac{N_2}{N_1}\right) = \dot{I}_0 + \left(-\frac{\dot{I}_2}{K}\right) \qquad (2.27)$$

上式表明,一次绕组中的电流 $\dot{I}_1$ 也是由两个分量组成,一个分量是励磁电流 $\dot{I}_0$,用来建立磁场,是常数;另一个分量 $\left(-\dfrac{\dot{I}_2}{K}\right)$ 是用来平衡负载电流 $\dot{I}_2$ 的,是 $\dot{I}_1$ 的负载分量。

2.3.2   负载运行时的基本方程式

二次绕组电流 $\dot{I}_2$ 除了产生经过铁心的主磁通 $\dot{\Phi}_2$ 外,还会产生只与二次绕组相交链

的漏磁通 $\dot{\Phi}_{\sigma 2}$，漏磁通 $\dot{\Phi}_{\sigma 2}$ 会在二次绕组中产生感应电动势 $\dot{E}_{\sigma 2}$，如图 2.9 所示，其大小为

$$E_{\sigma 2} = 4.44 f N_2 \Phi_{\sigma 2} \tag{2.28}$$

式中，$\Phi_{\sigma 2}$ 是二次绕组漏磁通的幅值。

空载运行时，$\dot{E}_{\sigma 1} = -jX_1\dot{I}_0$；带负载时一次绕组电流为 $\dot{I}_1$，这时 $\dot{E}_{\sigma 1} = -jX_1\dot{I}_1$。与此相类似，把 $\dot{E}_{\sigma 2}$ 也表示为二次绕组电流 $\dot{I}_2$ 与二次绕组漏电抗 X_2 的乘积，即

$$\dot{E}_{\sigma 2} = -jX_2\dot{I}_2 \tag{2.29}$$

式中，$-j$ 表示 $\dot{E}_{\sigma 2}$ 滞后 $\dot{I}_2$ 90°。

对于二次绕组，利用发电机定则，可以写出电压平衡方程式，即二次绕组感应电动势之和 $(\dot{E}_2 + \dot{E}_{\sigma 2})$ 减去绕组内部电阻压降 $R_2\dot{I}_2$，就是二次绕组输出电压 $\dot{U}_2$，于是有

$$\begin{aligned}
\dot{U}_2 &= \dot{E}_2 + \dot{E}_{\sigma 2} - R_2\dot{I}_2 = \dot{E}_2 - jX_2\dot{I}_2 - R_2\dot{I}_2 \\
&= \dot{E}_2 - (R_2 + jX_2)\dot{I}_2 = \dot{E}_2 - Z_2\dot{I}_2
\end{aligned} \tag{2.30}$$

式中，$Z_2 = R_2 + jX_2$ 是二次绕组的漏阻抗。

从负载两端看，当然就有

$$\dot{U}_2 = Z_L\dot{I}_2 \tag{2.31}$$

对一次绕组而言，当流过的电流为 $\dot{I}_1$ 时，其电压平衡方程式应为

$$\dot{U}_1 = Z_1\dot{I}_1 - \dot{E}_1 \tag{2.32}$$

综合前面的分析，可以列写出变压器负载运行时的基本方程组为

$$\begin{cases}
\dot{U}_1 = Z_1\dot{I}_1 - \dot{E}_1 \\
\dot{U}_2 = \dot{E}_2 - Z_2\dot{I}_2 \\
N_1\dot{I}_1 + N_2\dot{I}_2 = N_1\dot{I}_0 \\
-\dot{E}_1 = Z_m\dot{I}_0 \\
\dot{U}_2 = Z_L\dot{I}_2 \\
\dfrac{E_1}{E_2} = K
\end{cases} \tag{2.33}$$

2.3.3 变压器的折算法

利用式（2.33）对变压器进行定量计算时，要解联立复数方程组，相当繁琐。为了计算简化和作图的方便，引入了折算法。

折算法是在保持原有电磁关系不变的前提下，把二次绕组的匝数变换为一次绕组的匝数，并对二次侧电磁量进行折合的算法。这时变比 $K=1$，主磁通在一次、二次绕组感应

的电动势相等,这样,可使计算大为简化,并便于推导出变压器的等值电路和作出变压器的相量图。为与原来的电磁量相区别,折算后的电磁量在其右上角加"′"表示,例如 U'_2 是 U_2 的折算值,I'_2 是 I_2 的折算值等。

折算可以是双向的,既可以是二次侧向一次侧折算,也可以是一次侧向二次侧折算。

所谓折算中保持原有的电磁关系不变,就是保持一次、二次绕组的磁动势不变、输出功率不变、损耗不变等等。

1. 根据磁动势不变的原则求二次绕组电流折算值 I'_2。折算前二次绕组磁动势为 $N_2 I_2$;折算后二次绕组匝数为 N_1,电流为 I'_2,则磁动势为 $N_1 I'_2$,根据磁动势不变的原则就有

$$N_1 \dot{I}'_2 = N_2 \dot{I}_2$$

也就是

$$\dot{I}'_2 = \frac{N_2}{N_1}\dot{I}_2 = \frac{\dot{I}_2}{K} \tag{2.34}$$

即二次侧电流的折算值是原值的 $1/K$ 倍。

2. 根据主磁通保持不变的原则求 $\dot{E}'_2$。折算前二次绕组匝数为 N_2,感应电动势为 $\dot{E}_2$,折算后二次绕组匝数为 N_1,等于一次绕组匝数,所以感应电动势 $\dot{E}'_2$ 等于一次绕组的感应电动势 $\dot{E}_1$,也就有

$$\dot{E}'_2 = \dot{E}_1 = K\dot{E}_2 \tag{2.35}$$

即二次绕组感应电动势(或电压)的折算值是原值的 K 倍。同理有

$$\dot{E}'_{\sigma 2} = K\dot{E}_{\sigma 2} \tag{2.36}$$

$$\dot{U}'_2 = K\dot{U}_2 \tag{2.37}$$

3. 根据铜损耗不变求二次绕组电阻的折算值 R'_2。

$$R_2 I_2^2 = R'_2 (I'_2)^2$$

所以有

$$R'_2 = \left(\frac{I_2}{I'_2}\right)^2 R_2 = K^2 R_2 \tag{2.38}$$

即二次绕组电阻的折算值是原值的 K^2 倍。同理有

$$X'_2 = K^2 X_2 \tag{2.39}$$

$$Z'_2 = K^2 Z_2 \tag{2.40}$$

$$Z'_L = K^2 Z_L \tag{2.41}$$

总结:当二次绕组向一次绕组折算时,电压、电动势的折算值等于原值乘以变比 K;电阻、电抗、阻抗的折算值等于原值乘以 K^2;电流的折算值为原值的 $1/K$。

需要指出的是,采用折算法把二次绕组各电磁量折算到一次绕组进行分析和计算

时,所得分析和计算的结果中,一次绕组各电磁量都是实际值,而二次绕组各电磁量都是折算值,不是实际值,要求实际值,还必须用折算公式将折算值换算为实际值。

2.3.4 折算后的基本方程式和等值电路

采用二次绕组向一次绕组的折算法后,描述变压器运行时电磁关系的基本方程式(2.33)就变为

$$
\begin{aligned}
&\dot{U}_1 = Z_1 \dot{I}_1 - \dot{E}_1 \\
&\dot{U}_2' = \dot{E}_2' - Z_2' \dot{I}_2' \\
&\dot{E}_1 = \dot{E}_2' \\
&\dot{I}_1 + \dot{I}_2' = \dot{I}_0 \\
&-\dot{E}_1 = Z_m \dot{I}_0 \\
&\dot{U}_2' = Z_L' \dot{I}_2'
\end{aligned}
\tag{2.42}
$$

由上述的方程组可以推导出与之等效的等值电路,因为有

$$
\dot{I}_1 = \dot{I}_0 - \dot{I}_2' \tag{2.43}
$$

$$
\dot{I}_0 = \frac{-\dot{E}_1}{Z_m} \tag{2.44}
$$

$$
\dot{I}_2' = \frac{\dot{E}_2'}{Z_L' + Z_2'} \tag{2.45}
$$

把式(2.44)和式(2.45)代入式(2.43)中可得到 $\dot{E}_1$ 的表达式为

$$
-\dot{E}_1 = \frac{\dot{I}_1}{\dfrac{1}{Z_m} + \dfrac{1}{Z_2' + Z_L'}} \tag{2.46}
$$

把式(2.46)代入公式 $\dot{U}_1 = Z_1 \dot{I}_1 - \dot{E}_1$ 后,就得到

$$
\frac{\dot{U}_1}{\dot{I}_1} = Z_1 + \frac{1}{\dfrac{1}{Z_m} + \dfrac{1}{Z_2' + Z_L'}} = Z_d \tag{2.47}
$$

Z_d 是从电网看变压器时的等效阻抗, $Z_d = Z_1 + \dfrac{Z_m(Z_2' + Z_L')}{Z_m + (Z_2' + Z_L')}$,显然是由 4 个阻抗串并联组成,即 Z_2' 与 Z_L' 串联后与 Z_m 并联,然后再与 Z_1 串联接至电源电压 $\dot{U}_1$,从电源吸收电流 $\dot{I}_1$,其等值电路如图 2.10 所示,图中 Z_1、Z_2' 及 Z_m 所在的三条支路呈 T 字形,故称为 T 形等

值电路。

由等值电路图可知，变压器经过折算后变成了一个由串并联元件组成的交流电路，便于参数计算和运行情况分析。

在用 T 形等值电路分析和计算变压器的电磁量时，要注意 T 形电路和式（2.42）中的各电磁量都是相值。

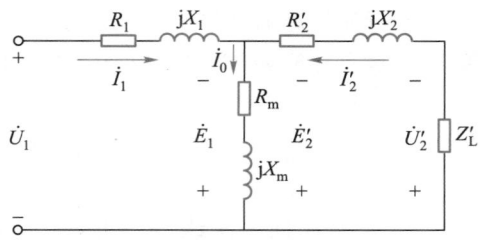

图 2.10　变压器负载运行时等值电路图

在 T 形电路中 $|Z_m| \gg |(Z_2' + Z_L')|$，去掉 Z_m 支路不会有大的误差，这样，T 形电路就简化为一字形的等值电路，如图 2.11 所示。

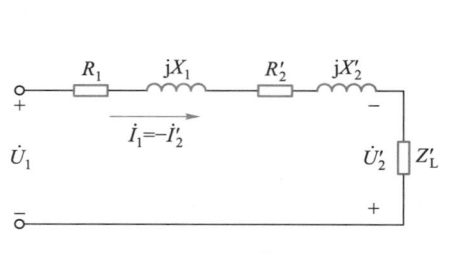

图 2.11　简化等值电路

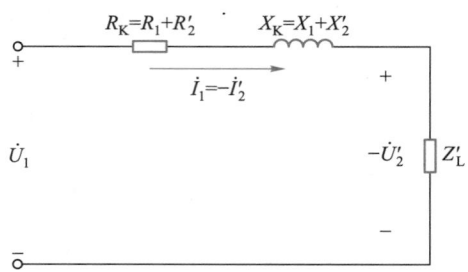

图 2.12　用短路阻抗表示的等值电路

在简化等值电路中，令

$$Z_K = Z_1 + Z_2' = R_K + jX_K$$
$$R_K = R_1 + R_2' \tag{2.48}$$
$$X_K = X_1 + X_2'$$

式中，Z_K 称为变压器的短路阻抗，可以通过变压器的短路试验求得；R_K 是变压器的短路电阻；X_K 是变压器的短路电抗。用短路阻抗表示的简化等值电路如图 2.12 所示。

使用简化等值电路可使计算工作大为简化，所以在变压器的分析和计算中经常使用简化等值电路。

2.3.5　变压器负载运行时的相量图

根据变压器负载运行时的基本方程式（2.42）和 T 形等值电路及简化等值电路，能够画出变压器带负载时的相量图和简化相量图。

依据方程式（2.42）画相量图时，先画出二次绕组各电磁量，再画一次绕组各电磁量。图 2.13 是变压器带电感性负载运行时的相量图。

变压器的变比 K、一次侧的励磁阻抗 $Z_m = R_m + jX_m$ 和漏阻抗 $Z_1 = R_1 + jX_1$、二次侧的漏阻抗 $Z_2 = R_2 + jX_2$ 是已知的或是由实验求得，如果还知道变压器带某负载阻抗 $Z_L = R_L + jX_L$

时的端电压 U_2，按下述步骤就可画出其相量图：

① 先将二次侧已知参数向一次侧折算。

② 由 $\dot{I}'_2 = \dfrac{\dot{U}'_2}{Z'_L}$

计算出 $\dot{I}'_2$ 的大小，$\dot{U}'_2$ 与 $\dot{I}'_2$ 之间的夹角 φ_2 为负载阻抗

角，$\varphi_2 = \arctan\dfrac{X'_L}{R'_L} = \arctan\dfrac{X_L}{R_L}$，首先按一定比例画出相量

$\dot{U}'_2$，再根据 φ_2 和 $\dot{I}'_2$ 的大小画出 $\dot{I}'_2$，感性负载时 φ_2 为正，

$\dot{I}'_2$ 在相位上滞后 $\dot{U}'_2$。

③ 在相量 $\dot{U}'_2$ 上加上相量 $R'_2\dot{I}'_2$ 和相量 $jX'_2\dot{I}'_2$，就得到相

量 $\dot{E}'_2 = \dot{U}'_2 + R'_2\dot{I}'_2 + jX'_2\dot{I}'_2$。

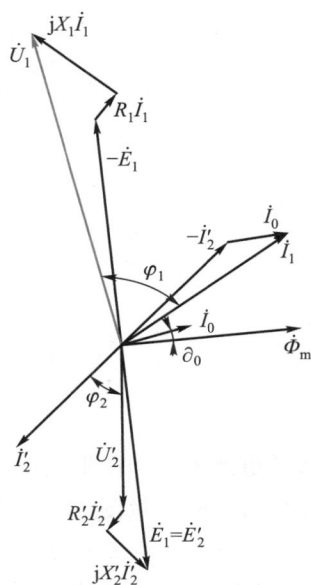

图 2.13　变压器带电感性
负载运行时的相量图

④ 由 $\dot{E}_1 = \dot{E}'_2$ 可知画出的相量 $\dot{E}'_2$ 即是相量 $\dot{E}_1$。

⑤ 画出相量 $\dot{\Phi}_m$，它在相位上超前 $\dot{E}_1$ 90°，大小由 $E_1 = 4.44fN_1\Phi_m$ 计算得出。

⑥ 画出相量 $-\dot{E}_1$，由 $\dot{I}_0 = \dfrac{-\dot{E}_1}{Z_m}$，可画出相量 $\dot{I}_0$，它超前

$\dot{\Phi}_m$ 的角度 ∂_0，称为铁损耗角，$\partial_0 = \arctan\dfrac{R_m}{X_m}$。

⑦ 由 $\dot{I}_1 = \dot{I}_0 + (-\dot{I}'_2)$，将相量 $\dot{I}_0$ 和相量 $(-\dot{I}'_2)$ 相加，即可画出 $\dot{I}_1$。

⑧ 在相量 $-\dot{E}_1$ 上加上相量 $R_1\dot{I}_1$ 和相量 $jX_1\dot{I}_1$，即得到相量 $\dot{U}_1 = -\dot{E}_1 + R_1\dot{I}_1 + jX_1\dot{I}_1$。

图 2.13 是按上述步骤画出的带电感性负载时的相量图。

为了作图的方便，有意将 $R_1\dot{I}_1$、$jX_1\dot{I}_1$、$R'_2\dot{I}'_2$ 和 $jX'_2\dot{I}'_2$ 夸大了。

变压器带电容性负载时相量图的作图过程与带电感性负载时相同，只不过在带电容性负载时负载阻抗角 φ_2 为负，$\dot{I}'_2$ 在相位上超前 $\dot{U}'_2$。

图 2.14（a）和（b）是变压器分别带电感性负载和电容性负载时的简化相量图。画简化相量图依据的是下述方程式

$$
\begin{aligned}
&\dot{U}_1 = -\dot{U}'_2 + (R_K + jX_K)\dot{I}_1 \\
&\dot{U}'_2 = Z'_L\dot{I}'_2 \\
&\dot{I}_1 = -\dot{I}'_2
\end{aligned}
\qquad (2.49)
$$

综上所述，基本方程式（2.42）、等值电路和相量图是分析变压器运行的三种方法。基本方程式（2.42）表示了变压器中各电磁量的相互关系，而等值电路和相量图是基本方

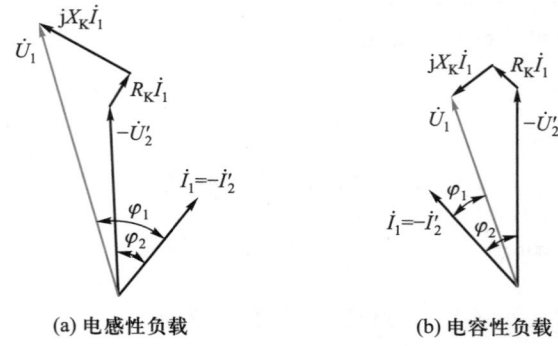

(a) 电感性负载   (b) 电容性负载

图 2.14   变压器负载运行简化相量图

程式的电路表示和图形表示。进行定量计算时等值电路比较方便,讨论各电磁量的大小和相位关系时相量图比较直观。

例 2.3   一台三相电力变压器,$S_N = 800 \text{ kV·A}$,$U_{1N}/U_{2N} = 10 \text{ kV}/0.4 \text{ kV}$,Yy 联结,$R_K = 1.4 \ \Omega$,$X_K = 6.48 \ \Omega$,负载 $Z_L = (0.2+\text{j}0.07)\Omega$,且接成 Y 形,试计算

(1) 变压器一次侧、二次侧电流 I_1 和 I_2(线值);

(2) 二次绕组端电压(线值);

(3) 输入输出的视在功率、有功功率、无功功率及效率。

解:题目中给出了短路阻抗,所以用简化等值电路进行计算,变比 K 为

$$K = \frac{U_1}{U_2} = \frac{U_{1N}/\sqrt{3}}{U_{2N}/\sqrt{3}} = \frac{10\times10^3}{0.4\times10^3} = 25$$

$$Z_L = (0.2+\text{j}0.07)\Omega = 0.212\underline{/19.29°}\ \Omega$$

$$Z_L' = K^2 Z_L = 25^2\times(0.2+\text{j}0.07)\Omega = (125+\text{j}43.75)\Omega$$

$$Z = Z_K + Z_L' = [(1.4+\text{j}6.48)+(125+\text{j}43.75)]\Omega = 136\underline{/21.7°}\ \Omega$$

(1) 一次绕组电流

$$I_1 = \frac{U_1}{|Z|} = \frac{U_{1N}/\sqrt{3}}{|Z|} = \frac{10\times10^3/\sqrt{3}}{136}\ \text{A} = 42.45\ \text{A}$$

二次绕组电流

$$I_2 = KI_1 = 25\times42.45\ \text{A} = 1\,061.25\ \text{A}$$

(2) 二次绕组端电压(线值)

$$U_{2L} = \sqrt{3}\,U_2 = \sqrt{3}\,|Z_L|I_2 = \sqrt{3}\times0.212\times1\,061.25\ \text{V} = 389.7\ \text{V}$$

(3) 一次侧输入的视在功率

$$S_1 = \sqrt{3}\,U_{1N}I_1 = \sqrt{3}\times10\times10^3\times42.45\ \text{V·A} = 735\ \text{kV·A}$$

一次侧输入的有功功率

$$P_1 = S_1\cos\varphi_1 = S_1\cos 21.7° = 735\times0.93\ \text{kW} = 683.55\ \text{kW}$$

一次侧输入的无功功率

$$Q_1 = S_1 \sin \varphi_1 = S_1 \sin 21.7° = 735 \times 0.37 \text{ kvar} = 272 \text{ kvar}$$

二次侧输出的视在功率

$$S_2 = \sqrt{3} U_{2L} I_2 = \sqrt{3} \times 389.7 \times 1\,061.25 \text{ V} \cdot \text{A} = 716.3 \text{ kV} \cdot \text{A}$$

二次侧输出的有功功率

$$P_2 = S_2 \cos \varphi_2 = S_2 \cos 19.29° = 716.3 \times 0.94 \text{ kW} = 673.3 \text{ kW}$$

二次侧输出的无功功率

$$Q_2 = S_2 \sin \varphi_2 = S_2 \sin 19.29° = 716.3 \times 0.33 \text{ kvar} = 236.4 \text{ kvar}$$

变压器的效率

$$\eta = \frac{P_2}{P_1} \times 100\% = \frac{673.3}{683.55} \times 100\% = 98.5\%$$

2.3.6 标幺值

变压器和电机中的各物理量通常都用实际值表示其大小,但有些场合用标幺值来表示某一物理量的相对大小时,更能说明问题的实质。

所谓标幺值就是物理量的实际值与其基值之比,即标幺值=实际值/基值。

为了区别标幺值和实际值,通常在表示实际值的字母的右上角加" * "表示标幺值。例如 I^* 表示电流 I 的标幺值;U^* 表示电压 U 的标幺值等。

基值是人为选定的与实际值同量纲的固定值,一般都把额定值选作基值。这样,一次侧的额定电压 U_{1N} 和额定电流 I_{1N} 分别是一次侧电压和电流的基值;二次侧的 U_{2N} 和 I_{2N} 分别是二次侧电压和电流的基值。阻抗的基值定义为电压的基值除以电流的基值,所以一次绕组漏阻抗的基值为 $|Z_{1N}| = U_{1N}/I_{1N}$,二次绕组漏阻抗的基值为 $|Z_{2N}| = U_{2N}/I_{2N}$。

选定基值后,一次侧、二次侧电压和电流标幺值为

$$U_1^* = \frac{U_1}{U_{1N}}$$

$$I_1^* = \frac{I_1}{I_{1N}}$$
(2.50)

和

$$U_2^* = \frac{U_2}{U_{2N}}$$

$$I_2^* = \frac{I_2}{I_{2N}}$$
(2.51)

一次绕组漏阻抗的标幺值为

$$Z_1^* = \frac{|Z_1|}{|Z_{1N}|} = \frac{|Z_1|}{U_{1N}/I_{1N}} = \frac{I_{1N}|Z_1|}{U_{1N}}$$
(2.52)

二次绕组漏阻抗的标么值为

$$Z_2^* = \frac{|Z_2|}{|Z_{2N}|} = \frac{|Z_2|}{U_{2N}/I_{2N}} = \frac{I_{2N}|Z_2|}{U_{2N}} \tag{2.53}$$

由式（2.52）和式（2.53）可知，阻抗的标么值等于其额定电流在阻抗上产生的电压降的标么值。这样，短路阻抗的标么值 Z_K^* 为

$$Z_K^* = \frac{|Z_K|}{|Z_{1N}|} = \frac{I_{1N}|Z_K|}{U_{1N}} = \frac{U_{KN}}{U_{1N}} = U_K^* \tag{2.54}$$

式中，$U_{KN} = I_{1N}|Z_K|$ 是额定电流在短路阻抗上的电压降，称为短路电压；U_K^* 为短路电压的标么值。

由上式可知，短路阻抗的标么值等于短路电压的标么值，这充分显示了采用标么值的优点，另外电流的标么值能直接地表示变压器运行的实际情况，在变压器运行中，把负载电流的标么值称为负载系数 β，即 $\beta = \frac{I_1}{I_{1N}} = \frac{I_2}{I_{2N}}$。$\beta < 1$ 为欠载运行；$\beta = 1$ 为满载运行；$\beta > 1$ 为过载运行，可见，用电流标么值 β 表示变压器运行状况简明扼要。

2.4　用试验方法测定变压器的参数

变压器的基本参数 Z_1、Z_2 及 Z_m、Z_K 等，不会标明在变压器的铭牌上，也不在产品目录中给出，但可以通过试验方法求取，通常通过空载试验和短路试验来测定变压器的参数。

2.4.1　空载试验

变压器在空载状态下进行的试验称为空载试验。通过空载试验可以测定变压器的变比 K、空载电流 I_0、铁损耗 P_{Fe}，从而计算出励磁阻抗 Z_m。

空载试验的接线图如图 2.15 所示，图（a）为单相变压器试验接线图，图（b）为三相变压器试验接线图。做空载试验时，变压器的一侧接额定电压，另一侧开路。

若试验是在一次侧进行，就应在一次绕组上接额定频率的额定电压 U_{1N}，二次绕组开路。

从空载等值电路图 2.8 中可知，变压器空载时的阻抗 Z_0 为

$$Z_0 = Z_1 + Z_m = (R_1 + jX_1) + (R_m + jX_m)$$

在电力变压器中，$R_m \gg R_1$，$X_m \gg X_1$，于是可以认为

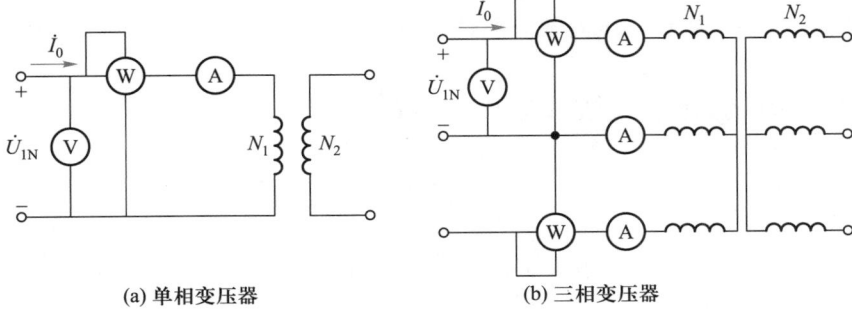

(a) 单相变压器 (b) 三相变压器

图 2.15 空载试验接线图

$$|Z_m| = |Z_0| = \frac{U_1}{I_0}$$

变压器空载试验时,二次绕组开路,没有功率输出,从电源输入的有功功率 P_1 全部转变为损耗,称为空载损耗 P_0,P_0 等于一次侧的铜损耗 P_{Cu1} 和铁损耗 P_{Fe} 之和,由于 $R_m \gg R_1$,铜损耗与铁损耗相比可以忽略,认为空载损耗就是铁损耗。因为试验时外加额定频率的额定电压 U_{1N},铁心中的主磁通与正常运行时的主磁通是相等的,所以空载试验时测得的铁损耗就是变压器正常运行时的铁损耗,于是有

$$P_1 = P_0 = P_{Cu1} + P_{Fe} = R_1 I_0^2 + R_m I_0^2 \approx R_m I_0^2 = P_{Fe}$$

对于单相变压器,根据测出的数据 U_{1N}、U_{20}、I_0 和 P_0,可以计算出变压器的变比 K 和励磁阻抗为

$$K = \frac{U_{1N}}{U_{20}}$$

$$|Z_m| = \frac{U_{1N}}{I_0}$$

$$R_m = \frac{P_0}{I_0^2}$$ \hfill (2.55)

$$X_m = \sqrt{|Z_m|^2 - R_m^2}$$

由于励磁阻抗 $Z_m = R_m + jX_m$ 不是常数,而与磁路的饱和程度有关,因而做空载试验时的外接电压必须等于额定频率的额定电压 U_{1N}。

如果空载试验是在二次绕组进行,即一次绕组开路,二次绕组接上额定频率的额定电压 U_{2N},则测得的励磁阻抗是折算到二次绕组的数值,若需要得到折算到一次绕组的励磁阻抗,还必须将试验求得的励磁阻抗值乘以变比的平方(K^2)。

为了便于测试和安全原因,通常都在低压绕组侧做空载试验。

对于三相变压器,测出的功率是三相的总功率,要除以 3 得到一相的功率,同时要将电流与电压的线值根据绕组的接法换算成相值,再根据式(2.55)计算 K 及 Z_m。

例 2.4   一台三相电力变压器,$S_N = 100$ kV·A,$U_{1N}/U_{2N} = 6\,000$ V/400 V,Yy0 联结,$I_{1N}/I_{2N} = 9.63$ A/144 A,在低压侧做空载试验,$P_0 = 600$ W,$I_{20} = 9.37$ A,求变压器的励磁阻抗。

解:计算一相的数据,由于是 Y 联结,于是有

$$K = \frac{U_1}{U_2} = \frac{U_{1N}/\sqrt{3}}{U_{2N}/\sqrt{3}} = \frac{U_{1N}}{U_{2N}} = \frac{6\,000}{400} = 15$$

$$U_1 = \frac{U_{1N}}{\sqrt{3}} = \frac{6\,000}{\sqrt{3}} \text{ V} = 3\,464 \text{ V}$$

$$U_2 = \frac{U_{2N}}{\sqrt{3}} = \frac{400}{\sqrt{3}} \text{ V} = 231 \text{ V}$$

每相的空载损耗为

$$P_0 = \frac{600}{3} \text{ W} = 200 \text{ W}$$

故励磁阻抗为

$$|Z'_m| = \frac{U_2}{I_{20}} = \frac{231}{9.37} \Omega = 24.65 \ \Omega$$

$$R'_m = \frac{P_0}{I_{20}^2} = \frac{200}{9.37^2} \Omega = 2.28 \ \Omega$$

$$X'_m = \sqrt{|Z'_m|^2 - R'^2_m} = 24.5 \ \Omega$$

折算到高压一侧的励磁阻抗为

$$|Z_m| = K^2 |Z'_m| = 15^2 \times 24.65 \ \Omega = 5\,546 \ \Omega$$

$$R_m = K^2 R'_m = 15^2 \times 2.28 \ \Omega = 513 \ \Omega$$

$$X_m = K^2 X'_m = 15^2 \times 24.5 \ \Omega = 5\,513 \ \Omega$$

2.4.2   短路试验

由短路试验可以求出变压器的短路阻抗 Z_K 和铜损耗 P_{KN},短路试验一般在高压侧进行,低压侧短路。

短路试验的接线图如图 2.16 所示,图(a)为单相变压器的试验接线图,图(b)为三相变压器的试验接线图。如果一次侧是高压,二次侧是低压,做试验时首先应将二次绕组短接,然后将一次绕组接调压器,使一次绕组电压 U_K 从零开始逐渐升高,流过一次绕组的电流 I_K 逐渐上升,直到 $I_K = I_{1N}$ 时,停止升压,读取 U_K、I_K 及输入功率 P_{KN}。

变压器短路试验简化等值电路如图 2.17 所示。由图可知,由于二次绕组短路,$Z'_L = 0$,$U'_2 = 0$,回路的阻抗就是变压器的短路阻抗 Z_K,这时外施电压 U_K 只与回路的阻抗压降相平衡,于是就有

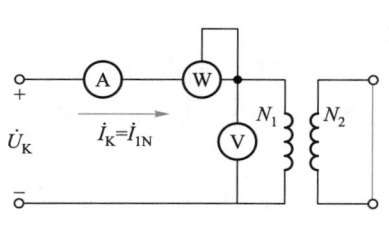

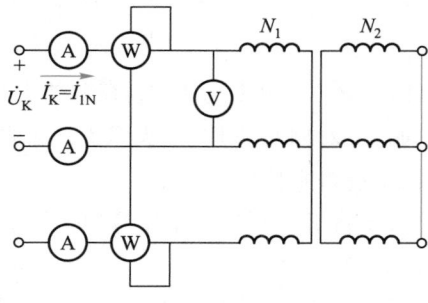

(a) 单相变压器　　　　　　　　(b) 三相变压器

图 2.16　短路试验接线图

$$I_K = \frac{U_K}{|Z_K|} \tag{2.56}$$

$I_K = I_{1N}$ 时的外施电压称为短路电压 U_{KN},
$U_{KN} = |Z_K| I_{1N}$。

由于做短路试验时的电压大大低于其额
定电压,所以变压器铁损耗也就比正常运行时
小很多,可以忽略不计,认为短路损耗 P_{KN} 全
部为铜损耗,并且等于额定运行(满载运行)
时的铜损耗,因为这时流过一次绕组、二次绕
组中的电流均为额定电流,于是就有

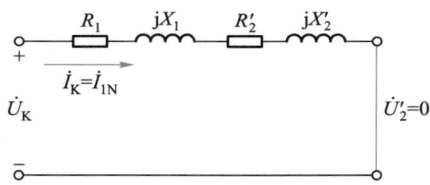

图 2.17　变压器短路试验简化等值电路

$$P_{KN} = R_K I_K^2 = R_K I_{1N}^2$$

这样,可以计算出单相变压器的短路阻抗为

$$|Z_K| = \frac{U_K}{I_K} = \frac{U_{KN}}{I_{1N}}$$

$$R_K = \frac{P_{KN}}{I_K^2} = \frac{P_{KN}}{I_{1N}^2} \tag{2.57}$$

$$X_K = \sqrt{|Z_K|^2 - R_K^2}$$

按照国家标准,在计算变压器参数时,应将绕组的电阻换算到 75 ℃时的数值。
对于铜线绕组变压器

$$R_{K75\,℃} = R_K \frac{234.5 + 75}{234.5 + \theta}$$

对于铝线绕组变压器

$$R_{K75\,℃} = R_K \frac{228 + 75}{228 + \theta}$$

上两式中的 θ 是做试验时绕组的温度。于是 75 ℃ 时的短路阻抗值为

$$|Z_{K75\,℃}| = \sqrt{R_{K75\,℃}^2 + X_K^2}$$

短路阻抗 Z_K 与短路电压 U_{KN} 在数值上是不相等的,但是它们的标么值是相等的,即 $Z_K^* = U_K^*$,如式(2.54),常用 u_K 表示 U_K^* 标明在变压器的铭牌上,所以 u_K 就是短路电压的标么值,也是短路阻抗的标么值。

如果需要将 Z_1 和 Z_2' 分开计算,可认为 $Z_2' \approx Z_1$,$X_2' \approx X_1$,$R_2' \approx R_1$,则 $Z_1 = Z_K/2$,$X_1 = X_K/2$,$R_1 = R_K/2$。

对于三相变压器,计算时要用相电流、相电压代入公式(2.57),其功率也应是一相的功率。

例 2.5   一台三相电力变压器,$S_N = 100 \text{ kV·A}$,$U_{1N}/U_{2N} = 6\,000 \text{ V}/400 \text{ V}$,Yy0 联结,$I_{1N}/I_{2N} = 9.63 \text{ A}/144 \text{ A}$,短路阻抗标么值 u_K 为 0.1,试求一次绕组、二次绕组的漏阻抗 Z_1 和 Z_2。

解:先计算变比 K 为

$$K = \frac{U_1}{U_2} = \frac{U_{1N}/\sqrt{3}}{U_{2N}/\sqrt{3}} = \frac{6\,000}{400} = 15$$

$$u_K = U_K^* = \frac{|Z_K|I_{1N}}{U_1} = \frac{|Z_K|I_{1N}}{U_{1N}/\sqrt{3}} = 0.1$$

$$|Z_K| = \frac{u_K U_{1N}}{\sqrt{3}\,I_{1N}} = \frac{6\,000 \times 0.1}{\sqrt{3} \times 9.63}\ \Omega = 36\ \Omega$$

由于 $Z_2' \approx Z_1$,$Z_K = Z_1 + Z_2' = 2Z_1$,故而就有

$$|Z_1| = |Z_K|/2 = 18\ \Omega$$

$$|Z_2| = \frac{|Z_2'|}{K^2} = \frac{|Z_1|}{K^2} = \frac{18}{15^2}\ \Omega = 0.08\ \Omega$$

2.5   变压器的运行特性

运行中的变压器是向负载供电的,从负载看变压器相当于发电机。与发电机一样,描述变压器运行性能的是外特性和效率特性。

2.5.1   外特性与电压变化率

当变压器的一次侧电压不变及二次侧的负载功率因数不变时,二次侧输出端电压 U_2

随负载电流 I_2 变化的规律,称为变压器的外特性,即 $U_2 = f(I_2)$。

图 2.18 表示了不同功率因数时的外特性曲线,对电阻性和电感性负载而言,U_2 随负载电流的增加而减少,外特性是向下倾斜的;对电容性负载而言,U_2 随负载电流的增加而增加,外特性是上翘的。

变压器输出端电压 U_2 随负载电流 I_2 的变化而波动的大小用电压变化率来表示。在一次侧的电压为额定电压及负载功率因数为常数不变时,二次绕组的开路电压与带负载后的电压差值相对于开路电压的百分比值,称为电压变化率,用 Δu 表示为

$$\Delta u = \frac{U_{20} - U_2}{U_{20}} \times 100\% = \frac{U_{2N} - U_2}{U_{2N}} \times 100\% = \frac{U_{1N} - U_2'}{U_{1N}} \times 100\% \tag{2.58}$$

电压变化率 Δu 是描述变压器运行性能的重要指标,它反映了供电电压的稳定性。通过简化相量图 2.19 可以推导出电压变化率的计算公式。在图中作相量 $-\dot{U}_2'$ 的延长线 $\overline{ab}$,再作辅助线 $\overline{cd}$、$\overline{ef}$ 和 $\overline{ed}$,使 $cd \perp ab$、$ef \perp ab$、$ed \parallel ab$,根据图中的几何关系可以得到

$$\overline{ab} = \overline{af} + \overline{fb} = \overline{af} + \overline{ed} = I_1 R_K \cos\varphi_2 + I_1 X_K \sin\varphi_2 \tag{2.59}$$

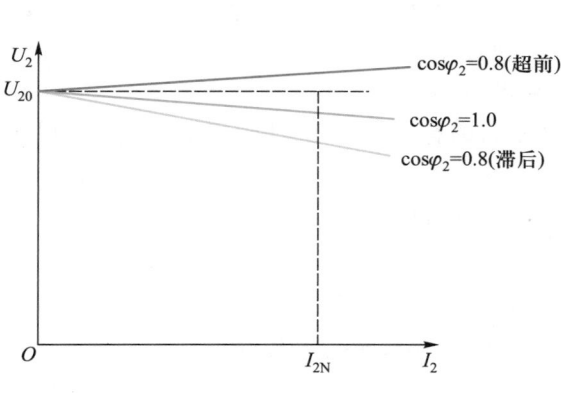

图 2.18　变压器的外特性

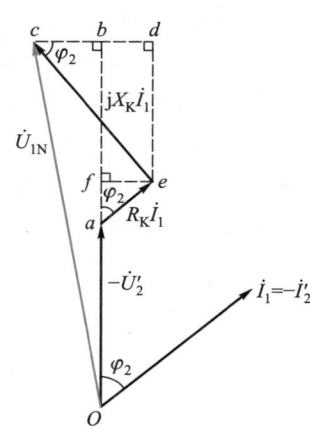

图 2.19　变压器带电感性
负载时的简化相量图

式中,φ_2 是二次侧的负载功率因数角。

在实际的电力变压器的简化相量图中,$\overline{cd} \ll \overline{Ob}$,则 $\overline{cb} \ll \overline{Ob}$,可以认为

$$U_{1N} = U_2' + \overline{ab}$$

于是就有

$$\Delta u = \frac{U_{1N} - U_2'}{U_{1N}} \times 100\% = \frac{\overline{ab}}{U_{1N}} \times 100\% = \left(\frac{I_1 R_K \cos\varphi_2 + I_1 X_K \sin\varphi_2}{U_{1N}}\right) \times 100\%$$

$$= \beta\left(\frac{I_{1N} R_K \cos\varphi_2 + I_{1N} X_K \sin\varphi_2}{U_{1N}}\right) \times 100\% \tag{2.60}$$

式中,$\beta=I_1/I_{1N}$,为负载系数。

$\beta=1$ 时的电压变化率称为额定电压变化率。一般而言,$\cos \varphi_2=0.8$(滞后)时,额定电压变化率为 5%。为了弥补端电压 U_2 随负载增加而下降,高压绕组引出了几个抽头,可以用分接开关进行微调。

2.5.2 效率及效率特性

变压器运行时总是存在着损耗,主要损耗是铁损耗和铜损耗。

铁损耗与电源电压的大小有关,与负载大小无关,称为不变损耗。变压器在额定电压下的铁损耗近似地等于在额定电压下做空载试验时的空载损耗 P_0,即 $P_{Fe}=P_0$。

由简化等值电路可知铜损耗为

$$P_{Cu}=P_{Cu1}+P_{Cu2}=(R_1+R_2')I_1^2=R_K I_1^2=(\beta I_{1N})^2 R_K=\beta^2 P_{KN} \tag{2.61}$$

式中,$P_{KN}=I_{1N}^2 R_K$ 是做短路试验时的短路损耗。

由上式可见,铜损耗与负载系数的平方成正比,称为可变损耗。

对单相变压器而言,输出有功功率 P_2 为

$$P_2=U_2 I_2 \cos \varphi_2 \approx U_{2N}(\beta I_{2N}) \cos \varphi_2=\beta(U_{2N}I_{2N}) \cos \varphi_2=\beta S_N \cos \varphi_2 \tag{2.62}$$

同理,三相变压器输出有功功率 P_2 亦为

$$P_2=\beta S_N \cos \varphi_2 \tag{2.63}$$

从能量平衡的观点看,变压器从电源输入的有功功率 P_1,等于铜损耗 P_{Cu}、铁损耗 P_{Fe} 和输出的有功功率 P_2 三者之和,即

$$P_1=P_2+P_{Fe}+P_{Cu}=P_2+P_0+\beta^2 P_{KN} \tag{2.64}$$

变压器的效率为

$$\eta=\frac{P_2}{P_1}=\frac{P_1-\sum P}{P_1}=1-\frac{\sum P}{P_2+\sum P}=1-\frac{P_0+\beta^2 P_{KN}}{\beta S_N \cos \varphi_2+P_0+\beta^2 P_{KN}} \tag{2.65}$$

效率 η 随负载的变化规律就是效率特性,即 $\eta=f(\beta)$,如图 2.20 所示。

令 $\dfrac{d\eta}{d\beta}=0$,可以求出产生最大效率时的 β_m 为

$$\beta_m=\sqrt{\frac{P_0}{P_{KN}}} \tag{2.66}$$

也就是 $P_0=\beta_m^2 P_{KN}$,说明在不变损耗(铁损耗)与可变损耗(铜损耗)相等时变压器效率最高。

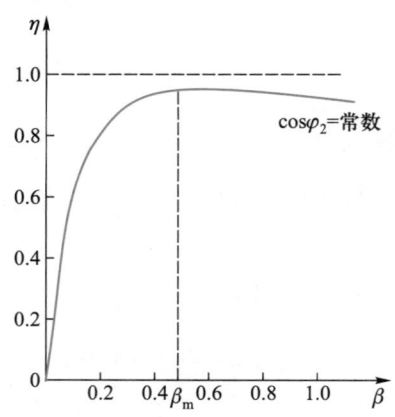

图 2.20 变压器的效率特性

2.6 三相变压器及联结组标号

2.6.1 三相变压器的连接

在现代电力系统中,普遍采用三相制供电,因而三相变压器得到广泛的应用。三相变压器有两种形式,一种是由三台相同的单相变压器在电路上连接成三相而组成的三相变压器,称为三相组式变压器,如图 2.21 所示,这类变压器尽管它们的绕组连接成三相电路,但它们的各相磁路是独立的;另一种是三相心式变压器,如图 2.22 所示,不仅绕组连接成三相电路,而且三相磁路也连接成一个整体,各相磁路不是独立的,而是互相关联的。

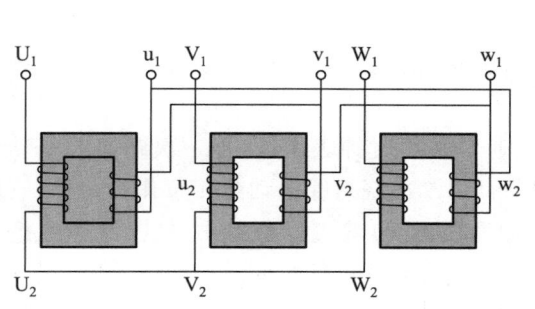

图 2.21 三相组式变压器(Yd 联结)

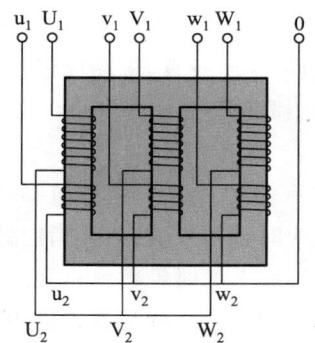

图 2.22 三相心式变压器(Yy0 联结)

三相变压器带对称负载运行时,各相的电流、电压大小相等,相位彼此互差 120°。分析三相变压器时只要分析一相即可,其余两相可根据对称原理直接得出。这样,前面分析单相变压器的方法和结论,如基本方程式、等值电路图、相量图都可以应用到三相变压器的分析和计算中。

三相变压器绕组有两种连接方法,三角形联结和星形联结。三角形联结是把一相绕组的末端与另一相绕组的首端依次连接起来构成闭合回路,连接的顺序可以是 U_1U_2—W_1W_2—V_1V_2,如图 2.23(a)所示;也可以是 U_1U_2—V_1V_2—W_1W_2,如图 2.23(b)所示。星形联结是把三相绕组的三个末端连接在一起作为中性点,三个首端作为出线端,如图 2.23(c)所示。三角形联结用 D 或 d 表示,星形联结用 Y 或 y 表示,一次侧用大写,二次侧用小写。图 2.21 的三相组式变压器,一次绕组是星形联结,二次绕组是三角形联结;图 2.22 的三相心式变压器,一次绕组是星形联结,二次绕组也是星形联结,并且引出了中性线。

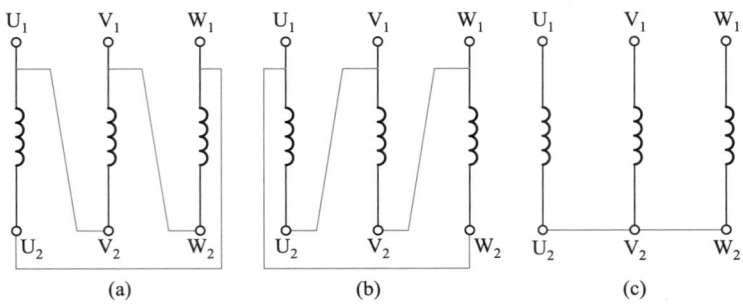

图 2.23   变压器三相绕组的连接方法

2.6.2   变压器的联结组标号

变压器不仅能变电压($U_2 = U_1 / K$)、变电流($I_2 = KI_1$)、变阻抗($Z'_L = K^2 Z_L$),还能变相位,即改变一次、二次绕组线电动势的相位差。影响线电动势相位差有三个因素:接线方法、绕组的绕向及首、末端标记。

常用联结组标号来表示一次、二次绕组的接线方法和一次、二次绕组线电动势的相位差。

表示一次、二次绕组线电动势的相位差通常采用时钟表示法,把一次绕组线电动势相量作为时钟的长针,始终指向钟面的"12",而以二次绕组线电动势相量作为短针,它所指向的钟面上的时钟数就是联结组标号的标号数,标号数表示了一次、二次绕组线电动势之间的相位差。标号数乘以 30° 就是一次、二次绕组线电动势实际的相位差值。

联结组标号的书写形式是:用大、小写字母分别表示一次、二次绕组的连接方法,星形联结用 Y 或 y 表示,有中性线时用 YN 或 yn 表示,三角形联结用 D 或 d 表示,在最后的字母后边写上标号数。例如联结组标号 Yd1 表示,变压器的一次绕组接成星形,二次绕组接成三角形,一次、二次绕组均无中性线引出,标号数为 1,说明一次、二次绕组线电动势的相位差为 $1 \times 30° = 30°$。

下面分析如何确定变压器的联结组标号。

1. 首端和末端标记

为了在使用变压器时能正确连线,对每一个绕组的出线端必须给一个标记。一般用大写字母作为高压绕组的首端和末端的标记,对应的小写字母作为低压绕组的首端和末端标记。对单相变压器,以 U_1、U_2 作为高压绕组首、末端标记;以 u_1、u_2 作为低压绕组首、末端标记。对于三相变压器,以 U_1、U_2 和 V_1、V_2 及 W_1、W_2 作为三相高压绕组首、末端标记;以 u_1、u_2 和 v_1、v_2 及 w_1、w_2 作为三相低压绕组首、末端标记。

2. 单相变压器的联结组标号

在单相变压器中,一次、二次绕组被同一个主磁通所交链,在任一瞬间,在一次绕组的两个端点之间产生的感应电动势中,必有一个端点为高电位,同时二次绕组的两个端点中也必有一个端点为高电位,这两个同为高电位的对应端点称为同极性端,也称为同名端,用在对应的端点旁加"·"表示同极性端。

　　一次和二次绕组的绕向决定同极性端:如图 2.24(a)所示,绕在同一个铁心柱上的绕向相同的两个绕组,它们的上端点为同极性端(当然两个下端点也是同极性端);在图 2.24(b)中,两绕组的绕向相反,则一个绕组的上端点与另一个绕组的下端点为同极性端。

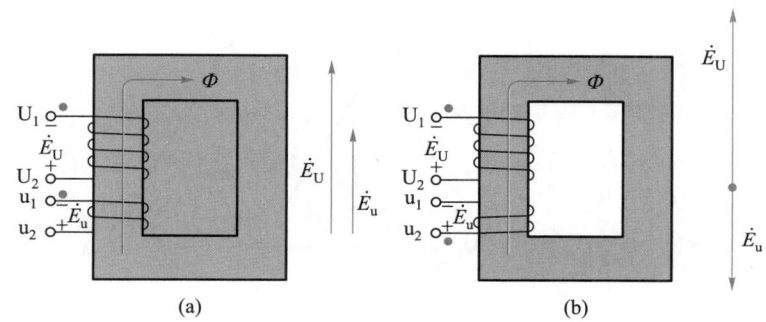

图 2.24　绕组的绕向和出线端标记与感应电动势的相位关系

　　两个绕组的同极性端确定后,就可给每个绕组的两个端点加首、末端标记。加标记的方法无非是这样两种:一是把同极性端定为首端,如图 2.24(a)所示;二是把不同极性端定为首端,如图 2.24(b)所示。

　　在图 2.24(a)中,把两个同极性端分别标记为一次、二次绕组的首端 U_1 及 u_1,另两个端点标记为末端 U_2 及 u_2。把一次绕组感应电动势相量 $\dot{E}_{U_1U_2}$ 的参考方向规定为自首端 U_1 指向末端 U_2,并简写为 $\dot{E}_U$;同样把二次绕组感应电动势相量 $\dot{E}_{u_1u_2}$ 的参考方向规定为自 u_1 指向 u_2,也简记为 $\dot{E}_u$。由于 U_1 和 u_1 是同极性端,所以 $\dot{E}_u$ 与 $\dot{E}_U$ 同相位。

　　采用时钟表示法时,把一次绕组的电动势 $\dot{E}_U$ 作为长针指向钟面上的"12",即画在垂直向上的方向上。二次绕组电动势 $\dot{E}_u$ 与 $\dot{E}_U$ 是同相位的,也是垂直向上的,作为短针也指向钟面的"12","12"即是"0",所以该单相变压器联结组标号的标号数为 0,其联结组标号为 Ⅰ Ⅰ0;Ⅰ Ⅰ 表示一次、二次绕组都是单相,0 表示一次、二次绕组感应电动势相位差为零,这样的变压器称为同相变压器。

　　在图 2.24(b)中,两个同极性端被分别标记为一次绕组的首端 U_1 及二次绕组的末端 u_2,则 $\dot{E}_u$ 与 $\dot{E}_U$ 是反相的。同样将 $\dot{E}_U$ 向上指向钟面"12",则 $\dot{E}_u$ 向下指向的时钟数为"6",所以联结组标号的标号数为 6,其联结组标号是 Ⅰ Ⅰ6。标号数 6 乘以 30°为 6×30°=180°,表示一次侧、二次侧感应电动势相位差为 180°,这样的变压器称为反相变压器。

3. 三相变压器的联结组标号

当三相变压器一次、二次绕组接线方法和绕组出线端标记及同极性端都已知时,利用一次、二次绕组的电动势相量图,采用时钟表示法,可以确定其联结组标号的标号数,从而确定三相变压器的联结组标号。

现以图 2.25 的 Yy 联结的三相变压器为例,说明确定其联结组标号的具体步骤。

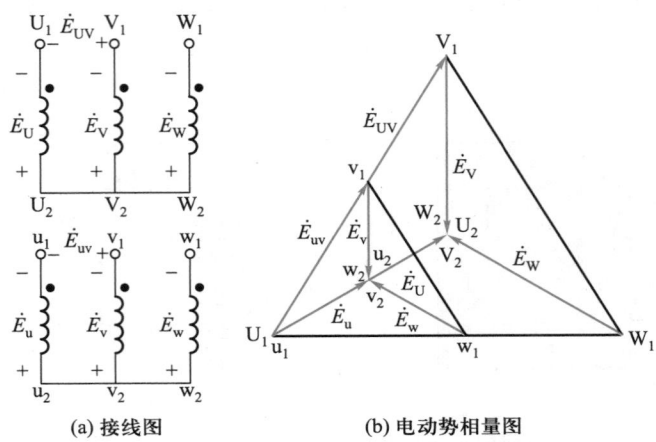

(a) 接线图   (b) 电动势相量图

图 2.25   联结组标号为 Yy0 的变压器接线图和电动势相量图

① 根据给定的一次、二次绕组接线方法及出线端标记,画出变压器一次、二次绕组的接线图,由于是 Yy 联结,一次绕组的三个末端 U_2、V_2、W_2 连接在一起,二次绕组的三个末端 u_2、v_2、w_2 也连接在一起,如图 2.25(a)所示,在图中还表示出了同极性端。

② 在接线图上表示出一次、二次绕组感应相电动势及线电动势的方向,例如相电动势 $\dot{E}_U$ 由 U_1 指向 U_2,线电动势 $\dot{E}_{UV}$ 由端点 U_1 指向端点 V_1,等等。

③ 画出一次绕组电动势相量图,相电动势 $\dot{E}_U$、$\dot{E}_V$ 及 $\dot{E}_w$,大小相等,相位互差 $120°$,画出分别起自端点 U_1、V_1、W_1 且指向中性点(U_2、V_2、W_2 的连接点)的三个相量分别表示 $\dot{E}_U$、$\dot{E}_V$ 及 $\dot{E}_w$,画出由 U_1 指向 V_1 的相量表示线电动势 $\dot{E}_{UV}$,这样就画出了一次绕组的电动势相量图,如图 2.25(b)所示。

④ 为了能在相量图上表示出一次侧、二次侧线电动势的相位差,必须把二次侧的端点 u_1 与一次侧的端点 U_1 重合在一起,再根据二次绕组的连接方法和同极性端标记的情况,画出二次绕组的电动势相量图,如图 2.25(b)所示。

⑤ 从图中可以看出二次绕组的线电动势 $\dot{E}_{uv}$ 与一次绕组的线电动势 $\dot{E}_{UV}$ 是同相位的,因而其联结组标号的标号数为 0,最后得出三相变压器的联结组标号是 Yy0。

例 2.6   已知三相变压器为 Yd 联结,绕组接线图和同极性端标记如图 2.26(a)所示,试确定其联结组标号。

解:由于一次绕组接成星形,画出一次绕组的相电动势及线电动势相量图如图

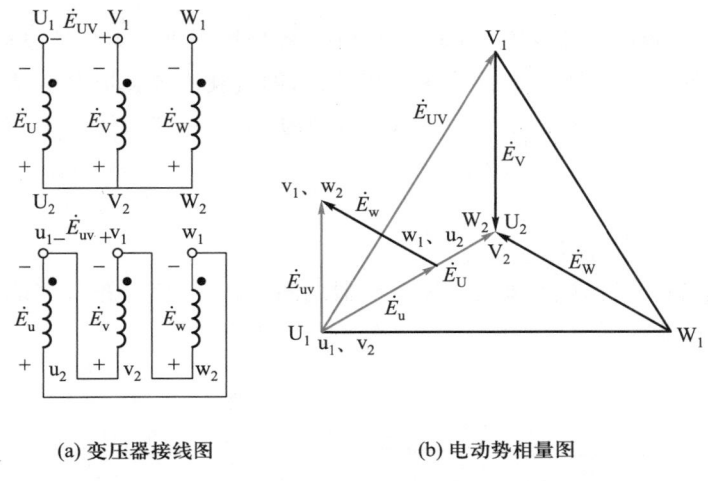

(a) 变压器接线图   (b) 电动势相量图

图 2.26 Yd 联结的变压器的接线图和电动势相量图

2.26(b)所示。由接线图可知,u_1 与 U_1、v_1 与 V_1、w_1 与 W_1 分别是同极性端,故而 $\dot{E}_U$ 与 $\dot{E}_u$、$\dot{E}_V$ 与 $\dot{E}_v$、$\dot{E}_W$ 与 $\dot{E}_w$ 分别为同相位,将 u_1 点与 U_1 点重合,作出二次绕组电动势相量图如图 2.26(b)中所示。

由图 2.26(b)可以看出,当 $\dot{E}_{UV}$ 指向时钟的"12"时,$\dot{E}_{uv}$ 指向时钟的"11",故而联结组标号的标号数为 11,这样就可以确定变压器的联结组标号为 Yd11。

由于变压器可以有多个联结组标号,为避免制造与使用时的混乱,国家标准规定 I10 为单相电力变压器的标准联结组标号;规定三相电力变压器的五种标准联结组标号是:Yyn0;Yd11;YNy0;Yy0;YNd11。

联结组标号为 Yyn0 的变压器,其二次绕组有中性线引出,形成三相四线制供电系统,可兼带照明负载和动力负载;Yd11 用在二次侧电压超过 400 V 的线路中;YNd11 用在高压输电线路中,其高压可以通过中性点接地;YNy0 用于一次侧需要接地的线路;Yy0 供三相动力负载。

2.7 三相变压器的并联运行

变压器的并联运行是指两台或两台以上的多台变压器,它们的一次、二次绕组都分别接到一次、二次侧的公共母线上,共同向负载供电的运行方式,如图 2.27 所示。变压器并联运行能提高供电的可靠性,当一台变压器发生故障时,可将备用的变压器投入运行,同时将故障变压器切除进行检修,而不致中断供电;还可根据负载变化情况,调整投入并联运行的变压器台数,使运行的各台变压器能接近满载运行,以提高系统的运行效率。

变压器并联运行的理想状态是:未带负载时,各变压器之间无环流,以避免环流产生的铜损耗;带上负载时,各变压器能合理分担负载,即负载能按容量大小成比例分配。

要达到上述理想运行状态,并联运行的变压器应满足下列条件:

① 各一次侧额定电压、各二次侧额定电压分别相等,即变比相同;

② 联结组标号相同;

③ 短路阻抗标么值相等。

满足条件①和②可保证空载时并联变压器之间无环流,满足条件③能使负载合理分配,各变压器容量能得到充分利用。

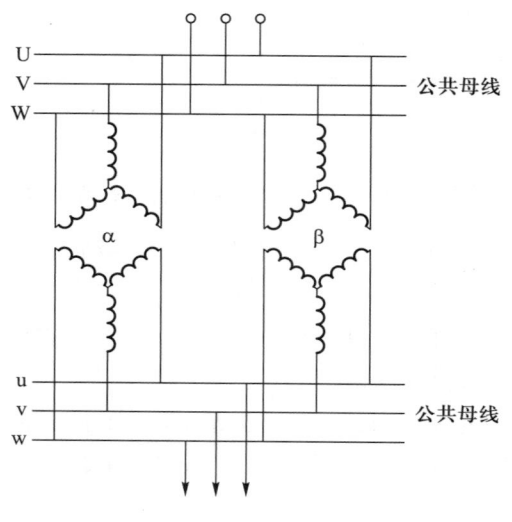

图 2.27   变压器并联运行

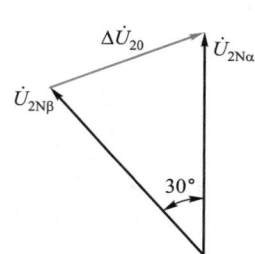

图 2.28   Yy0 与 Yd11 并联时的电压差值

在实际的并联运行中,条件②,即联结组标号相同是要严格保证的,也是比较容易实现的,因为国家标准中只有五种联结组标号。若两台变压器联结组标号不同,说明它们二次侧电压相位不同,其相位差为 30° 或 30° 的整数倍,这样会在它们二次绕组之间产生较大的电压差。例如联结组标号为 Yy0 和 Yd11 的两台变压器 α 和 β 并联运行,二次绕组线电压相量图如图 2.28 所示,即使它们的线电压相等,但仍有 30° 的相位差,会在两台变压器二次绕组间产生电压差值 $\Delta \dot{U}_{20}$,其大小为

$$\Delta U_{20} = 2U_{2N}\sin(30°/2) = 0.52U_{2N} \tag{2.67}$$

由于变压器的短路阻抗很小,在 ΔU_{20} 作用下会在两台变压器之间产生很大的环流,会将绕组烧坏。所以,联结组标号不同的变压器绝不允许并联运行。

并联运行的两台变压器 α 和 β,如果变比不相等,说明它们二次侧的线电压不相等,无论空载或负载运行都会产生环流。为限制环流,必须限制变比差,使变比差对变比的几何平均值之比小于 1%,即

$$\Delta K = \frac{K_\alpha - K_\beta}{\sqrt{K_\alpha K_\beta}} < 1\% \quad （分子取绝对值） \tag{2.68}$$

式中，K_α 和 K_β 分别为并联的两台变压器 α 和 β 的变比，$\sqrt{K_\alpha K_\beta}$ 为变比的几何平均值。这样，对应的环流将被限制在额定电流的 10% 以内，这在工程上是允许的。

短路阻抗标幺值不等的两台变压器 α 和 β 并联运行时，会出现负载分配不合理的现象：短路阻抗标幺值小者，负载较重，反之，负载则较轻。

变压器 α 和 β 并联运行的简化等值电路如图 2.29 所示。

由于它们是并联的，即有

$$Z_{K\alpha}\dot{I}_\alpha = Z_{K\beta}\dot{I}_\beta \tag{2.69}$$

如果 $Z_{K\alpha}$ 与 $Z_{K\beta}$ 的阻抗角相等，则 $\dot{I}_\alpha$ 与 $\dot{I}_\beta$ 同相位，上式就可化简为

$$I_\alpha |Z_{K\alpha}| = I_\beta |Z_{K\beta}| \tag{2.70}$$

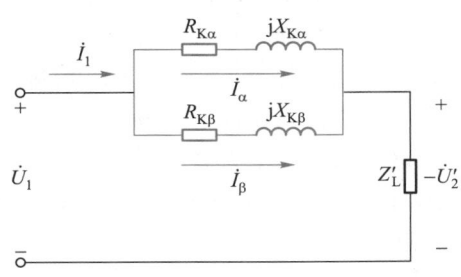

图 2.29 并联运行的变压器简化等值电路

式（2.69）是相量方程式，运算较为复杂，而式（2.70）是代数方程式，运算较为简单。

实际并联运行的变压器，它们的短路阻抗的阻抗角虽然不一定相等，但相差不大，用式（2.70）与式（2.69）计算 I_α（或 I_β），两式计算的结果虽然会有一定的误差，但误差较小，在工程上可以忽略不计。所以，在并联运行的变压器的分析和计算中，常用运算较为简单的式（2.70）。

由前面标幺值的定义可知

$$I_\alpha^* = \frac{I_\alpha}{I_{1N\alpha}} = \beta_\alpha \, ; \, I_\beta^* = \frac{I_\beta}{I_{1N\beta}} = \beta_\beta$$

$$Z_{K\alpha}^* = \frac{|Z_{K\alpha}|}{Z_{1N\alpha}} = \frac{|Z_{K\alpha}|}{U_{1N\alpha}/I_{1N\alpha}} = \frac{|Z_{K\alpha}| I_{1N\alpha}}{U_{1N\alpha}}$$

同理，$Z_{K\beta}^* = \dfrac{|Z_{K\beta}| I_{1N\beta}}{U_{1N\beta}}$

将 $I_\alpha = \beta_\alpha I_{1N\alpha}$，$I_\beta = \beta_\beta I_{1N\beta}$，$|Z_{K\alpha}| = Z_{K\alpha}^* U_{1N\alpha}/I_{1N\alpha}$，$|Z_{K\beta}| = Z_{K\beta}^* U_{1N\beta}/I_{1N\beta}$ 代入式（2.70），并且有 $U_{1N\alpha} = U_{1N\beta}$，就得到

$$\beta_\alpha Z_{K\alpha}^* = \beta_\beta Z_{K\beta}^* \tag{2.71}$$

也就是

$$\frac{\beta_\alpha}{\beta_\beta} = \frac{Z_{K\beta}^*}{Z_{K\alpha}^*} \tag{2.72}$$

上式表明，并联运行的变压器的负载系数与短路阻抗标幺值成反比关系。若各变压器短路阻抗标幺值相等，则负载系数也相等，负载分配合理。若短路阻抗标幺值不等，负

载分配就不合理,短路阻抗标幺值小者,负载就重,反之,则较轻。要求短路阻抗标幺值完全相等是不容易做到的,这时小容量变压器应具有较大的短路阻抗标幺值,在运行中小容量变压器虽然不能满载,但大容量的变压器能满载,整个并联系统的能力能得到发挥;反之,小容量的能满载,大容量的不能满载,妨碍发挥整个并联系统的带负载能力。一般要求各变压器负载系数差不超过 10%,因而其短路阻抗标幺值的差不应大于 10%,而且其最大容量与最小容量之比以不超过 3:1 为宜。

例 2.7   有两台联结组标号相同及一次、二次侧额定电压相等的三相变压器并联运行,其中 $S_{N\alpha} = 2\ 000\ kV \cdot A$,$Z_{K\alpha}^* = 0.055$,$S_{N\beta} = 1\ 600\ kV \cdot A$,$Z_{K\beta}^* = 0.05$,试问:

(1) 当总负载为 3 600 kV·A 时,每台变压器的负载为多少?

(2) 在任何一台都不过载的情况下,两台变压器安全并联运行能带的最大负载为多少? 并联组的利用率为多少?

解:(1) 设并联运行的两台变压器分担的负载分别为 S_α 及 S_β,负载系数分别为 β_α 与 β_β,则

$$\beta_\alpha = \frac{I_\alpha}{I_{1N\alpha}} = \frac{\sqrt{3}\,I_\alpha U_{1N}}{\sqrt{3}\,I_{1N\alpha} U_{1N}} = \frac{S_\alpha}{S_{N\alpha}}$$

故而有 $S_\alpha = \beta_\alpha S_{N\alpha}$,同理有 $S_\beta = \beta_\beta S_{N\beta}$。

由式(2.72)得到

$$\frac{\beta_\alpha}{\beta_\beta} = \frac{Z_{K\beta}^*}{Z_{K\alpha}^*} = \frac{0.05}{0.055} = \frac{10}{11}$$

于是 $\beta_\beta = \frac{11}{10}\beta_\alpha$,根据题意,当总负载为 3 600 kV·A 时,就有

$$S = S_\alpha + S_\beta = \beta_\alpha S_{N\alpha} + \beta_\beta S_{N\beta}$$

$$= \beta_\alpha \times 2\ 000\ kV \cdot A + \frac{11}{10}\beta_\alpha \times 1\ 600\ kV \cdot A = 3\ 760\beta_\alpha\ kV \cdot A = 3\ 600\ kV \cdot A$$

于是就得到

$$\beta_\alpha = 3\ 600/3\ 760 = 0.96$$

$$\beta_\beta = (11/10)\beta_\alpha = 1.05 > 1$$

变压器 β 的负载系数大于 1,表明负载电流大于额定电流,为过载运行,长期过载运行会因为过热而烧坏变压器,是不允许的。

这时各变压器分担的负载为

$$S_\alpha = \beta_\alpha S_{N\alpha} = 0.96 \times 2\ 000\ kV \cdot A = 1\ 920\ kV \cdot A$$

$$S_\beta = \beta_\beta S_{N\beta} = 1.05 \times 1\ 600\ kV \cdot A = 1\ 680\ kV \cdot A$$

(2) 为了长期安全运行,应使任何一台变压器都不过载,令 $\beta_\beta = 1$,则 $\beta_\alpha = 10/11$,各变压器能承担的负载为

$$S_\alpha = \beta_\alpha S_{N\alpha} = \frac{10}{11} \times 2\ 000\ kV \cdot A = 1\ 818\ kV \cdot A$$

$$S_\beta = \beta_\beta S_{N\beta} = 1 \times 1\ 600\ \text{kV} \cdot \text{A} = 1\ 600\ \text{kV} \cdot \text{A}$$

总负载为

$$S = S_\alpha + S_\beta = (1\ 818 + 1\ 600)\ \text{kV} \cdot \text{A} = 3\ 418\ \text{kV} \cdot \text{A}$$

并联组的利用率为

$$\frac{3\ 418}{3\ 600} \times 100\% = 94.9\%$$

2.8　特种变压器

变压器种类繁多,除了电力变压器,还有电焊变压器、仪用互感器、自耦变压器等。这些变压器功能独特,用于特定的场合,统称为特种变压器。

特种变压器基本工作原理与电力变压器相同,本节将着重分析它们特殊的个性。

2.8.1　自耦变压器和接触式调压器

一次侧、二次侧共用一部分绕组的变压器称为自耦变压器。自耦变压器也有单相和三相之分。图 2.30 是一台单相自耦变压器结构示意图。在其铁心上只绕一个一次绕组 U_1U_2,一次绕组中有一个抽头 u′,由抽头 u′ 引出的部分绕组 u′U_2 兼做二次绕组使用。这样,u′U_2 是一次侧、二次侧共用的公共绕组,除此以外的绕组 U_1u′ 是专门用作一次绕组的。由于共用一部分绕组,自耦变压器一次、二次绕组之间既有磁的耦合,又有电的联系。

自耦变压器原理接线图如图 2.31 所示,图中各电磁量参考方向的选取与双绕组电力变压器相同,一次绕组 U_1U_2 匝数为 N_1,公共绕组 u′U_2 的匝数为 N_2。

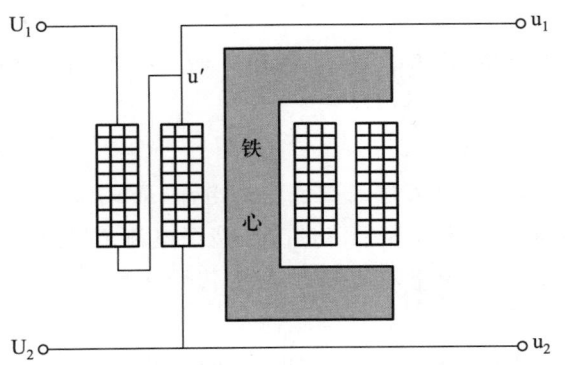

图 2.30　单相自耦变压器结构示意图

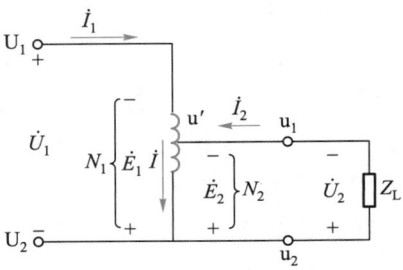

图 2.31　自耦变压器原理接线图

当一次绕组外接额定电压 U_{1N} 时,二次侧电压为 U_{2N},则有

$$\frac{U_{1N}}{U_{2N}} = \frac{E_1}{E_2} = \frac{N_1}{N_2} = K > 1$$

K 是自耦变压器的变比,$K>1$ 为降压自耦变压器。有时为了使用方便,令 $K_A = 1/K = N_2/N_1$,称 K_A 为自耦变压器的降压比。例如,一台自耦变压器的 K_A 是 40%,就直接表明这台自耦变压器的输出电压是电源电压的 40%。

当二次绕组接上负载时,就有负载电流 $\dot{I}_2$ 流过,设这时流过一次绕组的电流为 $\dot{I}_1$,流过公共绕组的电流为 $\dot{I}$。根据空载时的磁动势等于负载时的磁动势,得到磁动势平衡方程式为

$$(N_1 - N_2)\dot{I}_1 + N_2\dot{I} = N_1\dot{I}_0 \tag{2.73}$$

由图 2.31 可知

$$\dot{I} = \dot{I}_1 + \dot{I}_2 \tag{2.74}$$

将式(2.74)代入式(2.73)就有

$$(N_1 - N_2)\dot{I}_1 + N_2(\dot{I}_1 + \dot{I}_2) = N_1\dot{I}_0$$

也就是

$$N_1\dot{I}_1 + N_2\dot{I}_2 = N_1\dot{I}_0 \tag{2.75}$$

如果忽略励磁磁动势 $N_1\dot{I}_0$,就得到

$$N_1\dot{I}_1 + N_2\dot{I}_2 = 0$$

也就是

$$\dot{I}_2 = -K\dot{I}_1 \tag{2.76}$$

上式表明,$\dot{I}_2$ 与 $\dot{I}_1$ 是反相的,其大小关系为 I_2 是 I_1 的 K 倍,I_2 大于 I_1。

式(2.74)$\dot{I} = \dot{I}_1 + \dot{I}_2$,一般是用平行四边形法则求合成相量 $\dot{I}$,但是当 $\dot{I}_1$ 与 $\dot{I}_2$ 同相或反相时,相量和可简化为代数和,由于 $\dot{I}_2$ 与 $\dot{I}_1$ 反相,且 I_2 大于 I_1,因而 $\dot{I} = \dot{I}_1 + \dot{I}_2$ 就可简化为 $I = I_2 - I_1$,也就是

$$I_2 = I_1 + I \tag{2.77}$$

在普通双绕组变压器中,流过负载的电流就是流过二次绕组的电流;而式(2.77)表明,在自耦变压器中,流过负载的二次侧输出电流 I_2 等于流过二次绕组电流 I 与流过一次绕组电流 I_1 之和。I_1 是由电源经一次绕组直接流入负载的,称为传导电流,使自耦变压器带负载的能力增强了,容量增大了。

自耦变压器的输出容量 S_{OUT} 等于二次侧输出电压 U_2 与输出电流 I_2 的乘积,即

$$S_{OUT} = I_2 U_2 = (I_1 + I)U_2 = I U_2 + I_1 U_2 = S_2 + S_c \tag{2.78}$$

式中,S_c 称为传导容量,是由 I_1 直接传给负载的,其大小为

$$S_c = I_1 U_2 = \frac{1}{K} I_2 U_2 = \frac{1}{K} S_{OUT} \tag{2.79}$$

S_2 为二次绕组容量,等于二次侧输出电压 U_2 与流过二次绕组电流 I 的乘积,即

$$S_2 = I U_2 \tag{2.80}$$

由以上三式可知,自耦变压器的输出容量中,传导容量占 $1/K$,绕组容量仅占 $(K-1)/K$,例如 $K = 1.5$,绕组容量仅占输出容量 $1/3$,而传导容量占 $2/3$,输出容量是绕组容量的 3 倍。普通双绕组变压器的容量就等于绕组容量,所以,绕组容量相等时,自耦变压器的容量大于普通变压器的容量,其增大的容量来自传导容量,这是自耦变压器的优点。

如果二次侧的端点能沿着一次绕组滑动并与之接触,使二次侧输出电压是连续可调的,这种自耦变压器称为自耦接触式调压器,如图 2.32 所示。在实际的调压器中,绕组沿着环形铁心绕制,在绕组的裸铜线表面一侧放置一组可滑动的电刷。当一次侧外接电源电压 U_1 时,移动电刷,便可平滑地调节输出电压 U_2。

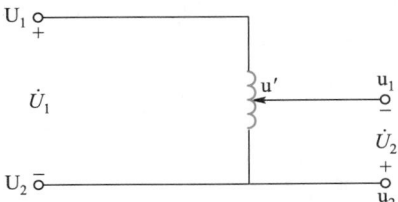

图 2.32　自耦接触式调压器原理图

2.8.2　仪用互感器

用于测量和自动控制的仪用互感器分为电压互感器和电流互感器。测量高电压用电压互感器;测量大电流用电流互感器。

1. 电压互感器

使用电压互感器测量高压线路的高电压时,把电压互感器的一次绕组接在高压线路上,二次绕组接电压表或功率表的电压线圈,其接线图如图 2.33 所示。

电压互感器被设计成一次绕组匝数 N_1 很多、二次绕组匝数 N_2 很少的降压变压器,且二次侧额定电压规定为 100 V。由于二次侧接电压表,而电压表的内阻很大,因而电压互感器的运行状态相当于变压器的空载运行。如果忽略一次、二次绕组的漏阻抗,则有

$$\frac{U_1}{U_2} = \frac{E_1}{E_2} = \frac{N_1}{N_2} = K_u \tag{2.81}$$

K_u 称为电压互感器的电压比,由上式就得到

$$U_1 = K_u U_2 \tag{2.82}$$

在测量中,只需把电压互感器二次侧接的电压表的读数 U_2,乘以电压比 K_u,就得到被测的实际电压值 U_1。若测量用的电压表是按 $K_u U_2$ 刻度的,从表上就直接读出被测电压值。

在使用电压互感器时,二次侧不允许短路,否则会因漏阻抗很小,将产生很大的短路电流而将绕组烧坏。为了设备和人身安全,二次绕组要接地。

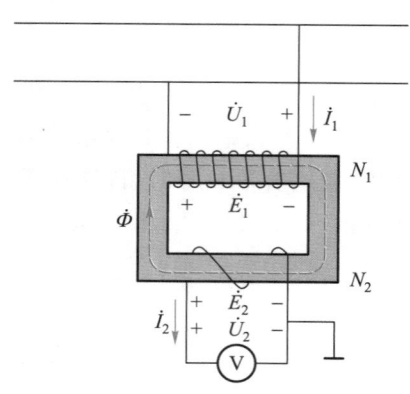

图 2.33　电压互感器接线图

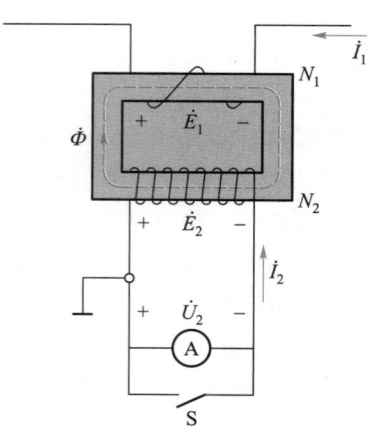

图 2.34　电流互感器接线图

2. 电流互感器

电流互感器的一次绕组由一匝或数匝截面较大的导体绕制，与被测电路相串联；二次绕组匝数较多，外接阻抗很小的电流表或功率表的电流线圈，其接线图如图 2.34 所示。

由于二次绕组接的是阻抗很小的电流表或功率表的电流线圈，所以电流互感器的运行状态相当于变压器的短路运行。

其磁动势平衡方程式为

$$N_1 \dot{I}_1 + N_2 \dot{I}_2 = N_1 \dot{I}_0$$

在制造电流互感器时，采取了许多措施来减少 $\dot{I}_0$，使 $\dot{I}_0$ 小到可以忽略，于是有

$$N_1 \dot{I}_1 + N_2 \dot{I}_2 = 0$$

即有

$$\dot{I}_1 = -\frac{N_2}{N_1} \dot{I}_2 = -K_i \dot{I}_2 \tag{2.83}$$

上式表明 $\dot{I}_1$ 与 $\dot{I}_2$ 相位相反，其大小关系为

$$I_1 = K_i I_2 \tag{2.84}$$

$K_i = N_2/N_1$ 称为电流互感器的电流比，是常数。把电流互感器二次侧接的电流表的读数 I_2 乘以电流比 K_i，就是被测实际电流 I_1 的值。若测量 I_2 的电流表是按 $K_i I_2$ 刻度，从表上就可直接读出 I_1 的值，一般 I_2 的额定电流设计为 5 A。

使用电流互感器时，要注意：

① 二次绕组回路绝对不允许开路。若二次侧开路，则 $I_2 = 0$，磁动势方程式变为 $N_1 \dot{I}_1 = N_1 \dot{I}_0$，被测的一次侧大电流 I_1 全部作为励磁电流，比正常工作的励磁电流大数百

倍,使铁心中的磁通增加,铁损耗增加,使绕组过热而烧坏;铁心磁通增加,还会使二次侧出现很高的尖峰电压,有可能将绝缘击穿,甚至危及设备和操作人员的安全。为了避免出现二次侧开路,常用一个开关 S 与电流表并联,要换接电流表,先将开关 S 合上,换好后,正常工作时再将 S 打开。

② 二次侧要接地,以保护设备和人身安全。

2.8.3 电焊变压器

普通的交流电焊机实质上是一台漏阻抗很大的单相降压变压器,称为电焊变压器。为了满足焊接工艺要求,电焊变压器的外特性应该是如图 2.35 所示的急剧下降的外特性,即当 I_2 增加时,U_2 急剧下降。图中曲线 1 对应较小的焊接电流,曲线 2 对应较大的焊接电流。

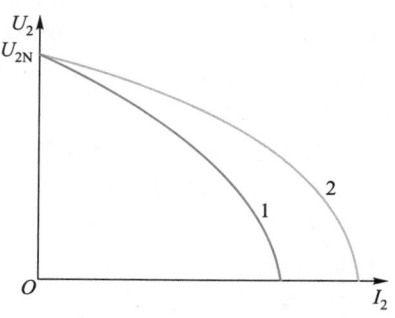

图 2.35 电焊变压器的外特性

要使变压器具有急剧下降的外特性,变压器的漏阻抗就要很大,这样,当负载电流 I_2 增加时,漏阻抗压降就大大地增加,输出电压就大大地降低,形成急剧下降的外特性。

可以通过在二次侧回路中串入电抗器的方法来增加变压器的漏阻抗。图 2.36 就是在二次侧回路中串电抗器的电焊变压器原理图。为了满足不同焊接电流的要求,电抗器活动铁心位置是可以调节的,从而可以调节气隙 δ 的大小,达到调节电抗值的目的。例如当焊接电流较小时,调节活动铁心,使 δ 变小,则电抗值就增加,外特性下降更快,如图 2.35 中的曲线 1。当焊接电流较大时,调节活动铁心,使 δ 变大,则电抗值就变小,下降的外特性如图 2.35 的曲线 2 所示。

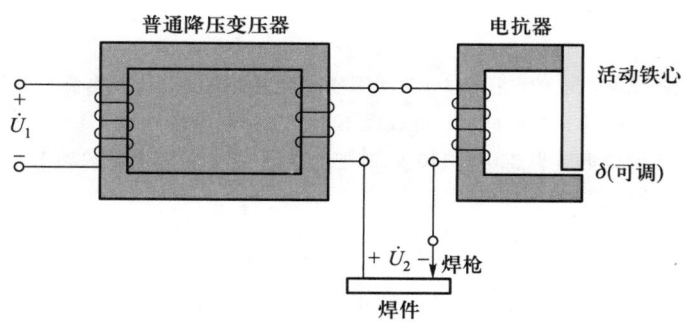

图 2.36 二次侧回路中串电抗器的电焊变压器

▶▶▶ 小结

1. 变压器利用一次、二次绕组匝数不同,对交流电具有变电压、变电流、变阻抗的功能。

2. 变压器主要结构是铁心和装在铁心上的绕组。铁心构成磁路,绕组构成电路,一次、二次绕组在电路上是独立的,但有磁通耦合联系。

3. 基本方程式、等值电路和相量图是分析和计算变压器参数的主要方法。基本方程式用数学表达式表示各电磁量之间的关系;等值电路用电路形式模拟变压器运行状况;相量图用相量形式表示各电磁量之间幅值和相位的关系。定量计算时用等值电路,定性分析时用基本方程式和相量图较为方便。

4. 折算法是在保持变压器内部电磁关系不变的前提下,把二次绕组匝数变为一次绕组匝数,对二次侧电磁量进行折合的算法。折算法使原本在电路上没有联系的一次、二次绕组在电路上连在一起,才可以画出等值电路图和简化等值电路图,便于变压器各电磁量的计算。

5. 励磁阻抗 $Z_m = R_m + jX_m$ 和短路阻抗 $Z_k = R_k + jX_k$ 是变压器的重要参数。励磁阻抗可用空载试验求得,短路阻抗可用短路试验求得。

6. 三相变压器分组式变压器和心式变压器。三相组式变压器各相有独立的磁路,而三相心式变压器各相磁路是互相关联的。

7. 变压器一次、二次绕组线电动势的相位关系用时钟表示法来表示,即联结组标号。把一次绕组线电动势作为长针指向钟面"12",二次绕组线电动势作为短针指向钟面的时钟数就是联结组标号的标号数。联结组标号与绕组绕向和首、末端标志有关,还与绕组连接方式有关。国家标准有 5 种联结组标号。

8. 变压器并联运行条件有 3 个:(1) 变比相等;(2) 联结组标号相同;(3) 短路阻抗标幺值相等。

9. 自耦变压器的一次、二次绕组之间既有磁通的耦合,又有直接的电路联系,一部分功率由一次直接传导到二次,所以和同容量普通变压器相比,自耦变压器省材料,体积小。

10. 仪用互感器就是测量用变压器,使用时二次侧要接地。电压互感器二次侧不允许短路,电流互感器二次侧不允许开路。

▶▶▶ 思考题与习题

2.1　变压器能改变交流电的电压和电流,能不能改变直流电的电压和电流? 为什么?

2.2　变压器的铁心为什么要用硅钢片叠成而不用整块钢制成?

2.3　一台变压器额定电压为 220 V/110 V,若把二次绕组(110 V)接在 220 V 交流电源上,主磁通和励磁电流将如何变化?

2.4　一台变压器一次绕组额定电压为 220 V,不小心把一次绕组接在 220 V 的直流电源上,会出现什么情况?

2.5　变压器空载运行时,功率因数为什么很低? 这时从电源吸收的有功功率和无功功率都消耗在什么地方?

2.6　何谓变压器的主磁通? 何谓变压器的漏磁通? 它们各有什么特点? 各起什么作用?

2.7　何谓变压器的励磁电抗 X_m? 希望 X_m 是大好还是小好? 为什么?

2.8　电抗 X_1、X_2 的物理意义如何? 当负载变化时,它们的数值变化吗? 为什么?

2.9　何谓折算？变压器参数折算时应该遵循什么原则？

2.10　何谓标么值？若一次侧电流的标么值为 0.5，问二次侧电流的标么值为多少？为什么？

2.11　在一次侧和二次侧做空载试验时，从电源吸收的有功功率相同吗？测出的参数相同吗？短路试验的情况又怎样？

2.12　准确地说变压器的变比是空载时一次、二次绕组感应电动势之比，还是负载时一次侧、二次侧电压之比？

2.13　变压器的电压变化率的大小与哪些因素有关？

2.14　变压器的效率的高低与哪些因素有关？什么情况下变压器的效率最高？

2.15　若三相变压器的一次、二次绕组线电动势 $\dot{E}_{\mathrm{UW}}$ 超前 $\dot{E}_{\mathrm{uw}}$ 90°，试问这台变压器联结组标号的标号数是多少？

2.16　变压器并联运行的条件是什么？其中哪一个条件要绝对满足？为什么？

2.17　何谓变压器容量？何谓绕组容量？在双绕组变压器中它们相等还是不相等？在自耦变压器中呢？

2.18　电压互感器和电流互感器在使用中应注意哪些事项？

2.19　电焊变压器外特性的特点是什么？

2.20　一台三相电力变压器，额定容量 $S_{\mathrm{N}} = 2\,000$ kV·A，额定电压 $U_{1\mathrm{N}}/U_{2\mathrm{N}} = 6$ kV/0.4 kV，Yd 联结，试求一次、二次绕组额定电流 $I_{1\mathrm{N}}$ 与 $I_{2\mathrm{N}}$ 的值。

2.21　试计算下列各台变压器的变比 K：

（1）$U_{1\mathrm{N}}/U_{2\mathrm{N}} = 3\,300$ V/220 V 的单相变压器；

（2）$U_{1\mathrm{N}}/U_{2\mathrm{N}} = 6$ V/0.4 kV 的 Yy 联结的三相变压器；

（3）$U_{1\mathrm{N}}/U_{2\mathrm{N}} = 10$ V/0.4 kV 的 Yd 联结的三相变压器。

2.22　一台三相电力变压器 Yd 联结，额定容量 $S_{\mathrm{N}} = 1\,000$ kV·A，额定电压 $U_{1\mathrm{N}}/U_{2\mathrm{N}} = 10$ kV/3.3 kV，短路阻抗标么值 $Z_{\mathrm{K}}^{*} = 0.053$，二次侧的负载接成三角形，$Z_{\mathrm{L}} = (50 + \mathrm{j}85)\,\Omega$，试求一次侧电流、二次侧电流和二次侧电压。

2.23　一台单相双绕组变压器，额定容量为 $S_{\mathrm{N}} = 600$ kV·A，$U_{1\mathrm{N}}/U_{2\mathrm{N}} = 35$ kV/6.3 kV，当有额定电流流过时，漏阻抗压降占额定电压的 6.5%，绕组中的铜损耗为 9.5 kW（认为是 75 ℃ 的值），当一次绕组接额定电压时，空载电流占额定电流的 5.5%，功率因数为 0.10。试问：

（1）变压器的短路阻抗和励磁阻抗各为多少？

（2）当一次绕组接额定电压，二次绕组接负载 $Z_{\mathrm{L}} = 80 \angle 40°\,\Omega$ 时的 U_2、I_1 及 I_2 各为多少？

2.24　一台三相电力变压器 Yy 联结，额定容量为 $S_{\mathrm{N}} = 750$ kV·A，额定电压 $U_{1\mathrm{N}}/U_{2\mathrm{N}} = 10$ kV/0.4 kV；在低压侧做空载试验时，$U_{20} = 400$ V，$I_0 = 60$ A，空载损耗 $P_0 = 3.8$ kW；在高压侧做短路试验时，$U_{1\mathrm{K}} = 400$ V，$I_{1\mathrm{K}} = I_{1\mathrm{N}} = 43.3$ A，短路损耗 $P_{\mathrm{K}} = 10.9$ kW，铝线绕组，室温 20 ℃，试求：

（1）变压器各阻抗参数，求阻抗参数时认为 $R_1 \approx R_2'$，$X_1 \approx X_2'$，并画出 T 形等值电路图；

（2）带额定负载，$\cos\varphi_2 = 0.8$（滞后）时的电压变化率 Δu 及二次侧电压 U_2；

（3）带额定负载，$\cos\varphi_2 = 0.8$（超前）时的电压变化率 Δu 及二次侧电压 U_2。

2.25　两台三相变压器并联运行，有关数据如下：

$S_{\mathrm{N}\alpha} = 1\,250$ kV·A，$U_{1\mathrm{N}}/U_{2\mathrm{N}} = 35$ kV/10.5 kV，$Z_{\mathrm{K}\alpha}^{*} = 0.065$，Yd11。

$S_{\mathrm{N}\beta} = 2\,000$ kV·A，$U_{1\mathrm{N}}/U_{2\mathrm{N}} = 35$ kV/10.5 kV，$Z_{\mathrm{K}\beta}^{*} = 0.06$，Yd11。

试问：

（1）总输出为 3 250 kV·A 时，每台变压器输出为多少？

（2）在两台变压器均不过载的前提下，并联运行时的最大输出为多少？

2.26   有 4 台三相变压器，接线图如题 2.26 图所示，通过画绕组电动势相量图，确定它们的联结组标号。

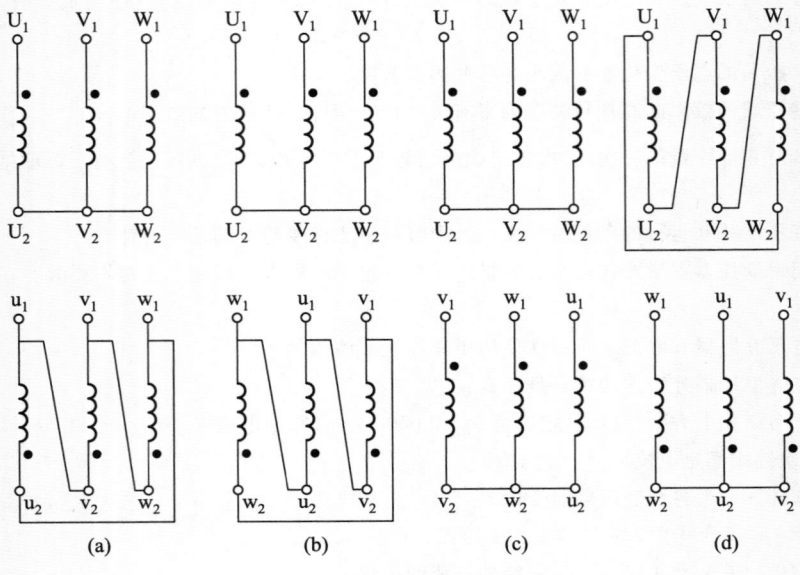

(a)   (b)   (c)   (d)

题 2.26 图   变压器接线图

2.27   画出下列联结组标号变压器的接线图：

（1）Yd3；

（2）Dy1。

2.28   画出下列联结组标号变压器的接线图：

（1）Yy10；

（2）Dd6。

2.29   一台单相自耦变压器数据为 $U_1 = 220$ V，$U_2 = 180$ V，$I_2 = 400$ A，当不计损耗和漏阻抗压降时，试求：

（1）一次侧电流 I_1 和公共绕组部分的电流 I；

（2）二次绕组容量 S_2 及传导容量 S_c。

第 2 章   习题解答

第3章　交流异步电动机

交流电动机可分为异步电动机和同步电动机两大类。异步电动机具有结构简单,价格便宜,运行可靠及效率较高等优点。特别是近年来,随着电力电子技术、自动控制技术及计算机应用技术的发展,异步电动机的调速性能有了很大的改善,使得异步电动机得到了更加广泛的应用。

3.1　三相异步电动机的工作原理与结构

3.1.1　三相异步电动机的工作原理

三相异步电动机是应用通电导体在磁场中产生电磁力的原理而工作的。

图 3.1 是异步电动机工作原理示意图,图中外圆圈是用铁磁材料做成的可以转动的圆柱形铁心,上下安放了一对磁极。在磁极中间装有一个也能够转动的圆柱形铁心,简称转子。在转子外圆的两个槽内嵌放着一个闭合线圈。

若将外圆圈上的一对磁极以 n_1 速度逆时针旋转,成为旋转磁场,旋转磁场就会沿逆时针方向切割转子导条。这种情况相当于磁极不动,转子导条顺时针方向以 n_1 的旋转速度切割磁场。按电磁感应原理,导条中会产生感应电动势。用右手定则可知:N 极下导条感应电动势方向是向内的;S 极上的是向外的。这样,在闭合线圈中会产生与感应电动势同方向的电流。导条中有电流后,在磁场中将会产生电磁力。由左手定则可知,N 极下导条电磁力 f 的方向向左,S 极上的向右,这一对力偶产生了转轴上的电磁转矩 T,其转向为逆时针方向,转子在电磁转矩 T 的作用下,就会以 n 的速度沿逆时针方向旋转起来,成为电动机。

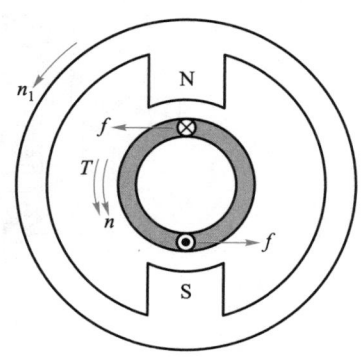

图 3.1　异步电动机工作
原理示意图

旋转磁场的转速 n_1 称为同步转速,运行时转子的转向与旋转磁场相同,但转速 n 要低于同步转速 n_1。假若 n 与 n_1 相等,则转子导条与磁极之间就没有相对运动,在转子导条中没有感应电动势,不能产生电流和形成电磁转矩。正常运行时 n 与 n_1 不相等,这就是异步电动机"异步"名称的由来。

同步转速 n_1 与转子转速 n 之差 (n_1-n) 称为转差。转差 (n_1-n) 与同步转速 n_1 之比,称为转差率,用 s 表示,即

$$s = \frac{n_1-n}{n_1} \tag{3.1}$$

转差率 s 是异步电动机的一个重要参数,对电动机的运行有着重大的影响,s 也能表示转子的转速,即

$$n = n_1(1-s) \tag{3.2}$$

异步电动机正常运行时转差率 s 很小,一般在 $0.015 \sim 0.05$ 之间。

3.1.2　组成异步电动机的主要部件

图 3.2 是一台三相笼型异步电动机的结构图。它的主要部件是定子和转子两大部分,定、转子之间有空气隙。此外,还有端盖、轴承、风扇等部件。

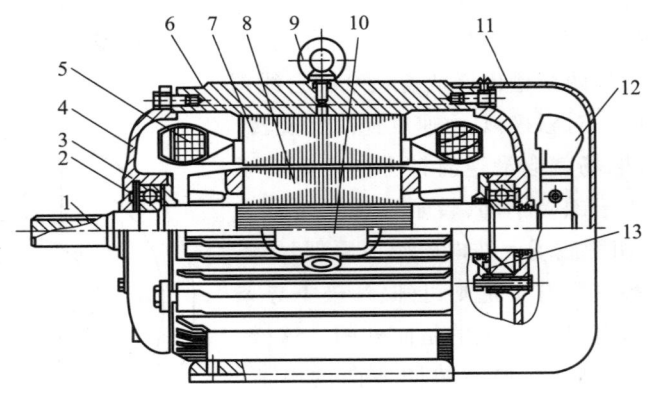

图 3.2　三相笼型异步电动机的结构图

1. 轴　2. 弹簧片　3. 轴承　4. 端盖　5. 定子绕组　6. 机座　7. 定子铁心
8. 转子铁心　9. 吊环　10. 出线盒　11. 风罩　12. 风扇　13. 轴承端盖

1. 定子部分
异步电动机的定子由定子铁心、定子绕组和机座三部分组成。

（1）定子铁心

定子铁心是电动机主磁通所经过的磁路的一部分,装在机座里。为了减少铁心损耗,定子铁心用 0.5 mm 的硅钢片叠压而成。图 3.3 是一台异步电动机的定子铁心和冲片的形状。

在定子铁心内圆上开有槽,槽内放置定子绕组（也称电枢绕组）。图 3.4 所示为定子槽型,其中（a）是开口槽,用于大、中型容量的高压异步电动机中;（b）是半开口槽,用于中型 500 V 以下的异步电动机中;（c）是半闭口槽,用于低压小型异步电动机中。

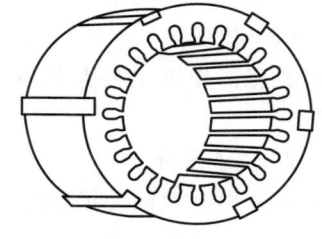

图 3.3　定子铁心与冲片

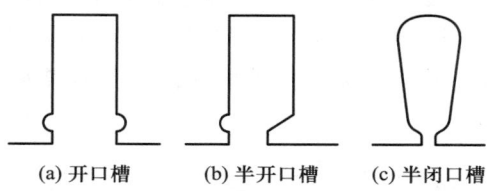

(a) 开口槽　　(b) 半开口槽　　(c) 半闭口槽

图 3.4　定子铁心槽型

（2）定子绕组

定子绕组由 3 个完全相同的绕组组成,每个绕组为一相,3 个绕组在空间互差 120°电角度,每相绕组的两端分别用 U_1、U_2,V_1、V_2,W_1、W_2 表示。中小型异步电动机三相绕组的 6 个出线头都引到接线盒上,使用时应按照铭牌上标明的接线方式进行连接:若铭牌标明为 Y 联结,称为星形联结,应将 3 个绕组的 3 个末端的出线头 W_2、U_2、V_2 连接在一起,3 个首端出线头 U_1、V_1、W_1 接三相电源,如图 3.5（a）所示;若铭牌标明为 D（或 Δ）联结,称为三角形联结,应将一相绕组的首端出线头与另一相绕组的末端出线头依次连接

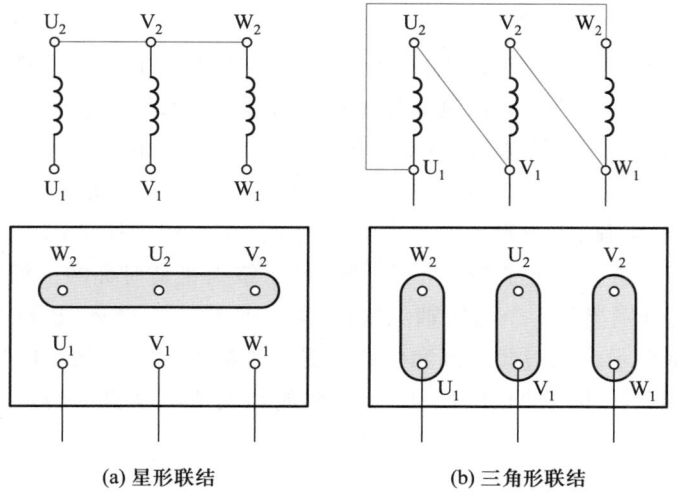

(a) 星形联结　　　　　(b) 三角形联结

图 3.5　三相异步电动机的定子接线

起来,即 U_1 与 W_2、V_1 与 U_2、W_1 与 V_2 分别连在一起,3 个首端出线头 U_1、V_1、W_1 接三相电源,如图 3.5(b)所示。

定子绕组是定子的电路部分,其作用是产生旋转磁场和由电网输入电能。

（3）机座

机座的作用主要是用来固定与支撑定子铁心,所以要求它有足够的机械强度和刚度。

2. 转子部分

异步电动机的转子由转子铁心和转子绕组两个部分组成。

（1）转子铁心

转子铁心的作用与定子铁心相同,也是电动机磁路的一部分,另一个作用是安放转子绕组,常用厚 0.5 mm 的硅钢片叠压而成。图 3.6 是用硅钢片冲压出来的转子槽形图,其中(a)是绕线转子槽形,(b)是单笼型转子槽形,(c)是双笼型转子槽形。整个转子铁心固定在转轴上。

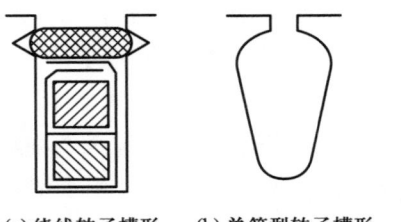

(a) 绕线转子槽形   (b) 单笼型转子槽形   (c) 双笼型转子槽形

图 3.6   转子槽形

（2）转子绕组

转子绕组的作用是产生感应电动势、流过电流并产生电磁转矩。按其结构形式可分为笼型转子绕组和绕线转子绕组两种。

① 笼型转子绕组。每一个槽内用熔化的铝水浇铸填满,待冷却后就成为一根根的导条,并且在浇铸时,将导条、端环和风扇叶片一次铸成,称为铸铝转子,如图 3.7(b)所示。若抽去转子铁心,留下导条和端环,其形状就像老鼠笼子,笼型转子由此而得名,如图 3.7(a)所示。具有笼型转子的异步电动机称为笼型异步电动机。笼型转子结构简单,制造方便,造价低,运行可靠,中小容量的异步电动机一般都采用这种形式。

② 绕线转子绕组。与定子绕组一样,绕线转子绕组也是对称的三相绕组。一般接成星形,3 根引出线分别接到 3 个与转轴绝缘的铜环上,称为集电环,通过电刷装置与外电路相接,如图 3.8 所示。通过集电环和电刷装置可以把外部的附加电阻串联到转子绕组回路中去,用以改善异步电动机的起动、制动性能和调节电动机的转速。具有绕线转子的异步电动机称为绕线转子异步电动机。

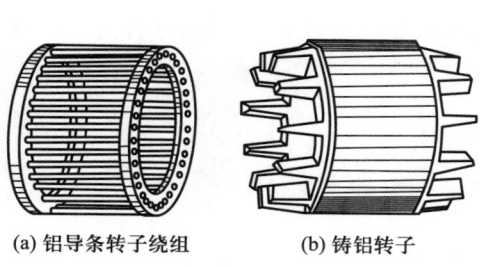

(a) 铝导条转子绕组   (b) 铸铝转子

图 3.7 笼型转子绕组

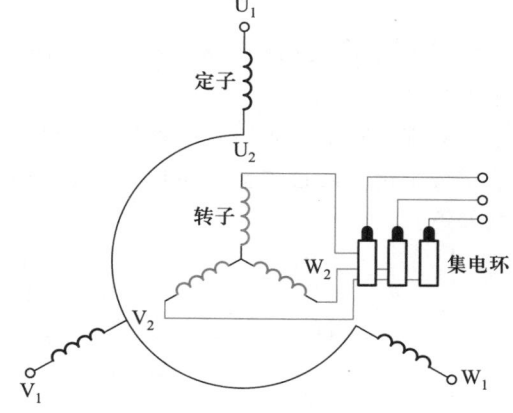

图 3.8 绕线转子异步电动机的
转子绕组接线示意图

3. 气隙与其他部件

除了定子、转子,还有端盖、轴承、风扇等。端盖对电动机起防护作用,轴承用以支撑转子轴。风扇则用来通风冷却。异步电动机定子与转子之间的气隙,比同容量直流电动机的气隙小得多,一般为 0.2~1.5 mm。

3.1.3 三相异步电动机的铭牌数据

异步电动机在铭牌上标注的额定值主要有以下几项。

1. 额定功率 P_N

指电动机在额定运行时转轴上输出的机械功率,单位是 kW。

2. 额定电压 U_N

指额定运行时电网加在定子绕组上的线电压,单位是 V 或 kV。

3. 额定电流 I_N

指电动机在额定电压下,输出额定功率时,定子绕组中的线电流,单位是 A。额定功率 P_N、额定电压 U_N 及额定电流 I_N 之间的关系为

$$P_N = \sqrt{3}\, U_N I_N \cos\varphi_N \eta_N \times 10^{-3} \text{ kW} \tag{3.3}$$

上式中 $\cos\varphi_N$ 与 η_N 分别为额定功率因数及额定效率。

4. 额定转速 n_N

指额定运行时电动机的转速,单位是 r/min。

5. 额定频率 f_N

指电动机所接电源的频率,单位是 Hz。我国的工频频率为 50 Hz。

6. 接法

用 Y 或 D(△) 表示,表明定子绕组应采用的连接方式,Y 表示星形联结,D(△) 表示三角形联结。

铭牌上除了上述的额定数据外,还标有电动机的型号。型号一般由大写印刷体的汉语拼音字母和阿拉伯数字组成。例如电动机的型号为 Y2-100L1-2,每部分所代表的意义如下:

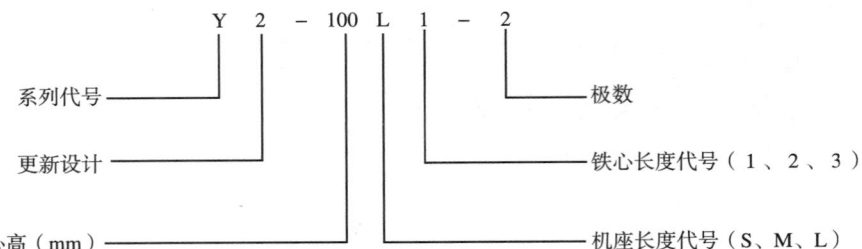

机座长度代号有 S、M、L,S 表示短机座,M 表示中等机座,L 表示长机座;铁心长度代号有1、2、3,数字越大铁心越长。所以,上述型号的异步电动机是一台机座中心高100 mm、长机座、短铁心、两极、第二次改型设计的笼型异步电动机。

例 3.1　已知一台三相异步电动机的额定功率 $P_N = 10$ kW,额定电压 $U_N = 380$ V,额定功率因数 $\cos \varphi_N = 0.82$,额定效率 $\eta_N = 86\%$,额定转速 $n_N = 1\,470$ r/min,求电动机的额定电流 I_N。

解: 由式(3.3)可知,额定电流为

$$I_N = \frac{P_N}{\sqrt{3}\,U_N \cos \varphi_N \eta_N} = \frac{10 \times 10^3}{\sqrt{3} \times 380 \times 0.82 \times 0.86} \text{ A} = 21.5 \text{ A}$$

3.2　三相异步电动机的定子绕组

异步电动机的定子绕组与直流电动机的一样,由许多线圈按一定规律连接而成。不同的是,直流电动机的线圈与换向片相连,所有线圈通过换向片连接成闭合回路,如图 1.12 和 1.13 所示;异步电动机没有换向器,所有线圈按一定规律直接相连形成 3 个独立的闭合回路,这就是定子的三相绕组。图 3.9 和图 3.11 是定子绕组线圈示意图。

为分析方便,以正弦波为基础,引入了下述物理量。

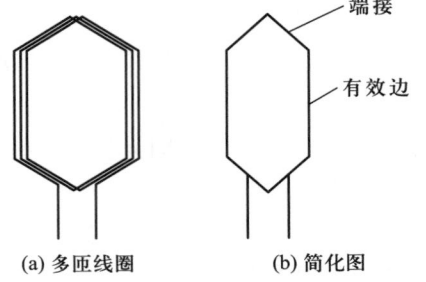

(a) 多匝线圈　　(b) 简化图

图 3.9　绕组线圈

1. 空间电角度

电动机的圆周为360°,是机械角度。如果定子圆周上有 p 对磁极,磁场波形为正弦波,每经过一对磁极,磁场波形就变化一个周波,一个周波就是360°,将一对磁极所占空间定为360°空间电角度,以区别于机械角度。沿定子圆周转一圈,经过 p 对磁极,磁场波形就变化 p 个周波,其空间电角度是 $p×360°$,而对应的机械角度是360°,所以,空间电角度=$p×$机械角度。

2. 槽距角 α

相邻两槽之间的电角度称为槽距角。

$$\alpha = \frac{p×360°}{Z_1} \qquad (3.4)$$

上式的物理意义是,定子内圆周有 Z_1 个槽,共占有电角度为 $p×360°$,则每槽占 $\frac{p×360°}{Z_1}$ 电角度。

3. 每极每相槽数 q

对三相电动机而言,为了保持电路上的对称性,每相绕组占有的槽数相等且均匀分布。首先依照磁极数 $2p$,把电动机的槽数 Z_1 分为 $2p$ 个等分,然后将每个等分再三等分,分别安置三相绕组的线圈。这样,每相绕组在每个磁极下占据的槽数称为每极每相槽数 q,其值为

$$q = \frac{Z_1}{2pm_1} \qquad (3.5)$$

式中,m_1 为定子绕组的相数,三相电动机的 $m_1 = 3$。

4. 相带

每相绕组在一个极距中所占有的区域,以电角度表示,称为相带;以槽数表示,称为每极每相槽数 q。一个极距为180°电角度,对三相绕组而言,相带为60°电角度,简称60°相带,一对磁极为360°电角度,有6个相带。一相绕组在一对磁极下占两个相带,相差180°(电角度),用 U_1、U_2,V_1、V_2,W_1、W_2 分别表示 U、V、W 三相绕组的两个相带,则 U_1 与 U_2、V_1 与 V_2、W_1 与 W_2 分别相差180°(电角度)。为了构成三相对称绕组,U_1、V_1、W_1 之间应互差120°(电角度),这样,三相对称绕组的6个相带在槽中安放的次序应为 U_1—W_2—V_1—U_2—W_1—V_2—U_1。

5. 线圈节距 y_1

与直流电机一样,线圈两个有效边在定子圆周上的距离,用槽数来表示,称为线圈节距 y_1,槽数是整数,所以节距 y_1 也是整数,在图3.10中,线圈的一个有效边在第1号槽中,另一个有效边在第9号槽中,两个有效边所跨槽数为8,则 $y_1 = 8$。

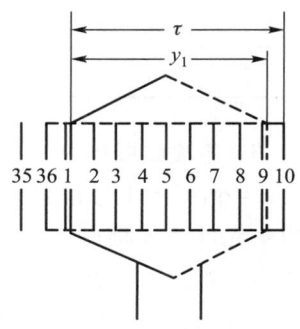

图3.10　线圈的节距

τ 是极距,$y_1 = \tau$ 的线圈称为整距线圈,$y_1 < \tau$ 的称为短距线圈,其对应的绕组分别称为整距绕组及短距绕组。

3.2.1　三相单层绕组

单层绕组的每个槽里只安放一个线圈边,一个线圈有两个有效边,要占两个槽,所以定子绕组的线圈数等于定子槽数的一半。

单层绕组可分为单层叠绕组、单层链式绕组,还有其他型式。

1. 单层叠绕组

以 $Z_1 = 24$,$2p = 4$,$m_1 = 3$ 单层绕组为例,说明绕组的连接规律。

(1) 计算极距 τ,确定线圈节距 y_1、每极每相槽数 q 和槽距角 α

$$\tau = \frac{Z_1}{2p} = \frac{24}{4} = 6$$

单层绕组为整距绕组,$y_1 = \tau = 6$

$$q = \frac{Z_1}{2pm_1} = \frac{24}{4 \times 3} = 2$$

$$\alpha = \frac{p \times 360°}{Z_1} = \frac{2 \times 360°}{24} = 30°$$

(2) 划分相带

将定子内圆周画成平面展开图,标明槽号 1~24,如图 3.11 所示。4 个极,24 个槽,平均每个极下有 6 个槽,6 个槽分三相,即 $q = 2$,占 60° 电角度。一对极有 6 个 60° 相带,两对极共有 12 个 60° 相带。依据对称绕组概念,一对磁极下分配到各相绕组相带顺序为:U_1—W_2—V_1—U_2—W_1—V_2。可用表 3.1 表示。

表 3.1　相带与槽号对照表

相带(一对极下)	U_1	W_2	V_1	U_2	W_1	V_2
槽号	1、2	3、4	5、6	7、8	9、10	11、12
相带(另一对极下)	U_1	W_2	V_1	U_2	W_1	V_2
槽号	13、14	15、16	17、18	19、20	21、22	23、24

(3) 组成线圈组

$y_1 = 6$,可将 1 号槽中元件边与 7 号槽中元件边连接成一个线圈,同样将 2 号槽与 8 号槽中元件边连接成另一个线圈。$q = 2$,即每极每相绕组由两个线圈组成,可将它们首尾串联组成一个线圈组,如图 3.11 所示。同时将 13 号与 19 号槽中的元件边连接成一个线圈,14 号与 20 号槽中的元件边连接成一个线圈,再将它们首尾串联组成另一个线圈组。

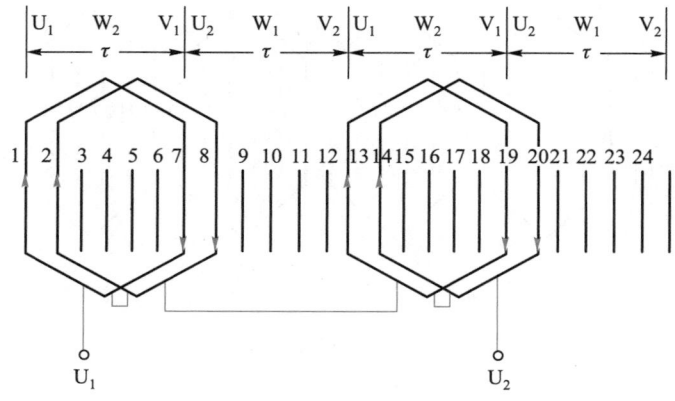

图 3.11　U 相线圈组展开图

（4）构成一相绕组

电动机有两对极,表明同一相的绕组有两个线圈组,可以串联或并联组成相绕组。图 3.11 所示为 U 相的两个线圈组串联,每相只有一条支路。当然 U 相的两个线圈组也可以并联,这时每相就有两条支路。也可以简单地用图 3.12 来表示串联形式,用图 3.13 来表示并联形式。

图 3.12　串联一相绕组　　　　图 3.13　并联一相绕组

用同样的方法可将 V、W 相绕组也连接起来,组成三个在定子空间对称的三相绕组。单层绕组只适用于小容量电动机(10 kW 以下)。

2. 单层链式绕组

单层链式绕组是由几个节距相同的线圈串联而成,从展开图上看,形如长链,故称为链式绕组。以 $Z_1 = 24, 2p = 4$ 的三相异步电动机定子绕组为例,说明链式绕组的连接规律。

仍以 U 相为例,将 2、7;8、13;14、19;20、1 各自连接起来,构成了 4 个线圈。再按电流方向,把各个线圈的端部按头头、尾尾的规律串联起来,就构成了 U 相绕组。从图 3.14 所示展开图上看,这 4 个线圈形同链条,4 个线圈节距相等,均为 5 个槽。用相同方法,可将 V、W 相线圈连成链式。

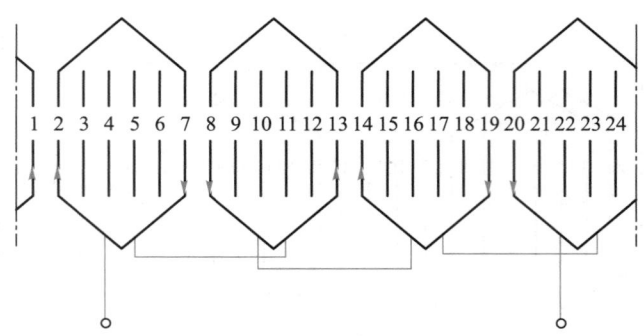

图 3.14   单层链式绕组 U 相的展开图

3.2.2   三相双层绕组

双层绕组每个槽内有上下两个线圈边,同一个线圈的一个边放在某一槽的上层,另一边则放在相隔节距 y_1 的槽内的下层,绕组的线圈数等于槽数。

以 $Z_1 = 24$、$p = 2$ 为例画双层短距叠绕组展开图。

（1）计算极距

参数与单层叠绕组相同,$\tau = 6$。

（2）确定节距

双层绕组一般采用短距,取 y_1 为小于并接近于 τ 的整数,这样可节省端接线,又有助于改善电动势、磁动势波形。这里取 $y_1 = 5$。

（3）计算每极每相槽数

仍是 $q = 2$。

（4）划分相带

方法与单层绕组一样,只是划分的各相带的槽号都是指线圈的上层边,而下层边的槽号由 y_1 来决定。

（5）组成线圈组

由于每个槽内放两个有效边,所以在展开图上,每个槽画两条线,用实线表示上层边,用虚线表示下层边。

1、2 号槽属 U_1 相带,用实线画出 1、2 号两个线圈的上层边,它们的下层边分别位于加一个节距($y_1 = 5$)的 6、7 号槽,用虚线画出,把 1 号的上层边与 6 号的下层边连成 1 号线圈,把 2 号的上层边与 7 号的下层边连成 2 号线圈,并将 1 号线圈的尾端与 2 号线圈的首端相连,构成一个线圈组。然后将与 1 号线圈相隔一个极距的 7 号线圈和 8 号线圈连接成线圈组;同样,将 13、14 及 19、20 号线圈分别连接成线圈组,形成 U 相的 4 个线圈组,如图 3.15 所示。

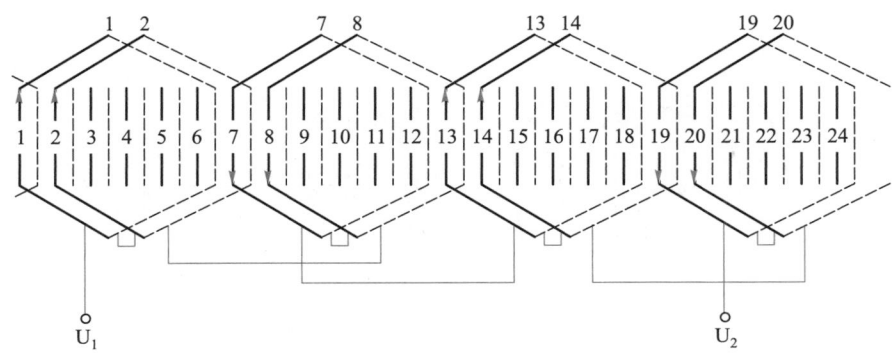

图 3.15 U 相绕组展开图

（6）构成一相绕组

在构成一相绕组时，若只形成一条支路，则应将 U 相的 4 个线圈组按"头头、尾尾"规律串联而成，这样，就将 1、2、7、8、13、14、19、20 号等 8 个线圈连接成 U 相绕组，如图 3.15 所示。

用同样的方法可将 V、W 相绕组也连接起来，组成三个在定子空间对称的三相绕组。

3.3 三相异步电动机定子绕组的感应电动势

分析定子绕组感应电动势的思路是由简到繁，即先分析一根导体的感应电动势，接着分析一个线圈的，然后分析一个线圈组的，最后推导出定子绕组的感应电动势的表达式。

3.3.1 导体的感应电动势

图 3.16（a）是一台交流发电机模型的横截面示意图。转子上有一对磁极 N、S，由原动机拖动，以恒定转速 n_1 逆时针方向旋转；定子上靠近铁心内圆表面的槽内，放置一根长度为 l 的导体 A。根据电磁感应定律，导体 A 与磁极之间有相对运动时，导体 A 中会产生感应电动势。

在图 3.16（a）中，从导体 A 处沿轴向剖开，把电机定子和转子圆周展开成一直线，放在直角坐标系中，如图 3.16（b）所示。纵坐标 B 表示气隙磁通密度，O 点是坐标原点，横坐标表示沿气隙圆周方向上各点到坐标原点的距离，用空间电角度 α 表示。

在模型发电机中导体 A 静止不动，磁极逆时针方向旋转切割导体。这相当于磁极不动，导体 A 顺时针切割磁场，表现在图（b）中是导体 A 以角速度 ω_1 向右运动切割磁场。

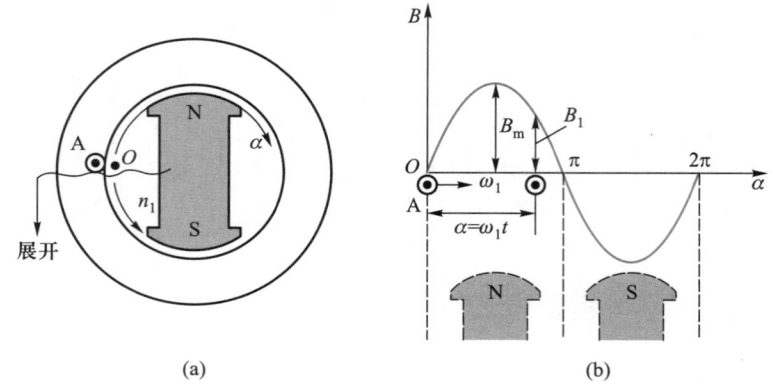

图 3.16   交流发电机模型横截面示意图

两者产生感应电动势的效果一样。

若转子的一对磁极在定子内圆周气隙中产生的磁通密度分布为正弦波,如图 3.16(b)所示,这种波长等于一对磁极距离(2τ)的正弦波称为基波,波长为 $2\tau/\nu$ 的正弦波称为 ν 次谐波。图中规定气隙磁通从转子磁极到定子的方向为正。

设基波磁通密度为

$$B_1 = B_m \sin \alpha \tag{3.6}$$

式中,B_1 是在 α 处的基波气隙磁通密度,B_m 是基波气隙磁通密度的幅值。

导体 A 以速度 v 切割磁场产生的感应电动势为

$$e_1 = B_1 l v \tag{3.7}$$

感应电动势的方向用右手定则确定,在图示位置是垂直纸面向外。

转子的转速为 n_1 时,机械角速度为 $\Omega_1 = 2\pi \dfrac{n_1}{60}$,若有 p 对磁极,则电角速度为

$$\omega_1 = p\Omega_1 = 2\pi p \frac{n_1}{60} \tag{3.8}$$

单位为 rad/s。

将 $\alpha = \omega_1 t$ 代入式(3.6)中,得到

$$B_1 = B_m \sin \alpha = B_m \sin \omega_1 t \tag{3.9}$$

则导体 A 中感应电动势为

$$e_1 = B_1 l v = B_m l v \sin \omega_1 t = E_{1m} \sin \omega_1 t = \sqrt{2} E_1 \sin \omega_1 t \tag{3.10}$$

式中,$E_{1m} = B_m l v$ 是导体感应电动势的幅值;E_1 是导体感应电动势的有效值;ω_1 既是电角速度,同时在式中也表明感应电动势随时间变化的快慢,又称为角频率,与感应电动势的变化频率 f_1 的关系是 $\omega_1 = 2\pi f_1$。导体 A 感应电动势波形如图 3.17 所示。比较图 3.17 与图 3.16(b)可知,当磁场在空间为正弦分布如图 3.16(b)所示时,导体切割磁场产生的感应电动势在时间上也按正弦规律变化,如图 3.17 所示,所以它们都可以用相量表示,

只不过磁场是空间相量,而感应电动势是时间相量。

每当一对磁极切割导体 A 时,导体 A 中产生的感应电动势就变化一个周波。如果转子上有 p 对磁极,转子旋转一周,导体 A 中产生的感应电动势将会变化 p 个周波,若转子的转速为每分钟转 n_1 转,则导体 A 中感应电动势变化的频率(周波)f_1 为

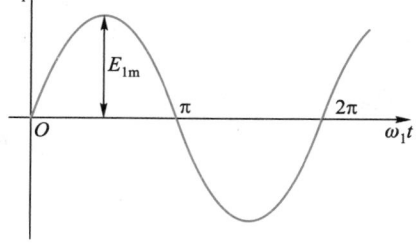

图 3.17   导体的感应电动势

$$f_1 = \frac{pn_1}{60} \qquad (3.11)$$

如果已知旋转磁场的磁极对数为 p,磁场旋转时在导体中感应电动势变化的频率为 f_1,则旋转磁场的转速,即同步转速 n_1 为

$$n_1 = \frac{60f_1}{p} \qquad (3.12)$$

由式(3.10)可知导体中感应电动势的幅值为

$$E_{1m} = B_m lv = \frac{\pi}{2}\left(\frac{2}{\pi}B_m\right) l\left(2\tau p \frac{n_1}{60}\right) = \frac{\pi}{2}B_{av}l2\frac{pn_1}{60} = \pi f_1 \Phi_1 \qquad (3.13)$$

式中,$B_{av} = \dfrac{2}{\pi}B_m$ 是基波磁通密度 B_1 的平均值;$\Phi_1 = B_{av}l\tau$ 是气隙基波每极磁通量,单位为 Wb,对应地用 Φ_ν 表示气隙 ν 次谐波每极磁通量;$v = 2\tau p\dfrac{n_1}{60}$ 是导体切割磁场的线速度,单位为 m/s;τ 是定子内表面的极距,单位是 m。

导体切割基波磁场所产生的基波电动势 e_1 的有效值为

$$E_1 = \frac{E_{1m}}{\sqrt{2}} = \frac{\pi f_1 \Phi_1}{\sqrt{2}} = 2.22f_1\Phi_1 \qquad (3.14)$$

对应地用 E_ν 表示 ν 次谐波电动势有效值。

例 3.2 某三相异步电动机的额定转速 $n_N = 970$ r/min,试求该电动机的额定转差率及磁极对数。

解:同步转速 n_1 由式(3.12)可知

$$n_1 = \frac{60f_1}{p}$$

我国电网频率为 50 Hz,当磁极对数 $p = 1$ 时,$n_1 = 3\,000$ r/min;当 $p = 2$ 时,$n_1 = 1\,500$ r/min;当 $p = 3$ 时,$n_1 = 1\,000$ r/min;当 $p = 4$ 时,$n_1 = 750$ r/min;当 $p = 5$ 时,$n_1 = 600$ r/min,……

由于额定转速略低于同步转速,也就是同步转速应略高于额定转速 $n_N = 970$ r/min,即

$$n_1 = 1\ 000 \text{ r/min}$$

则其磁极对数为

$$p = \frac{60f_1}{n_1} = \frac{60 \times 50}{1\ 000} = 3$$

其额定转差率

$$s_N = \frac{n_1 - n_N}{n_1} = \frac{1\ 000 - 970}{1\ 000} = 0.03$$

3.3.2　线圈的感应电动势

1. 整距线匝电动势

整距线匝的两根导体,相隔一个极距嵌放,即相差 180°(空间电角度)。当气隙基波磁场切割线匝的两根导体时,在两根导体中产生的感应电动势大小相等、方向相反。由于组成线匝的两根导体是串联的,所以线匝电动势的有效值为一根导体的有效值的两倍,即

$$E_T = 2E_1 = 2 \times 2.22 f_1 \Phi_1 = 4.44\ f_1 \Phi_1 \tag{3.15}$$

2. 整距线圈电动势

一个线圈往往不止一匝,而是 N_y 匝串联而成,具有 N_y 匝整距线圈的基波电动势为

$$E_y = 4.44 f_1 N_y \Phi_1 \tag{3.16}$$

3. 短距线圈电动势

短距线圈的节距 $y_1 < \tau$,设一个线匝的两根导体相隔的(电)角度为 γ,则

$$\gamma = \frac{y_1}{\tau} \times 180° = \frac{y_1}{\tau} \pi = y\pi, y = \frac{y_1}{\tau}, y_1 < \tau \text{ 时 } y < 1。$$

两根导体感应电动势的相量可用图 3.18 中的 $\dot{E}_{U1}$ 和 $\dot{E}_{U2}$ 表示,而线匝的电动势相量为

$$\dot{E}_T = \dot{E}_{U1} - \dot{E}_{U2} = \dot{E}_{U1} + (-\dot{E}_{U2})$$

其大小为

$$E_T = 2E_{U1} \cos \frac{180° - \gamma}{2} = 2E_{U1} \sin \frac{\gamma}{2} = 2E_{U1} \sin y \frac{\pi}{2}$$

$$= 4.44\ f_1 \Phi_1 \sin y \frac{\pi}{2} = 4.44 f_1 k_{y1} \Phi_1$$

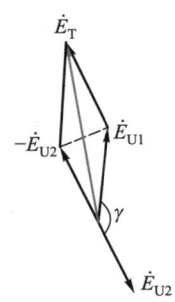

图 3.18　短距线圈
电动势相量图

式中,$k_{y1} = \sin y \dfrac{\pi}{2}$ 称为基波短距系数。

有 N_y 匝的短距线圈基波电动势大小为

$$E_y(y_1 < \tau) = 4.44 f_1 N_y k_{y1} \Phi_1 \tag{3.17}$$

线圈短距时，$k_{y1}<1$，只有 $y=1$，即整距线圈时，$k_{y1}=1$。

短距线圈的电动势比整距线圈的小，相当于整距线圈的电动势乘上一个小于 1 的短距系数。

例 3.3　有一匝数为 100 匝的短距线圈，两线圈边放在相距 150°空间电角度的定子槽中。已知每根导体的感应电动势为 1.5 V，试求该线圈的基波电动势。

解：若此线圈为整距线圈，其基波电动势为

$$E_T = 2 \times 100 \times 1.5 \text{ V} = 300 \text{ V}$$

计算短距系数 k_{y1}

$$y = \frac{150°}{180°} = 0.833$$

则

$$k_{y1} = \sin y\, \frac{\pi}{2} = \sin 0.833 \times \frac{\pi}{2} = 0.966$$

短距线圈的基波电动势为

$$E_y = E_T \times k_{y1} = 300 \times 0.966 \text{ V} = 289.8 \text{ V}$$

3.3.3　线圈组的感应电动势

每极每相槽数 q 表示，在双层绕组中，一相绕组在每个磁极下有 q 个线圈组成一个线圈组，在单层绕组中则由每对磁极下的 q 个线圈组成线圈组。

在图 3.19 中，1–1′、2–2′、3–3′三个线圈为整距线圈，匝数相等，在定子圆周上相差一个槽距角 α 而均匀分布，将它们按头尾顺序串联起来，组成一个线圈组，称为整距分布线圈组。

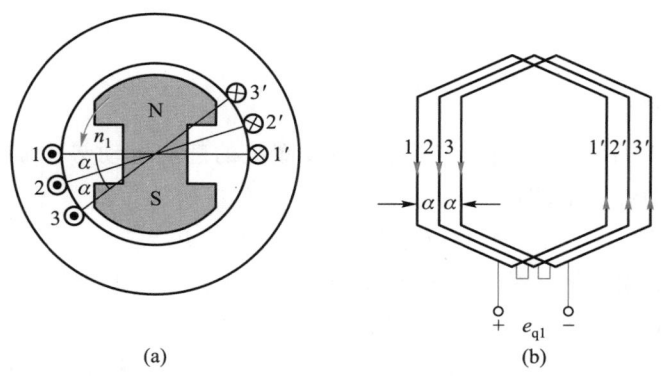

图 3.19　分布线圈组空间位置及其连接图

旋转磁场切割线圈组时，在三个线圈中产生的感应电动势的有效值相等，但在时间上依次相差 α 电角度，如图 3.20(a)所示。由图可知，线圈组的总电动势应为这三个线圈

电动势的相量和。推广到 q 个线圈组成的线圈组,即有

$$\dot{E}_{q1} = \dot{E}_{y1} + \dot{E}_{y2} + \cdots + \dot{E}_{yq}$$

由于 q 个相量大小相等,又依次位移 α 角,所以它们依次相加就组成一个正多边形,如图 3.20(b) 所示,O 为正多边形外接圆的圆心,设圆的半径为 R,则有

$$\sin\frac{\alpha}{2} = \frac{\dfrac{E_{y1}}{2}}{R}$$

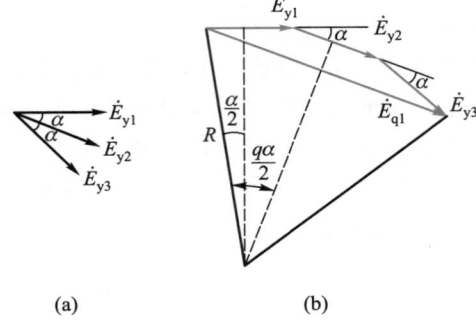

图 3.20   分布线圈组基波电动势相量图

每个线圈中感应电动势为

$$E_{y1} = 2\,R\sin\frac{\alpha}{2}$$

q 个线圈组成的线圈组感应电动势为

$$E_{q1} = 2\,R\sin q\,\frac{\alpha}{2}$$

若把 q 个整距线圈集中在一起,则线圈组总的基波电动势为 qE_{y1}。但分布散开后,线圈组总的基波电动势却是 E_{q1}(相量之和),将 E_{q1} 除以 qE_{y1},得

$$\frac{E_{q1}}{qE_{y1}} = \frac{2R\sin q\,\dfrac{\alpha}{2}}{q2R\sin\dfrac{\alpha}{2}}$$

令此比值为 k_{q1},则由上式可知

$$k_{q1} = \frac{\sin q\,\dfrac{\alpha}{2}}{q\sin\dfrac{\alpha}{2}} \qquad\qquad (3.18)$$

k_{q1} 称为基波分布系数。

k_{q1} 也是小于 1 的数,其物理意义是:分布线圈组的感应电动势比 q 个线圈集中在一起产生的感应电动势要小,即

$$E_{q1} = qE_{y1}k_{q1} = 4.44f_1qN_yk_{q1}\Phi_1$$

如果分布线圈组是短距分布线圈组,即 $y_1 < \tau$,则上式乘以基波短距系数 k_{y1} 就是其基波感应电动势有效值,即

$$E_{q1}(y_1 < \tau) = qE_{y1}k_{q1}k_{y1} = 4.44f_1qN_yk_{q1}k_{y1}\Phi_1 = 4.44f_1qN_yk_{N1}\Phi_1 \qquad (3.19)$$

式中,$k_{N1} = k_{y1}k_{q1}$ 称为基波绕组系数,也是小于 1 的数。

例 3.4   一台工频三相交流电机,在定子槽中嵌放由 4 个线圈构成的线圈组。已知电机槽距角 $\alpha = 15°$,线圈的节距 $y_1 = 10$,$\tau = 12$,每个线圈的匝数为 20 匝,每极磁通量 $\Phi_1 =$

4.85×10^{-3} Wb,问该短距分布线圈组的基波感应电动势有效值为多少?

解:基波短距系数

$$k_{y1} = \sin y \frac{\pi}{2} = \sin\left(\frac{10}{12}\,\frac{\pi}{2}\right) = 0.966$$

基波分布系数

$$k_{q1} = \frac{\sin q \dfrac{\alpha}{2}}{q\sin \dfrac{\alpha}{2}} = \frac{\sin \dfrac{4 \times 15°}{2}}{4 \times \sin \dfrac{15°}{2}} = 0.958$$

短距分布线圈组的基波感应电动势有效值为

$$E_{q1} = 4.44 f_1 q N_y k_{q1} k_{y1} \Phi_1$$
$$= 4.44 \times 50 \times 4 \times 20 \times 0.966 \times 0.958 \times 4.85 \times 10^{-3} \text{ V} = 79.7 \text{ V}$$

3.3.4 一相绕组的感应电动势

对于双层绕组,一相绕组在每一个极下有一个线圈组,如果电机有 p 对磁极,则一相绕组共有 $2p$ 个线圈组,若组成 b 条并联支路,则每条支路由 $2p/b$ 个线圈组串联而成。所以每相绕组电动势为

$$E_{\Phi 1} = 4.44 f_1 q N_y \frac{2p}{b} \Phi_1 k_{N1} \qquad (3.20)$$

单层绕组的线圈组数是双层绕组的一半,所以每相绕组电动势为

$$E_{\Phi 1} = 4.44 f_1 q N_y \frac{p}{b} \Phi_1 k_{N1} \qquad (3.21)$$

以上两式中 $qN_y\dfrac{2p}{b}$ 和 $qN_y\dfrac{p}{b}$ 分别表示双层绕组和单层绕组每条支路的串联总匝数,用 N_1 表示,这样就可得到一相绕组电动势的有效值为

$$E_{\Phi 1} = 4.44 f_1 N_1 k_{N1} \Phi_1 \qquad (3.22)$$

三相异步电动机的定子绕组是三相对称绕组,三相绕组的电动势有效值相等,只是相位互差 $120°$。

3.3.5 定子绕组的谐波电动势

在实际的电机气隙中除了基波磁通外,还有谐波磁通,如 3 次、5 次等奇次高次谐波磁通。ν 次谐波磁通的磁极对数是基波磁通磁极对数的 ν 倍,即 νp,这些谐波磁通随转子主磁极一起旋转,也同样会在定子三相绕组中感应出谐波电动势。其频率 f_ν 为

$$f_\nu = \frac{\nu p n_1}{60} = \nu f_1 \tag{3.23}$$

设 ν 次谐波每极磁通量为 Φ_ν，则每相绕组中 ν 次谐波电动势有效值为

$$E_\nu = 4.44 f_\nu N_1 k_{N\nu} \Phi_\nu \tag{3.24}$$

式中，$k_{N\nu} = k_{y\nu} k_{q\nu}$ 是 ν 次谐波的绕组系数，等于 ν 次谐波的短距系数 $k_{y\nu}$ 和分布系数 $k_{q\nu}$ 的乘积。一个短距线圈的两个线圈边对基波来说，距离是 $y\pi$ 空间电角度，而对 ν 次谐波来说，距离就是 $\nu y\pi$ 空间电角度，所以谐波短距系数为

$$k_{y\nu} = \sin \frac{\nu y \pi}{2} \tag{3.25}$$

基波磁场中的槽距角 α，对 ν 次谐波来说就变为 $\nu\alpha$，因而谐波分布系数为

$$k_{q\nu} = \frac{\sin \dfrac{q\nu\alpha}{2}}{q \sin \dfrac{\nu\alpha}{2}} \tag{3.26}$$

虽然在定子绕组中感应有谐波电动势，但是只要采用短距分布绕组，就可以有效抑制谐波电动势，甚至使某次谐波电动势为零。当然，短距分布绕组也会把基波电动势削弱一些，但只要设计得合理，就可以使基波电动势削弱较少，而谐波电动势削弱较多。

3.4   三相异步电动机的定子磁动势

分析定子绕组磁动势的思路与分析定子绕组感应电动势的思路一样，也是由简到繁，即先分析一个线圈的磁动势，进而分析一个线圈组以及一相绕组的磁动势，然后把三个相绕组的磁动势叠加起来，便可得出三相绕组的合成磁动势。

3.4.1   单相绕组产生的脉动磁动势

1. 整距线圈的磁动势

图 3.21(a) 为一台两极异步电动机磁场分布示意图，定子上有一个匝数为 N_y 的整距线圈 U_1-U_2，线圈中通以电流 i，在图示瞬间，由 U_2 流入，从 U_1 流出，依据电磁感应定律，该线圈能产生磁动势，按右手螺旋定则，磁感应线分布及方向如图中虚线所示。

将电动机在线圈 U_1 处沿轴向剖开，并按图示方向展成直线，放在直角坐标系中，如图 3.21(b) 所示。把 O 点作为坐标原点，横坐标表示沿气隙圆周方向上的各点到 O 点的距离，用 x 表示，亦可用空间电角度 α 表示，两者关系是 $\alpha = (x/\tau)\pi$；纵坐标表示磁动势 f_y。磁极在定子上，规定磁动势从定子到转子的方向为参考方向。

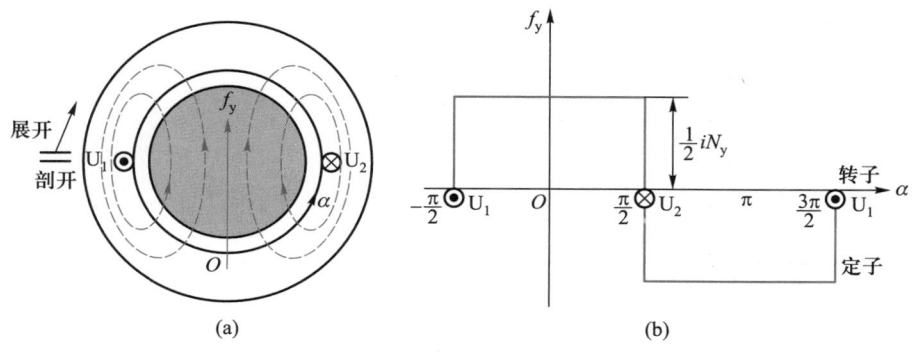

图 3.21　整距线圈产生的磁动势

若线圈中通入交流电流 $i=\sqrt{2}I\cos\omega t$，当 $\omega t=0$ 时，线圈 U_1-U_2 里流过的电流达到正最大值 $\sqrt{2}I$，产生的磁动势为 $\sqrt{2}IN_y$。为简单方便，在图 3.21(a)中任选一条磁感应线所经过的路径作为闭合磁路，该闭合磁路包含两个气隙。依照全电流定律，闭合磁路的磁动势等于该磁路所链的全部电流，即为 $\sqrt{2}IN_y$，若忽略定转子铁心的磁压降，则一个气隙的磁动势等于 $\frac{1}{2}\sqrt{2}IN_y$。这样，整距线圈产生的磁动势沿定子内表面气隙空间的分布波形为矩形波，其高度为 $\frac{1}{2}\sqrt{2}IN_y$，如图 3.21(b)所示。

对于任意瞬间，磁动势沿定子内表面空间分布都呈矩形波，只是高度不同，所以，矩形波磁动势瞬时值表达式为

$$f_y(\alpha,\ t)=\frac{\sqrt{2}}{2}N_yI\cos\omega t\quad\left(-\frac{\pi}{2}<\alpha<\frac{\pi}{2}\right)$$

$$f_y(\alpha,\ t)=-\frac{\sqrt{2}}{2}N_yI\cos\omega t\quad\left(\frac{\pi}{2}<\alpha<\frac{3\pi}{2}\right)$$

矩形波磁动势瞬时值随时间的变化而作余弦变化。当电流为最大值时，矩形波的高度也为最大值 $F_{ym}=\frac{\sqrt{2}}{2}N_yI$；当电流改变方向时，磁动势也随之改变方向。矩形波磁动势瞬时值随时间的变化而在正、负最大值之间变化，这种磁动势被称为脉动磁动势，脉动的频率也就是通入线圈电流的频率。

对于一个在空间按矩形波规律分布的磁动势，可以用傅里叶级数进行分解。磁动势的分布对称于横轴，$f(\alpha)=-f(\alpha+\pi)$，即谐波中无偶次项；又对称于纵轴，$f(\alpha)=f(-\alpha)$，即谐波中无正弦项。这样，将矩形波磁动势按傅里叶级数分解，得到基波和 3、5、7…奇次余弦波，如图 3.22 所示。基波与矩形波同频率，幅值是矩形波幅值的 $4/\pi$，而 ν 次谐波的频率是基波的 ν 倍，幅值是基波幅值的 $1/\nu$。

用 $\alpha=(x/\tau)\pi$ 进行代换，矩形波磁动势分解后可表示为

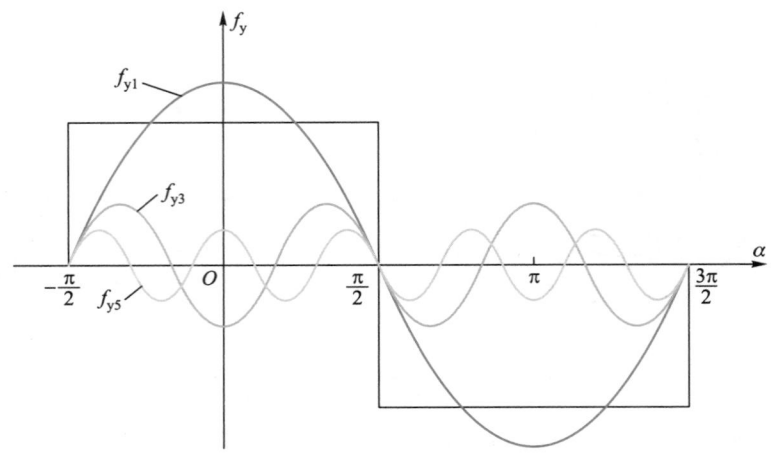

图 3.22   矩形波磁动势的基波及谐波分量

$$f_y(\alpha, t) = f_y(x, t) = f_{y1}(x, t) + f_{y3}(x, t) + f_{y5}(x, t) + \cdots + f_{y\nu}(x, t) + \cdots$$

式中,$f_{y1}(x, t)$ 是基波磁动势,$f_{y\nu}(x, t)$ 是 ν 次谐波磁动势。

$$f_{y1}(x, t) = \frac{4}{\pi} \frac{\sqrt{2}}{2} N_y I \cos \omega t \cos \alpha = 0.9 N_y I \cos \omega t \cos \alpha$$

$$= 0.9 N_y I \cos \omega t \cos \frac{\pi}{\tau} x \tag{3.27}$$

由上式可知,基波磁动势 $f_{y1}(x, t)$ 是一个在空间按余弦规律 $\left(\cos \frac{\pi}{\tau} x \right)$ 分布,其幅值 $(0.9 N_y I \cos \omega t)$ 随时间作余弦变化的磁动势。最大幅值 $F_{y1} = 0.9 I N_y$。

ν 次谐波磁动势 $f_{y\nu}(x, t)$ 为

$$f_{y\nu}(x, t) = \frac{1}{\nu} \times 0.9 N_y I \cos \omega t \cos \nu \frac{\pi}{\tau} x \sin \nu \frac{\pi}{2}$$

式中 $\sin \nu \frac{\pi}{2}$ 决定 ν 次谐波磁动势的正负。

在电动机运行时,谐波磁动势建立的磁场会在定子绕组中产生谐波电动势,对电动机运行不利。常采用短距分布绕组和其他措施,想方设法削弱谐波磁动势,所以气隙磁动势中主要是基波磁动势,分析气隙磁动势主要是分析基波磁动势。

2. 整距线圈组的磁动势

在定子一相绕组中,每个线圈组都是由 q 个相同的线圈串联起来,各线圈之间依次相差一个槽距角 α(电角度)。以 $q=3$ 的整距线圈组为例,三个线圈产生的磁动势矩形波大小相等,在空间依次相隔 α 电角度,如图 3.23(a)所示。若用相量表示,则如图 3.23(a)中右边的 3 个磁动势相量。

线圈组的合成磁动势的基波如图 3.23(b)所示,其相量可用 q 个依次相差 α 电角度

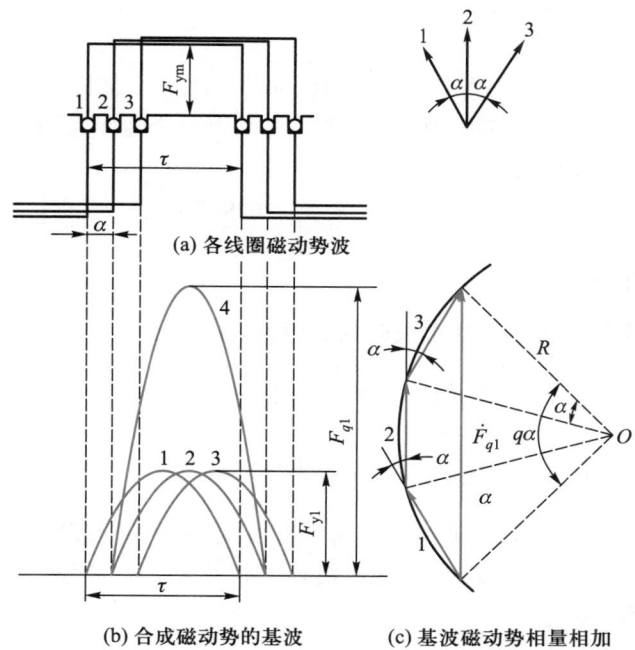

图 3.23 整距线圈的线圈组磁动势

的基波磁动势相量之和来表示,如图 3.23(c)所示,即

$$\dot{F}_{q1} = F_{y1}\underline{/0°} + F_{y1}\underline{/\alpha} + \cdots + F_{y1}\underline{/(q-1)\alpha}$$

其幅值为 $F_{q1} = qF_{y1}k_{q1} = 0.9\,IN_y qk_{q1}$

式中,k_{q1} 为基波的分布系数,$k_{q1} = \dfrac{\sin q\dfrac{\alpha}{2}}{q\sin\dfrac{\alpha}{2}}$

k_{q1} 与上一节讨论整距线圈组的电动势分布系数完全相同,当然物理意义也相类似。它表明具有 q 个线圈的分布线圈组产生的基波磁动势比具有 q 个线圈的集中绕组产生的基波磁动势要小,也就是 $k_{q1} < 1$。

同理,ν 次谐波磁动势的分布系数为

$$k_{q\nu} = \dfrac{\sin q\dfrac{\nu\alpha}{2}}{q\sin\dfrac{\nu\alpha}{2}}$$

其幅值表达式为

$$F_{q\nu} = \frac{1}{\nu} \times 0.9 IN_y qk_{q\nu}$$

采用分布绕组可以削弱磁动势中的高次谐波,使磁动势更接近于正弦波。

3. 短距线圈组的磁动势

短距线圈组的电动势等于整距线圈组的电动势乘上一个短距系数。与之类似,短距线圈组($y_1 < \tau$)的磁动势等于整距线圈组的磁动势乘上一个短距系数 k_{y1}。所以短距分布线圈组的基波磁动势幅值为

$$F_{q1}(y_1 < \tau) = qF_{y1}k_{q1}k_{y1} = 0.9IN_y q k_{q1}k_{y1} \tag{3.28}$$

式中,k_{y1} 是基波的短距系数,$k_{y1} = \sin y \dfrac{\pi}{2}$。

同理,短距线圈组产生的 ν 次谐波磁动势幅值为

$$F_{q\nu}(y_1 < \tau) = \frac{1}{\nu} \times 0.9IN_y q k_{q\nu}k_{y\nu}$$

式中,$k_{y\nu} = \sin \nu y \dfrac{\pi}{2}$ 为 ν 次谐波磁动势的短距系数。

虽然采用分布、短距绕组会使基波磁动势有所减小,但谐波磁动势得到了更大的削弱,这样有利于改善磁动势的波形,使之更接近于正弦波。容量较大的异步电动机定子绕组均采用分布短距绕组。

4. 单相绕组产生的磁动势

单相绕组产生的磁动势是指单相绕组中的线圈组在每对磁极下产生的气隙磁动势。刚刚分析了一个短距分布线圈组($N_y q$)在一对磁极下产生的气隙磁动势,其中基波磁动势幅值表达式为式(3.28)。对双层绕组,一相绕组在每一个磁极下有一个线圈组,也就是在每一对磁极下有两个线圈组($2N_y q$),所以,用 $2N_y q$ 代替 $N_y q$ 代入式(3.28)中,就得到一相绕组产生的气隙基波磁动势,其幅值表达式为

$$F_{q1}(y_1 < \tau) = 0.9I 2N_y q k_{q1}k_{y1} \tag{3.29}$$

式(3.29)中的电流 I 是线圈电流,不容易测量,常用易于测量的相电流 I_1 来代换;$N_y q$ 是一个线圈组串联的线圈匝数,也常用一相绕组串联总匝数 N_1 来代换。

对双层绕组,如果电动机有 p 对磁极,一相绕组就有 $2p$ 个线圈组,假定这 $2p$ 个线圈组通过串并联组成 b 条并联支路,每一条并联支路串联总匝数就是一相绕组串联总匝数 N_1,即

$$N_1 = \frac{2pqN_y}{b}$$

可得到

$$2qN_y = \frac{bN_1}{p} \tag{3.30}$$

线圈组的电流为

$$I = \frac{I_1}{b}$$

将 $2qN_y$ 和 I 的表达式代入式(3.29)中,得到一相绕组基波磁动势幅值为

$$F_{\Phi 1} = F_{q1}(\gamma_1 < \tau) = 0.9 I 2N_y q k_{q1} k_{y1} = 0.9 \frac{I_1}{b} \frac{bN_1}{p} k_{q1} k_{y1} = 0.9 \frac{I_1 N_1}{p} k_{N1} \tag{3.31}$$

式中,$k_{N1} = k_{y1} k_{q1}$ 是基波绕组系数,是小于 1 的数。

基波磁动势瞬时值表达式为

$$f_{\Phi 1}(x,t) = F_{\Phi 1} \cos \frac{\pi}{\tau} x \cos \omega t = 0.9 \frac{I_1 N_1}{p} k_{N1} \cos \frac{\pi}{\tau} x \cos \omega t \tag{3.32}$$

ν 次谐波磁动势幅值为

$$F_{\Phi \nu} = \frac{1}{\nu} \times 0.9 \frac{I_1 N_1}{p} k_{N\nu}$$

$k_{N\nu} = k_{y\nu} k_{q\nu}$ 是 ν 次谐波绕组系数。而谐波磁动势瞬时值表达式为

$$f_{\Phi \nu} = F_{\Phi \nu} \cos \nu \frac{\pi}{\tau} x \cos \omega t = \frac{1}{\nu} \times 0.9 \frac{I_1 N_1}{p} k_{N\nu} \cos \nu \frac{\pi}{\tau} x \cos \omega t$$

综上所述,单相绕组产生的磁动势是:

① 空间位置固定不变、幅值随时间变化的脉动磁动势。其中的基波磁动势及谐波磁动势在空间按余弦规律分布,且有固定不变的位置,而波幅随时间按余弦规律脉动。

② 基波磁动势幅值的位置与绕组的轴线相重合。

③ 采用分布及短距绕组,可以显著地减小高次谐波幅值,从而改善磁动势波形。

3.4.2 三相绕组产生的旋转磁动势

在三相异步电动机的定子槽中,放置了对称的三相绕组,即 U 相、V 相、W 相绕组,它们的轴线在定子圆周空间彼此相差120°(空间)电角度,假定它们沿顺时针的方向排列。当绕组有电流流过时,每相绕组产生的基波磁动势的幅值将会在各自绕组的轴线上,所以这三个基波磁动势的幅值在空间也彼此相差120°(空间)电角度。正常运行时三相绕组流过的是对称的三相电流,它们的有效值相等,相位相差120°(时间)电角度。

取 U 相绕组的轴线为纵坐标轴,由于 U 相绕组基波磁动势幅值在 U 相绕组的轴线上,所以也就在纵坐标轴上,同时把 U 相电流达到最大值的瞬间作为时间 t 的起点,由式(3.32)可知,U 相基波磁动势的表达式为

$$f_{U1}(x,t) = F_{\Phi 1} \cos \frac{\pi}{\tau} x \cos \omega t$$

由于 V 相电流与 U 相电流相差120°(时间)电角度,V 相绕组的轴线与 U 相绕组的轴线相差120°(空间)电角度,V 相基波磁动势的表达式为

$$f_{V1}(x,t) = F_{\Phi 1} \cos \left(\frac{\pi}{\tau} x - 120° \right) \cos(\omega t - 120°)$$

同理可得到 W 相基波磁动势的表达式为

$$f_{W1}(x,t) = F_{\Phi1}\cos\left(\frac{\pi}{\tau}x + 120°\right)\cos(\omega t + 120°)$$

式中，$F_{\Phi1}$ 是基波磁动势的幅值。

利用三角函数积化和差公式，将以上三个公式分别进行分解得

$$f_{U1}(x,t) = \frac{1}{2}F_{\Phi1}\cos\left(\omega t - \frac{\pi}{\tau}x\right) + \frac{1}{2}F_{\Phi1}\cos\left(\omega t + \frac{\pi}{\tau}x\right)$$

$$f_{V1}(x,t) = \frac{1}{2}F_{\Phi1}\cos\left(\omega t - \frac{\pi}{\tau}x\right) + \frac{1}{2}F_{\Phi1}\cos\left(\omega t + \frac{\pi}{\tau}x - 240°\right) \qquad (3.33)$$

$$f_{W1}(x,t) = \frac{1}{2}F_{\Phi1}\cos\left(\omega t - \frac{\pi}{\tau}x\right) + \frac{1}{2}F_{\Phi1}\cos\left(\omega t + \frac{\pi}{\tau}x - 120°\right)$$

将上面三个公式左右分别相加，由于等式右边后三项表示的三个余弦波在空间相位互差 120°电角度，故后三项之和为零，则三相合成基波磁动势为

$$f_1(x,t) = f_{U1}(x,t) + f_{V1}(x,t) + f_{W1}(x,t)$$

$$= \frac{3}{2}F_{\Phi1}\cos\left(\omega t - \frac{\pi}{\tau}x\right) = F_1\cos\left(\omega t - \frac{\pi}{\tau}x\right) \qquad (3.34)$$

式中，F_1 为三相合成基波磁动势幅值

$$F_1 = \frac{3}{2}F_{\Phi1} = \frac{3}{2} \times 0.9\frac{I_1N_1}{p}k_{N1} = 1.35\frac{I_1N_1}{p}k_{N1} \qquad (3.35)$$

由式(3.34)可知，当 $t = 0$，即 $\omega t = 0$ 时，$f_1(x,0) = F_1\cos\left(-\frac{\pi}{\tau}x\right)$；当 $t = t_1$，即 $\omega t_1 = \theta_0$ 时，

$f_1(x,t_1) = F_1\cos\left(\theta_0 - \frac{\pi}{\tau}x\right)$。若把这两个不同瞬时的磁动势波按选定的坐标轴画出并进行

比较，可知这两个时刻，磁动势的幅值 F_1 并没有改变，但 $f_1(x,t_1)$ 磁动势波是 $f_1(x,0)$ 磁动势波沿 x 轴的参考方向移动了 θ_0，如图 3.24 所示。

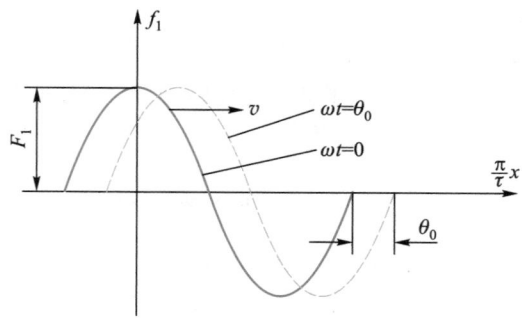

图 3.24　$\omega t = 0$ 和 $\omega t = \theta_0$ 时磁动势波的位置

上图表明：三相合成基波磁动势公式表示的是一个在空间按余弦规律分布、幅值 F_1 恒定不变、随时间而正向旋转的磁动势波。若改变异步电动机定子三相绕组与电源连接的相序，即将定子三相绕组三个出线端中的任意两个出线端与电源的连接对调，例如将 U 相绕组的出线端仍然接电源的 U 相保持不变，而将 V 相和 W 相绕组的出线端与电源的连接对调，即 V 相绕组的出线端接电源的 W 相，而 W 相绕组的出线端接电源的 V 相，则图 3.24 中的磁动势波将向左移动，是反向旋转的磁动势波。磁动势波的旋转方向取决于定子三相绕组与电源连接的相序，改变三相绕组与电源连接的相序就能改变磁动势波的转向。

磁动势波的旋转速度可由波上任意一点的移动速度来确定，若选择磁动势波的幅值点，则要求公式中的 $\cos\left(\omega t - \dfrac{\pi}{\tau}x\right) = 1$，即 $\omega t - \dfrac{\pi}{\tau}x = 0$ 或 $x = \dfrac{\tau}{\pi}\omega t$，磁动势波移动的速度 v，可用 x 对 t 的导数求得

$$v = \frac{\mathrm{d}x}{\mathrm{d}t} = \frac{\tau}{\pi}\omega = \frac{\tau}{\pi}2\pi f = 2\tau f$$

x 是沿定子圆周的空间距离，圆周长度为 $2p\tau$，故磁动势波的旋转速度为

$$n_1 = \frac{2\tau f}{2p\tau} = \frac{f}{p} \text{ (r/s)} = \frac{60f}{p} \text{ r/min} \tag{3.36}$$

n_1 就是同步转速。

3.5 三相异步电动机的等值电路和相量图

分析变压器运行原理时常用到等值电路和相量图。三相异步电动机运行原理与变压器相同，都是运用电磁感应原理，所以在异步电动机的分析和计算中也经常要用到等值电路和相量图。

3.5.1 转子绕组开路时的等值电路和相量图

为了更好地与变压器比较，现以绕线转子三相异步电动机为例，首先分析转子静止（$n = 0$）且开路时的物理情况。

1. 转子开路时的分析

如图 3.25 所示，当定子接入三相对称电源时，定子绕组中会流过三相对称电流 $\dot{I}_{10}$，从而在定、转子气隙中产生旋转磁动势 $\dot{F}_{10}$，以同步转速 n_1 旋转。

由 $\dot{F}_{10}$ 产生的气隙基波磁通 $\dot{\Phi}_1$ 以 n_1 的旋转速度同时切割定子和转子绕组，并在这

两套绕组中分别产生感应电动势 $\dot{E}_1$ 和 $\dot{E}_2$。转子绕组开路,所以没有转子电流 I_2,也就没

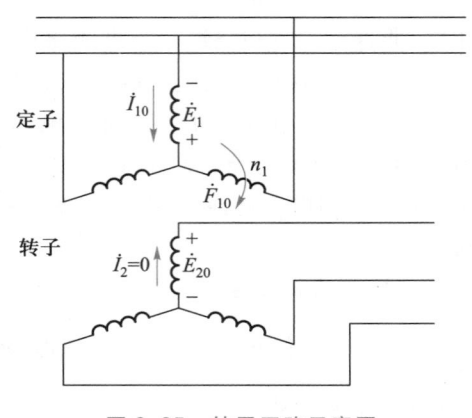

有转子磁动势,将此时的转子电动势用 $\dot{E}_{20}$ 表示,在这种情况下,作用在电机气隙中的只有定子磁动势 $\dot{F}_{10}$,$F_{10} \propto N_1 I_{10}$,转子开路的三相异步电动机与一台低压方开路的三相变压器相似。

与分析变压器空载运行时一样,称 I_{10} 为励磁电流,称 F_{10} 为励磁磁动势。但二者是有区别的,一是磁动势表现形式不一样,变压器是脉动磁动势,而异步电动机是旋转磁动势;二是磁路不一样,变压器磁路是由硅钢片组成的磁路,磁阻很小,而异步电动机磁路中有

图 3.25　转子开路示意图

定子和转子间的气隙存在,磁阻要大得多,所以励磁电流大,为定子额定电流的 20% ~ 50%,而变压器的励磁电流仅占一次侧额定电流的 2% ~ 10%。

异步电动机正常运行时总是旋转的。转子绕组开路时转子是不动的,这种运行并没有实际意义,但是通过对不动转子的分析,一些物理过程更容易理解,有利于分析旋转转子的运行状态。

在转子绕组开路时,定子空载电流 $\dot{I}_{10}$ 产生旋转磁动势 $\dot{F}_{10}$,从而产生空载基波磁通 $\dot{\Phi}_1$,$\dot{\Phi}_1$ 与定子、转子绕组同时交链,称为主磁通;另一部分磁通 $\dot{\Phi}_{\sigma 1}$ 仅与定子绕组交链,称为定子漏磁通,主磁通与漏磁通如图 3.26 所示。

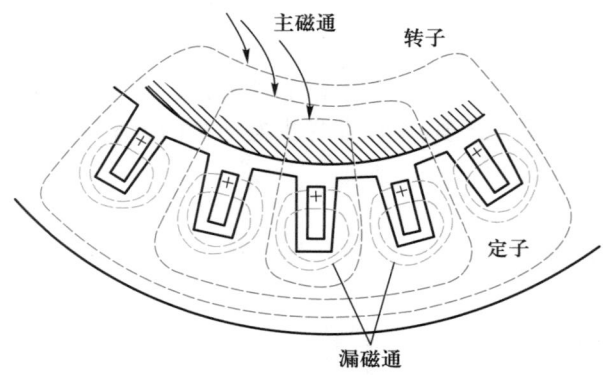

图 3.26　异步电机的主磁通与漏磁通

由式(3.22)可知,主磁通 $\dot{\Phi}_1$ 在定子绕组中产生的感应电动势有效值为

$$E_1 = 4.44 f_1 N_1 k_{N1} \Phi_1 \tag{3.37}$$

在转子绕组中产生的感应电动势有效值为

$$E_2 = 4.44 f_1 N_2 k_{N2} \Phi_1 \tag{3.38}$$

在前两式中，k_{N1} 和 k_{N2} 分别为定、转子的绕组系数。定子漏磁通 $\dot{\Phi}_{\sigma1}$ 在定子绕组中产生漏磁感应电动势 $\dot{E}_{\sigma1}$，通常用漏电抗压降的形式表示

$$\dot{E}_{\sigma1} = -j\dot{I}_{10}X_1 \tag{3.39}$$

式中，$X_1 = 2\pi f_1 L_1$ 是定子绕组的漏电抗。

定子绕组本身有电阻 R_1，当定子有励磁电流 $\dot{I}_{10}$ 流过时，将产生电阻压降 $R_1\dot{I}_{10}$。

根据电路定理可以写出同变压器一样的定子电动势平衡方程

$$\dot{U}_1 = -\dot{E}_1 + R_1\dot{I}_{10} + jX_1\dot{I}_{10} = -\dot{E}_1 + Z_1\dot{I}_{10} \tag{3.40}$$

式中，$Z_1 = R_1 + jX_1$ 是定子绕组的漏阻抗。

因 $\Phi_{\sigma1} \ll \Phi_1$，所以其对应的漏电抗 X_1 很小，加之 R_1 也较小，这样，$Z_1 I_{10}$ 可以忽略（仅为额定电压的 2%~5%），则有

$$U_1 = E_1$$

定子电动势与转子电动势之比称为电动势变比，异步电动机的电动势变比也称电压变比，即

$$k_e = \frac{E_1}{E_2} = \frac{4.44 f_1 N_1 k_{N1} \Phi_1}{4.44 f_1 N_2 k_{N2} \Phi_1} = \frac{N_1 k_{N1}}{N_2 k_{N2}} \tag{3.41}$$

式中，电压变比 k_e 的数值，可以用试验方法求得。因为转子开路，其开路电压就等于转子电动势，即 $U_{20} = E_2$，只要测得定、转子的一相电压之比，就可求得 k_e 为

$$k_e = \frac{E_1}{E_2} = \frac{U_1}{U_{20}} \tag{3.42}$$

转子开路时，$n=0$，没有机械功率输出，电动机从电源吸收的有功功率 P_0 主要消耗在定子绕组的铜损耗 P_{Cu1} 和定子、转子的铁损耗 P_{Fe} 上，即

$$P_0 = P_{Cu1} + P_{Fe} \tag{3.43}$$

2. 转子开路时的等值电路和相量图

用分析变压器空载时的方法，可得到异步电动机转子开路时的等值电路及相量图。如用励磁电流 $\dot{I}_{10}$ 流过励磁阻抗 Z_m 上产生的电压降表示 $-\dot{E}_1$，则有

$$-\dot{E}_1 = (R_m + jX_m)\dot{I}_{10} = Z_m\dot{I}_{10} \tag{3.44}$$

式中，X_m 为励磁电抗，它反映的是主磁通的作用，R_m 是励磁电阻，它反映的是等效的铁心损耗。

此时，定子电路的电压平衡方程式（3.40）变为

$$\dot{U}_1 = -\dot{E}_1 + Z_1\dot{I}_{10} = Z_m\dot{I}_{10} + Z_1\dot{I}_{10} \tag{3.45}$$

转子回路电压

$$\dot{U}_{20} = \dot{E}_2 = \dot{E}_{20}$$

由此得到转子开路时异步电动机等值电路，如图 3.27（a）所示。其相量图如图

3.27(b)所示。图中 $\dot{I}_{10}$ 的无功分量 $\dot{I}_{10r}$ 与 $\dot{\Phi}_1$ 同相,其有功分量 $\dot{I}_{10a}$ 和 $\dot{U}_1$ 同相。

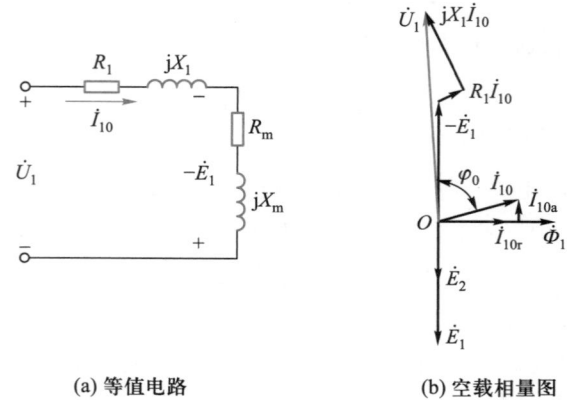

(a) 等值电路   (b) 空载相量图

图 3.27   转子绕组开路时异步电动机的等值电路与相量图

3.5.2   转子绕组闭合时的等值电路和相量图

转子绕组闭合时,异步电动机运行状态有两种:一种为短路堵转状态;一种为负载运行状态。

1. 转子绕组短路并堵转

所谓堵转,就是用外力将转子堵住,使之不能转动。图 3.28 为转子短接闭合时,异步电动机定子和转子接线原理图。这时在转子感应电动势作用下转子绕组中出现了感应电流 $\dot{I}_2$。由于转子的三相绕组为对称绕组,所以转子感应电流是对称电流。

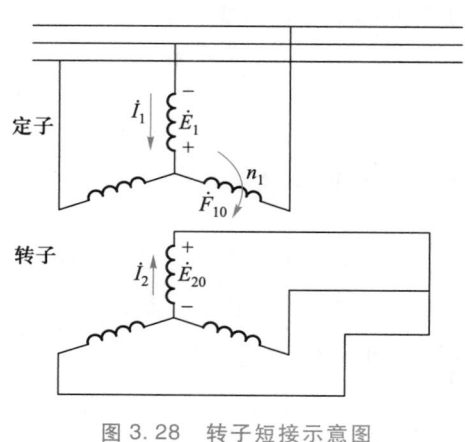

图 3.28   转子短接示意图

与定子的三相绕组通入对称电流能产生旋转的基波磁动势 $\dot{F}_1$ 一样,转子绕组中的三相对称电流共同作用也能产生旋转的基波磁动势 $\dot{F}_2$,幅值为 $F_2 = 1.35\dfrac{I_2 N_2}{p}k_{N2}$,因转子堵

转,$\dot{E}_2$、$\dot{I}_2$ 的频率与定子频率相同,都为 f_1,$\dot{F}_2$ 相对于定子的转速和相对于转子本身的转

速为 $n_2 = n_1 = \dfrac{60f_1}{p}$,转向与定子磁动势 $\dot{F}_1$ 相同。这样,定子磁动势 $\dot{F}_1$ 和转子磁动势 $\dot{F}_2$ 共

同作用在电机定、转子气隙中并旋转,速度相同,转向一致。

（1）磁动势平衡方程

有了转子磁动势 $\dot{F}_2$，主磁通 $\dot{\Phi}_1$ 是 $\dot{F}_1$ 和 $\dot{F}_2$ 共同产生的。而由 $U_1 \approx E_1 = 4.44 f_1 N_1 k_{N1} \Phi_1$ 可知，电网电压 U_1 在正常情况下保持不变，Φ_1 也就基本不变，这就表示，转子绕组短路时的磁动势（$\dot{F}_1 + \dot{F}_2$）与开路时的励磁磁动势 $\dot{F}_{10}$ 应近似相等，即认为

$$\dot{F}_1 + \dot{F}_2 = \dot{F}_{10} \tag{3.46}$$

将磁动势幅值表达式（3.35）代入上式整理后得

$$\dot{I}_1 + \dot{I}_2' = \dot{I}_{10} \tag{3.47}$$

式中，$I_2' = I_2 / k_i$，$k_i = \dfrac{m_1 N_1 k_{N1}}{m_2 N_2 k_{N2}}$，$k_i$ 称异步电动机的电流变比，m_1、m_2 分别表示定、转子绕组相数。

（2）电压平衡方程

如同变压器一样，可导出异步电动机定子电压平衡方程为

$$\dot{U}_1 = -\dot{E}_1 + Z_1 \dot{I}_1$$

因转子短接闭合，所以 $\dot{U}_2 = 0$，可将转子不动时的电动势 $\dot{E}_{20}$ 表示为

$$\dot{E}_{20} = (R_2 + jX_{20}) \dot{I}_2 = Z_2 \dot{I}_2 \tag{3.48}$$

式中，X_{20} 为转子堵转时转子绕组一相的漏电抗，$Z_2 = R_2 + jX_{20}$ 是转子绕组一相的漏阻抗。

由式（3.48）导出转子电流为

$$\dot{I}_2 = \frac{\dot{E}_{20}}{R_2 + jX_{20}} = \frac{E_{20}}{\sqrt{R_2^2 + X_{20}^2}} e^{-j\varphi_2} \tag{3.49}$$

式中，$\varphi_2 = \arctan \dfrac{X_{20}}{R_2}$ 为转子绕组电路的阻抗角。

（3）转子绕组的折算

把转子绕组向定子绕组折算时，遵循的折算原则是：折算前后转子磁动势 $\dot{F}_2$ 的大小和相位不变。折算的方法是：把原来的转子绕组看成和定子绕组有相同的相数 m_1，相同的匝数 N_1，相同的绕组系数 k_{N1}，折算之后，为了得到与折算前同样的转子磁动势 $\dot{F}_2$，转子电流及其他参数必须相应改变，折算值的计算与变压器的相同。

（4）折算后异步电动机基本方程、等值电路和相量图

折算后可得到异步电动机转子闭合短路且堵转时定、转子电路基本方程为

$$\dot{U}_1 = -\dot{E}_1 + Z_1 \dot{I}_1 \tag{3.50}$$

$$-\dot{E}_1 = (R_m + jX_m) \dot{I}_{10} = Z_m \dot{I}_{10} \tag{3.51}$$

$$\dot{I}_1 + \dot{I}_2' = \dot{I}_{10} \tag{3.52}$$

$$\dot{E}_{20}' = \dot{E}_1 \tag{3.53}$$

$$\dot{E}'_{20} = (R'_2 + jX'_{20})\dot{I}'_2 \qquad (3.54)$$

依据以上方程,可作出等值电路图如图 3.29(a)所示,相量图如图 3.29(b)所示。

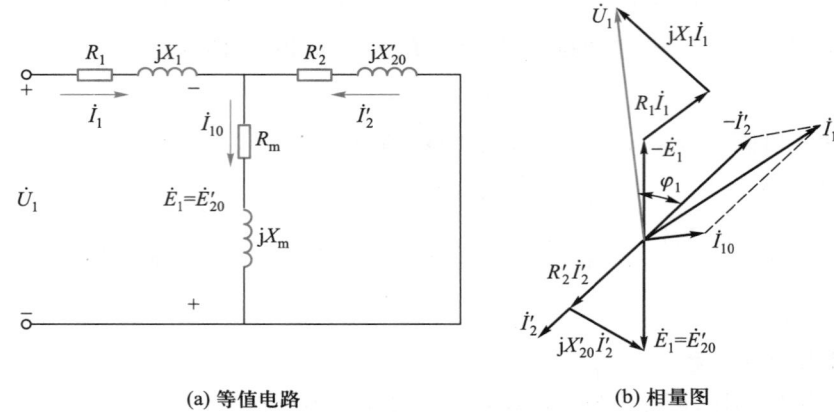

(a) 等值电路　　　　　　　　　　　(b) 相量图

图 3.29　转子短路并堵转时的等值电路和相量图

从等值电路图可看出,由于定、转子漏阻抗比较小,当 U_1 为额定电压时,定、转子电流都会很大,将达到它们额定值的 4~7 倍。异步电动机在额定电压下直接起动而转速还是零的瞬间,正好就是这种状态,所以起动电流往往是额定电流的 4~7 倍。

2. 转子绕组短接且转子转动时的等值电路和相量图

当异步电动机的定子绕组接三相电源且转子绕组短接时,转子绕组中会有电流流过,转子电流与气隙中的旋转磁场相互作用会产生电磁转矩,带动转子转起来。转子转动后,电机的等值电路和相量图及内部电磁量,与转子不动时相比,都发生了变化。

(1)转子电磁量的变化

转子电磁量主要有转子的感应电动势、感应电动势的变化频率、绕组的漏电抗等,转子转动后,其变化规律如下:

① 转子感应电动势的频率

当转子以转速 n 顺着旋转磁场的转向旋转时,旋转磁场(转速为 n_1)与转子的相对切割速度为 (n_1-n),故转子绕组中感应电动势的频率(称为转子频率)为

$$f_2 = \frac{p(n_1-n)}{60} = \frac{pn_1}{60}\frac{(n_1-n)}{n_1} = sf_1 \qquad (3.55)$$

式中,$f_1 = \dfrac{pn_1}{60}$ 为电源频率;$s = \dfrac{(n_1-n)}{n_1}$ 为转差率。

由上式可知,当电源频率 f_1 一定时,转子频率 f_2 与转差率 s 成正比,所以又称 f_2 为转差频率。当转子不动时,$n=0$,即 $s=1$,转子频率 $f_2=f_1$;转子旋转时,转子频率等于转子静止时的频率 f_1 乘以转差率 s。异步电动机在正常运行时,转差率 s 很小,在额定负载下,s_N 约为 0.015~0.05,所以正常运行时转子频率很低,在 3 Hz 左右。

② 转子电动势

根据 $E_2 = 4.44 f_2 N_2 k_{N2} \Phi_1$ 可知,转子电动势 E_2 的大小与频率成正比,转子旋转时,其频率 $f_2 = sf_1$,所以转子旋转时的电动势 E_{2s} 为

$$E_{2s} = 4.44 f_2 N_2 k_{N2} \Phi_1 = 4.44 sf_1 N_2 k_{N2} \Phi_1 = sE_{20} \qquad (3.56)$$

式中,$E_{20} = 4.44 f_1 N_2 k_{N2} \Phi_1$ 为静止时的转子电动势。当 $n = 0$,即 $s = 1$ 时,$E_{2s} = E_{20}$,额定负载时,s 很小,所以旋转时的转子电动势 E_{2s} 比转子静止时的低很多。

③ 转子绕组的漏电抗

因为电抗与频率成正比,故旋转时的转子漏电抗 X_{2s} 为

$$X_{2s} = 2\pi f_2 L_2 = 2\pi sf_1 L_2 = sX_{20} \qquad (3.57)$$

式中,L_2 为转子绕组的漏电感;$X_{20} = 2\pi f_1 L_2$ 为静止的转子漏电抗。

上式表明,旋转时的转子漏电抗等于静止时的漏电抗乘以转差率 s。

(2) 转子旋转时异步电动机的基本方程式

① 磁动势平衡方程式

转子静止时,定子磁动势 F_1 和转子磁动势 F_2 是同转向、同转速旋转的,彼此之间在空间相对静止,故可把定子磁动势相量 $\dot{F}_1$ 和转子磁动势相量 $\dot{F}_2$ 合成为一励磁磁动势相量 $\dot{F}_{10}$。

不论转子旋转与否,定子电流的频率总为 f_1,定子电流所建立的旋转磁动势 $\dot{F}_1$ 对定子的转速总为 $n_1 = \dfrac{60 f_1}{p}$。转子转起来后,转子电流的频率为 $f_2 = sf_1$,则由转子电流建立的旋转磁动势 $\dot{F}_2$ 相对于转子的转速为

$$n_2 = \frac{60 f_2}{p} = \frac{60 f_1}{p} s = sn_1 = \frac{(n_1 - n)}{n_1} n_1 = n_1 - n$$

转子本身以转速 n 相对于定子旋转,转子磁动势 $\dot{F}_2$ 相对于定子的转速为 $n_2 + n = n_1 - n + n = n_1$,即与定子磁动势 $\dot{F}_1$ 的转速相等,转向相同。由此可知,不论转子旋转与否,定、转子磁动势 $\dot{F}_1$ 和 $\dot{F}_2$ 在电机气隙中永远以相同转速 n_1、相同方向旋转,两者总是相对静止的,故定、转子磁动势总是可以合成为一励磁磁动势 $\dot{F}_{10}$,即

$$\begin{aligned} \dot{F}_1 + \dot{F}_2 &= \dot{F}_{10} \\ \dot{I}_1 + \dot{I}_2' &= \dot{I}_{10} \end{aligned} \qquad (3.58)$$

② 电动势平衡方程式

在定子方面,电动势的频率和电压平衡关系都不受转子旋转与否的影响,转子旋转时,定子回路的电压平衡方程式与转子静止时的相同,即

$$\dot{U}_1 = -\dot{E}_1 + Z_1 \dot{I}_1$$

同样有

$$-\dot{E}_1 = Z_m \dot{I}_{10} \tag{3.59}$$

在转子方面,由于合成气隙旋转磁场以转差速度(n_1-n)切割转子绕组,转子电动势频率$f_2 = sf_1$,转子电动势$E_{2s} = sE_{20}$,转子绕组漏电抗$X_{2s} = sX_{20}$,而且异步电动机在正常运行时,转子绕组是直接短路的,故转子回路的电动势方程式为

$$\dot{E}_{2s} = (R_2 + jX_{2s})\dot{I}_2 \quad 或 \quad s\dot{E}_{20} = (R_2 + jsX_{20})\dot{I}_2 \tag{3.60}$$

③ 把旋转转子转化为静止转子的频率折算

在转子旋转时,异步电动机的定子电动势和电流的频率均为f_1,而转子电动势和电流的频率则为$f_2 = sf_1$,定、转子两方面的频率是不相同的,对不同频率的电量列出的方程组不能联立求解,也不能根据它们求出等值电路和相量图。要把转子的频率折合,使定、转子有相同的频率。由以前的分析可知,当转子静止时,定、转子两方的频率是相同的,因此,只要把旋转的转子转化为等效静止的转子,便会使转子频率由f_2变为f_1,从而得到相应的等值电路和相量图。把旋转的转子转化为等效静止的转子,就叫频率折算。

频率折算的原则是保持转子磁动势$\dot{F}_2$不变,也就是保持转子电流$\dot{I}_2$不变,这样,转子对定子的作用就不变,电机原有的电磁关系就不变。

旋转时的转子电流为

$$\dot{I}_2 = \frac{\dot{E}_{2s}}{R_2 + jX_{2s}} = \frac{s\dot{E}_{20}}{R_2 + jsX_{20}} \tag{3.61}$$

如把上式的分子、分母都除以s,可化为

$$\dot{I}_2 = \frac{\dot{E}_{20}}{\dfrac{R_2}{s} + jX_{20}} \tag{3.62}$$

显而易见,式(3.61)和式(3.62)所表示的转子电流有相同的大小和相同的相位,但是它们具有不同的频率,也就是代表着两种不同的转子情况。在式(3.61)中,由电动势$\dot{E}_{2s}$确定的转子电流,与$\dot{E}_{2s}$有相同的频率,即转差频率$f_2 = sf_1$,表示转子是转差率为s的旋转转子;而式(3.62)中,由$\dot{E}_{20}$确定的转子电流,与$\dot{E}_{20}$有相同的频率,即定子或电源频率f_1,表示转子在静止不动时的情况。比较以上两个电流表达式可以看出,转差率为s时旋转的转子电流,和转子静止而把转子电阻从R_2增加到R_2/s时的转子电流,有相同的大小和相位,即两者所产生的磁动势$\dot{F}_2$是完全相同的。因此将转子电阻从R_2增加到R_2/s的静止转子,可以代替在转差率s下的实际旋转转子。

由 $\dfrac{R_2}{s}=R_2+\dfrac{1-s}{s}R_2$ 可知,转子从旋转转化为等效静止,只要在每相转子电路中增加一

个 $\left(\dfrac{1-s}{s}R_2\right)$ 的附加电阻即可。

④ 转子绕组折算后的基本方程式

经过频率折算,转差率为 s 时旋转的异步电动机,可用转子电阻为 R_2/s 的等效静止转子的异步电动机来代替。这时定、转子的基本方程式,仿照转子静止时一样,可写为

$$
\begin{aligned}
\dot{U}_1 &= -\dot{E}_1 + Z_1\dot{I}_1 \\
\dot{E}_2' &= \left(\frac{R_2'}{s}+jX_2'\right)\dot{I}_2' \\
\dot{I}_1 &= \dot{I}_{10}+(-\dot{I}_2') \\
\dot{E}_1 &= -Z_m\dot{I}_{10}
\end{aligned}
\tag{3.63}
$$

式中 X_2' 是静止转子漏电抗的折算值,就是 X_{20}'。

（3）等值电路和相量图

根据前面推导的方程,可以绘出三相异步电动机的 T 形等值电路如图 3.30(a) 所示,同样可绘出相应的相量图如图 3.30(b) 所示。

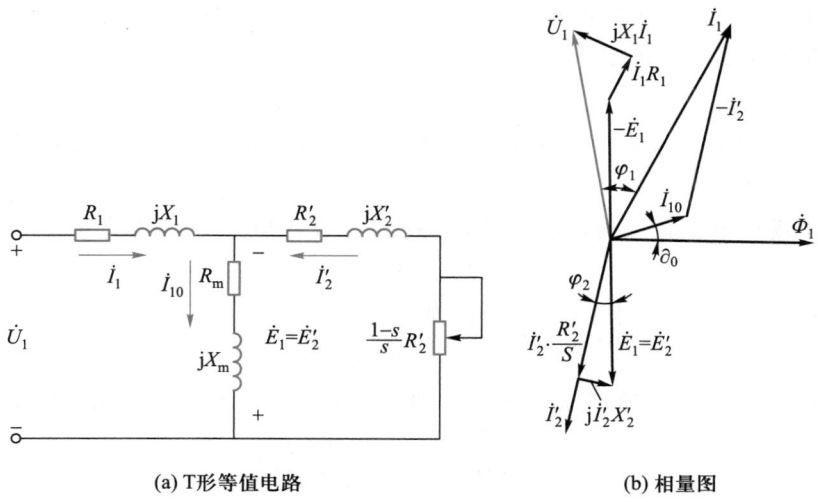

(a) T形等值电路　　(b) 相量图

图 3.30　三相异步电动机的 T 形等值电路和相量图

相量图的画法和变压器相同,可以在横坐标参考方向先画出 $\dot{\Phi}_1$ 的相量作参考;然后画出 $\dot{E}_1=\dot{E}_2'$ 的相量,滞后于 $\dot{\Phi}_1$ 90°;再画出相量 $\dot{I}_2'$,它滞后于 $\dot{E}_2'$ 的相位角等于转子阻抗角

$\varphi_2 = \arctan \dfrac{X_2}{\dfrac{R_2}{s}}$；再画出 $\dot{I}_{10}$ 的相量，它超前于 $\dot{\Phi}_1$ 的相位角等于铁损耗角 $\partial_0 = \arctan \dfrac{R_m}{X_m}$；根

据 $\dot{I}_1 = \dot{I}_{10} + (-\dot{I}_2')$ 的关系画出 $\dot{I}_1$ 的相量，最后绘出 $\dot{U}_1$ 的相量；$\dot{U}_1$ 与 $\dot{I}_1$ 的夹角为 φ_1，$\cos \varphi_1$ 便是电动机在相应负载下运行时的功率因数。

　　从图 3.30 可以看出，异步电动机在负载运行时，相当于变压器在纯电阻性负载下运行，其等效负载电阻为 $\left(\dfrac{1-s}{s} R_2\right)$，只不过电动机输出的功率是机械功率，而变压器输出的是电功率。

3.6　三相异步电动机的功率和转矩

3.6.1　三相异步电动机的功率关系

　　三相异步电动机将电能转换为机械能，当电动机的轴上带负载稳定运行时，功率变换和传递过程可用上一节推出的 T 形等值电路来进行分析和讨论。

　　电动机从电源吸收电功率 P_1 为

$$P_1 = 3U_{1P}I_{1P}\cos \varphi_1 = \sqrt{3}\,U_{1L}I_{1L}\cos \varphi_1 \tag{3.64}$$

式中，U_{1P}、I_{1P} 分别是定子相电压和相电流，U_{1L}、I_{1L} 分别是定子线电压和线电流，$\cos \varphi_1$ 为电动机的功率因数。

　　P_1 被电动机吸收后，一小部分功率消耗在定子绕组电阻上，称为定子铜损耗 P_{Cu1}

$$P_{Cu1} = 3R_1 I_1^2 \tag{3.65}$$

另一部分消耗在定子铁心上，称为定子铁损耗 P_{Fe}

$$P_{Fe} = 3R_m I_{10}^2 \tag{3.66}$$

　　余下的有功功率通过气隙旋转磁场的耦合传递给转子，这部分称为电磁功率

$$P_M = 3E_2' I_2' \cos \varphi_2 = 3I_2'^2 \frac{R_2'}{s} \tag{3.67}$$

式中，$\cos \varphi_2$ 为转子的功率因数。

　　转子电流在转子绕组中产生铜损耗 P_{Cu2} 为

$$P_{Cu2} = 3R_2' I_2'^2 = sP_M \tag{3.68}$$

　　因转子频率为 $f_2 = sf_1$，正常运行时仅 3 Hz 左右，所以转子铁损耗很小，可忽略。从电

磁功率中减去转子铜损耗 P_{Cu2} 后,就是转子上所产生的全部机械功率 P_m,即

$$P_M - P_{Cu2} = P_m = 3\left(\frac{1-s}{s}\right) I_2'^2 R_2' = (1-s) P_M \tag{3.69}$$

上式说明,电磁功率减去转子铜损耗后,就应是附加电阻 $\left(\frac{1-s}{s}\right) R_2'$ 上的损耗,这项损耗代表了转子上所产生的全部机械功率。

从转子铜损耗 $P_{Cu2} = s P_M$ 可知,转差率 s 越大,即转速 n 越低,转子铜损耗就越大,所以有时称 P_{Cu2} 为转差功率。不难看出,电磁功率 P_M、总机械功率 P_m、转子铜损耗 P_{Cu2} 之间的比例为 $P_M : P_m : P_{Cu2} = 1 : (1-s) : s$,这为计算电动机的功率带来方便。

转子总机械功率 P_m 减去因电机旋转而产生的风阻和轴承等机械摩擦损耗 P_{mec},减去附加损耗 P_s,剩下的就是电机轴上输出的机械功率 P_2

$$P_2 = P_m - (P_{mec} + P_s) \tag{3.70}$$

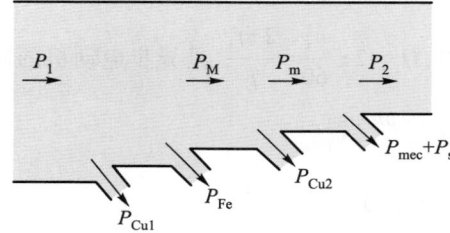

电动机功率关系可用下式表达

$$P_2 = P_1 - \sum P$$

电动机的总损耗

$$\sum P = P_{Cu1} + P_{Fe} + P_{Cu2} + P_{mec} + P_s \tag{3.71}$$

由此,可绘出异步电动机功率流程如图

图 3.31　异步电动机的功率流程图

3.31 所示。

例 3.5　已知一台三相 50 Hz 绕线转子异步电动机,额定电压 $U_{1N} = 380$ V,额定功率 $P_N = 100$ kW,额定转速 $n_N = 950$ r/min,在额定负载下运行时,机械摩擦损耗 $P_{mec} = 1$ kW,忽略附加损耗。求额定运行时:

(1) 额定转差率 s_N;

(2) 电磁功率 P_M;

(3) 转子铜损耗 P_{Cu2}。

解:(1) 额定转差率 s_N

由 $n_N = 950$ r/min 可判断出,该电机的同步转速 $n_1 = 1\,000$ r/min

$$s_N = \frac{n_1 - n_N}{n_1} = \frac{1\,000 - 950}{1\,000} = 0.05$$

(2) 额定运行时的电磁功率 P_M

已知 $P_M = P_2 + P_{mec} + P_{Cu2}$,将 $P_{Cu2} = s P_M = s_N P_M$ 代入上式得

$$P_M = P_2 + P_{mec} + s_N P_M$$

$$P_M = \frac{P_2 + P_{mec}}{1 - s_N} = \frac{100 + 1}{1 - 0.05} \text{ kW} = 106.3 \text{ kW}$$

(3) 额定运行时转子铜损耗 P_{Cu2} 为

$$P_{Cu2} = s_N P_M = 0.05 \times 106.3 \text{ kW} = 5.3 \text{ kW}$$

3.6.2 三相异步电动机的电磁转矩

1. 电磁转矩公式

转矩等于功率除以机械角速度,电磁转矩 T 等于电磁功率除以同步机械角速度 Ω_1,即

$$T = \frac{P_M}{\Omega_1} = \frac{m_1 E'_2 I'_2 \cos \varphi_2}{\Omega_1} = \frac{pm_1}{2\pi f_1} 4.44 f_1 N_1 k_{N1} \Phi_1 I'_2 \cos \varphi_2$$

$$= \frac{pm_1}{\sqrt{2}} N_1 k_{N1} \Phi_1 I'_2 \cos \varphi_2 = C_T \Phi_1 I'_2 \cos \varphi_2 \qquad (3.72)$$

式中,$\Omega_1 = 2\pi \dfrac{n_1}{60} = \dfrac{2\pi f_1}{p}$,是异步电动机的同步机械角速度;$C_T$ 为异步电动机的电磁转矩常数,$C_T = \dfrac{pm_1}{\sqrt{2}} N_1 k_{N1}$。

上式表明:电磁转矩与主磁通及转子电流的有功分量 $I'_2 \cos \varphi_2$ 的乘积成正比,即电磁转矩是由气隙磁场与转子电流有功分量共同作用产生的,揭示了电磁转矩的本质。上式主要用于定性分析。

2. 转矩平衡方程式

由式(3.70)可知,$P_m = P_2 + P_{mec} + P_s$,两边除以机械角速度 Ω,即得到电动机的转矩平衡方程式

$$\frac{P_m}{\Omega} = \frac{P_2}{\Omega} + \frac{P_{mec} + P_s}{\Omega}$$

即 $T = T_2 + T_0$

式中,$\Omega = 2\pi \dfrac{n}{60}$ 为机械角速度,$n = (1-s)n_1$,所以 $\Omega = (1-s)\Omega_1$,即机械角速度 Ω 等于同步机械角速度 Ω_1 乘以 $(1-s)$;$T = P_m/\Omega$ 为电动机的电磁转矩(见后面说明);$T_2 = P_2/\Omega$ 为输出的机械转矩;$T_0 = (P_{mec} + P_s)/\Omega$ 为机械损耗和附加损耗产生的转矩,通常称为空载转矩。

由转矩平衡方程式可知,电动机产生的电磁转矩减去轴上的空载转矩后,才是电动机轴上的输出转矩。

在额定运行状态下,即 $P_2 = P_N$ 及 $n = n_N$,电动机轴上输出的机械转矩 T_2 为

$$T_2 = \frac{P_N \times 10^3}{2\pi \times \dfrac{n_N}{60}} = 9\,550 \times \frac{P_N}{n_N}$$

若忽略 T_0,则额定电磁转矩 T_N 为

$$T_N = T_2 = 9\,550 \times \frac{P_N}{n_N} \tag{3.73}$$

上式是常用的由 P_N 和 n_N 求 T_N 的计算公式。

由于总机械功率 $P_m = (1-s)P_M$，机械角速度 $\Omega = (1-s)\Omega_1$，

则

$$T = \frac{P_m}{\Omega} = \frac{P_M}{\Omega_1}$$

上式说明，电磁转矩既可以用总机械功率除以机械角速度来计算，也可以用电磁功率除以同步机械角速度来计算。

例 3.6 一台四极三相异步电动机 $P_N = 10$ kW，$U_N = 380$ V，$f_N = 50$ Hz，电动机的各种损耗中，$P_{Cu1} = 227$ W，$P_{Cu2} = 314$ W，$P_{mec} = 50$ W，$P_s = 200$ W，试求：

（1）总机械功率；

（2）电磁功率；

（3）转差率 s_N；

（4）负载转矩；

（5）空载转矩；

（6）电磁转矩。

解：（1）总机械功率

$$P_m = P_2 + P_{mec} + P_s = (10 + 0.05 + 0.2)\,\text{kW} = 10.25\,\text{kW}$$

（2）电磁功率

$$P_M = P_m + P_{Cu2} = (10.25 + 0.314)\,\text{kW} = 10.564\,\text{kW}$$

（3）额定负载的转差率

$$s_N = \frac{P_{Cu2}}{P_M} = \frac{0.314}{10.564} = 0.03$$

同步转速

$$n_1 = \frac{60 f_N}{p} = \frac{60 \times 50}{2}\,\text{r/min} = 1\,500\,\text{r/min}$$

额定转速

$$n_N = n_1(1 - s_N) = 1\,500 \times (1 - 0.03)\,\text{r/min} = 1\,455\,\text{r/min}$$

（4）负载转矩

$$T_2 = \frac{P_2}{\Omega} = \frac{10 \times 10^3}{2\pi \times \dfrac{1\,455}{60}}\,\text{N·m} = 65.63\,\text{N·m}$$

（5）空载转矩

$$T_0 = \frac{P_{mec} + P_s}{\Omega} = \frac{250}{2\pi \times \dfrac{1\,455}{60}} \text{ N·m} = 1.64 \text{ N·m}$$

（6）电磁转矩

$$T = T_2 + T_0 = (65.63 + 1.64) \text{ N·m} = 67.27 \text{ N·m}$$

由电磁功率计算电磁转矩

$$T = \frac{P_M}{\Omega_1} = \frac{10.564 \times 10^3}{2\pi \times \dfrac{1\,500}{60}} \text{ N·m} = 67.25 \text{ N·m}$$

两种方法计算结果基本上是相等的。

3.7   三相异步电动机的工作特性

三相异步电动机的工作特性是指电源电压和频率为额定值的情况下，定子电流、转速（或转差率）、功率因数、电磁转矩、效率与输出功率的关系，即 I_1、n、$\cos\varphi_1$、T、$\eta = f(P_2)$ 的关系曲线。

1. 定子电流特性 $I_1 = f(P_2)$

输出功率变化时，定子电流变化情况如图 3.32 所示。空载时定子电流 I_{10} 就是励磁电流，随着负载的增大，转子电流增大，定子电流也相应地增大，I_1 随着 P_2 增大而增大。

2. 转速特性 $n = f(P_2)$

由 $T_2 = P_2/\Omega$ 可知，当 P_2 增加时，T_2 也增加，T_2 增加会使转速 n 降低，但是异步电动机转速变化范围较小，所以转速特性是一条稍有下降的曲线，如图 3.32 所示。

3. 转矩特性 $T = f(P_2)$

异步电动机稳定运行时，电磁转矩应与负载制动转矩 $T_L(T_2 + T_0)$ 相平衡，即 $T = T_L = T_2 + T_0$，电动机从空载到额定负载运行，其转速变化不大，可以认为是常数，所以 T_2 与 P_2 成比例关系。而空载转矩 T_0 可以近似认为不变，这样，T 和 P_2 的关系曲线也近似为一直线，如图 3.32 所示。

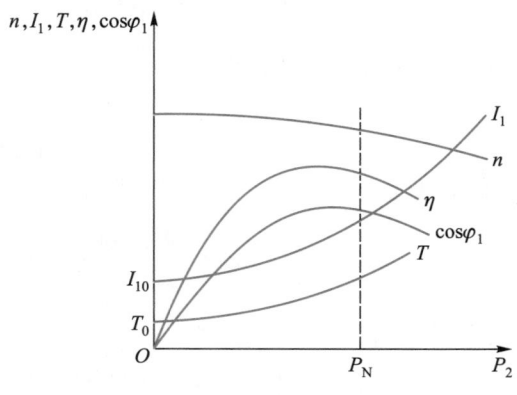

图 3.32   异步电动机的工作特性

4. 功率因数特性 $\cos \varphi_1 = f(P_2)$

异步电动机空载运行时,定子电流就是产生主磁通的励磁电流,功率因数很低,约为 0.1~0.2。随着负载的增大,电流中的有功分量逐渐增大,功率因数 $\cos \varphi_1$ 也逐渐提高。在额定负载附近,功率因数达到最大值。如果负载继续增加,电动机转速继续下降,使转差率 s 增大,从而使 $\varphi_2 = \arctan \dfrac{X_2}{R_2/s}$ 增大,φ_1 也增大,导致功率因数下降,形成了如图 3.32 所示的功率因数特性曲线。

5. 效率特性 $\eta = f(P_2)$

$$\eta = \frac{P_2}{P_1} = \frac{P_2}{P_2 + \sum P} \tag{3.74}$$

式中 $\sum P = P_{Cu1} + P_{Cu2} + P_{Fe} + P_{mec} + P_s$

效率特性如图 3.32 所示,接近满载时效率较高。

3.8　三相异步电动机的机械特性

在电源电压 U_1、电源频率 f_1 及电机参数固定不变的条件下,三相异步电动机的转速 n 或转差率 s 与电磁转矩 T 之间的关系,称为异步电动机的机械特性,即 $n = f(T)$ 或 $s = f(T)$。机械特性可以用数学方程式表示,也可以用曲线表示。用曲线表示时,异步电动机的机械特性简称为 T-s 曲线。

3.8.1　机械特性的表达式

1. 参数表达式

前面推导出的电磁转矩表达式 $T = C_T \Phi_1 I_2' \cos \varphi_2$,无法直接看出 T 与转速 n 或与转差率 s 之间的函数关系,但从异步电动机的等值电路中可以推导出电磁转矩 T 与 s 的函数关系,即

$$T = \frac{P_M}{\Omega_1} = \frac{3 \dfrac{R_2'}{s} I_2'^2}{2\pi \dfrac{n_1}{60}} = \frac{3 \dfrac{R_2'}{s} I_2'^2}{2\pi \dfrac{f_1}{p}} \tag{3.75}$$

再用励磁支路开路时的等值电路估算 I_2',即

$$I'_2 = \frac{U_1}{\sqrt{\left(R_1 + \dfrac{R'_2}{s}\right)^2 + (X_1 + X'_2)^2}} \tag{3.76}$$

将 I'_2 公式代入电磁转矩公式中,可推导出异步电动机机械特性的参数表达式为

$$T = \frac{3pU_1^2 \dfrac{R'_2}{s}}{2\pi f_1 \left[\left(R_1 + \dfrac{R'_2}{s}\right)^2 + (X_1 + X'_2)^2\right]} \tag{3.77}$$

当 U_1、f_1 及电动机定、转子参数(R_1、R'_2、X_1、X'_2)都为确定值时,改变转差率 s,就能算出对应的电磁转矩 T,进而在 $T-n(s)$ 坐标上描绘出异步电动机的 $T-s$ 曲线。如图 3.33 所示。

可将 $T-n$ 坐标分为四个象限来分析异步电动机机械特性。

第 I 象限,旋转磁场的转向与转子转向一致,而且 $0<n<n_1$,即转差率 $0<s<1$。电磁转矩 T 及转子转速 n 均为正,电动机处于正向电动运行状态。

第 II 象限,旋转磁场的转向与转子转向一致,但 $n>n_1$,故 $s<0$,$T<0$,$n>0$,电动机处于发电制动运行状态,称为回馈制动。

第 IV 象限,转子转向与旋转磁场的转向相反,即 $n_1>0$,$n<0$,转差率 $s>1$。此时 $T>0$,$n<0$,电动机处于制动状态。

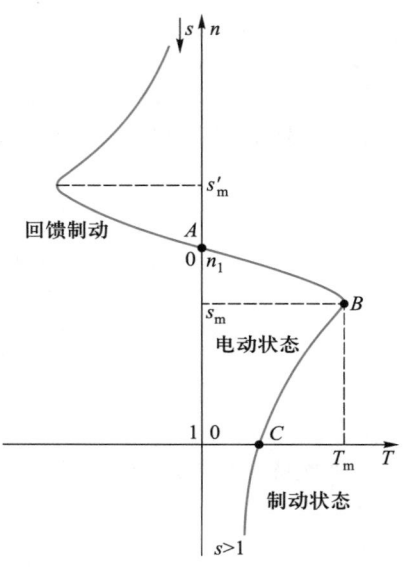

图 3.33   三相异步电动机机械特性曲线

如果改变定子三相绕组中电流的相序,即由正相序变为负相序,如相序由 U-V-W 变为 U-W-V,则旋转磁场的转向、电磁转矩 T 及转子转速 n 均改变方向,即 $T<0$、$n<0$,电动机处于反向电动运行状态,机械特性位于第 III 象限。

第 I 象限的机械特性曲线有三个运行点值得关注,即图中的 A、B、C 三点。

同步转速点 A:在 A 点,$T=0$,$n=n_1=60f_1/p$,$s=0$,此时电动机不进行机电能量转换,故而也称为理想空载点。

最大转矩点 B:在 B 点,电磁转矩为最大值 T_m,相应的转差率为 s_m。从图上可以看出,最大转矩点是机械特性曲线斜率改变符号的分界点,因而称 s_m 为临界转差率。

可以用函数求极大值的方法求最大电磁转矩 T_m:首先,在式(3.77)中,将 T 对 s 求导,并令导数为 0,可求得临界转差率为

$$s_{\mathrm{m}} = \pm \frac{R_2'}{\sqrt{R_1^2 + (X_1 + X_2')^2}} \tag{3.78}$$

"+"号适用于电动运行状态（Ⅰ象限）;"−"号适用于发电机运行状态或回馈制动运行状态（Ⅱ象限）。在电动运行状态时 s_{m} 为正,代入转矩方程式（3.77）中,得最大转矩

$$T_{\mathrm{m}} = \frac{3p}{4\pi f_1} \frac{U_1^2}{[R_1 + \sqrt{R_1^2 + (X_1 + X_2')^2}]} \tag{3.79}$$

一般 $R_1 \ll (X_1 + X_2')$,忽略 R_1 则上式简化为

$$T_{\mathrm{m}} = \frac{3pU_1^2}{4\pi f_1(X_1 + X_2')} \tag{3.80}$$

与 T_{m} 对应的 s_{m} 可简化为

$$s_{\mathrm{m}} = \frac{R_2'}{X_1 + X_2'} \tag{3.81}$$

从以上两式可得出以下结论:

① 当电源频率 f_1 及电动机的参数一定时,最大转矩 T_{m} 与定子电压 U_1 的平方成正比,与磁极对数 p 成正比。

② T_{m} 与转子电阻 R_2 无关。

③ 在给定的 U_1 及 f_1 下, T_{m} 与 $(X_1 + X_2')$ 成反比。

④ 临界转差率 s_{m} 与 R_2' 成正比,与 $(X_1 + X_2')$ 成反比。当外串电阻使转子回路电阻 R_2 增大时, T_{m} 不变,而 s_{m} 随外串电阻增加而变大,使特性曲线变软。

⑤ 若忽略 R_1,最大转矩 T_{m} 随频率增加而减小,且正比于 $\left(\dfrac{U_1}{f_1}\right)^2$。

为了保证电动机的稳定运行,不至于因短时过载而停止运转,要求电动机有一定的过载能力。异步电动机的过载能力用最大转矩 T_{m} 与额定转矩 T_{N} 之比来表示,称为过载能力或过载倍数,用 λ_{m} 表示,即

$$\lambda_{\mathrm{m}} = \frac{T_{\mathrm{m}}}{T_{\mathrm{N}}} \tag{3.82}$$

$\lambda_{\mathrm{m}} = 1.8 \sim 2.8$。

起动点 C:在 C 点 $s = 1, n = 0$,电磁转矩为起动转矩 T_{st}。把 $s = 1$ 代入 T 的参数表达式中可得

$$T_{\mathrm{st}} = \frac{3pU_1^2 R_2'}{2\pi f_1[(R_1 + R_2')^2 + (X_1 + X_2')^2]} \tag{3.83}$$

由上式可得以下结论:

① T_{st} 与电压 U_1 的平方成正比。

② 在一定范围内,增加转子回路电阻 R_2',可以增大起动转矩 T_{st};当 $R_2' = X_1 + X_2'$,即 $s_m = 1$ 时,$T_{st} = T_m$,起动转矩最大。

③ 当 U_1 及 f_1 一定时,$(X_1 + X_2')$ 越大,T_{st} 就越小。

异步电动机的起动转矩 T_{st} 与额定转矩 T_N 之比用起动转矩倍数 K_T 来表示

$$K_T = \frac{T_{st}}{T_N} \tag{3.84}$$

起动转矩倍数 K_T 也是笼型异步电动机的重要性能指标之一。起动瞬间,只有当 T_{st} 大于负载转矩 T_2 时,电动机才能起动。

一般将异步电动机的机械特性曲线分为两个部分:

① 转差率在 $(0 \sim s_m)$ 部分,T 与 s 的关系近似成正比,即 s 增大时,T 也随之增大,根据电力拖动系统稳定运行的条件,这部分是异步电动机的稳定运行区。只要负载转矩小于电动机的最大转矩 T_m,电动机就能在该区域中稳定运行。

② 转差率在 $(s_m \sim 1)$ 部分,T 与 s 的关系近似成反比,即 s 增大时,T 反而减小,这部分为异步电动机的不稳定运行区。

2. 机械特性的实用表达式

机械特性参数表达式(3.77)常用于定性分析,用于定量计算较为复杂。在定量计算中可以用简化实用表达式。根据给出的电动机的技术数据,如过载倍数 λ_m,额定转速 n_N 和额定功率 P_N 等,得到电磁转矩 T 和转差率 s 的关系式就是实用表达式。将实用表达式有条件地简化,就得到简化实用表达式,用于电磁转矩 T 的计算简单方便。

在式(3.77)和式(3.79)中将 R_1 忽略不计,得到

$$T = \frac{3pU_1^2}{2\pi f_1} \frac{R_2'/s}{\left[(R_2'/s)^2 + (X_1 + X_2')^2 \right]}$$

$$T_m = \frac{3pU_1^2}{4\pi f_1 (X_1 + X_2')}$$

将上两式相除得到

$$\frac{T}{T_m} = \frac{2}{\dfrac{R_2'/s}{X_1 + X_2'} + \dfrac{X_1 + X_2'}{R_2'/s}} = \frac{2}{\dfrac{s_m}{s} + \dfrac{s}{s_m}}$$

则

$$T = \frac{2T_m}{\dfrac{s_m}{s} + \dfrac{s}{s_m}} \tag{3.85}$$

将 $T = T_N$,$s = s_N$,$T_m = \lambda_m T_N$ 代入上式,可求得 s_m 为

$$s_m = s_N (\lambda_m + \sqrt{\lambda_m^2 - 1}) \tag{3.86}$$

忽略空载转矩 T_0,由额定功率 P_N 和额定转速 n_N 可以求得额定电磁转矩 T_N 如式

(3.73)

$$T_N = 9\,550 \times \frac{P_N}{n_N}$$

将最大转矩 $T_m = \lambda_m T_N$ 和临界转差率 s_m 的表达式(3.86)代入式(3.85),由 T_N 和 n_N 及 λ_m 等数据就能求得异步电动机机械特性曲线,所以式(3.85)是机械特性的实用表达式。

如果异步电动机所带的负载在额定转矩范围之内时,因为 $s \ll s_m$,则 $s/s_m \ll s_m \ll s_m/s$,从而可以忽略 s/s_m,式(3.85)还可进一步简化为

$$T = \frac{2T_m}{s_m}s \qquad (3.87)$$

式(3.86)中 $\lambda_m = 1.8 \sim 2.8$, λ_m 的平方远大于 1,所以式(3.86)可简化为 $s_m = 2\lambda_m s_N$,将 s_m 代入式(3.87)可得到

$$T = \frac{2T_m}{s_m}s = \frac{2\lambda_m T_N}{2\lambda_m s_N}s = \frac{T_N}{s_N}s \qquad (3.88)$$

上式表明 T 与 s 成正比例关系,是机械特性的直线表达式,称为机械特性的简化实用表达式,用起来更为简单,但必须要确定运行点处于机械特性的直线段,否则只能用实用表达式。

例 3.7　一台三相笼型异步电动机,已知:$P_N = 7.5$ kW, $U_{1N} = 380$ V, $f_1 = 50$ Hz, $n_N = 950$ r/min, $\lambda_m = 2$。试求:

(1)机械特性的实用表达式;

(2)当 $s = 0.025$ 时的电磁转矩 T。

解:(1)由 $n_N = 950$ r/min,可推知 $n_1 = 1\,000$ r/min,则

$$s_N = \frac{n_1 - n_N}{n_1} = \frac{1\,000 - 950}{1\,000} = 0.05$$

$$s_m = s_N(\lambda_m + \sqrt{\lambda_m^2 - 1}) = 0.05 \times (2 + \sqrt{2^2 - 1}) = 0.187$$

$$T_N = 9\,550 \times \frac{P_N}{n_N} = 9\,550 \times \frac{7.5}{950} \text{ N} \cdot \text{m} = 75.4 \text{ N} \cdot \text{m}$$

$$T = \frac{2T_m}{\frac{s_m}{s} + \frac{s}{s_m}} = \frac{2\lambda_m T_N}{\frac{s_m}{s} + \frac{s}{s_m}} = \frac{2 \times 2 \times 75.4}{\frac{0.187}{s} + \frac{s}{0.187}} = \frac{56.4s}{s^2 + 0.035} \text{ N} \cdot \text{m}$$

(2)将 $s = 0.025$ 代入上式得

$$T = \frac{56.4 \times 0.025}{0.025^2 + 0.035} \text{ N} \cdot \text{m} = 39.58 \text{ N} \cdot \text{m}$$

如用简化实用表达式计算,则

$$T = \frac{T_N}{s_N} s = \frac{75.4 \times 0.025}{0.05} \text{ N} \cdot \text{m} = 37.7 \text{ N} \cdot \text{m}$$

比较两种计算方法的结果可知,用简化实用表达式与用实用表达式计算电磁转矩,两者比较接近,相差不大,但用简化实用表达式计算更简单。

3.8.2　三相异步电动机的固有机械特性和人为机械特性

三相异步电动机定子电压和频率均为额定值,转子回路直接短路,定子不另串电阻或电抗,这样得到的机械特性称为固有机械特性,如图 3.34 所示。曲线 1 是正转时的机械特性;曲线 2 是反转时的机械特性。

人为改变电动机的某个参数得到的机械特性,称为人为机械特性。如改变 U_1、f_1、p,改变定子回路电阻或电抗,改变转子回路电阻或电抗等,得到的机械特性都是人为机械特性。

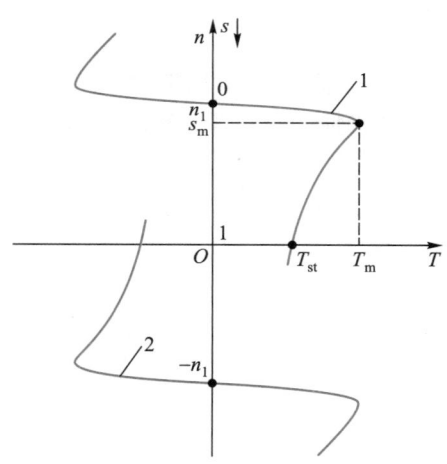

图 3.34　三相异步电动机的固有机械特性

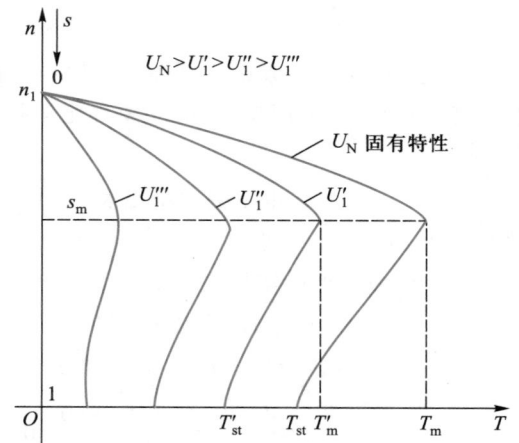

图 3.35　三相异步电动机降低定子端电压的人为特性

1. 降低定子端电压的人为特性

电动机的其他参数都与固有特性相同,仅降低定子端电压,得到的人为特性如图 3.35 所示,有如下特点:

① 降压后同步转速 n_1 不变,不同 U_1 的人为特性都通过固有特性上的同步转速点;

② 降压后,最大转矩 T_m 随 U_1^2 成比例下降,但是临界转差率 s_m 不变;

③ 降压后的起动转矩 T_{st}' 也随 U_1^2 成比例下降。

2. 转子回路串入对称三相电阻的人为特性

对于绕线转子异步电动机,如果其他参数都与固有特性时一样,仅在转子回路中串入对称三相电阻 R_Ω,得到的人为特性曲线如图 3.36 所示,其特点如下:

① n_1 不变,不同 R_Ω 的人为特性都通过固有特性的同步转速点;

② 临界转差率 $s_m \propto (R_2 + R_\Omega)$, s_m 会随转子电阻的增加而增加,但是 T_m 不变;

③ 当 $s_m < 1$ 时,起动转矩 T_{st} 随 R_Ω 的增加而增加;当 $s_m > 1$ 时,T_{st} 随 R_Ω 的增加反而减小。

3. 定子回路串入三相对称电阻或电抗时的人为特性

三相异步电动机的其他参数都与固有特性相同,仅在定子中串入三相对称电阻或三相对称电抗时所得到的机械特性如图 3.37 所示,图(a)为串入电阻 R_Ω 的人为特性,图(b)为串入电抗 X_c 的人为特性。定子串入电阻或电抗实质上相当于增大了电动机定子回路的漏阻抗,其特点如下:

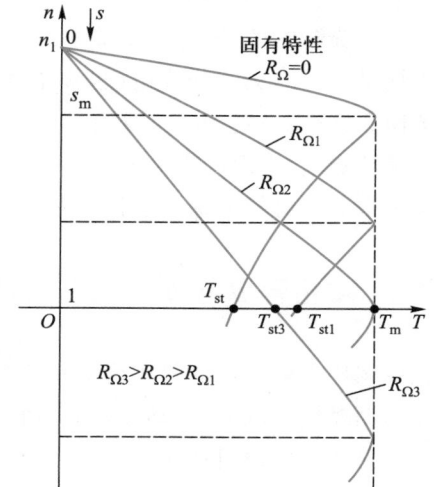

图 3.36　三相异步电动机转子回路串电阻的人为特性

① n_1 不变,定子中串入不同电阻或电抗的人为特性都通过同步转速点;

② 最大转矩 T_m 和起动转矩 T_{st} 都随外串电阻或电抗的增大而减小;

③ 临界转差率 s_m 会随 R_1 或 X_1 的增大而减小,最大转矩点上移。

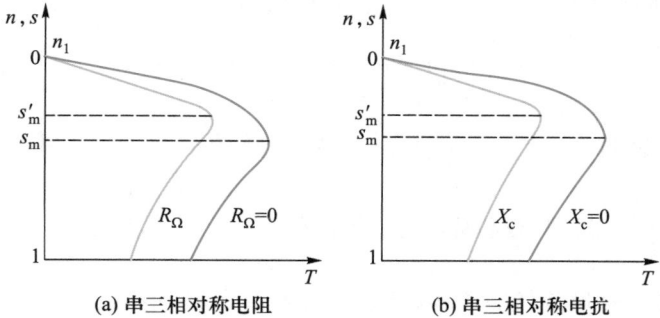

(a) 串三相对称电阻　　　　(b) 串三相对称电抗

图 3.37　定子串三相对称电阻或三相对称电抗时的人为特性

3.9　单相异步电动机

单相异步电动机是由单相交流电源供电的异步电动机,具有结构简单、价格低廉、使用方便等优点,被广泛地应用于工农业生产和人民生活的各个方面,尤其以家用电器、医疗器械等使用居多。

单相异步电动机的定子绕组不是单相绕组,因为单相绕组通电只能产生脉动磁场,不能产生旋转磁场,没有起动转矩,所以单相异步电动机的定子上必须放置两套绕组(或二相绕组),一套为工作绕组(也称主绕组),另一套为起动绕组(也称副绕组),转子是笼型结构。这样,当定子二相绕组接到单相交流电源上时,才有可能在定子圆周的气隙中产生旋转磁场,进而产生电磁转矩,带动生产机械旋转。由此可知,所谓单相异步电动机仅仅是指电动机的电源是单相电源。

3.9.1 单相异步电动机的工作原理和机械特性

单相异步电动机的两相绕组在定子圆周上按互差 90°空间电角度嵌放。起动绕组只是在起动时接入电源,起动完毕后将它从电源上脱开,运行时只有一个工作绕组接电源。

当只有工作绕组通入单相正弦交流电流时,在定子圆周上将会产生一个在空间按余弦分布的脉动磁动势,其中的基波磁动势瞬时值,由式(3.32)可知

$$f_{\Phi 1}(x,t) = F_{\Phi 1}\cos\frac{\pi}{\tau}x\cos\omega t = 0.9\frac{I_1 N_1}{p}k_{\mathrm{N}1}\cos\frac{\pi}{\tau}x\cos\omega t$$

$F_{\Phi 1}$ 是基波磁动势的幅值,$\cos\dfrac{\pi}{\tau}x$ 表示基波磁动势在空间按余弦分布,$\cos\omega t$ 表示基波磁动势在时间上按余弦规律脉动。

利用三角函数积化和差公式将上式进行分解,得

$$f_{\Phi 1}(x,t) = \frac{1}{2}F_{\Phi 1}\cos\left(\omega t - \frac{\pi}{\tau}x\right) + \frac{1}{2}F_{\Phi 1}\cos\left(\omega t + \frac{\pi}{\tau}x\right)$$

在 3.4.2 中已分析过,$\dfrac{1}{2}F_{\Phi 1}\cos\left(\omega t - \dfrac{\pi}{\tau}x\right)$ 是右旋的磁动势波,用相量 $\dot{F}^+$ 表示;则 $\dfrac{1}{2}F_{\Phi 1}\cos\left(\omega t + \dfrac{\pi}{\tau}x\right)$ 是左旋的磁动势波,用相量 $\dot{F}^-$ 表示。它们幅值相等,等于基波磁动势幅值的一半,都以 ω 速度旋转。这样,基波磁动势相量 $\dot{F}$ 可表示为

$$\dot{F} = \dot{F}^+ + \dot{F}^-$$

单相异步电动机转子在基波脉动磁动势作用下产生的电磁转矩,就等于在正转磁动势 $\dot{F}^+$ 和反转磁动势 $\dot{F}^-$ 二者分别作用下产生的电磁转矩的合成。

这样,可以把单相异步电动机看成两台同轴连接的三相异步电动机,如图 3.38 所示,两台三相异步电动机同时接在三相电源上,但相序相反,因而两台电机三相绕组所产生的旋转磁动势幅值相等,转向相反。正转磁动势产生正的电磁转矩 T^+,反转磁动势产生负的电磁转矩 T^-。T^+ 和 T^- 对应的机械特性如图 3.39 中细线所示。单相异步电动机的电磁转矩是两台等效三相异步电动机转矩之和,即 $T = T^+ + T^-$,图 3.39 中粗线 1 为单相异

步电动机的机械特性 $s=f(T)$ 曲线。

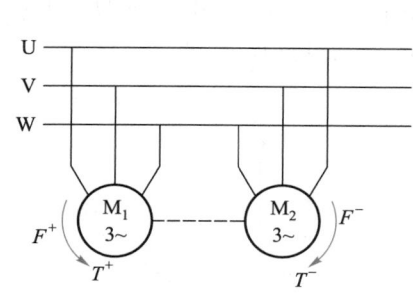

图 3.38　单相异步电动机
工作原理示意图

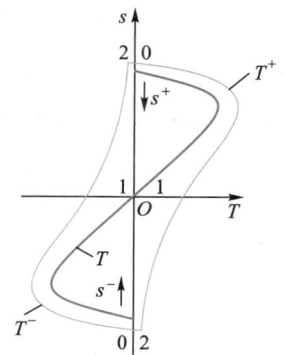

图 3.39　工作绕组一相接电源时
单相感应电动机的机械特性

从图上可以看到：

① 起动转矩 $T_{st}=0$，单相异步电动机不能自行起动，必须采用其他措施进行起动。

② 单相异步电动机起动后，转速 $n\neq0$，使 $T\neq0$。若 $T>T_L$，在撤消起动措施后，电动机能自行加速到某一相应转速下稳定运行。

③ 在 $n=0$，$s=1$ 两边，合成转矩是对称的，故单相异步电动机没有固定转向，其稳定的转向由起动转矩的方向决定。

3.9.2　单相异步电动机的起动及运行

根据起动方法和起动性能上的差别，单相异步电动机可分为分相电动机和电容电动机。

1. 分相电动机

如前所述，只有工作绕组通电的单相异步电动机不能自行起动。为了能自行起动，在单相异步电动机定子中必须嵌放两套绕组，一个是工作绕组，另一个是起动绕组。这两个绕组在空间相差 90°电角度，如图 3.40（a）所示。工作绕组和起动绕组都接到单相电源上。如果在起动绕组中串入一个适当大小的电阻或电容，使两个绕组中电流的相位产生差异，则可产生旋转磁场，从而产生起动转矩。

在起动绕组线路中串入离心开关或继电器，当转速达到 75%～80% 额定转速时，开关 S 自动断开，使起动绕组脱离电源，靠工作绕组单相运行。用上述方法起动的电动机称为分相电动机，分相电动机又可分为电阻分相电动机及电容分相电动机两类。

（1）电阻分相电动机

电阻分相电动机的起动绕组用较细的导线绕制，使电阻增大，它的电流领先于工作绕组电流，如图 3.40（b）所示。起动绕组电流 $\dot{I}_B$ 与电压 $\dot{U}_1$ 之间的相角 θ_B 较小；而主绕组因电阻较小、电感较大,主绕组电流 $\dot{I}_A$ 与电压 $\dot{U}_1$ 之间的相角 θ_A 比较大。这样,在 $\dot{I}_A$ 和 $\dot{I}_B$ 之间造成了一定的相位差,形成了两相电流。

从图 3.40(b)可以看到,$\dot{I}_A$ 和 $\dot{I}_B$ 之间的相位差不能达到 90° 电角度,因此,在电机气隙中建立的是椭圆磁场,产生的电磁转矩较小,起动电流较大。

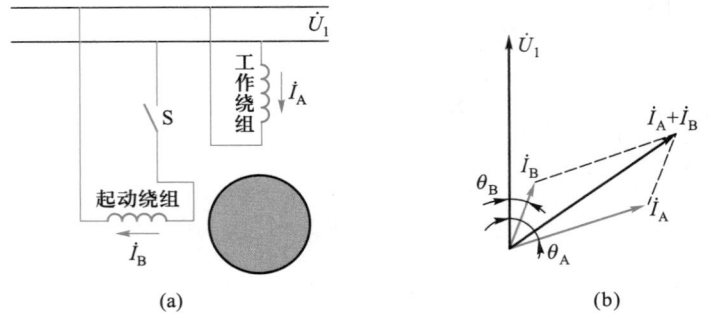

图 3.40   电阻分相电动机的接线及相量图

（2）电容分相电动机

电容分相电动机的接线如图 3.41(a)所示。起动绕组串联一个电容器后,和工作绕组接于同一个单相电源。如果电容选择适当,可以使起动绕组中的电流 $\dot{I}_B$ 在相位上领先于工作绕组中的电流 $\dot{I}_A$ 90° 电角度,如图 3.41(b)所示。这样就能在电机气隙中建立一个近似圆形的旋转磁场,得到较大的起动转矩和较小的起动电流。

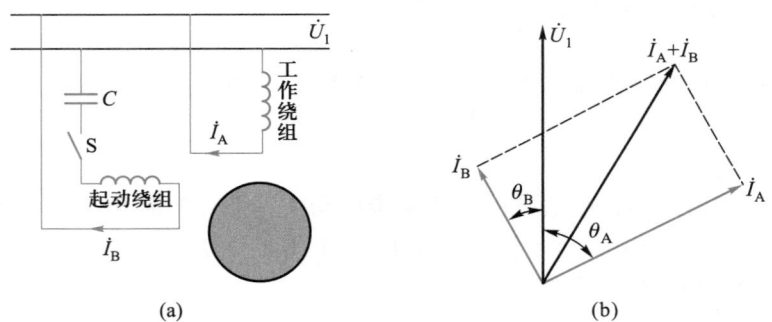

图 3.41   电容分相电动机的接线及相量图

2. 电容电动机（电容运转电动机）

如果把电容分相电动机的起动绕组设计成能长期接在电源上工作,则这种电动机称为电容运转电动机。它的接线与图 3.41 相同,只是开关 S 一直闭合,实际上这已是一台两相异步电动机。定子绕组在空气隙中能建立近似圆形的旋转磁场,使电动机运行性能得到改善。

分相电动机或电容运转电动机,如果要改变转动方向,只要把起动绕组连接电源的两根引出线对调一下就行了。

>>> 小结

1. 三相异步电动机定子槽中嵌放着三相对称绕组。绕组由线圈组成,先根据线圈节距 y_1 绕制成一个个线圈,再按 60° 相带宽度将线圈连成线圈组,然后将不同磁极下的线圈组用串联或并联的方法连接成一相绕组。另外两相绕组也用相同方法连接而成。

2. 三相异步电动机的转子绕组分笼型转子绕组和绕线转子绕组。笼型的结构简单,中小型电机采用铸铝转子。绕线转子上嵌放着三相对称绕组,绕组绕制和嵌放方法与定子的相同,三相对称绕组通过集电环和电刷连通外部电路。

3. 单相绕组通入交流电产生脉动磁场,定子三相对称绕组通入对称的三相交流电产生旋转磁场。旋转磁场转速 $n_1 = 60f_1/p$,也称 n_1 为同步转速。磁场旋转方向取决于电源相序,改变电源相序就能改变磁场转向,也就改变了电动机的转向。磁场中基波磁动势幅值 $F_1 = 1.35I_1N_1k_{N1}/p$,F_1 与基波绕组系数 k_{N1} 成正比,$k_{N1} = k_{y1}k_{q1} < 1$,这是因为绕组是分布绕组,不是集中绕组,所以基波分布系数 $k_{q1} < 1$。k_{y1} 是基波短距系数,为了削弱谐波磁动势,常使用短距绕组,短距绕组使基波磁动势幅值减少,但可使磁动势波形更接近于正弦波,基波短距系数 $k_{y1} < 1$。

4. 定子三相绕组通入三相交流电产生的旋转磁场,同时切割定、转子绕组产生感应电动势。在定子绕组中产生的感应电动势有效值为 $E_1 = 4.44f_1N_1k_{N1}\Phi_1$。当转子不动时在转子绕组中产生的感应电动势有效值为 $E_2 = 4.44f_1N_2k_{N2}\Phi_1$,转子绕组是短路的,会在绕组中产生电流。转子电流与定子磁场相互作用,产生电磁转矩驱动转子旋转,转速为 n,与定子磁场转速 n_1 不相等、不同步,故而称这种电动机为异步电动机。其差异程度用转差率 s 表示,$s = (n_1 - n)/n_1$,s 很小,正常运行时约为 0.015~0.05。

5. 分析和计算异步电动机电磁参数的常用工具是等值电路和相量图,由于定子电流频率为 f_1,转子电流频率为 $f_2 = sf_1$,两者不相等,无法直接求出等值电路和相量图。解决的办法是,把旋转的转子转换为等效的静止转子,这时转差率 $s = 1$,$f_2 = sf_1 = f_1$,定、转子电流频率相等,这就是频率折算。在频率折算时要把转子电阻 R_2 增大到 R_2/s。经过频率折算后,再使用绕组折算将转子绕组匝数等效为定子绕组匝数,用等值电路和相量图对异步电动机的电路进行分析和计算就方便多了。

6. 电动机产生的电磁转矩 T 减去空载转矩 T_0,剩下的就是轴上输出的机械转矩 T_2,即 $T_2 = T - T_0$。由额定功率 P_N 和额定转速 n_N 可求得在额定状态下的机械转矩 T_2,$T_2 = 9\,550P_N/n_N$。若忽略 T_0 可求得额定电磁转矩 $T_N = T_2 = 9\,550P_N/n_N$。

7. 三相异步电动机的转速 n 或转差率 s 与电磁转矩 T 之间的关系,称为异步电动机的机械特性,即 $n = f(T)$,或 $s = f(T)$。机械特性有三个关键点:理想空载点,也称同步转速点,$T = 0$,$n = n_1$,$s = 0$;最大转矩点,$T = T_m$,对应的转差率称为临界转差率 s_m;起动点,$n = 0$,$s = 1$,对应的电磁转矩就是起动转矩。转差率在 $(0 \sim s_m)$ 部分,T 与 s 近似成正比,是异步电动机稳定运行区;转差率在 $(s_m \sim 1)$ 部分,T 与 s 近似成反比,是不稳定运行区。

8. 改变电源电压 U_1、改变电源频率 f_1、改变电动机参数(如改变极对数 p、定子回路串电阻或电抗、转子回路串电阻或电抗)得到的机械特性称为人为机械特性。

9. 单相异步电动机定子中的绕组不是单相绕组,而是有两套绕组,一套为工作绕组,另一套为起动绕组,接单相电源也能产生旋转磁场,拖动生产机械。

▶▶▶ **思考题与习题**

3.1 三相异步电动机的结构主要是哪几部分？它们分别起什么作用？

3.2 异步电动机的基本工作原理是什么？为什么异步电动机在电动运行状态时，其转子的转速总是低于同步转速？

3.3 什么叫转差率？三相异步电动机的额定转差率为多少？为什么转差率是异步电动机最重要的一个技术参数？

3.4 已知一台三相异步电动机的额定功率 $P_N = 10\ kW$，额定电压 $U_N = 380\ V$，额定功率因数 $\cos\varphi_N = 0.75$，额定效率 $\eta_N = 86\%$，问其额定电流 I_N 为多少？

3.5 一台异步电动机定子绕组有 6 根引出线，其铭牌上标明"电压 380/220 V，接法 Y/△"。如果三相电源电压是 380 V，定子绕组应采用哪种接法？出线盒内的接线端子应如何连接？

3.6 三相异步电动机的定子绕组是如何组成的？按什么规律连接？有什么特点？

3.7 三相异步电动机铭牌上标注的额定功率 P_N 是输入功率还是输出功率？是电功率还是机械功率？

3.8 单相绕组通以单相交流电将在气隙中产生什么性质的磁场？三相对称绕组通以三相对称电流将在气隙中产生什么性质的磁场？两种磁场之间有何内在联系？

3.9 三相旋转磁动势的幅值与极数及绕组系数之间有什么关系？

3.10 若将三相异步电动机三相电源的任何两相引线对调，异步电动机转子的转向将作何变化？为什么？

3.11 为什么三相异步电动机空载电流的标幺值要比变压器的大？

3.12 三相异步电动机转子绕组短路并堵转，若定子绕组加额定电压，将会产生什么后果？并分析原因。

3.13 异步电动机的转差率 s 是如何定义的？电机运行时，转子绕组感应电动势、电流的频率 f_2 与定子频率 f_1 是什么关系？

3.14 异步电动机的时空相图中，哪些是时间相量，哪些是空间相量？

3.15 一台额定电压 380 V、星形联结的三相异步电动机，如果误连成三角形联结，并接到 380 V 的电源上，会有什么后果？为什么？

3.16 一台额定电压 380 V、三角形联结的三相异步电动机，如果误连成星形联结，并接到 380 V 的电源上满载运行时，会有什么后果？为什么？

3.17 三相异步电动机带负载运行时，会产生哪些损耗？请画出功率流程图。

3.18 三相异步电动机的电磁功率、转子铜损耗和机械功率之间在数量上存在着什么关系？

3.19 三相异步电动机负载运行时，其 T 形等值电路为什么不能简化成一字形等值电路？

3.20 异步电动机的过载倍数 λ_m、起动转矩倍数 K_T 有何意义？它们是否越大越好？

3.21 异步电动机带负载起动，负载越大，起动电流是不是越大？为什么？

3.22 异步电动机在何种条件下的机械特性是固有机械特性？

3.23 试简述三相异步电动机的运行性能优劣主要通过哪些技术指标来反映。

3.24 三相异步电动机 T 形等值电路的参数主要通过什么实验来测定？

3.25 为什么三相异步电动机的功率因数总是滞后的？

3.26 为什么要进行频率折算？折算应遵循什么样的基本原则？

3.27 说明三相异步电动机等值电路中,参数 R_1、X_1、R_2'、X_2'、R_m、X_m 各代表什么意义。三相异步电动机转子附加电阻 $[(1-s)/s]R_2'$ 是如何产生的？它代表什么物理意义？

3.28 一台三相异步电动机,额定运行时转速 $n_N = 1\,450$ r/min,这时传递到转子的电磁功率有百分之几消耗在转子电阻上？有百分之几转化成机械功率？

3.29 一台三相异步电动机,额定功率 $P_N = 25$ kW,额定电压 $U_N = 380$ V,额定转速 $n_N = 1\,470$ r/min,额定效率 $\eta_N = 86\%$,额定功率因数 $\cos\varphi_N = 0.86$,求电动机额定运行时的输入功率 P_1 和额定电流 I_N。

3.30 一台三相异步电动机,额定功率 $P_N = 7.5$ kW,额定电压 $U_N = 380$ V,额定转速 $n_N = 971$ r/min,额定功率因数 $\cos\varphi_N = 0.786$,定子三角形联结。额定负载运行时,定子铜损耗 $P_{Cu1} = 386$ W,铁损耗 $P_{Fe} = 214.5$ W,机械损耗 $P_{mec} = 100$ W,附加损耗 $P_s = 112.5$ W,求额定负载运行时:

(1) 转子电流频率;

(2) 转子铜损耗;

(3) 电磁功率;

(4) 定子电流;

(5) 效率;

(6) 画出功率流程图,标明各部分功率及损耗。

3.31 一台四极三相异步电动机,额定功率 $P_N = 55$ kW,额定电压 $U_N = 380$ V,额定负载运行时,电动机的输入功率 $P_1 = 59.5$ kW,定子铜损耗 $P_{Cu1} = 1\,091$ W,铁损耗 $P_{Fe} = 972$ W,机械损耗 $P_{mec} = 600$ W,附加损耗 $P_s = 1\,100$ W。求额定负载运行时:

(1) 额定转速;

(2) 电磁转矩;

(3) 输出转矩;

(4) 空载转矩。

3.32 一台八极三相异步电动机,额定功率 $P_N = 200$ kW,额定电压 $U_N = 380$ V,额定转速 $n_N = 735$ r/min,过载倍数 $\lambda_m = 2.2$,求:

(1) 该电动机转矩的实用公式;

(2) 当 $s = 0.015$ 时的电磁转矩;

(3) 电动机拖动 $1\,200$ N·m 负载时的转速。

3.33 一台四极三相异步电动机,额定功率 $P_N = 25$ kW,额定电压 $U_N = 380$ V,额定转速 $n_N = 1\,450$ r/min,过载倍数 $\lambda_m = 2.6$,求:

(1) 额定转差率;

(2) 额定转矩;

(3) 最大转矩;

(4) 临界转差率。

3.34 一台八极三相异步电动机,额定功率 $P_N = 10$ kW,额定电压 $U_N = 380$ V,额定转速 $n_N = 720$ r/min,过载倍数 $\lambda_m = 2.2$,求:

(1) 最大转矩;

(2) 临界转差率;

(3) 电磁转矩实用公式。

3.35 设一台三相异步电动机的铭牌标明其额定频率 $f_N = 50$ Hz,额定转速 $n_N = 965$ r/min,问电动机的磁极对数和额定转差率为多少?若另一台三相异步电动机磁极数为 $2p = 10$, $f_N = 50$ Hz,转差率 $s_N = 0.04$,问该电动机的额定转速为多少?

3.36 一台三相异步电动机,额定数据为: $U_N = 380$ V, $f_N = 50$ Hz, $P_N = 7.5$ kW, $n_N = 962$ r/min,定子绕组为三角形联结, $\cos \varphi_N = 0.827$, $P_{Cu1} = 470$ W, $P_{Fe} = 234$ W, $P_s = 80$ W, $P_{mec} = 45$ W。试求:

(1) 电动机极数;

(2) 额定运行时的 s_N 和 f_2;

(3) 转子铜损耗 P_{Cu2};

(4) 效率 η;

(5) 定子电流 I_1。

3.37 已知一台三相异步电动机的数据为: $P_N = 17$ kW, $U_N = 380$ V,定子三角形联结,4极, $I_N = 19$ A, $f_N = 50$ Hz。额定运行时,定子铜损耗 $P_{Cu1} = 470$ W,转子铜损耗 $P_{Cu2} = 500$ W;铁损耗 $P_{Fe} = 450$ W,机械损耗 $P_{mec} = 150$ W,附加损耗 $P_s = 200$ W。试求:

(1) 电动机的额定转速 n_N;

(2) 负载转矩 T_2;

(3) 空载转矩 T_0;

(4) 电磁转矩 T。

第3章 习题解答

第4章 同步电动机

在交流电机稳态运行时,转子的转速与旋转磁场的转速不相等、不同步的是异步电机;两者相等、同步的称为同步电机。在同步电机中,转速 n、旋转磁场转速 n_1 与电源频率 f_1 之间的关系为

$$n = n_1 = \frac{60f_1}{p} \tag{4.1}$$

而在异步电机中,它们之间的关系是

$$n = n_1(1-s) = (1-s)\frac{60f_1}{p} \tag{4.2}$$

式中 s 是异步电机的转差率。

根据运行方式和功率转换关系的不同,同步电机也分为同步发电机和同步电动机。同步发电机应用很广泛,几乎所有大型发电厂的发电机都毫无例外地是三相同步发电机。同步电动机应用也很广泛,不需要调速的大型设备,如矿井的通风机、空气压缩机、球磨机等,都使用同步电动机作拖动电动机。

本章以在工业上得到广泛应用的三相同步电动机为对象,分析同步电动机的结构、工作原理及运行特性。

4.1 同步电动机的结构及工作原理

1. 同步电动机的结构

与其他旋转电机一样,同步电动机也由定子和转子两部分组成,定、转子之间有气隙,如图 4.1 所示。

定子由定子铁心、定子绕组、机座、端盖等部分组成。定子绕组与异步电动机的相同,是三相对称绕组。定子也称为电枢,定子绕组就称为电枢绕组。

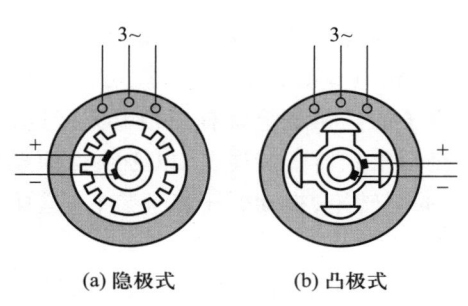

(a) 隐极式　　(b) 凸极式

图 4.1　旋转磁极式同步电动机

转子上装有励磁绕组,通入直流电流就形成磁极,由于磁极可以随转子一起旋转,故而称为旋转磁极式同步电动机。其转子有两种结构形式,即隐极式和凸极式。隐极式转子呈圆柱体形状,定、转子间的气隙是均匀的,励磁绕组为分布绕组,分布在转子表面的槽中,如图 4.1(a)所示。凸极式转子具有明显的磁极,磁极铁心上放置的是集中绕组,定、转子间的气隙是不均匀的,如图 4.1(b)所示。凸极式同步电动机结构简单,制造方便,宜用于低速;隐极式同步电动机结构均匀对称,可用于高速。

同步电动机的励磁电流由直流电源供给,直流电流经电刷和滑环引入到转子的励磁绕组中,直流电源可以是直流发电机,也可以是可控整流装置。

为了便于起动,一般在转子磁极表面上装有类似于笼型异步电动机的笼型绕组,这种绕组不仅能用于起动,而且对振荡也有阻尼作用,称为起动绕组(或阻尼绕组),凸极式同步电动机便于安装这种绕组,所以同步电动机多为凸极式结构。

小容量同步电动机还有另一种结构,即磁极是固定的,而放置三相绕组的电枢是旋转的,故而称为旋转电枢式同步电动机,如图 4.2 所示。

图 4.2   旋转电枢式同步电动机

本章主要介绍得到广泛应用的旋转磁极式同步电动机。

2. 同步电机的工作原理

同步电机是可以可逆运行的,根据外界条件,可作电动机运行,也可作发电机运行。

当同步电机定子三相绕组接三相交流电源、转子励磁绕组接直流电源时,就作为同步电动机运行。这时定子三相对称绕组流过对称的三相交流电流,在定、转子气隙中产生旋转磁场;转子励磁绕组流过直流电流产生恒定磁场。旋转磁场对转子磁场作用,会产生电磁转矩,拖动转子并带动负载旋转,是电动机运行状态。转子转速与旋转磁场转速相等,就是同步转速 $n_1 = 60f_1/p$。只要电源频率恒定,电动机的转速就是恒定的,总是与旋转磁场同步,因而称为同步电动机。

当同步电机的转子励磁绕组通直流电流,且转子由原动机拖动以恒速 n_1 旋转时,同步电机就作为同步发电机运行。因为在转子旋转过程中,转子上的磁极以恒速 n_1 切割定子的三相对称绕组,会在定子的三相对称绕组中产生三相对称电动势,外接三相负载时,同步电机就可向负载供电,成为同步发电机。同步发电机带上负载时,定子的三相绕组就有三相电流流过,会产生旋转磁场,旋转磁场与转子磁场相互作用,企图阻止转子旋转,所以必须由原动机产生拖动转矩以克服旋转磁场对转子磁场产生的阻转矩,拖动转子恒速旋转,这样,同步发电机就把输入的机械能转变为电能供给负载。

3. 同步电动机的型号与额定数据

在同步电动机的铭牌上,标明了同步电动机的型号、额定数据等。

（1）同步电动机的型号

同步电动机的型号用大写的汉语拼音字母和阿拉伯数字表示。例如 T2500-4/2150 型电动机各部分的含义是：

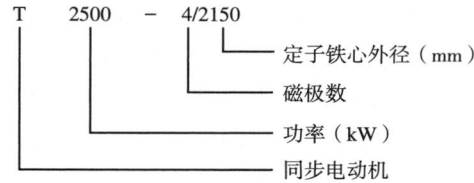

这是一台定子铁心外径为 2 150 mm、功率为 2 500 kW 的 4 极同步电动机。

（2）同步电动机的额定数据

在同步电动机的铭牌上标明的额定数据有：

① 额定功率 P_N，指在额定运行时轴上输出的机械功率，单位为 kW；

② 额定电压 U_N，指允许加在定子绕组上的最大线电压，单位为 V 或 kV；

③ 额定电流 I_N，在额定运行时流过定子绕组的线电流，单位为 A；

④ 额定转速 n_N，指同步转速，单位为 r/min；

⑤ 额定效率 η_N，指电动机在额定运行时的效率。

4.2　同步电动机的电磁关系

1. 同步电动机的磁动势

同步电动机稳态运行时，转子励磁绕组通直流，定子的电枢绕组通交流，因而存在两个磁动势，即转子的励磁磁动势 $\dot{F}_0$（亦称主磁动势）和电枢磁动势 $\dot{F}_a$。$\dot{F}_0$ 是直流恒定磁动势，随转子以同步转速 n_1 旋转，在气隙中产生的磁通称为主磁通；电枢电流产生的电枢磁动势 $\dot{F}_a$ 是旋转磁动势，也以同步转速 n_1 相对于定子旋转，其转向与转子转向相同。这样，$\dot{F}_a$ 和 $\dot{F}_0$ 同方向、同转速旋转，没有相对运动，可以利用叠加原理求得它们共同作用产生的气隙合成磁动势 $\dot{F}$ 为

$$\dot{F} = \dot{F}_0 + \dot{F}_a \tag{4.3}$$

当同步电动机空载时，$\dot{F}_a = 0$，$\dot{F} = \dot{F}_0$，这时的气隙磁场是只有励磁磁动势产生的空载气隙磁场。当电动机带负载时，就有电枢磁动势 $\dot{F}_a$，这时的气隙磁场是 $\dot{F}_0$ 和 $\dot{F}_a$ 共同作用的结果，$\dot{F}_a$ 的存在改变了原来只由 $\dot{F}_0$ 产生的空载气隙磁场的大小和分布。电枢磁动势 $\dot{F}_a$ 对空载气隙磁场的影响称为电枢反应。

电枢反应对同步电动机的性能会产生重大影响。下面以凸极同步电动机为例，应用

双反应理论和相量图分析电枢反应及影响。

   2. 凸极同步电动机的双反应理论

   凸极同步电动机转子结构的特点是有明显的磁极,定、转子之间的气隙不均匀,在转子磁极处气隙较小,在其他位置气隙较大,这种气隙不均匀给分析同步电动机内部电磁关系带来困难。为便于分析,在转子上设置垂直的两根轴,即 d 轴和 q 轴,取转子磁极轴线为 d 轴(直轴);取极间中心线为 q 轴(交轴),d 轴和 q 轴随转子以转速 n_1 逆时针方向旋转,如图 4.3 所示。设置 d、q 轴后,同步电动机的磁路沿 d 轴或 q 轴方向是对称的,便于分析和计算。

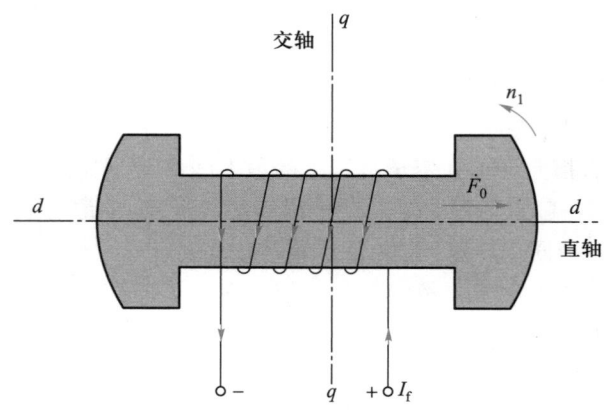

图 4.3   凸极同步电动机的 d 轴和 q 轴

   对转子而言,励磁磁动势 $\dot{F}_0$ 作用在 d 轴上,没有 q 轴方向的分量,$\dot{F}_0$ 产生的主磁通 $\dot{\Phi}_0$ 也在 d 轴上,随转子一起旋转,经过的是沿 d 轴对称的磁路。

   由于电枢磁动势 $\dot{F}_a$ 与励磁磁动势 $\dot{F}_0$ 同方向同转速旋转,相互之间没有相对运动,而 $\dot{F}_0$ 又在转子的 d 轴上,这样,也就可以把 $\dot{F}_a$ 放在转子的 $d-q$ 轴系中进行分析。

   现在 $\dot{F}_a$ 和 $\dot{F}_0$ 都在 $d-q$ 轴系中,表示电枢反应时,首先将 $\dot{F}_a$ 进行分解。将电枢磁动势 $\dot{F}_a$ 分解的理论就是勃朗德(Blondel)提出的双反应理论:把电枢磁动势 $\dot{F}_a$ 分解为直轴分量 $\dot{F}_{ad}$(也称为直轴电枢磁动势)和交轴分量 $\dot{F}_{aq}$(也称交轴电枢磁动势),然后分别进行分析和计算,最后再把它们的效果叠加起来,就是电枢反应。

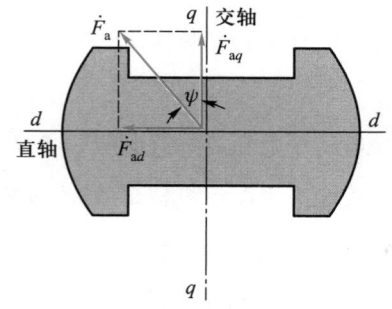

   如图 4.4 所示,将 $\dot{F}_a$ 分解后就得到

$$\dot{F}_a = \dot{F}_{ad} + \dot{F}_{aq} \qquad (4.4)$$

也就得到

图 4.4   电枢磁动势及分量

$$F_{ad} = F_a \sin \Psi$$
$$F_{aq} = F_a \cos \Psi \qquad (4.5)$$

式中，Ψ 为 $\dot{F}_a$ 与 q 轴的夹角。

3. 凸极同步电动机的电压平衡方程式

在第 2 章分析变压器时，习惯地规定了各电磁量的参考方向如图 2.4，亦如图 4.5(a)所示，这时的电压平衡方程式为

$$\dot{U} = -\dot{E} + Z\dot{I}$$

式中，Z 为变压器一次绕组的漏阻抗。

在同步电动机中常按电动机惯例规定 $\dot{I}$、$\dot{U}$、$\dot{E}$ 的参考方向，如图 4.5(b)所示，对应的电压平衡方程式变为

$$\dot{U} = \dot{E} + Z\dot{I}$$

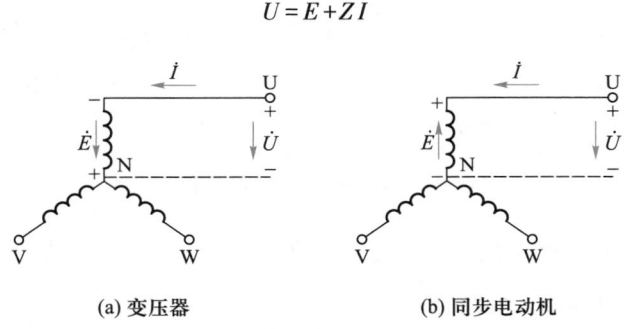

(a) 变压器   (b) 同步电动机

图 4.5 变压器和同步电动机中的电磁量的参考方向

式中，Z 为同步电动机电枢绕组的漏阻抗。

如果不考虑铁损耗，在相量图中，电流 $\dot{I}$、电流 $\dot{I}$ 所产生的磁动势 $\dot{F}$ 和磁通 $\dot{\Phi}$，三者是同相位的。在图 4.5(a)的电路中，正如式(2.8)推导过的一样，感应电动势 $\dot{E}$ 滞后磁通 $\dot{\Phi}$ 90°，很显然在图 4.5(b)的电路中 $\dot{E}$ 则超前 $\dot{\Phi}$ 90°，当然 $\dot{E}$ 也超前对应的磁动势 $\dot{F}$ 和电流 $\dot{I}$ 90°。

由 3.4.2 节可知，电枢磁动势 $\dot{F}_a$ 的大小为

$$F_a = 1.35 \frac{N_1 k_{N1}}{p} I \qquad (4.6)$$

式中，I 为电枢相电流的有效值；N_1 为电枢绕组一相串联的匝数；k_{N1} 为绕组系数；p 为电机磁极对数。

利用双反应理论，将 $\dot{F}_a$ 分解为 $\dot{F}_{ad}$ 和 $\dot{F}_{aq}$，它们的大小为

$$F_{ad} = F_a \sin \Psi = 1.35 \frac{N_1 k_{N1}}{p} I \sin \Psi = 1.35 \frac{N_1 k_{N1}}{p} I_d \qquad (4.7)$$

式中, $I_d = I\sin\Psi$ 为电枢电流的直轴分量。

$$F_{aq} = F_a\cos\Psi = 1.35\frac{N_1 k_{N1}}{p}I\cos\Psi = 1.35\frac{N_1 k_{N1}}{p}I_q \tag{4.8}$$

式中, $I_q = I\cos\Psi$ 为电枢电流的交轴分量。

综合上述三式和式(4.4),就可得到电枢电流 $\dot{I}$ 的表达式

$$\dot{I} = \dot{I}_d + \dot{I}_q \tag{4.9}$$

和其分量表达式

$$\begin{aligned}I_d &= I\sin\Psi\\I_q &= I\cos\Psi\end{aligned} \tag{4.10}$$

由 $\dot{F}_a$ 分解而来的分量 $\dot{F}_{ad}$ 和 $\dot{F}_{aq}$,连同励磁磁动势 $\dot{F}_0$ 都以同步转速 n_1 旋转,它们所产生的磁通 $\dot{\Phi}_{ad}$、$\dot{\Phi}_{aq}$、$\dot{\Phi}_0$ 也以同步转速 n_1 旋转,切割电枢绕组(定子绕组),分别在电枢绕组中产生感应电动势 $\dot{E}_{ad}$、$\dot{E}_{aq}$ 和 $\dot{E}_0$。根据图 4.5(b)给出的同步电动机电动势参考方向,可以写出电枢回路电压平衡方程式为

$$\dot{U} = \dot{E}_0 + \dot{E}_{ad} + \dot{E}_{aq} + \dot{I}(R_1 + jX_1) \tag{4.11}$$

式中, R_1 和 X_1 分别是电枢绕组一相的电阻和漏电抗; $\dot{E}_{ad}$ 称为直轴电枢反应电动势; $\dot{E}_{aq}$ 称为交轴电枢反应电动势; $\dot{E}_0$ 称为励磁电动势,亦称空载电动势。

不考虑饱和情况,则磁路为线性,就有

$$\begin{aligned}E_{ad} &\propto \Phi_{ad} \propto F_{ad} \propto I_d\\E_{aq} &\propto \Phi_{aq} \propto F_{aq} \propto I_q\end{aligned} \tag{4.12}$$

即 E_{ad} 正比于 I_d , E_{aq} 正比于 I_q。考虑相位关系时, $\dot{E}_{ad}$ 超前 $\dot{I}_d$ 90°, $\dot{E}_{aq}$ 超前 $\dot{I}_q$ 90°。

由于 $\dot{E}_{ad}$ 正比于 $\dot{I}_d$,且超前 $\dot{I}_d$ 90°,于是可将 $\dot{E}_{ad}$ 表示为

$$\dot{E}_{ad} = j\dot{I}_d X_{ad} \tag{4.13}$$

式中, X_{ad} 是比例常数,称为直轴电枢反应电抗。

同理,可将 $\dot{E}_{aq}$ 表示为

$$\dot{E}_{aq} = j\dot{I}_q X_{aq} \tag{4.14}$$

式中, X_{aq} 也是比例常数,称为交轴电枢反应电抗。

将以上两式代入式(4.11)中,得到

$$\dot{U} = \dot{E}_0 + j\dot{I}_d X_{ad} + j\dot{I}_q X_{aq} + \dot{I}(R_1 + jX_1) \tag{4.15}$$

再将式(4.9)代入上式,又得到

$$\dot{U} = \dot{E}_0 + j\dot{I}_d X_{ad} + j\dot{I}_q X_{aq} + (\dot{I}_d + \dot{I}_q)(R_1 + jX_1)$$
$$= \dot{E}_0 + j\dot{I}_d(X_{ad} + X_1) + j\dot{I}_q(X_{aq} + X_1) + (\dot{I}_d + \dot{I}_q)R_1 = \dot{E}_0 + jX_d\dot{I}_d + jX_q\dot{I}_q + R_1\dot{I}$$

(4.16)

式中,$X_d = X_{ad} + X_1$,称为直轴同步电抗;$X_q = X_{aq} + X_1$,称为交轴同步电抗。

对同一台同步电动机,X_d、X_q 都是常数,可以用计算的方法或试验的方法求得。

4. 凸极同步电动机的相量图和电枢反应

同步电动机容量较大时,一般情况下可忽略电阻 R_1,于是同步电动机电压平衡方程式(4.16)可简化为

$$\dot{U} = \dot{E}_0 + jX_d\dot{I}_d + jX_q\dot{I}_q$$

(4.17)

凸极同步电动机运行于电动状态在 $\varphi < 0$(超前)时,画出的简化相量图如图 4.6 所示。图中 $\dot{U}$ 与 $\dot{I}$ 之间的夹角 φ 是功率因数角;$\dot{E}_0$ 和 $\dot{U}$ 之间的夹角 θ,与功率的大小有关,称为功率角,简称为功角;$\dot{E}_0$ 与 $\dot{I}$ 之间的夹角是 Ψ,Ψ 也是 $\dot{F}_a$ 与 q 轴的夹角。

Ψ 对电枢反应有重大影响,由 $\dot{F} = \dot{F}_0 + \dot{F}_a = \dot{F}_0 + (\dot{F}_{ad} + \dot{F}_{aq}) = (\dot{F}_0 + \dot{F}_{ad}) + \dot{F}_{aq}$ 可知,当 $\dot{I}$ 超前 $\dot{E}_0$ 时,如图 4.6 所示,$\dot{I}_d$ 所产生的直轴磁动势 $\dot{F}_{ad}$ 与励磁磁动势 $\dot{F}_0$ 反相,电枢反应起去磁作用;当 $\dot{I}$ 落后 $\dot{E}_0$ 时,$\dot{I}_d$ 所产生的 $\dot{F}_{ad}$ 与 $\dot{F}_0$ 同相,电枢反应起助磁作用;当 $\dot{I}$ 与 $\dot{E}_0$ 同相,即 $\Psi = 0$,则 $\dot{I}_d = 0$,没有直轴磁动势 $\dot{F}_{ad}$,只有交轴磁动势 $\dot{F}_{aq}$,电枢反应既不去磁,也不助磁,仅仅是使气隙磁场发生偏移。

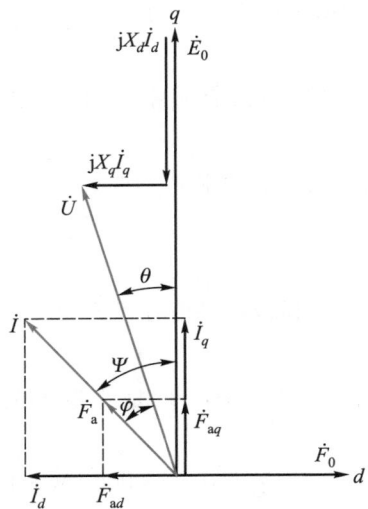

图 4.6 凸极同步电动机 $\varphi < 0$ 的
简化相量图

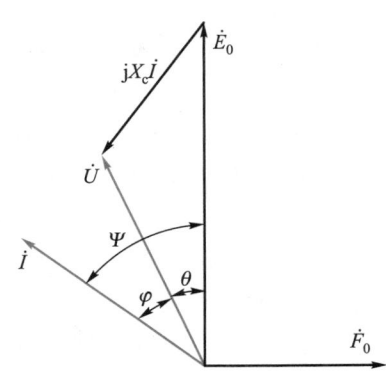

图 4.7 隐极同步电动机 $\varphi < 0$ 的
简化相量图

5. 隐极同步电动机

凸极同步电动机的气隙是不均匀的,沿 d 轴和 q 轴的磁阻是不相等的,表现为直轴同步电抗 X_d 和交轴同步电抗 X_q 是不相等的。而隐极同步电动机的气隙是均匀的,表现为直轴、交轴同步电抗是相等的,即

$$X_d = X_q = X_c \tag{4.18}$$

式中, X_c 为隐极同步电动机的同步电抗。

对隐极同步电动机,电压平衡方程式(4.17)就变为

$$\dot{U} = \dot{E}_0 + jX_d\dot{I}_d + jX_q\dot{I}_q = \dot{E}_0 + jX_c(\dot{I}_d + \dot{I}_q) = \dot{E}_0 + jX_c\dot{I} \tag{4.19}$$

图 4.7 为隐极同步电动机 $\varphi < 0$(超前)的简化相量图。

4.3　同步电动机的功率关系及功角特性与矩角特性

4.3.1　功率关系

同步电动机运行时有诸多损耗,这些损耗就是定子绕组的铜损耗 P_{Cu1}、定子的铁损耗 P_{Fe}、机械损耗 P_{mec} 和附加损耗 P_s。同步电动机从电源输入的功率 P_1 中减去所有损耗,就是轴上输出的机械功率 P_2,于是得到同步电动机的功率平衡方程式为

$$P_1 = P_2 + P_{Cu1} + P_{Fe} + P_{mec} + P_s \tag{4.20}$$

其中的 P_{Fe}、P_{mec}、P_s 是空载时就存在的损耗,与带不带负载没有关系,统称为空载损耗 P_0,即 $P_0 = P_{Fe} + P_{mec} + P_s$。

输出功率 P_2 与空载损耗 P_0 之和就是同步电动机的电磁功率 P_M,即

$$P_M = P_2 + P_0 = P_2 + P_{Fe} + P_{mec} + P_s \tag{4.21}$$

图 4.8 是同步电动机的功率流程图。

将式(4.21)的两边同除以同步机械角速度 Ω_1,就得到转矩平衡方程式为

$$T = T_2 + T_0 \tag{4.22}$$

式中, $T = P_M/\Omega_1$ 是电磁转矩; $T_2 = P_2/\Omega_1$ 是机械转矩; $T_0 = P_0/\Omega_1$ 是空载转矩; $\Omega_1 = 2\pi n_1/60$ 是同步机械角速度。

例 4.1　已知一台三相十极同步电动机的数据是:额定容量 $P_N = 3\,000$ kW;额定电压 $U_N = 6\,000$ V;额定功率因数 $\cos\varphi_N = 0.8$(超前);额定效率 $\eta_N = 96\%$;定子每相电阻 $R_1 = 0.21$ Ω;定子绕组为星形联结。试求:

（1）额定运行时定子输入的功率 P_1;

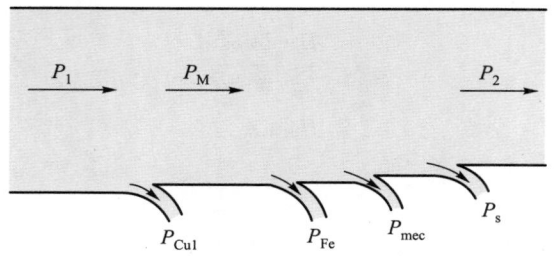

图 4.8　同步电动机功率流程图

（2）额定电流 I_N；
（3）额定电磁功率 P_M；
（4）空载损耗 P_0；
（5）额定电磁转矩 T_N。

解：十极同步电动机的同步转速为 $n_1 = \dfrac{60f_1}{p} = \dfrac{60 \times 50}{5}$ r/min $= 600$ r/min

（1）$P_1 = \dfrac{P_N}{\eta_N} = \dfrac{3\ 000}{0.96}$ kW $= 3\ 125$ kW

（2）$I_N = \dfrac{P_1}{\sqrt{3}\,U_N \cos\varphi_N} = \dfrac{3\ 125 \times 10^3}{\sqrt{3} \times 6\ 000 \times 0.8}$ A $= 375.9$ A

（3）$P_M = P_1 - P_{Cu1} = P_1 - 3R_1 I_N^2 = 3\ 125$ kW $- 3 \times 0.21 \times 375.9^2 \times 10^{-3}$ kW
$\qquad = 3\ 036$ kW

（4）$P_0 = P_M - P_N = 3\ 036$ kW $- 3\ 000$ kW $= 36$ kW

（5）$T_N = 9\ 550\dfrac{P_M}{n_1} = 9\ 550 \times \dfrac{3\ 036}{600}$ N·m $= 48\ 323$ N·m

4.3.2　功角特性与矩角特性

在异步电动机中，转速 n 随电磁转矩 T 而变化，其变化规律称为机械特性 $n = f(T)$。而同步电动机的转速是不变的，所以要表示同步电动机的电磁功率 P_M 和电磁转矩 T 随负载而变化的规律时，常用功角 θ 作为参量来表示，θ 是 $\dot{U}$ 与 $\dot{E}_0$ 之间的夹角，电磁功率 P_M 和电磁转矩 T 随功角 θ 的变化规律分别称为同步电动机的功角特性与矩角特性。

若不计定子绕组电阻，可以用图 4.6 所示的凸极同步电动机简化相量图来推导其功角特性与矩角特性。由相量图 4.6 可知

$$\begin{aligned} X_d I_d &= E_0 - U\cos\theta \\ X_q I_q &= U\sin\theta \end{aligned}$$

（4.23）

于是就有

$$I_d = \frac{E_0 - U\cos\theta}{X_d}$$

$$I_q = \frac{U\sin\theta}{X_q} \tag{4.24}$$

由图 4.6 还可知 $\varphi = \Psi - \theta$。

由于不计 R_1，所以 $P_{\mathrm{Cu1}} = 0$，就有

$$P_{\mathrm{M}} = P_1 = 3UI\cos\varphi = 3UI\cos(\Psi - \theta)$$
$$= 3UI\cos\Psi\cos\theta + 3UI\sin\Psi\sin\theta \tag{4.25}$$

将式（4.24）和 $I_d = I\sin\Psi$ 及 $I_q = I\cos\Psi$ 代入式（4.25），就得到

$$P_{\mathrm{M}} = 3UI_q\cos\theta + 3UI_d\sin\theta = 3U\frac{U\sin\theta}{X_q}\cos\theta + 3U\frac{E_0 - U\cos\theta}{X_d}\sin\theta$$

$$= 3\frac{E_0 U}{X_d}\sin\theta + 3U^2\left(\frac{1}{X_q} - \frac{1}{X_d}\right)\sin\theta\cos\theta = \frac{3E_0 U}{X_d}\sin\theta + \frac{3U^2}{2}\left(\frac{1}{X_q} - \frac{1}{X_d}\right)\sin 2\theta \tag{4.26}$$

相应的电磁转矩表达式为

$$T = \frac{P_{\mathrm{M}}}{\Omega_1} = \frac{3E_0 U}{\Omega_1 X_d}\sin\theta + \frac{3U^2}{2\Omega_1}\left(\frac{1}{X_q} - \frac{1}{X_d}\right)\sin 2\theta \tag{4.27}$$

式（4.26）表示，当电源电压 U 为常数、励磁电动势 E_0 为常数时，凸极同步电动机的电磁功率 P_{M} 只随功角 θ 而变化，即 $P_{\mathrm{M}} = f(\theta)$，这就是凸极同步电动机的功角特性，如图 4.9 的曲线 3 所示。同理，式（4.27）表示凸极同步电动机的电磁转矩 T 与功角 θ 的关系，即 $T = f(\theta)$ 是凸极同步电动机的矩角特性。矩角特性曲线的形状和功角特性曲线的形状是相似的。

由式（4.26）及对应的图 4.9 的特性曲线可以看出，凸极同步电动机的电磁功率 P_{M} 包含两个部分。式中的第一项 $\frac{3E_0 U}{X_d}\sin\theta$ 称为基本电磁功率，与 E_0 及 U 成正比关系，当 E_0 及 U 都是常数时，基本电磁功率与功角 θ 成正弦关系，如图 4.9 中的曲线 1。式中的第二项 $\frac{3U^2}{2}\left(\frac{1}{X_q} - \frac{1}{X_d}\right)\sin 2\theta$ 称为附加电磁功率，是由 $X_d \neq X_q$ 引起的，只在凸极同步电动机中才存在，附加电磁功率与 θ 的关系如曲线 2 所示。曲线 3 是由曲线 1 和 2 合成的功角特性。

同理，由式（4.27）也可以知道，凸极同步电动机的电磁转矩也包含两个部分，即基本电磁转矩与附加电磁转矩，附加电磁转矩也是由于 d、q 轴的磁阻不等使 X_d 不等于 X_q 而引起的，又称为磁阻转矩。

磁阻不等能产生磁阻转矩，可以用图 4.10 来说明。由于凸极转子的影响，当凸极转

子轴线与定子磁场的轴线错开一个角度时,定子绕组产生的磁通斜着通过气隙,就产生切线方向的磁拉力,也就产生了拖动转矩,这就是磁阻转矩。只要定子上有外接电压,即使转子没有励磁的凸极同步电动机也会产生磁阻转矩而运行于电动机状态,这种电机称为磁阻电机或反应式同步电动机。

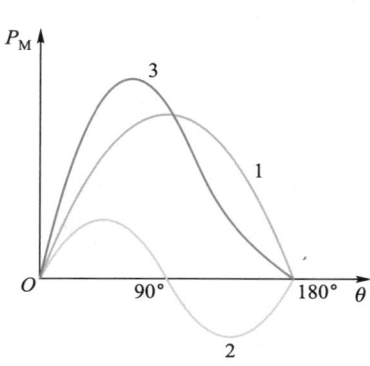

图 4.9 凸极同步电动机的
功角特性

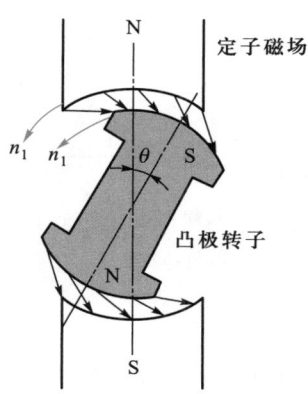

图 4.10 凸极同步电动机
的磁阻转矩

对于隐极同步电动机,由于气隙是均匀的,d、q 轴的同步电抗是相等的,即 $X_d = X_q = X_c$,这样,式(4.26)和式(4.27)中的第二项均为零,即不存在附加电磁功率和附加电磁转矩。所以隐极同步电动机的功角特性为

$$P_M = \frac{3E_0 U}{X_c} \sin \theta \qquad (4.28)$$

同理,隐极同步电动机的矩角特性为

$$T = \frac{3E_0 U}{\Omega_1 X_c} \sin \theta \qquad (4.29)$$

隐极同步电动机的矩角特性如图 4.11 所示。功角特性与之相似。当励磁电流为常数,在 $\theta = 90°$ 时,电磁功率 P_M 达到最大值

$$P_{Mm} = \frac{3E_0 U}{X_c} \qquad (4.30)$$

这时的电磁转矩也达到最大值

$$T_m = \frac{3E_0 U}{\Omega_1 X_c} \qquad (4.31)$$

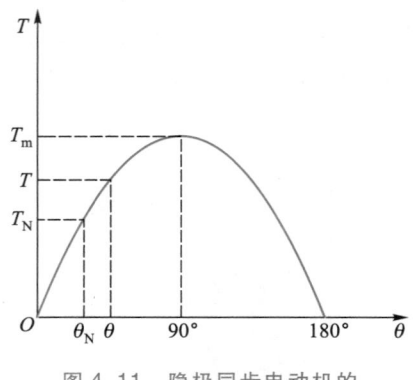

图 4.11   隐极同步电动机的
矩角特性

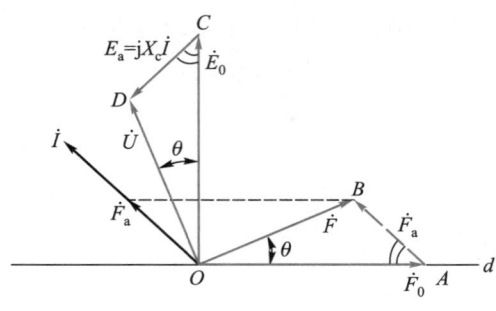

图 4.12   隐极同步电动机的
磁动势和电动势相量图

4.3.3   功角 θ 决定同步电机的运行状态和稳定状态

同所有旋转电机一样,同步电机也有电动机和发电机两种运行状态。对每一种运行状态,也都存在着稳定性问题,所有这一切都取决于功角 θ。现以隐极同步电动机为例,分析其运行状态和稳定性与功角 θ 的关系。

同步电动机带负载运行时,有电枢电流 $\dot{I}$ 产生的电枢磁动势 $\dot{F}_a$ 和励磁电流产生的励磁磁动势 $\dot{F}_0$,其合成的气隙磁动势为 $\dot{F}=\dot{F}_0+\dot{F}_a$,如图 4.12 中 $\triangle OAB$ 所示。$\dot{F}_0$ 和 $\dot{F}_a$ 都以同步转速 n_1 旋转,在定子绕组中产生感应电动势 $\dot{E}_0$ 和 $\dot{E}_a=\mathrm{j}\dot{I}X_c$。忽略定子电阻就得到式 (4.19) $\dot{U}=\dot{E}_0+\mathrm{j}X_c\dot{I}=\dot{E}_0+\dot{E}_a$,如图 4.12 中 $\triangle OCD$ 所示。将磁动势和电动势的方程式组合在一起就有

$$\dot{F}=\dot{F}_0+\dot{F}_a$$
$$\dot{U}=\dot{E}_0+\dot{E}_a$$

(4.32)

前面已分析过,在相量图上磁动势与其产生的感应电动势之间的夹角为 90°,即它们是互相垂直的,在图 4.12 中,$\dot{E}_0\perp\dot{F}_0$,$\dot{E}_a\perp\dot{F}_a$,所以在 $\triangle OAB$ 和 $\triangle OCD$ 中,$\angle OAB=\angle OCD$。

磁动势 $\dot{F}_0$ 和 $\dot{F}_a$ 分别产生主磁通 $\dot{\Phi}_0$ 和电枢反应磁通 $\dot{\Phi}_a$,由于隐极同步电动机的气隙是均匀的,假定磁路没有饱和,则 $\dot{\Phi}_0$ 和 $\dot{\Phi}_a$ 所经过的磁路的磁阻是相等的,磁通之比等于磁动势之比,于是就有

$$\frac{\Phi_0}{\Phi_a}=\frac{F_0/R_z}{F_a/R_z}=\frac{F_0}{F_a}$$

(4.33)

式中,R_z 为磁路的磁阻。

由于感应电动势与磁通成正比,也就有

$$\frac{E_0}{E_a} = \frac{\Phi_0}{\Phi_a} = \frac{F_0}{F_a} \tag{4.34}$$

即是

$$\frac{E_0}{F_0} = \frac{E_a}{F_a} \tag{4.35}$$

表现在图 4.12 中的 $\triangle OAB$ 和 $\triangle OCD$ 中有

$$\frac{\overline{OC}}{\overline{OA}} = \frac{\overline{CD}}{\overline{AB}} \tag{4.36}$$

加上 $\angle OAB = \angle OCD$,所以 $\triangle OAB$ 和 $\triangle OCD$ 是相似三角形,则 $\angle AOB = \angle COD = \theta$,这样,功角 θ 有双重物理意义,既表示 $\dot{U}$ 与 $\dot{E}_0$ 之间的时间相位差,也表示合成磁动势 $\dot{F}$ 与励磁磁动势 $\dot{F}_0$ 之间的空间角度差。

当用 $\dot{F}_0$ 表示转子磁极轴线位置时,则 $\dot{F}$ 表示同步电动机等效磁极轴线(或合成的气隙磁极轴线)位置,这样,功角 θ 就是同步电动机等效磁极轴线与转子磁极轴线之间的夹角,如图 4.12 所示。当等效磁极轴线领先转子磁极轴线时,等效磁极在前,转子磁极在后,表明等效磁极拖着转子磁极以同步转速 n_1 旋转,同步电机运行在电动机状态,这时的功角 θ 为正,代入式(4.29)可知电磁转矩 T 为正,是拖动转矩,同步电动机能带负载运行。

反之,当转子磁极在前而等效磁极在后时,这时是转子磁极拖着等效磁极旋转。功角 θ 为负,电磁转矩 T 为负,是制动转矩,只有由原动机拖动转子才能带动等效磁极旋转,是发电机运行状态。

总之,同步电机的运行状态由功角 θ 的符号决定,$\theta>0$ 是电动机运行状态,$\theta<0$ 是发电机运行状态。

功角 θ 也决定了同步电机运行的稳定性,现分析隐极同步电机在电动机状态下的稳定性问题。

当同步电动机拖动负载在 $0°<\theta<90°$ 区域内运行时,若负载增加,则转子转速就降低,$\dot{F}_0$ 的转速就降低,而 $\dot{F}$ 的转速不变,使得功角 θ 增加,电磁转矩 T 增加,直至增加到与负载转矩相平衡时,转子转速又恢复到同步转速。反之亦然。这样,当负载变化时,通过自动调节功角 θ,同步电动机总能自动地保持同步转速运转,所以称 $0°<\theta<90°$ 的区域为同步电动机的稳定运行区。

在 $90°<\theta<180°$ 范围内,如果负载增加,转子转速就降低,θ 增加,由式(4.29)可知,T 反而减少,转子还会减速,θ 更大,T 更小,这样,电动机不再能恢复到同步转速运行,称为失步,所以这一区域为同步电动机的不稳定运行区。

由以上分析可知,维持同步电动机稳定运行的条件是

$$\frac{\mathrm{d}T}{\mathrm{d}\theta}>0 \tag{4.37}$$

为表示同步电动机的过载能力,常以 $\theta = 90°$ 时的最大电磁转矩 T_m 与额定电磁转矩 T_N 的比值 λ_m 来表示,由式(4.29)和式(4.31)可知

$$\lambda_m = \frac{T_m}{T_N} = \frac{1}{\sin \theta_N} \tag{4.38}$$

式中,λ_m 称为过载系数,一般为 $2 \sim 3.5$;θ_N 为额定运行的功角,一般为 $16.5° \sim 30°$。

对凸极同步电动机,稳定性与隐极同步电动机相似,只是由于有附加电磁转矩,使得其最大电磁转矩增加了,过载能力增强了。

4.4   同步电动机功率因数的调节和 V 形曲线

4.4.1   同步电动机功率因数的调节

当电源电压和频率为常数,且负载保持不变时,改变同步电动机励磁电流,就能改变同步电动机的功率因数。功率因数可调是同步电动机独特的优点。

现以隐极同步电动机在不同励磁电流下的电动势相量图来分析功率因数的变化,在分析中忽略同步电动机的各种损耗,分析所得到的结论完全适用于凸极同步电动机。

由于忽略空载转矩 T_0,并且认为负载转矩 T_2 不变,所以电磁转矩 T 就等于负载转矩 T_2 也不变,即

$$T = \frac{3E_0 U}{\Omega_1 X_c} \sin \theta = T_2 = 常数 \tag{4.39}$$

电源电压 U、电源频率 f_1 及电动机的同步电抗 X_c 都是常数,由上式就得到

$$E_0 \sin \theta = 常数 \tag{4.40}$$

同理,可以认为同步电动机的输入功率 P_1 等于输出功率 P_2,也是不变的,即

$$P_1 = 3UI\cos \varphi = P_2 = \Omega_1 T_2 = 常数 \tag{4.41}$$

当电源电压不变时,由上式就有

$$I\cos \varphi = 常数 \tag{4.42}$$

根据式(4.40)和式(4.42)画出了在不同励磁电流作用下产生的三个不相等的励磁电动势 $\dot{E}_0$、$\dot{E}_0'$、$\dot{E}_0''$ 的相量图,如图 4.13 所示,其中 $E_0'' < E_0 < E_0'$,励磁电动势与励磁电流成正比,所以其对应的励磁电流的关系是 $I_f'' < I_f < I_f'$。

从图 4.13 可以看出,改变励磁电流时,励磁电动势 $\dot{E}_0$ 及功角 θ 都是变化的,无论 $\dot{E}_0$ 和 θ 怎样变化,它们必须满足式(4.40)$E_0 \sin \theta = 常数$ 的关系式,表现在相量图上就是相量 $\dot{E}_0$ 的端点总是在与电压 $\dot{U}$ 平行的虚线 AB 上移动,虚线 AB 与电压相量 $\dot{U}$ 的距离就等于

$E_0 \sin \theta =$ 常数。$\dot{E}_0$ 变化时,电枢电流 $\dot{I}$ 和功率因数角 φ 也是变化的,无论 $\dot{I}$ 和 φ 怎样变化,它们也必须满足式(4.42)$I\cos \varphi =$ 常数的关系式,表现在相量图上就是相量 $\dot{I}$ 的端点也总是在与 $\dot{U}$ 垂直的虚线 CD 上移动。这样,改变励磁电流时,同步电动机功率因数变化规律是:

① 当励磁电流调到恰到好处,使电枢电流 $\dot{I}$ 恰好与电源电压 $\dot{U}$ 同相位,这时的同步电动机相当于一个电阻性负载,功率因数 $\cos \varphi =1$,称对应的励磁电流 I_f 为正常励磁。

② 励磁电流大于正常励磁的状态称为过励状态,即 $I_f' > I_f$,过励磁时,电枢电流 $\dot{I}'$ 超前电源电压 $\dot{U}$ 一个相位角 φ',同步电动机相当于一个电阻电容性负载,可以提高电源的功率因数。

③ 励磁电流小于正常励磁的状态称为欠励状态,即 $I_f'' < I_f$,欠励磁时,电枢电流 $\dot{I}''$ 滞后

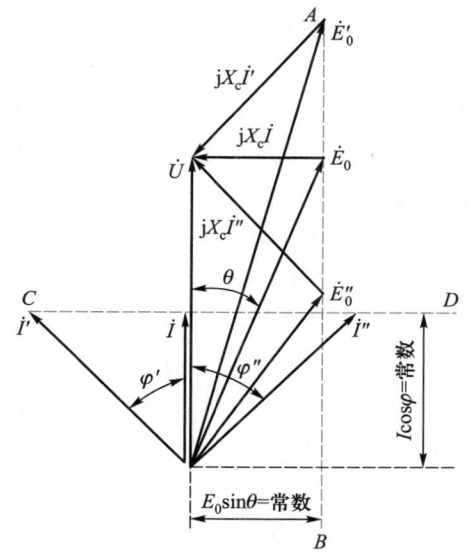

图 4.13　隐极同步电动机拖动恒转矩负载仅改变励磁电流的相量图

电源电压 $\dot{U}$ 一个相位角 φ'',这时的同步电动机相当于一个电阻电感性负载。

改变同步电动机的励磁电流就能改变其功率因数,这是同步电动机独具的优点,是异步电动机无法比拟的。为了发挥这一优点,同步电动机拖动负载运行时,一般是运行在过励状态,至少运行在正常励磁状态,不会运行在欠励状态。

4.4.2　V 形曲线

在负载恒定情况下,由式(4.42)$I\cos \varphi =$ 常数可知,在正常励磁时,$\dot{U}$ 与 $\dot{I}$ 同相位,$\cos \varphi =1$ 为功率因数的最大值,电枢电流 I 为最小值,无论是增加或减少励磁电流,功率因数都小于1,电枢电流都比正常励磁的要大。同步电动机电枢电流 I 与励磁电流 I_f 之间的关系曲线呈 V 形,故而称为 V 形曲线,如图 4.14 所示。对于一定的电磁功率 P_M,有一条 V 形曲线,曲线底部对应的是正常励磁电流。当电磁功率变化时,可得到一簇曲线,图 4.14 中的 4 条 V 形曲线,对应于 4 种不同的电磁功率。当同步电动机带恒定负载时,由式(4.29)可知,$T = \dfrac{3E_0 U}{\Omega_1 X_c}\sin \theta =$ 常数,减少励磁电流时,励磁电动势 E_0 必然减少,则功角 θ 必然增加。当励磁电流减少到一定数值时,θ 将增加到 90°,如果再减少励磁电流,功角 θ 将大于90°,同步电动机会进入不稳定区域,图 4.14 中的虚线表示同步电动机不稳

定区的界限。

在工农业生产中广泛使用的变压器、交流异步电动机等都属于感性负载,需要从电网吸取感性无功功率,降低了电网的功率因数。而同步电动机处于过励状态时,从电网吸取容性的无功功率,可以改善电网的功率因数,因而在不需要调速的大型设备,如矿井通风机、压缩机中都使用同步电动机作拖动电动机。

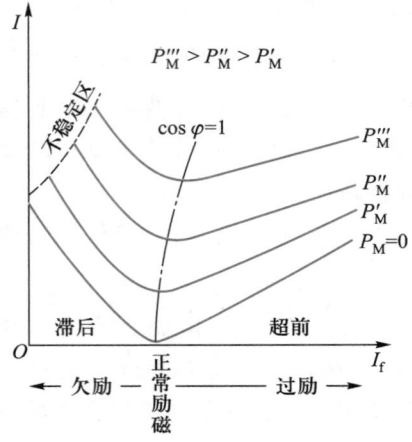

图 4.14　同步电动机的 V 形曲线

例 4.2　一工厂总耗电功率为 1 200 kW,进线线电压为 6 000 V, $\cos\varphi = 0.65$（滞后）。该厂另需 320 kW 电动机来拖动新增设备,欲使用同步电动机,想将功率因数提高到 0.8（滞后）。现假定同步电动机效率为 100%,试问:

（1）选用的同步电动机功率为多少?

（2）同步电动机的功率因数为多少?

解:工厂原来从电网吸收的线电流为

$$I = \frac{P}{\sqrt{3}\,U\cos\varphi} = \frac{1\,200\times10^{3}}{\sqrt{3}\times6\,000\times0.65}\ \text{A} = 178\ \text{A}$$

其中无功电流为

$$I_{Q} = I\sin\varphi = I\sqrt{1-\cos^{2}\varphi} = 178\times\sqrt{1-0.65^{2}}\ \text{A} = 135\ \text{A}$$

增加同步电动机后工厂总耗电功率为

$$P' = P + P_{D} = 1\,200\ \text{kW} + 320\ \text{kW} = 1\,520\ \text{kW}$$

将功率因数提高到 $\cos\varphi' = 0.8$（滞后）时,工厂从电网吸收的线电流为

$$I' = \frac{P'}{\sqrt{3}\,U\cos\varphi'} = \frac{1\,520\times10^{3}}{\sqrt{3}\times6\,000\times0.8}\ \text{A} = 182.8\ \text{A}$$

其中无功电流为

$$I'_{Q} = I'\sin\varphi' = I'\sqrt{1-\cos^{2}\varphi'} = 182.8\times\sqrt{1-0.8^{2}}\ \text{A} = 109.7\ \text{A}$$

同步电动机需要负担的无功电流为

$$I_{DQ} = I_{Q} - I'_{Q} = 135\ \text{A} - 109.7\ \text{A} = 25.3\ \text{A}$$

同步电动机的无功功率为

$$Q_{D} = \sqrt{3}\,UI_{DQ} = \sqrt{3}\times6\,000\times25.3\times10^{-3}\ \text{kvar} = 262.9\ \text{kvar}$$

同步电动机的视在功率为

$$S = \sqrt{P_{D}^{2} + Q_{D}^{2}} = \sqrt{320^{2} + 262.9^{2}}\ \text{kV·A} = 414\ \text{kV·A}$$

同步电动机功率因数为

$$\cos\varphi_D = \frac{P_D}{S} = \frac{320}{414} = 0.77\,(超前)$$

▶▶▶ 小结

1. 旋转磁极式同步电机的定子绕组是三相对称绕组,通入对称的三相交流电时产生旋转磁场,转速 $n_1 = 60f_1/p$,n_1 就是同步转速。转子上装励磁绕组,通入直流电就成为恒定磁极,随转子旋转,称为旋转磁极式同步电机,有隐极式和凸极式两种。

2. 同步电机能够可逆运行。定子三相对称绕组接三相交流电会产生旋转磁场,转速就是同步转速 n_1,若转子励磁绕组通入直流电励磁,则旋转磁场与转子直流磁场相互作用,产生电磁转矩,拖动转子以转速 n_1 旋转,这是电动机运行状态,转子转速与旋转磁场转速相等,是同步的,故而称为同步电动机。若转子励磁绕组通入直流电励磁,且转子在原动机拖动下旋转,则会在定子三相对称绕组中产生感应电动势,对负载提供电能,这是发电机运行状态。

3. 隐极式同步电机定、转子之间的气隙是均匀的,而凸极式同步电机定、转子之间的气隙是不均匀的,给分析电机内部电磁关系带来困难。为此引入双反应理论,即将定子电枢磁动势 $\dot F_a$ 分解为两个垂直的分量 $\dot F_{ad}$ 和 $\dot F_{aq}$,$\dot F_{ad}$ 与转子励磁磁动势 $\dot F_0$ 轴线相重合,电枢反应表现为,当 $\dot F_{ad}$ 与 $\dot F_0$ 方向相反时起去磁作用,当 $\dot F_{ad}$ 与 $\dot F_0$ 方向相同时起助磁作用。$\dot F_{aq}$ 对 $\dot F_0$ 大小没有影响,仅仅是使气隙磁场发生偏移。双反应理论对分析凸极式同步电机运行状况很有作用。

4. 电磁功率 P_M 与功角 θ 之间的关系称为同步电机的功角特性;电磁转矩 T 与功角 θ 之间的关系称为同步电机的矩角特性。功角 θ 是合成磁动势 $\dot F$ 与励磁磁动势 $\dot F_0$ 之间的空间角度。同步电动机运行时若负载变化,转速是不变的,总是同步转速 n_1,变化的是功角 θ。负载增大,转子要降速,$\dot F_0$ 与 $\dot F$ 之间角度增大,功角 θ 增大,磁拉力增大,电磁转矩增大,直至功角 θ 增大到电磁转矩等于负载转矩,转子转速就又恢复到同步转速。反之亦然。

5. 改变同步电动机励磁电流的大小,就能改变同步电动机功率因数,功率因数可调是同步电动机的优点。当励磁电流调到恰到好处时,电枢电流与电源电压同相位,功率因数 $\cos\varphi = 1$,同步电动机相当于纯电阻性负载;当励磁电流大于正常励磁的过励状态,电枢电流相位超前电源电压,同步电动机相当于电阻、电容性负载;当励磁电流小于正常励磁的欠励状态,电枢电流相位落后电源电压,同步电动机相当于电阻、电感性负载。为了改善电网功率因数,同步电动机应运行在过励状态,或者在正常励磁状态,不应运行在欠励状态。

6. 同步电动机没有起动转矩,为解决起动问题,在凸极同步电动机磁极表面装上笼型绕组,像异步电动机一样起动,称为同步电动机的异步起动法。

▶▶▶ 思考题与习题

4.1　如果电源频率是可调的,当频率为 50 Hz 及 40 Hz 时,六极同步电动机的转速各是多少?

4.2　同步电动机在正常运行时,转子励磁绕组中是否存在感应电动势? 在起动过程中是否存在感应电动势? 为什么?

4.3   为什么异步电动机不能以同步转速运行,而同步电动机能以同步转速运行?

4.4   为什么要把凸极同步电动机的电枢磁动势 $\dot{F}_a$ 和电枢电流 $\dot{I}$ 分解为直轴和交轴两个分量?

4.5   何谓直轴同步电抗 X_d? 何谓交轴同步电抗 X_q? X_d 和 X_q 相比哪个大一些?

4.6   何谓同步电动机的功角? 怎样用功角 θ 来描述同步电动机是运行在电动机状态还是运行在发电机状态?

4.7   什么是同步电动机的功角特性? 同步电动机在什么功角范围内才能稳定运行?

4.8   隐极同步电动机的过载倍数 $\lambda_m = 2$,在额定负载运行时,电动机的功角为多大?

4.9   为什么同步电动机经常工作在过励状态?

4.10   一台三相六极同步电动机的数据为:额定功率 $P_N = 250$ kW,额定电压 $U_N = 380$ V,额定功率因数 $\cos \varphi_N = 0.8$,额定效率 $\eta_N = 90\%$,定子每相电阻 $R_1 = 0.025$ Ω,定子绕组为星形联结。试求:

(1) 额定运行时定子输入的电功率 P_1;

(2) 额定电流 I_N;

(3) 额定运行时电磁功率 P_M;

(4) 额定电磁转矩 T_N。

第 4 章   习题解答

第5章 特种电机

具有特殊结构形式,因而具有特殊性能,有特别用途的电机统称为特种电机。下列两种类型的电机都属于特种电机。

1. 控制电机

控制电机主要应用在自动控制系统中,用于信号的检测、变换和传输,作测量、计算元件或执行元件。由于检测、变换和传输的是控制信号,所以控制电机功率小,体积小,重量轻,因而也被称作微特电机。

普通电机是作动力使用的,是用于能量转换的,对普通电机的要求是提高能量转换效率,经济有效地产生最大动力。而控制电机用于信号检测和变换,对控制电机的要求是快速响应、高精度及高灵敏度。

在自动控制系统中常用的控制电机有:

① 伺服电机,能将输入的电压信号变换为转轴的角位移或角速度输出,在系统中作为执行元件;

② 测速发电机,其输出电压与转速成正比,在自动控制系统中用来检测转速或进行速度反馈,也可作为微分、积分的计算元件;

③ 步进电机,能将电脉冲信号转换成角位移或线位移,每输入一个脉冲,步进电机就转动一定的角度(一步),故而也被称为脉冲电动机,其位移量与脉冲数成正比,其线速度或角速度与脉冲频率成正比。

2. 直线电动机与磁悬浮装置

普通电动机能产生电磁转矩,带动负载做旋转运动。而直线电动机能产生直线推力,推动负载做直线运动。还有一种电磁装置能产生垂直方向的推力,从而使负载能在垂直方向上悬浮起来,这种电磁装置称为磁悬浮装置。直线电动机和磁悬浮装置在工农业生产中有广泛应用,近年来更成功地应用在高速列车和磁悬浮列车及电磁弹射器上,用作其动力装置。

本章将逐一分析这些电机,介绍它们的基本结构,着重分析其工作原理和工作特性。

5.1 伺 服 电 机

伺服电机能把输入的控制电压信号变换成转轴上的机械角位移或角速度输出,改变输入电压的大小和方向就可以改变转轴的转速和转向,在自动控制系统中作执行元件,故又称为执行电动机。

自动控制系统对伺服电机的基本要求是:

① 宽广的调速范围,机械特性和调节特性均为线性;

② 快速响应性能好;

③ 灵敏度要高,即在很小的控制电压信号作用下,伺服电机就能起动运转;

④ 无自转现象,所谓自转现象就是转动中的伺服电机在控制电压为零时还继续转动的现象;无自转现象就是控制电压降到零时,伺服电机立即自行停转。

伺服电机有直流和交流之分,直流伺服电机输出功率稍大。

5.1.1 直流伺服电机

从结构和原理上看,直流伺服电机就是低惯量的微型直流电动机。按定子磁极种类可分为永磁式和电磁式。永磁式的磁极是永久磁铁;电磁式的磁极是电磁铁,磁极外面套着励磁绕组,一般是他励方式励磁。

按控制方式分,直流伺服电机又分为电枢控制方式和磁场控制方式两种。采用电枢控制方式时,励磁绕组接在电压恒定的励磁电源上,电枢绕组接控制电压 U_c,用以控制电机的转速和转向,如图 5.1 所示。采用磁场控制方式时,电枢绕组接在电压恒定的电源上,而励磁绕组接控制电压 U_c。磁场控制方式性能较差,一般采用电枢控制方式,所以后面分析的也是电枢控制方式的直流伺服电机。

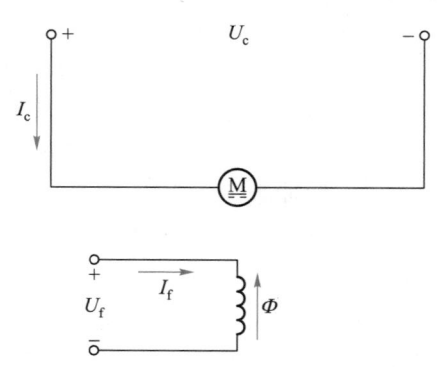

图 5.1   电枢控制方式的直流伺服电机

为了提高直流伺服电机的快速响应能力,就必须减少转动惯量,所以直流伺服电机的电枢或做成圆盘的形式,或做成空心杯的形式,分别称为盘形电枢直流伺服电机和空心杯永磁式直流伺服电机,它们在结构上的明显特点是转子轻、转动惯量小。

电枢控制方式的直流伺服电机的工作原理与普通的直流电动机相似。当励磁绕组接在电压恒定的励磁电源上时,就有励磁电流 I_f 流过,会在气隙中产生主磁通 Φ;当有控

制电压 U_c 作用在电枢绕组上时,就有电枢电流 I_c 流过,电枢电流 I_c 与磁通 Φ 相互作用,产生电磁转矩 T 来带动负载运行。当控制信号消失时, $U_c = 0$, $I_c = 0$, $T = 0$,电机自行停转,不会出现自转现象。

直流伺服电机的主要运行特性是机械特性和调节特性。

1. 机械特性

机械特性是指控制电压恒定时,直流伺服电机的转速随转矩变化的规律,即 $U_c = $ 常数时的 $n = f(T)$ 。直流伺服电机的机械特性与普通的直流电动机的机械特性是相似的。

在第 1 章中已经分析过直流电动机的机械特性是

$$n = \frac{U}{C_e \Phi} - \frac{R}{C_e C_T \Phi^2} T \tag{5.1}$$

式中, U、R、C_e、C_T 分别是电枢电压、电枢回路的电阻、电动势常数、转矩常数。

在电枢控制方式的直流伺服电机中,控制电压 U_c 加在电枢绕组上,即 $U = U_c$,代入式(5.1),就得到直流伺服电机的机械特性表达式为

$$n = \frac{U_c}{C_e \Phi} - \frac{R}{C_e C_T \Phi^2} T = n_0 - \beta T \tag{5.2}$$

式中, $n_0 = \dfrac{U_c}{C_e \Phi}$ 为理想空载转速, $\beta = \dfrac{R}{C_e C_T \Phi^2}$ 为斜率。

当控制电压 U_c 一定时,随着转矩 T 的增加,转速 n 成正比的下降,机械特性为向下倾斜的直线,如图 5.2(a)所示,所以直流伺服电机机械特性的线性度很好。由于斜率 β 不变,当 U_c 不同时机械特性为一组平行线,随着 U_c 的降低,机械特性平行地向下移动,亦如图 5.2(a)所示。

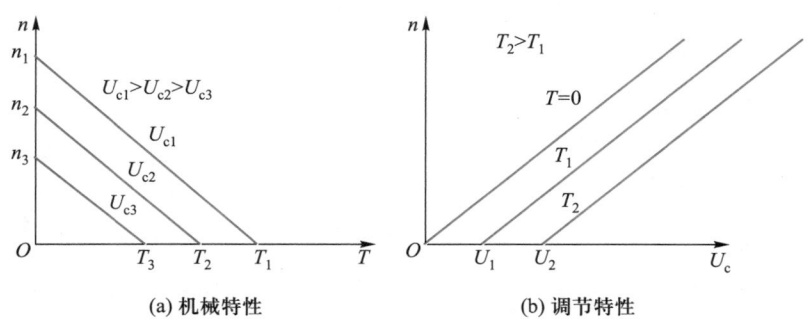

图 5.2   直流伺服电机的运行特性

2. 调节特性

调节特性是指转矩恒定时,电机的转速随控制电压变化的规律,即 $T = $ 常数时的 $n = f(U_c)$ 。调节特性也称为控制特性。

机械特性与调节特性都对应于式(5.2)。在式(5.2)中,令 U_c 为常数, T 为变量, $n = f(T)$ 是机械特性;若令 T 为常数, U_c 为变量, $n = f(U_c)$ 是调节特性,如图 5.2(b)所示,也

是直线,所以调节特性的线性度也很好。

调节特性与横坐标的交点($n=0$),就表示在一定负载转矩下电动机的始动电压。只有控制电压大于始动电压,电动机才能起动运转。在式(5.2)中令 $n=0$ 能方便地计算出始动电压 U_{c0} 为

$$U_{c0} = \frac{RT}{C_T \Phi} \tag{5.3}$$

一般把调节特性上横坐标从零到始动电压这一范围称为失灵区。在失灵区以内,即使电枢有外加电压,电动机也转不起来。显而易见,失灵区的大小与负载转矩成正比,负载转矩大,失灵区也大。

直流伺服电机起动转矩大、机械特性和调节特性的线性度好、调速范围大是其优点。缺点是电刷和换向器之间的火花会产生无线电干扰信号,维修比较困难。

5.1.2   交流伺服电机

1. 结构和作用原理

交流伺服电机是两相异步电动机。定子上嵌放着在空间相距 90° 电角度的两相分布绕组,一相为励磁绕组 f,接在电压为 $\dot{U}_f$ 的交流电源上;另一相为控制绕组 c,接输入控制电压 $\dot{U}_c$,$\dot{U}_f$ 与 $\dot{U}_c$ 为同频率的交流。转子为笼型。其结构示意图如图 5.3 所示。

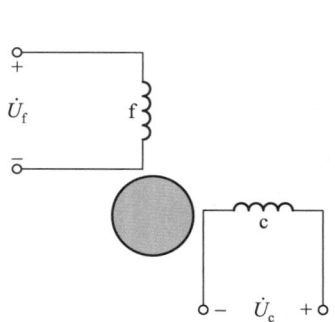

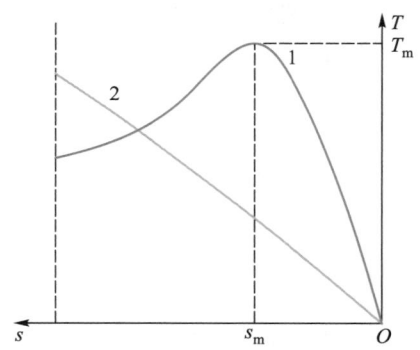

图 5.3   交流伺服电机结构示意图   图 5.4   异步电动机的机械特性

普通的两相异步电动机存在着自转现象,这可以用图 5.4 和图 5.5 的机械特性来说明。

对异步电动机而言,临界转差率 s_m 与转子电阻成正比,即

$$s_m = \frac{R'_2}{\sqrt{R_1^2 + (X_1 + X'_2)^2}} \tag{5.4}$$

式中的 R'_2、X'_2 分别是转子电阻 R_2 及漏电抗 X_2 折算到定子侧的折算值。普通的两相异

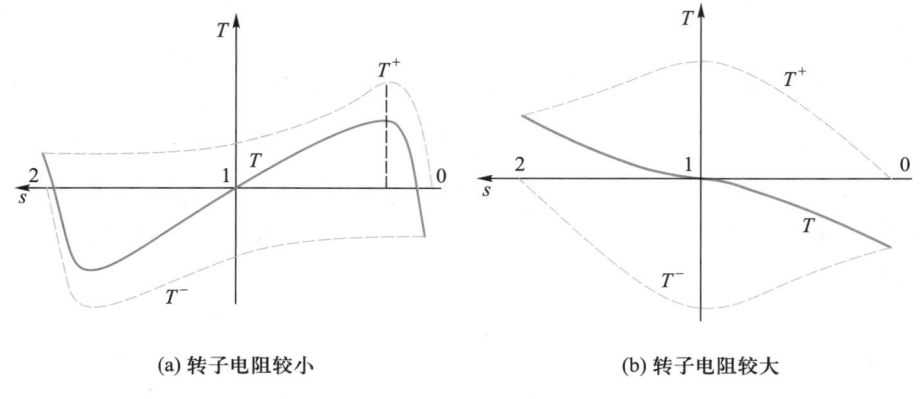

(a) 转子电阻较小   (b) 转子电阻较大

图 5.5 转子电阻不同时单相异步电动机的机械特性

步电动机的转子电阻较小,s_m 也较小,机械特性如图 5.4 中的曲线 1 所示,线性变化范围较小。

运行中的两相异步电动机,当一相断电时就成为单相异步电动机。单相异步电动机中的气隙磁场为脉动磁场,可以分解为正转和反转两个旋转磁场,分别产生正转与反转电磁转矩 T^+ 及 T^-,在图 5.5 中用虚线表示,电机的电磁转矩 T 为 T^+ 与 T^- 的代数和,在图中用实线表示。

当转子电阻较小时,从图 5.5(a) 中可以看出,在正转范围内,当 $n>0$ 时,$T>0$,所以在运行中断了一相的两相异步电动机成为单相异步电动机时仍有电磁转矩 T,只要 T 大于负载转矩,电动机就会继续运转而形成自转现象。普通的单相异步电动机在起动时,把起动绕组串联电容器后与工作绕组并联接在交流电源上,作为两相异步电动机而起动,起动完毕后就将起动绕组切除,成为单相异步电动机,利用自转现象,带动负载,继续运转。

交流伺服电机必须克服自转现象,否则当控制电压 U_c 为零时,由于励磁绕组还在继续通电,电机还会继续运转,出现失控状态。

交流伺服电机用增加转子电阻的方法来防止自转现象的发生。当把转子电阻增加到足够大时,使临界转差率 $s_m \geq 1$,对应的机械特性曲线如图 5.4 中的曲线 2 所示,线性变化范围很大。若在运行中控制电压 U_c 变为零,则交流伺服电机变为单相异步电动机,其机械特性如图 5.5(b) 的实线所示,在正转范围内,$n>0$ 时,$T<0$,电磁转矩为负,是制动转矩,迫使电动机自行停转而不会自转。

增加交流伺服电机的转子电阻,既可以防止自转,又可以扩大调速范围,起到一箭双雕的作用,所以一般取 $R_2'=(1.5\sim4)(X_1+X_2')$,比普通电机转子电阻大得多。常用的增大转子电阻的办法是将笼型导条和端环用高电阻率的材料如黄铜或青铜制造,同时将转子做成细而长,这样,转子电阻很大,而转动惯量又小。

克服了自转现象的交流伺服电机,当励磁绕组接在额定电压的交流电源上、控制绕组接在同频率的控制电压 $\dot{U}_c$ 上时,在空间成 90°电角度的两相绕组中就有两相电流流过,在气隙中产生旋转磁场,切割转子,会在转子中产生感应电动势而有转子电流,旋转磁场与转子电流相互作用产生电磁转矩而使交流伺服电机运转。改变控制电压 $\dot{U}_c$ 的大小和相位,可以使气隙磁场或为圆形旋转磁场,或为椭圆度不同的椭圆形旋转磁场。电机中气隙磁场不同,其机械特性就不同,转速也就不同。从而利用控制电压信号 $\dot{U}_c$ 的大小和相位的变化,来控制交流伺服电机的转速和转向,完成伺服功能。

2. 控制方式

改变控制电压 $\dot{U}_c$ 的大小和相位实现对交流伺服电机转速控制的方法有三种:幅值控制、相位控制和幅值-相位控制。

（1）幅值控制

始终保持控制电压 $\dot{U}_c$ 和励磁电压 $\dot{U}_f$ 之间的相位差为 90°,仅仅改变控制电压 $\dot{U}_c$ 的幅值来改变交流伺服电机转速的控制方式称为幅值控制。其原理图如图 5.6 所示,励磁绕组 f 接交流电源,控制绕组 c 通过电压移相器接至同一电源上,使 $\dot{U}_c$ 与 $\dot{U}_f$ 始终有 90°的相位差,且 $\dot{U}_c$ 的大小可调,改变 $\dot{U}_c$ 的幅值就改变了电动机的转速。

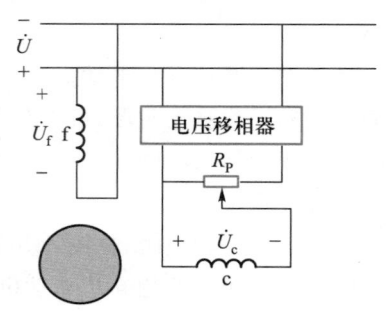

图 5.6 幅值控制

令 $a = U_c/U_f = U_c/U_N$ 为幅值控制时的信号系数,U_N 为电源电压的额定值,显而易见,$0 \leqslant a \leqslant 1$。

（2）相位控制

保持控制电压 $\dot{U}_c$ 的幅值不变,通过改变控制电压 $\dot{U}_c$ 与励磁电压 $\dot{U}_f$ 的相位差来改变交流伺服电机转速的控制方式,称为相位控制。其原理图如图 5.7 所示,控制绕组通过移相器与励磁绕组一起接至同一交流电源上,$\dot{U}_c$ 的幅值不变,但调节移相器可以使 $\dot{U}_c$ 与 $\dot{U}_f$ 的相位差在 0°~90°之间变化,$\dot{U}_c$ 与 $\dot{U}_f$ 的相位差发生变化时,交流伺服电机的转速就发生变化。

$\dot{U}_c$ 与 $\dot{U}_f$ 的相位差 β 在 0°~90°范围内变化时,根据图 5.8 可知,信号系数 a 是相位差为 90°的 U_a 与 U_f 之比,即

$$a = \frac{U_a}{U_f} = \frac{U_c \sin \beta}{U_f} = \frac{U_N \sin \beta}{U_N} = \sin \beta$$

故而称 $\sin \beta$ 为相位控制时的信号系数。

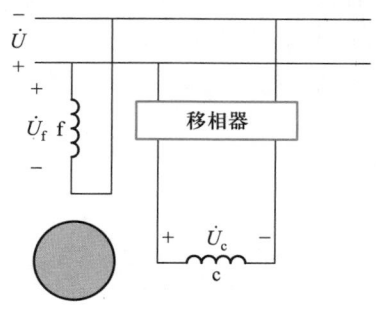

图 5.7　相位控制

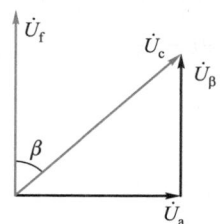

图 5.8　相位控制时 U_f 与 U_c 的相位关系

（3）幅值-相位控制

励磁绕组串入电容器后接交流电源,控制绕组通过电位器接至同一电源,如图 5.9 所示。控制电压 $\dot{U}_c$ 与电源同频率、同相位,但其大小可以通过电位器 R_P 来调节。当改变 $\dot{U}_c$ 的大小时,由于耦合作用,励磁绕组中的电流会发生变化,其电压 $\dot{U}_f$ 也会发生变化。这样, $\dot{U}_c$ 与 $\dot{U}_f$ 的大小和相位都会发生变化,电机的转速也会发生变化,所以称这种控制方式为幅值-相位控制方式。

三种控制方式中,幅值控制方式和相位控制方式都需要复杂的移相装置,而幅值-相位控制方式只需要电容器和电位器,不需要移相装置,设备简单,成为最常用的一种控制方式。

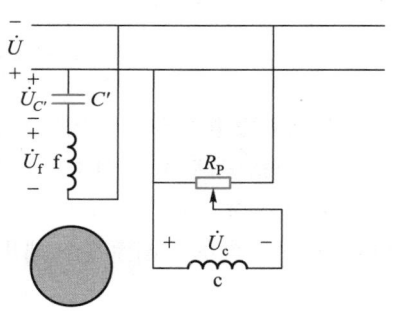

图 5.9　幅值-相位控制

3. 机械特性和调节特性

三种控制方式的机械特性和调节特性基本上相似,现以幅值控制方式为例进行分析说明。为了使特性具有普遍意义,转速、转矩和控制电压都采用标么值。以同步转速 n_1 作为转速的基值;以圆形旋转磁场产生的起动转矩 T_{st0} 作为转矩的基值;以电源额定电压 U_N 作为控制电压的基值。则 $n^* = n/n_1$; $T^* = T/T_{st0}$; $U_c^* = U_c/U_N = a$,信号系数 a 即为控制电压的标么值。

幅值控制的机械特性,即 a 一定时 $T^* = f(n^*)$,如图 5.10 所示。当 $a=1$,即 $U_c = U_N$,控制电压 $\dot{U}_c$ 的幅值达到最大值, $U_c = U_f = U_N$,且 $\dot{U}_c$ 与 $\dot{U}_f$ 的相位差为 $90°$,所以气隙磁场为圆形旋转磁场,电磁转矩最大。随着控制电压 $\dot{U}_c$ 的变小(a 值变小),磁场变为椭圆形磁场,电磁转矩减少,机械特性随 a 的减少向小转矩、低转速方向移动。

幅值控制的调节特性,即 T^* 一定时 $n^* = f(a)$ 曲线,如图 5.11 所示。调节特性是非线性的,只有在相对转速 n^* 和信号系数 a 都较小时,调节特性才近似为直线。在自动控制系统中,一般要求伺服电机应有线性的调节特性,所以交流伺服电机应在小信号系数和低的相对转速下运行,为了不使调速范围太小,可将交流伺服电机的电源频率提高到400 Hz,这样,同步转速 n_1 也成比例提高,电动机的运行转速 $n = n^* n_1$,尽管 n^* 较小,但 n_1 很大,因而 n 也大,就扩大了调速范围。

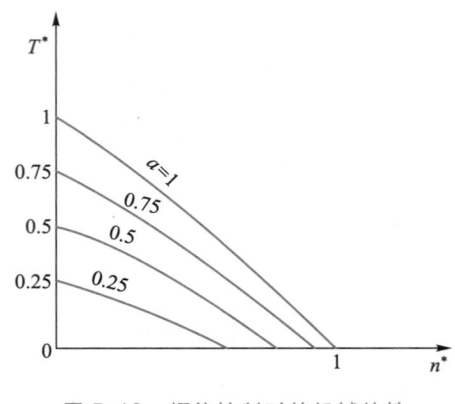

图 5.10　幅值控制时的机械特性

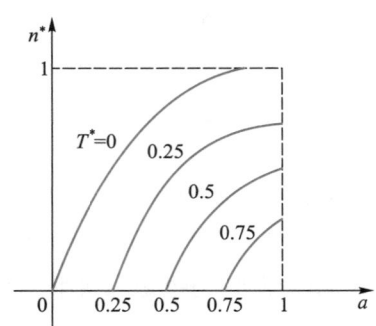

图 5.11　幅值控制的调节特性

将直流伺服电机和交流伺服电机做一下对比。直流伺服电机的机械特性是线性的,特性硬,控制精度高,稳定性好,无自转现象;交流伺服电机的机械特性是非线性,特性软,控制精度要差一些。交流伺服电机转子电阻大,损耗大,效率低,只能适用于小功率控制系统;功率大的控制系统宜选用直流伺服电机。

5.2　测速发电机

测速发电机能把转速转换成与之成正比的电压信号,在自动控制系统中可以用作测量转速的信号元件。

测速发电机有直流和交流两种。直流测速发电机又有永磁式和电磁式之分;交流测速发电机分为同步测速发电机和异步测速发电机。

5.2.1　直流测速发电机

直流测速发电机就是微型直流发电机。按励磁方式的不同,可分为永磁式和电磁式两种。永磁式直流测速发电机的磁极为永久磁铁,结构简单,使用方便。电磁式直流测速发电机由他励方式励磁,其原理图如图 5.12 所示。直流测速发电机的重要特性是输出特性。

1. 输出特性

输出特性是指励磁磁通 Φ 和负载电阻 R_L 都为常数时,直流测速发电机的输出电压 U 随转子转速 n 的变化规律,即 $U=f(n)$。

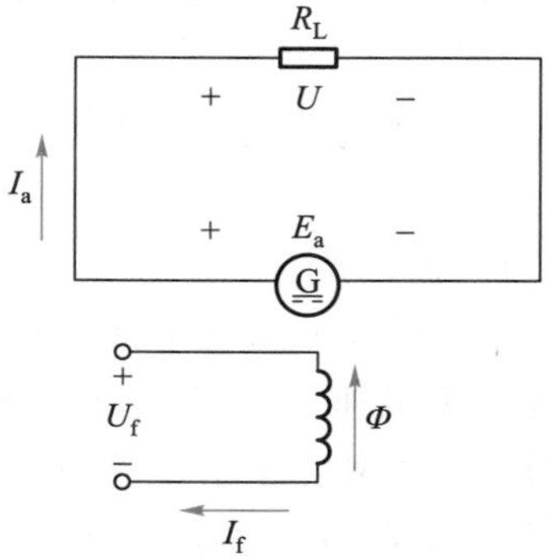

第 1 章中已分析过,当定子每极磁通 Φ 为常数时,发电机的电枢电动势为

$$E_a = C_e \Phi n$$

式中,C_e 为电动势常数。

当电枢回路电阻为 R_a,发电机接负载电阻 R_L 时,输出电压为

$$U = E_a - R_a I_a = E_a - \frac{U}{R_L} R_a$$

也就是

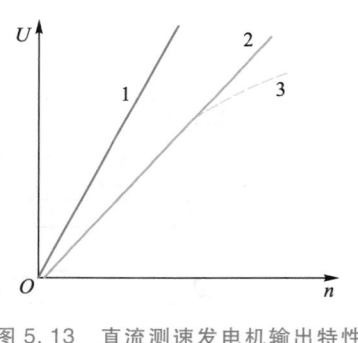

图 5.12　他励直流测速
发电机原理图

$$U = \frac{E_a}{1 + \dfrac{R_a}{R_L}} = \frac{C_e \Phi}{1 + \dfrac{R_a}{R_L}} n = \beta n \qquad (5.5)$$

式中,$\beta = \dfrac{C_e \Phi}{1 + \dfrac{R_a}{R_L}}$ 为常数。

由上式可知,输出电压 U 与转速 n 成正比,所以输出特性为直线,如图 5.13 的直线 2 所示。直线 1 为空载时的输出特性 $U = E_a = C_e \Phi n$,其斜率为 $\beta_1 = C_e \Phi$;直线 2 为负载时的输出特性,其斜率 $\beta_2 = \dfrac{C_e \Phi}{1 + \dfrac{R_a}{R_L}}$,显而易见

图 5.13　直流测速发电机输出特性

$\beta_2 < \beta_1$,所以直线 2 在直线 1 的下方。

2. 减少误差提高精度的方法

实际运行中,直流测速发电机的输出电压与转速之间不能严格保持正比关系,实际输出特性如图 5.13 中的曲线 3 所示,实际输出电压与理想输出电压之间产生了误差。

产生误差的原因是多方面的,温度的变化是其中的一个原因。温度变化,例如励磁绕组的温度升高,使励磁绕组的电阻变大,励磁电流变小,使磁通 Φ 降低,从而使输出电压降低。然而产生误差的主要原因是电枢反应的去磁作用。当转速较高时,E_a 较大,电枢电流 I_a 也较大,电枢反应的去磁作用使磁通 Φ 减少,E_a 也会减少,使输出电压 U 随转速 n 的增长速度放慢了,输出特性微微的向下弯曲,如图 5.13 中的曲线 3 所示。转速愈高,E_a 愈大,I_a 也愈大,电枢反应的去磁作用就愈强,误差也愈大。负载电阻 R_L 愈小,电枢电流 I_a 就愈大,电枢反应去磁作用就愈强,误差也愈大。所以应当限制测速发电机的

转速不能太高,负载电阻不能太小,这样就可限制电枢电流不致过大,弱化了电枢反应强度,从而有利于减少误差,提高精度。

5.2.2　交流异步测速发电机

1. 基本结构

在自动控制系统中常用的一种异步测速发电机,其转子做成空心杯的形状,称为空心杯转子测速发电机,基本结构如图 5.14 所示。它由外定子、空心杯转子、内定子等三部分组成。外定子上放置励磁绕组,接交流电源;内定子上放置输出绕组,这两套绕组在空间上相隔 90° 电角度。转子是空心杯,用高电阻率非磁性材料磷青铜制成,杯子的底部固定在转轴上。这样的转子,转动惯量小,电阻大,漏电抗小,输出特性的线性良好,因而得到了广泛应用。

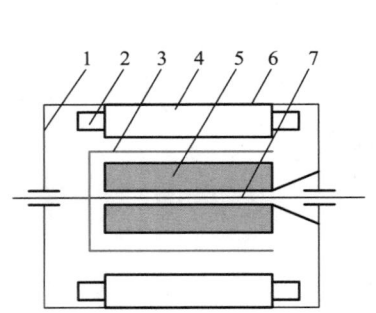

图 5.14　空心杯转子测速发电机
结构示意图

1. 端盖　2. 定子绕组　3. 杯形转子
4. 外定子　5. 内定子　6. 机壳　7. 轴

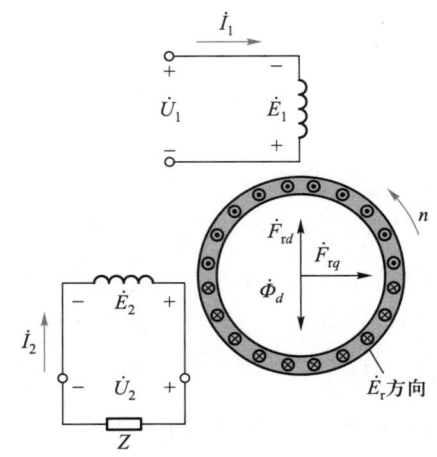

图 5.15　空心杯转子测速发电机
工作原理

2. 工作原理

空心杯转子测速发电机工作原理如图 5.15 所示。工作时励磁绕组接单相交流电压 $\dot{U}_1$,输出绕组接负载阻抗 Z,让需要测量转速的装置拖动发电机旋转,在输出绕组两端就有与转速成正比的电压 U_2 输出。

为分析方便,选励磁绕组轴线为纵轴 d 轴,则输出绕组的轴线为横轴 q 轴。

异步测速发电机工作时,在空心杯转子上会产生两种电动势,即变压器电动势和切割电动势。

当励磁绕组接单相电源而转子静止不动时,由励磁电流产生的沿 d 轴方向的交变磁通 $\dot{\Phi}_d$,会在空心杯转子中产生感应电动势,这就是变压器电动势。可以把空心杯转子看成由无数根导条并联组成的笼型绕组,在变压器电动势作用下会有感应电流流过,根据楞次定律,感应电流所产生的磁场力图阻碍原来磁场的变化,由于原磁通 $\dot{\Phi}_d$ 是在 d 轴上,所以感应电流所产生的磁通也一定在 d 轴方向。这时只有 d 轴方向的交变磁通,没有 q 轴方向的交变磁通,d 轴方向的交变磁通与轴线在 q 轴上的输出绕组不交链,因而输出绕组感应电动势为零,输出电压 U_2 为零。

当转子以转速 n 旋转时,在转子中除了产生变压器电动势外,还有转子切割 $\dot{\Phi}_d$ 而产生切割电动势 $\dot{E}_r$,其方向如图 5.15 所示,其大小与转速 n 成正比,即

$$E_r \propto n \tag{5.6}$$

由于转子用高电阻率的非磁性材料制成,电阻值大,而漏电抗值很小,认为转子为纯电阻电路,切割电动势 $\dot{E}_r$ 在转子中产生的电流 $\dot{I}_r$ 与 $\dot{E}_r$ 是同相位的,用右手定则可知,由 $\dot{I}_r$ 产生的磁动势 $\dot{F}_{rq}$ 作用在 q 轴上,F_{rq} 与 I_r 成正比,也与 E_r 成正比,即

$$F_{rq} \propto I_r \propto E_r \propto n \tag{5.7}$$

$\dot{F}_{rq}$ 产生 q 轴方向的磁通 $\dot{\Phi}_q$,交链着 q 轴上的输出绕组,在输出绕组中产生感应电动势 $\dot{E}_2$,其大小与 F_{rq} 成正比,即

$$E_2 \propto F_{rq} \propto n \tag{5.8}$$

空载时输出电压 $U_2=E_2$,是与转子转速成正比的,这样,交流异步测速发电机就把转速转换成与之成正比的电压信号。输出电压 U_2 的频率与励磁电源的频率相同。

3. 输出特性

交流异步测速发电机的输出特性是指输出电压 U_2 随转子转速 n 的变化规律,即 $U_2=f(n)$。

当忽略励磁绕组的漏阻抗时,只要电源电压 U_1 恒定,则 Φ_d 为常数,由式(5.8)可知,输出绕组的感应电动势 E_2 及空载输出电压 U_2 都与 n 成正比,理想空载输出特性为直线,如图 5.16 中的直线 1 所示。

测速发电机实际运行时,转子在转动中也切割 q 轴上的磁动势 $\dot{F}_{rq}$ 产生切割电动势,也会在转子中产生对应的转子电流,从而产生磁动势 $\dot{F}_{rd}$。由图 5.15 可知,转子切割 $\dot{\Phi}_d$ 时产生磁动势 $\dot{F}_{rq}$,$\dot{F}_{rq}$ 的方向是顺着转子的转向在 $\dot{\Phi}_d$ 向前转动 90° 的方向上,即 q 轴上,同样的道理,转子切割磁动势 $\dot{F}_{rq}$ 而产生的磁动势 $\dot{F}_{rd}$,其方向在 $\dot{F}_{rq}$ 向前转 90° 的方向

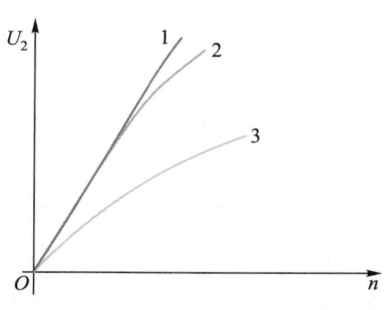

图 5.16 交流异步发电机输出特性

上,即 d 轴上,而且 $\dot{F}_{rd}$ 与 $\dot{\Phi}_d$ 方向相反,起去磁作用,使合成后 d 轴上总的磁通减少了,输出绕组感应电动势 E_2 减少了,因而输出电压 U_2 降低了,实际的空载输出特性如图 5.16 曲线 2 所示。

当测速发电机的输出绕组接上负载阻抗 Z 时,由于输出绕组本身有漏阻抗 Z_2,会产生漏阻抗压降,使输出电压降低,这时输出电压为

$$\dot{U}_2 = \dot{E}_2 - Z_2 \dot{I}_2 = Z \dot{I}_2 = \frac{\dot{E}_2}{Z + Z_2} Z = \frac{\dot{E}_2}{1 + \dfrac{Z_2}{Z}} \tag{5.9}$$

上式说明,负载运行时,输出电压 U_2 不仅与输出绕组的感应电动势 E_2 有关,而且还与负载的大小和性质有关。带负载运行时的输出特性如图 5.16 中的曲线 3 所示。

4. 剩余电压

测速发电机的剩余电压是指励磁电压已经供给,转子转速为零时,输出绕组产生的电压。剩余电压的存在,使转子不转时也有输出电压,造成失控;转子旋转时,它叠加在输出电压上,使输出电压的大小及相位发生变化,造成误差。

产生剩余电压的原因很多,其中之一是励磁绕组与输出绕组在空间不是严格地相差 90°电角度,这时两绕组之间就有电磁耦合,当励磁绕组接电源,即使转子不转,电磁耦合会使输出绕组产生感应电动势,从而产生剩余电压。提高工艺水平和材料质量可以减少剩余电压,加补偿绕组也可以减少剩余电压。

5.2.3   交流同步测速发电机

交流测速发电机除了交流异步测速发电机外,还有交流同步测速发电机。同步测速发电机的转子为永磁式,即是永久磁铁做磁极;定子上嵌放着单相输出绕组。当转子旋转时,输出绕组产生单相的交变电动势,其有效值为

$$E = 4.44 f N k_N \Phi = 4.44 \frac{pn}{60} N k_N \Phi = cn \tag{5.10}$$

式中, N、k_N、Φ、p 分别为绕组串联的匝数、绕组系数、每极磁通量、磁极对数, $c = 4.44 \dfrac{p N k_N \Phi}{60}$。

其交变电动势的频率为

$$f = pn/60$$

输出绕组产生的感应电动势 E,其大小与转速成正比,但是其交变的频率也与转速成正比变化就带来了麻烦。因为当输出绕组接负载时,负载的阻抗会随频率而变,也就会随转速而变,不是一个定值,使输出特性不能保持线性关系。由于存在这样的缺陷,同步测速发电机就不像异步测速发电机那样得到广泛的应用。如果用整流器将同步测速发

电机输出的交流电压整流为直流电压输出,就可以消除频率随转速而变带来的缺陷,使输出的直流电压与转速成正比,这时用同步发电机测量转速就有较好的线性度。

<h1 align="center">5.3 步 进 电 机</h1>

步进电机能将输入的电脉冲信号转换成转轴的角位移。每输入一个脉冲,电动机就转动一定的角度或前进一步,所以被称为步进电机或脉冲电动机。前进一步转过的角度称为步距角。步进电机的角位移量与脉冲数成正比,转速与输入的脉冲频率成正比,控制输入的脉冲频率就能准确地控制步进电机的转速,可以在宽广的范围内精确地调速。步进电机特别适合于数字控制系统,如数控机床等装置。

使用最多的一种步进电机是反应式(磁阻式)步进电机,定子上有多相绕组,而转子上没有绕组,结构简单。

5.3.1 反应式步进电机工作原理

1. 结构特点

图 5.17 是三相反应式步进电机结构原理图,其定子和转子均由硅钢片做成凸极结构。定子磁极上套有集中绕组,起控制作用,是控制绕组。相对的两个磁极上的绕组组成一相,如 U 和 U′组成 U 相,V 和 V′、W 和 W′分别组成 V 相及 W 相。同相的两个绕组可以串联,也可以并联,无论是串联或并联,形成的两个磁极的极性必须相反。一般的情况是,若绕组相数为 m,则定子磁极数为 $2m$,所以三相绕组有六个磁极。转子上没有绕组,只有齿,图中转子齿数 $Z_r = 4$。转子上相邻两齿轴线间所对应的角度定义为齿距角 θ_r,$\theta_r = 360°/Z_r$,当 $Z_r = 4$ 时,$\theta_r = 90°$。

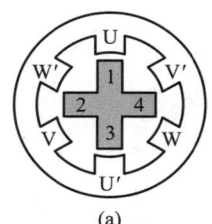 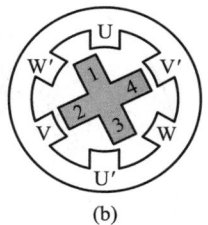 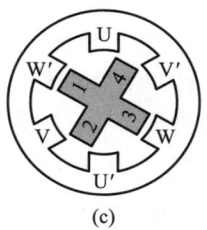 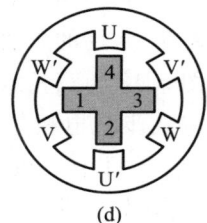

(a) (b) (c) (d)

图 5.17 反应式步进电机空载步进原理图

2. 工作原理

设电动机空载,工作时 U、V、W 三相控制绕组轮流通入直流电流 I_0,电动机会产生反应转矩,带动转子偏转,力图使转子处于磁阻最小(或磁导最大)的位置。

　　当 U 相绕组通电,V 和 W 两相绕组断电时,电机内建立以 U-U′为轴线的磁场,反应转矩使转子齿 1、3 分别与定子磁极 U、U′对齐,如图 5.17(a)所示。由于 V 相与 U 相绕组轴线间的夹角为 120°,对齿距角 $\theta_r = 90°$ 而言,120°就相当于 4/3 个齿距角,当 U、U′与转子齿 1、3 对齐时,V 相绕组轴线领先转子齿 2 和 4 的轴线 1/3 齿距。

　　当 V 相通电,U、W 两相不通电时,磁场轴线为 V-V′,领先齿 2 和 4 的轴线 1/3 齿距。转子上虽然没有绕组,但是转子是由硅钢片做成,定子磁场对转子齿的吸引力会产生沿转子切线方向的磁拉力,从而产生电磁转矩,称为反应转矩,也称磁阻转矩,带动转子偏转,直至齿 2、4 分别与磁极 V、V′对齐。当它们对齐时,磁场对转子只有径向方向的吸引力,而没有切线方向的拉力,将转子锁住。显而易见,转子转过了 1/3 齿距,即转过了 30°,步距角 $\theta_s = 30°$,如图 5.17(b)所示。

　　依此类推,当 W 相通电,U、V 相断电时,反应转矩使转子再转过 30°,转子齿 1、3 对准磁极 W′、W,如图 5.17(c)所示。当 U 绕组再通电,V、W 两相断电时,转子再转过 30°,转子齿 4、2 分别对准磁极 U、U′,如图 5.17(d)所示。将图 5.17(a)与图 5.17(d)比较后可知,控制绕组通电方式经过一个循环,转子转过一个齿。若改变通电顺序为 U—W—V—U—…,电动机反转。

　　上述通电方式是三相单三拍运行方式。"三相"是指定子绕组是三相绕组;定子绕组每改变一次通电方式称为"一拍";每改变三次通电方式完成一次通电循环,转子转过一个齿,称为"三拍";"单"是指每拍只有一相绕组通电。

　　三相单三拍运行时,只有一相绕组通电,容易使转子在平衡位置来回摆动,产生振荡,运行不稳定。通常采用三相双三拍运行方式,每次同时有两相绕组通电,例如 UV—VW—WU—UV—…方式供电,仍然是要经过三拍才能完成一次通电循环,步距角仍然是 30°。

　　三相步进电机也经常采用单双六拍运行方式,例如 U—UV—V—VW—W—WU—U—…方式供电,这时每一个通电循环要切换六次,为六拍,步距角为单三拍运行方式的一半,即 15°。

　　上述的反应式步进电机,转子只有 4 个齿,步距角为 30°,偏大。为了得到较小的步距角,常用的方法是增加转子齿数。

　　图 5.18 为三相六极、转子有 40 个齿的反应式步进电机结构示意图。为定位准确,定子每个磁极的极靴上有 5 个小齿,并且定转子齿宽和齿距相同,转子齿距角 $\theta_r = 360°/40 = 9°$。

　　U、V 相磁极轴线夹角为 120°,应包含转子齿数为 $120°/9° = 13\frac{1}{3}$,当 U 相磁极轴线下的小齿与转子的某一个齿 X 对齐时,V

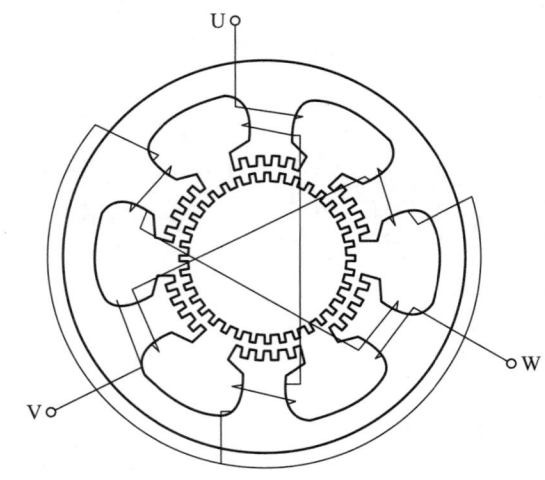

图 5.18　多齿结构的三相反应式步进电机

相磁极轴线下的小齿将比转子齿数为($X+13$)的齿领先 1/3 个齿距。当由 U 相绕组通电切换为 V 相绕组通电时,转子在反应转矩作用下向前转 1/3 齿距,使齿数为($X+13$)的齿与 V 相绕组磁极轴线下的小齿对齐,显而易见,步距角 $\theta_s = \theta_r/3 = 9°/3 = 3°$。当步进电机工作在三相单双六拍运行时,步距角减小为 1.5°。

如果控制绕组的通电状态需要切换 N 次才能完成一个通电循环时,N 即拍数,当定子相数为 m 时,若单拍运行,则拍数 $N = m$;若单双拍运行,则 $N = 2m$。每经过一个通电循环,转子就转过一个齿。当转子齿数为 Z_r 时,步进电机的步距角 θ_s 为

$$\theta_s = \frac{360°}{Z_r N} \tag{5.11}$$

上式表明,增加转子齿数和定子相数都能减小步距角,常用的相数 m 为 2、3、4、5、6,相数也不能太多,以免驱动电路过于复杂。步距角有 1.2°/0.6°、1.5°/0.75°、…、4.5°/2.25°等。1.2°/0.6°表示单拍运行时为 1.2°,单双拍运行时为 0.6°。

由于来 N 个脉冲,转子转过一个齿,来 NZ_r 个脉冲,转子转一周,所以当控制绕组输入的脉冲频率为 f 时,步进电机的转速为

$$n = \frac{60f}{Z_r N} \tag{5.12}$$

例 5.1   一台三相六极、转子齿数 $Z_r = 80$ 的反应式步进电机,试问:

(1)单拍运行及单双拍运行的步距角为多少?

(2)在单拍运行时,当步进电机转速 $n = 1\ 200$ r/min 时,控制脉冲频率为多少?

解:(1)已知相数 $m = 3$,单拍运行时拍数 $N = m = 3$,对应的步距角为

$$\theta_s = \frac{360°}{Z_r N} = \frac{360°}{80 \times 3} = 1.5°$$

单双拍运行时,$N = 2m = 6$,对应的步距角为

$$\theta_s = \frac{360°}{80 \times 6} = 0.75°$$

(2)由式(5.12)可得到

$$f = \frac{nZ_r N}{60}$$

在单拍运行时,$N = m = 3$,代入上式,得到

$$f = \frac{1\ 200 \times 80 \times 3}{60}\ \text{Hz} = 4\ 800\ \text{Hz}$$

5.3.2 反应式步进电机的运行状态及运行特性

根据控制绕组通电情况的不同,步进电机可以有三种运行状态。

1. 静态运行及矩角特性

步进电机不改变通电方式的运行状态叫静态运行。考虑电动机空载,且只有一相如 U 相绕组通电的情况。这时 U 相磁极轴线上的定、转子齿必然对齐,此位置为转子的初始平衡位置,步进电机产生的电磁转矩为零。若有外部转矩作用于转轴上,迫使转子离开初始平衡位置而偏转,定、转子齿轴线发生偏离,偏离的角度称为失调角 θ,转子会产生反应转矩(磁阻转矩),也称静态转矩,用来平衡外部转矩。

静态转矩 T 随失调角 θ 变化规律称为矩角特性,即 $T = f(\theta)$ 曲线。当 θ 为零,即转子在初始平衡位置,定、转子齿对齐,不产生电磁转矩,静态转矩 T 为零;当 $\theta = 90°$ 时,即转子偏离初始平衡位置 90°,转子齿偏离定子齿 90°,产生电磁转矩为最大;若 θ 在 0° 至 90° 范围内变化时,静态转矩 T 与 θ 的正弦成正比,即

$$T = -T_{\mathrm{m}} \sin \theta \tag{5.13}$$

上式中,规定转子顺时针偏离初始平衡位置时 θ 为正,产生的静态转矩力图沿逆时针方向将转子拉回到初始平衡位置,T 与 θ 反方向,故而等式中有"负号"。T_{m} 为 $\theta = -90°$ 时产生的最大静态转矩。矩角特性曲线是如图 5.19 所示的正弦函数曲线。

从矩角特性可以看到,当转子在外力作用下偏离初始平衡位置 O 点时,只要转子位置在 $-180° < \theta < 180°$ 的区域内,一旦外力消失,在静态转矩 T 的作用下,转子将回到初始平衡位置 O 点。把区间 $(-180°, 180°)$ 称为 U 相的静态稳定区,把 O 点称为 U 相的稳定平衡点。

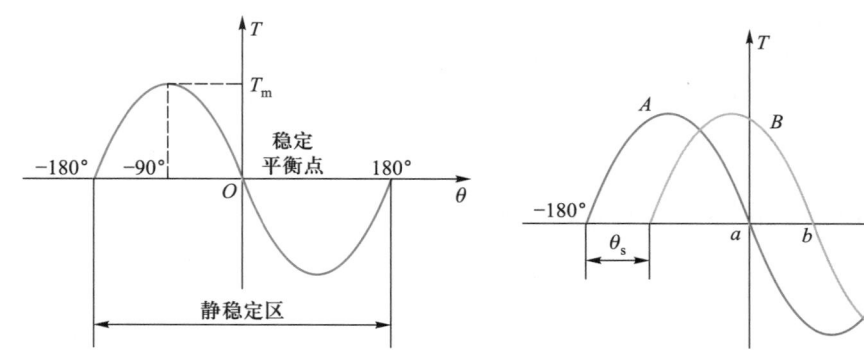

图 5.19　步进电机的矩角特性　　　　　图 5.20　步进电机的动稳定区

2. 步进运行及动稳定区

当输入的脉冲频率很低时,来一个脉冲转子转过一步,进入稳态后停止运行,等到下一个脉冲到来时,转子再转过一步,这种运行状态为步进运行。

在图 5.20 中,曲线 A、B 分别是 U 相、V 相通电时的矩角特性,a 点、b 点分别是其稳定平衡点,两条曲线在横坐标上的截距之差就是步距角 θ_{s}。U 相的静态稳定区为 $(-180°, 180°)$。V 相的静态稳定区为 $(-180° + \theta_{\mathrm{s}}, 180° + \theta_{\mathrm{s}})$,当 U 相断电 V 相通电时,转子的位置只要在这个区域内,当外力消失,转子就能趋向新的平衡点 b,所以定义

$(-180°+\theta_s, 180°+\theta_s)$ 为步进电机的动稳定区。显而易见,步距角愈小步进电机的稳定性愈好。

3. 连续运行及矩频特性

当输入的脉冲频率很高时,转子的步进运动变成了连续旋转运动,这种情况叫连续运行。

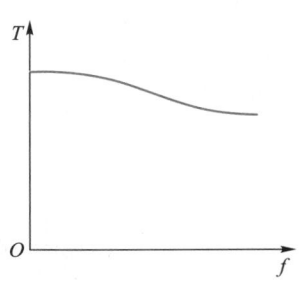

在连续运行时,随着脉冲频率的升高,步进电机的电磁转矩会变小,带负载能力降低。这是因为控制绕组是一个电阻电感电路,电感有延缓电流变化的作用,当输入的脉冲频率很高时,绕组中的电流达不到应有的幅值,使转矩变小;还有随着频率的升高,铁心的涡流损耗增加,也使输出转矩下降。表示转矩随频率变化的规律称为矩频特性,如图 5.21 所示,随着频率升高,转矩变小,是一条下降的曲线。

图 5.21 步进电机的矩频特性

步进电机在连续运行状态下不失步的最高频率称作运行频率。其值越大,电动机转速越高,调速范围越大。

5.4 直线电动机、电磁弹射器及磁悬浮装置

直线电动机能产生直线作用力,带动负载做直线运动。直线电动机可以分为直线直流电动机、直线异步电动机和直线同步电动机。本节先分析直线异步电动机,再分析直线同步电动机。

5.4.1 直线异步电动机

1. 结构特点

直线异步电动机可以看成是由笼型异步电动机演变而来的。设想将一台笼型异步电动机沿径向剖开,如图 5.22(a)所示,再用一轴向平面沿着半径方向将定子和转子再剖开,然后把定子和转子拉直,便成为一台直线异步电动机,如图 5.22(b)所示,因为形状呈扁平状,所以称为扁平形直线异步电动机。将图 5.22(b)中的转子用一块导电的金属板如钢板代替,定子绕组用对应的磁极来表示,如图 5.22(c)所示。一块钢板可以看成是无限多根导条并列组成,所以在图 5.22(b)和图 5.22(c)中,定、转子之间相互作用原理是一样的,图 5.22(b)和图 5.22(c)是等效的。将图 5.22(c)中的钢板卷成圆柱形的钢棒,定子磁极围绕钢棒卷成圆筒形,就形成如图 5.22(d)所示的圆筒形直线异步电动机。

　　扁平形、圆筒形直线异步电动机的工作原理是相同的,都是利用定子三相交流绕组通电时能产生直线运动的磁场,带动转子或钢棒做直线运动。工作原理的详细分析将在后面进行。

　　在直线异步电动机中,由于转子不能转动,只能沿磁场运动方向作直线滑动,所以常被称为"滑子",如图 5.22(b)所示。滑子在结构上简化后,就是一片导体,称为"片状滑子",如图 5.22(c)所示。但是在习惯上仍保留转子的说法。

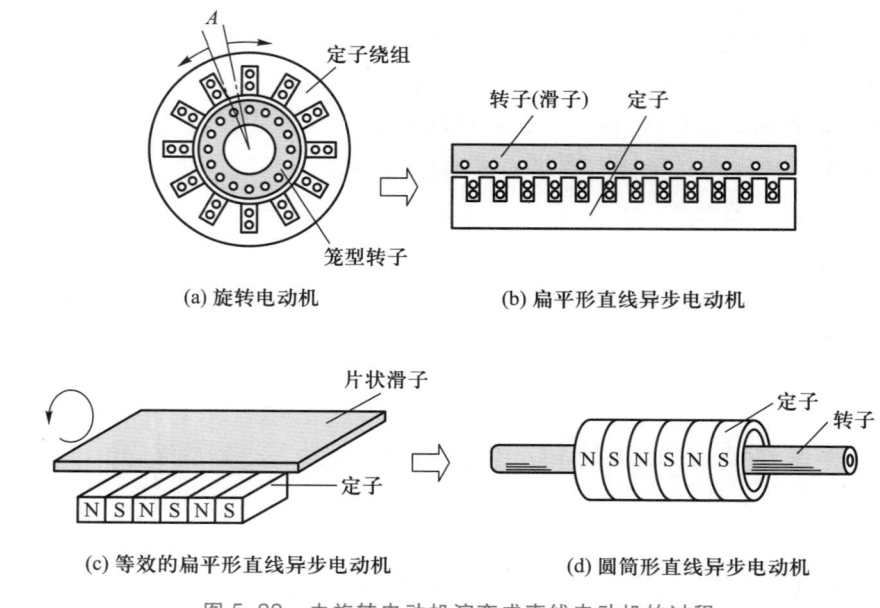

图 5.22　由旋转电动机演变成直线电动机的过程

　　直线异步电动机在运行时,定、滑子之间有相对的直线运动,这样定子或滑子二者之一必须延长,才能使直线异步电动机连续地做直线运动。滑子延长者称为短定子直线异步电动机,定子延长者称为短滑子直线异步电动机,分别如图 5.23(a)和(b)所示。一般来说,短定子的制造成本和运行费用要比短滑子的低得多。仅在滑子的一边安装定子的,称为单边型直线异步电动机,如图 5.23 所示;在滑子的对应两边都安装定子的,称为双边型直线异步电动机,如图 5.24 所示。

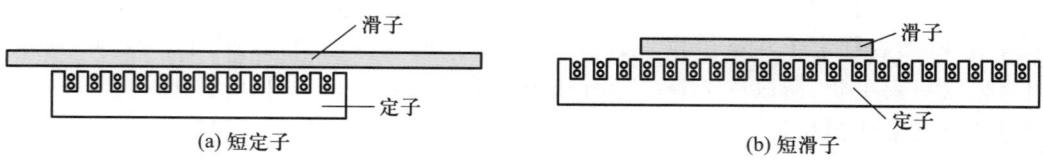

图 5.23　单边型直线异步电动机

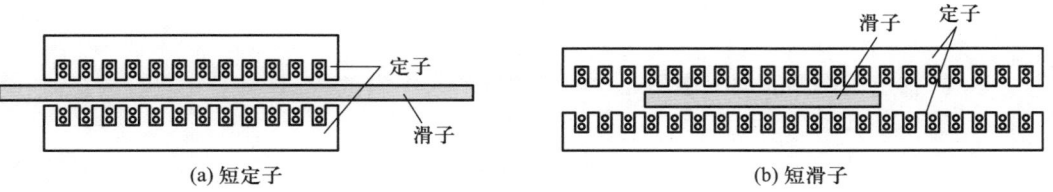

图 5.24 双边型直线异步电动机

2. 工作原理

直线异步电动机的定子绕组与笼型异步电动机的定子绕组一样,都是三相绕组,只不过笼型异步电动机的定子三相绕组对称地分布在定子圆周上,而直线异步电动机的定子三相绕组排列成一条直线,它们分别如图 5.25(a)和(b)所示。

对于图 5.25(a)的笼型异步电动机而言,在定子的三相对称绕组 U、V、W 中,通入在时间上对称的三相交流电流时,所产生的气隙磁场是在空间成正弦分布、且沿 U—V—W 方向旋转的旋转磁场,其同步转速为 n_1。旋转磁场切割转子导体会产生切割电动势,从而产生转子电流。旋转磁场对转子电流的作用力 F 会产生电磁转矩,带动转子及负载以转速 n 旋转。

对于图 5.25(b)的直线异步电动机而言,在定子的三相绕组 U、V、W 中通入在时间上对称的三相交流电流时,也会产生在空间成正弦分布、沿 U—V—W 方向运动的气隙磁场,只是由于定子绕组不是按圆周排列而是按直线作有序排列,因而产生的运动磁场是沿直线方向运行的磁场,其运行速度即同步速度大小用 v_1 表示。直线运动磁场切割转子的导体会产生感应电动势和感应电流,磁场对转子电流的作用会产生沿磁场运动方向的电磁力 F。如果定子是固定不动的,则电磁力 F 会带动转子及负载做直线运动,其运行速度用 v 表示。当转子是一块钢板做成的滑子时,磁场对滑子导体的作用,同样会产生直线方向的电磁力 F,推动滑子及负载沿磁场运动方向作直线运动。

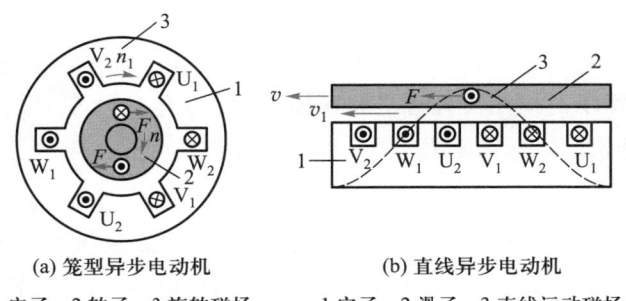

(a) 笼型异步电动机　　　　　　(b) 直线异步电动机
1.定子　2.转子　3.旋转磁场　　　1.定子　2.滑子　3.直线运动磁场

图 5.25 直线异步电动机的工作原理

如果旋转电动机的磁极对数为 p,极距为 τ,则定子内圆周长为 $2p\tau$。当电源频率为 f_1 时,电动机定子磁场的转速,即同步转速 n_1 为

$$n_1 = \frac{60f_1}{p}$$

这样,在定子内圆表面上磁场运动的线速度的大小为

$$v_1 = \frac{n_1}{60} \times 2p\tau = 2\tau f_1 \tag{5.14}$$

直线异步电动机可以看成是半径无限大的旋转异步电动机,所以 v_1 也就是直线异步电动机气隙磁场的直线运动速度,即同步速度。当电源频率一定时,同步速度 v_1 与极距 τ 成正比,而与磁极对数无关。

对直线异步电动机而言,滑差率 s 为

$$s = \frac{v_1 - v}{v_1} \tag{5.15}$$

在电动机运行状态下,s 在 $0 \sim 1$ 之间变化。

由式(5.14)和式(5.15)可以求得直线异步电动机的运行速度 v 的大小为

$$v = v_1(1-s) = 2\tau f_1(1-s) \tag{5.16}$$

3. 推力-滑差率特性

直线异步电动机和旋转异步电动机的工作原理及基本电磁关系是相同的,可以从旋转异步电动机的电磁关系和功率关系出发,推导出直线异步电动机的对应关系及推力-滑差率特性。

直线异步电动机的定子三相绕组接入三相电源,从电源吸收的功率 P_1 中,减去定子的铜损耗 P_{Cu1} 和铁损耗 P_{Fe} 之后,剩下的功率借助于电磁感应作用,通过气隙由定子传到滑子,这就是电磁功率 P_M,所以就有

$$P_M = P_1 - P_{Cu1} - P_{Fe}$$

正常运行时,滑差率 s 很小,滑子中磁通交变的频率 $f_2 = sf_1$ 很低,滑子的铁损耗很小,可略去不计,所以滑子的损耗仅有滑子的铜损耗 P_{Cu2}。电磁功率 P_M 减去滑子的铜损耗就是直线异步电动机的机械功率 P_m,即

$$P_m = P_M - P_{Cu2}$$

忽略机械损耗时,输出功率 P_2 等于机械功率 P_m,也就等于滑子所受到的电磁力 $\boldsymbol{F}$ 的大小乘以滑子直线运动速度 $\boldsymbol{v}$ 的大小。这样,就可求电磁力,也称推力 $\boldsymbol{F}$ 的大小为

$$F = \frac{P_2}{v} = \frac{P_2}{2\tau f_1(1-s)} \tag{5.17}$$

再利用与笼型异步电动机类似的等值电路,经过转换可以得到推力与滑差率 s 之间的关系,常用曲线表示,称为推力-滑差率特性曲线,如图 5.26 所示。

与旋转异步电动机的机械特性 $T=f(s)$ 相类似,直线异步电动机的推力-滑差率特性 $F=f(s)$ 也是非线性的,但是当 s 很小,且 $0<s<s_m$ 时,可以近似地认为是线性的,这时 F 与 s 成正比关系,如图中曲线 1 的直线段部分。s_m 为产生推力最大值 F_m 的滑差率,它与滑子的电阻成正比,因此适当地选择片状滑子的材料,可以灵活地改变直线异步电动机的特性,以满足拖动系统的要求。对于高速直线异步电动机,常把 s_m 设计得靠近 $s=0$ 处,如图 5.26 中的曲线 1,以使拖动系统带各种不同负载时,速度稳定不变;对低速直线异步电动机,则把 s_m 设计在 $s=1$ 附近,如图中的曲线 2 所示,以维持推力恒定。

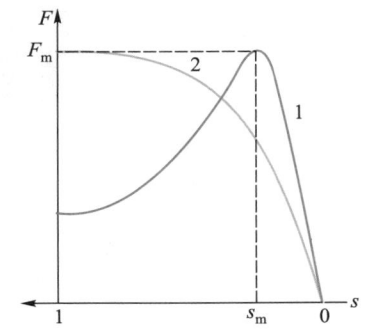

图 5.26 直线异步电动机的推力-滑差率特性
1. 高速用直线电动机 2. 低速用直线电动机

5.4.2 直线同步电动机

直线同步电动机的定子绕组与直线异步电动机的一样,是直线放置的三相绕组。但是转子结构不同,直线同步电动机的转子中装有绕组,通入直流,是励磁绕组;而直线异步电动机的转子就是一块金属导体,没有绕组。

直线同步电动机的工作原理是,当定子三相绕组接三相交流电源和转子励磁绕组接直流电源时,定子三相绕组电流产生的直线运动磁场与转子励磁绕组电流产生的直流磁场相互作用,带动转子及负载作直线运动,其运动速度就等于定子磁场的运动速度,即同步速度 v_1。

如果定子磁场是水平方向的直线运动磁场,则直线同步电动机不仅能产生水平方向的电磁力,推动转子及负载在水平方向作直线运动,同时还能产生垂直方向的电磁力,企图克服重力作用,将转子及重物悬浮起来,这就是磁悬浮力。关于磁悬浮力的分析,将在后面的磁悬浮装置一节中进行。

由于直线同步电动机既能产生水平方向的推力,又能产生垂直方向的磁悬浮力,因而是现代高速列车和磁悬浮列车的理想拖动装置之一。

5.4.3 电磁弹射器

直线电动机在舰船上的最新应用就是航母的电磁弹射器。电磁弹射器将舰载机从航母甲板上弹射起飞原理示意图如图 5.27 所示,舰载机可沿甲板滑行,弹射器可沿轨道往返滑动。舰载机起飞时发动机点火产生推力,弹射器亦产生推力,共同推动舰载机沿甲板高速滑行后从甲板上弹射起飞。

电磁弹射器的动力驱动装置是直线交流电动机。其定子固定在航母甲板下面的 U

图 5.27　弹射起飞原理示意图

型槽中。转子也就是滑块是铝制的,也称为滑子,位于定子上面,可沿轨道往复滑动。起飞前滑块通过牵引杆与飞机前轮相连,在起飞过程中牵引飞机在甲板上高速滑行。在飞机即将飞离甲板的瞬间牵引杆与滑块脱离,收进前轮结构中;滑块沿轨道返回起飞点,准备下一次弹射。

　　直线交流电动机要在极短时间内将飞机弹射出去,输出的瞬时功率很大,需要有大容量储能器提供能量。储能器的储能方法有电力储能和机械储能。电力储能是用大容量电容器储存电能。机械储能就是"飞轮"储能,转动的"飞轮"具有动能。航母用"飞轮"储能,为了增大储能而选用盘式交流电机,如图 5.28 所示。盘式交流电机是双定子轴向磁场永磁式电机,其特点是有双定子,转子夹在两定子之间。转子上安装永磁铁,转子同时作为动能的储能元件和电机的磁场源,储存的动能 $A =$

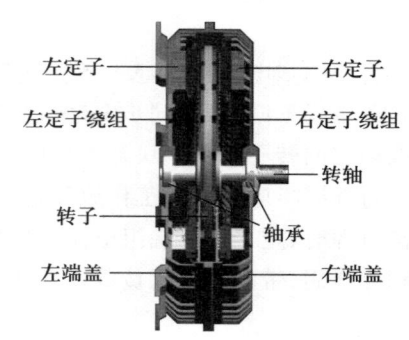

图 5.28　盘式电机截面图

$\dfrac{1}{2} J\Omega^2$,J 是转动惯量,Ω 是机械角速度。

　　储存的动能与转子转动惯量成正比,与转速平方成正比。为此将转子做成盘状,像一个粗大的"飞轮",以增大转动惯量;运行中转子转速可达每分钟数千转,具有很大的动能。

　　盘式交流电机的定子是双定子结构,就是定子中有两套分开的、独立的绕组,一套是电动机绕组,与转子组成一台同步电动机;另一套是发电机绕组,与转子组成一台同步发电机。所以盘式交流电机相当于两台电机,即一台同步电动机加一台同步发电机,它们共用一个转子。起飞前电动机绕组通电,同步电动机工作,使转子加速到很高的速度,储存了很大的动能。起飞时发电机绕组通过循环分配器给直线电动机供电,同步发电机工作。直线电动机通电时产生很大推力推动舰载机从甲板弹射起飞。同步发电机给直线电动机供电时产生很大的制动转矩,使转子减速,转子在减速过程中释放出动能。所以直线电动机推动舰载机从甲板弹射起飞的能量来自两个方面,一是来自航母电源的电能,通过盘式交流电机传输给直线电动机,二是盘式交流电机的转子在减速过程中释放出来的动能。舰载机从甲板弹射起飞后,同步发电机无需对直线电动机供电,而同步电动机继续工作,使转子加速,再次达到很高的转速,储存很大的动能,准备下一次弹射。

盘式交流发电机通过循环分配器向直线电动机供电。循环分配器就是交-交变频器,向直线电动机输出频率可调、电压可调的交流电,控制弹射功率和弹射速度,可将不同类型、不同质量的舰载机从甲板上弹射起飞。

电磁弹射器动力传动示意图如图 5.29 所示。航母的电源是直流电源,通过逆变器逆变为交流电向储能装置供电。储能装置是盘式交流电机,通过循环分配器向直线电动机供电,直线电动机通电时产生推力推动舰载机从甲板上弹射起飞。

图 5.29 电磁弹射器动力传动示意图

5.4.4 磁悬浮装置

众所周知,磁极之间会产生电磁作用力:异极性磁极间会产生电磁吸引力,同极性磁极间会产生电磁排斥力。如果作用在重物上的电磁力,其方向与重物重力方向相反,其大小大到足以克服重物重力作用时,重物将在电磁力的作用下在空中悬浮起来,这种现象称为磁悬浮,简称为磁浮。产生磁悬浮的电磁力称为磁悬浮力,也简称为磁浮力。产生磁悬浮力的设备称为磁悬浮装置。

有多种方法产生磁悬浮力,本节重点分析下面两种基本方法。

1. 在导体上高速运行的磁极会受到排斥型磁悬浮力的作用

设想有三根长度为 l 的平行导体 1、2、3,它们两端也用导体连接起来,形成如图 5.30 所示的机械构件。一运动的永磁铁 N 以速度 v 在导体 2 上方扫过时,根据法拉第电磁感应定律,会在导体中产生感应电动势。由于导体 1、2、3 组成了闭合回路,就有电流由导体 2 流出,然后分成两个支路,经由导体 1 和 3 返回至导体 2,如图中所示。磁极 N 对通电导体 2 的作用会产生电磁力 F_2,其大小为

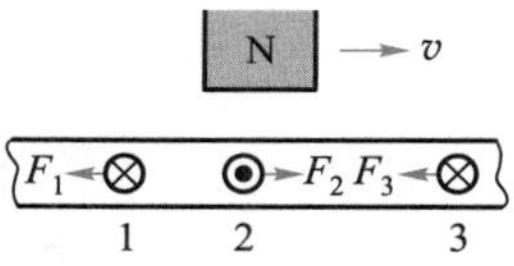

$$F_2 = Bli$$

式中,B 为导体 2 所在处的磁通密度,l 为其有效长度,i 为导体 2 中的电流。根据左手定则,F_2 的方向是向右的。

导体 1 和 3 中的电流方向与导体 2 的方向相反,其大小只有导体 2 中电流的一半,而且导体 1、3 所在处的磁通密度小于导体 2 处的磁通密度,所以导体 1 和 3 所受到的电磁力 F_1 和 F_3 的大小均小于 $F_2/2$,即

图 5.30 沿水平方向运动的磁场对导体会产生水平方向的电磁力

$$F_1 < \frac{1}{2}F_2$$

$$F_3 < \frac{1}{2}F_2$$

且 F_1、F_3 与 F_2 的方向相反。

　　所有导体所受到的电磁力的合力 $F = F_2 - F_1 - F_3$，其方向与磁极 N 运动方向一致。电磁力 F 力图牵引由导体 1、2、3 所组成的机械构件沿磁极 N 的运动方向作直线运动，这就是前面介绍的直线电动机工作原理。

　　上述在导体上方做水平直线运动的磁极与导体之间的相互作用，不仅会产生水平方向的电磁力，而且在特殊的外界条件下，还会产生垂直方向的电磁力，下面分析产生垂直方向电磁力的原因。

　　图 5.30 中的导体构件及运动磁极所组成的电路是一个电阻电感电路，如图 5.31(a)所示。图中 E 表示磁极切割导体构件时产生的感应电动势；R 是电路的电阻；L 是电路的电感；电路的时间常数 $T = L/R$。

　　电路的电压平衡方程式为

$$L\frac{\mathrm{d}i}{\mathrm{d}t} + Ri = E \tag{5.18}$$

　　微分方程的解，即电路中的电流为

$$i = \frac{E}{R}(1 - \mathrm{e}^{-t/T}) \tag{5.19}$$

　　其电流变化曲线如图 5.31(b)所示，这是电路中的电感对电流的延迟作用。当 $t = 0$，磁极 N 从导体 2 上扫过产生电动势 E 时，导体中的电流由零开始按指数规律上升，延迟 Δt 后，才能达到最大值 $i_\mathrm{m} = E/R$，取延迟时间 $\Delta t = 4T = 4L/R$。

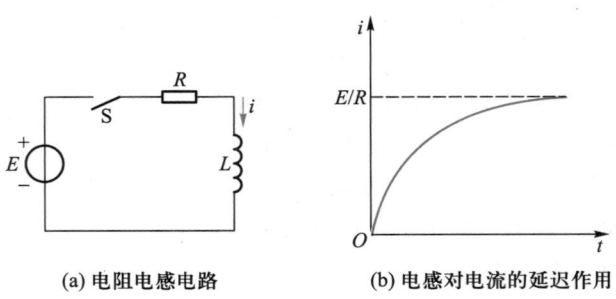

(a) 电阻电感电路　　　　　(b) 电感对电流的延迟作用

图 5.31　在电阻电感电路中电感的延迟作用

　　经过 Δt 延迟，电路电流即导体中的电流达到最大值，由导体电流所产生的磁场也达到最大值，由于导体 1、3 中的电流是相等的，所以这些导体电流所产生的最大磁场就大小而言，对导体 2 是左右对称的，用右手定则可知，在导体 2 的右边为 N 极，左边为 S 极，如图 5.32(a)所示。

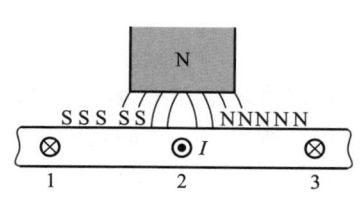
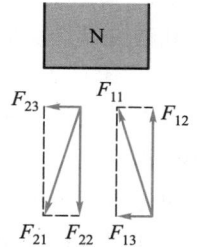

(a) 磁极和导体电流产生的磁场   (b) 作用在磁极上的电磁力

图 5.32   低速运动的磁极和磁场及作用力

由于磁极 N 是作直线运动的,由零开始经过时间 Δt,N 极中心线由导体 2 的上方往右移动的距离,即位移量 $\Delta s = v \cdot \Delta t$,$\Delta t$ 是很小的。下面分别讨论,磁极在低速及高速运行时所受到的电磁力的情况。

(1)当磁极 N 以很低的速度运行时,Δs 就很小,可以忽略,认为 N 极的中心线仍位于导体 2 的上方,这样,最大导体电流所产生的磁场,就大小而言对磁极 N 也是对称分布的,如图 5.32(a)所示。

这时磁极 N 既受到右边的同极性相斥向上的电磁力 F_{11} 的作用,也受到左边异极性相吸向下的电磁力 F_{21} 的作用,F_{11} 和 F_{21} 大小相等,将 F_{11} 和 F_{21} 分解出垂直方向和水平方向的分量,即有 $F_{11} = F_{12} + F_{13}$ 和 $F_{21} = F_{22} + F_{23}$,如图 5.32(b)所示。F_{12} 和 F_{22} 大小相等、方向相反;F_{13} 和 F_{23} 大小相等、方向相同,所以其合力沿垂直方向的分力为零,只有沿水平方向向左的分力,即 $F = F_{11} + F_{21} = F_{13} + F_{23}$,这是阻止磁极运行的电磁力。根据作用力和反作用力的原理,磁极 N 对导体构件的作用力就是前面分析过的牵引导体构件随磁极向右运动的电磁力。

(2)磁极 N 以很高的速度从导体 2 上扫过,经过 Δt 后,N 极在导体 2 上方移动的距离 $\Delta s = v \cdot \Delta t$ 就比较大,N 极可能移到了导体 2、3 所产生磁场的正上方,如图 5.33(a)所示。这时 N 极受到同极性相斥的电磁力 F_{11} 是垂直向上的;受到异极性相吸的电磁力 F_{21} 可分解为水平及垂直方向的分力 F_{23} 和 F_{22},如图 5.33(b)所示。由于磁极 N 靠近导体磁场 N 极,远离 S 极,就大小而言,$F_{11} > F_{21}$,而 F_{22} 是 F_{21} 的垂直分量,必有 $F_{11} > F_{21} > F_{22}$。这样,其合力沿垂直方向的分力为($F_{11} - F_{22}$),是向上的;沿水平方向分力为 F_{23},是向左的。

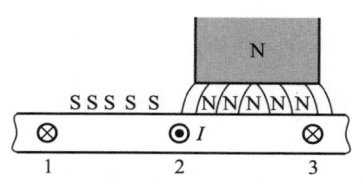
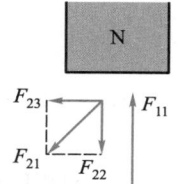

(a) 磁极和导体电流产生的磁场   (b) 作用在磁极上的电磁力

图 5.33   高速运动的磁极和磁场及作用力

由此可得出结论：在导体上高速运动的磁极既受到水平方向的电磁力作用，又受到相斥的垂直向上的电磁力作用。如果这种垂直向上的电磁力大到足以克服磁极重力的作用，就能将磁极在空中悬浮起来成为磁悬浮力。

一块钢块可以看成是无限多根导体并联组成，将磁极在钢板上方以很高的速度作水平直线运动时，磁极同样会受到磁悬浮力的作用。所以用一块固定的钢板和在其上方高速作水平直线运动的磁极就组成了一台简单的磁悬浮装置。

磁悬浮列车就是利用这样的磁悬浮装置来产生磁悬浮力的：将固定在铁路道床上的钢轨作为无限长的固定的钢板，将磁极安装在列车车厢底部正对着钢轨，列车由直线电动机拖动运行，当列车以较高的速度行驶时，车厢底部的磁极以同样的速度从钢轨上方滑过而产生磁悬浮力。当列车以很高的速度运行时，随速度而增加的磁悬浮力就可以大到足以克服列车重力作用，使列车悬浮在轨道上方滑行，成为磁悬浮列车运行，磁悬浮列车也称之为磁浮列车。

2. 运行中的直线同步电动机能够产生磁悬浮力

直线同步电动机的定子绕组是三相绕组，而转子绕组是励磁绕组。当定子绕组接三相交流电源和转子绕组接直流电源时，定子磁场与转子磁场相互作用产生的电磁力分为两种情况：当电机空载时，功角 θ 为零，定子磁极轴线与转子磁极轴线相重合，转子磁极受到的异极性相吸的电磁力就是垂直向上的磁悬浮力；当电机带负载时，功角 θ 不为零，定、转子磁极轴线不重合，等效的定子磁极领先转子磁极，这时转子磁极受到的异极性相吸的电磁力 F_{11} 可分解为水平方向的分力 F_{13} 和垂直方向的分力 F_{12}，如图 5.34 所示。水平分力 F_{13} 牵引转子随定子磁场作水平直线运动；而 F_{12} 就是垂直向上的磁悬浮

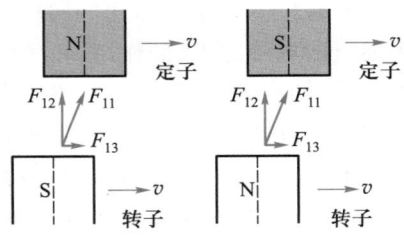

图 5.34　运行中的直线同步电动机的电磁力

力。所以不论空载还是带负载，运行中的直线同步电动机都能产生磁悬浮力。

由于直线同步电动机在运行中既能产生水平方向的牵引力，又能产生垂直方向的磁浮力，因而在高速磁浮列车上得到了广泛的应用。关于应用方面的详细分析可参看 8.3 节的"直线电动机及磁浮列车的电力拖动"。

▶▶▶ 小结

1. 具有特殊结构形式，因而具有特殊性能，有特别用途的电机统称为特种电机。特种电机主要用作控制装置。

2. 伺服电机能把输入的控制电压信号转换成转轴上的角速度输出，改变输入电压的大小和方向就可以改变转轴的转速和转向。伺服电机有直流和交流之分。直流伺服电机就是低惯量的微型直流电动机，调节特性好，调速范围大。交流伺服电机就是两相异步电动机，有幅值控制方式、相位控制方式和

幅值-相位控制方式,应用比较多的是幅值-相位控制方式。

3. 测速发电机能把转速转换成与之成正比的电压信号,用作测量元件。直流测速发电机就是微型直流发电机,输出特性好,精度高。空心杯转子测速发电机是交流的,转子转动惯量小,输出特性的线性度较好。

4. 步进电机能将输入的电脉冲信号转换成转轴的角位移,输入一个脉冲,转轴就转过一个步距角。步进电机转轴的角位移与脉冲数成正比,转速与输入的脉冲频率成正比,控制输入的脉冲频率就能准确地控制步进电机的转速,常用于数字控制系统。

5. 直线电动机能产生直线作用力,拖动负载做直线运动。其定子绕组按 U、V、W 相序排列成直线,通入三相交流电会产生直线运动的磁场。转子是磁极,定子磁场与转子磁场相互作用产生直线电磁力,推动磁极和与之相连的负载做直线运动。转子也可以是铝块,亦称为滑子。

6. 航母的电磁弹射器就是用直线电动机驱动的。航母甲板下面安装直线电动机的定子绕组,定子上方的滑块可沿轨道滑动,在舰载机起飞前滑块与飞机前轮相连,舰载机起飞时直线电动机通电,滑块牵引飞机沿甲板滑行加速,同时舰载机的发动机点火产生推力,共同推动舰载机从甲板上弹射起飞。在飞机即将飞离甲板的瞬间滑块与舰载机脱离,沿轨道返回到起飞点,为下一次弹射作准备。

7. 磁极之间会产生电磁作用力。如果作用在重物上的电磁力大到可以把重物悬浮起来,这种现象称为磁悬浮。有多种方法产生磁悬浮力:在导体上高速运动的磁极会受到磁悬浮力的作用;运行中的直线同步电机也能产生磁悬浮力。

▶▶▶ 思考题与习题

5.1　什么是直流伺服电机的电枢控制方式? 什么是磁场控制方式?

5.2　为什么直流伺服电机常采用电枢控制方式而不采用磁场控制方式?

5.3　直流伺服电机采用电枢控制方式时,始动电压是多少? 与负载大小有什么关系?

5.4　常有哪些控制方式可以对交流伺服电机的转速进行控制?

5.5　何谓交流伺服电机的自转现象? 怎样消除自转现象? 直流伺服电机有自转现象吗?

5.6　幅值控制和相位控制的交流伺服电机,什么条件下电机气隙磁动势为圆形旋转磁动势?

5.7　为什么交流伺服电机常采用幅值-相位控制方式?

5.8　为什么直流测速发电机的转速不宜超过规定的最高转速? 为什么所接负载电阻不宜低于规定值?

5.9　交流异步测速发电机输出特性存在线性误差的主要原因有哪些?

5.10　为什么交流异步测速发电机转子采用非磁性空心杯转子而不采用笼型结构?

5.11　步进电机的三相单三拍运行含义是什么? 三相单双六拍? 它们的步距角有怎样的关系?

5.12　什么是步进电机的静态运行状态? 什么是步进运行状态? 什么是连续运行状态?

5.13　步进电机的转速由哪些因素确定? 与负载转矩大小有关系吗?

5.14　步距角为 1.8°/0.9° 的反应式四相八极步进电机的转子有多少个齿? 若运行频率为 2 000 Hz,问电动机运行的转速是多少?

5.15　直线电动机和旋转电动机的定子三相绕组在空间排列有什么不同? 为什么?

5.16　直线电动机和旋转电动机的定子三相绕组通三相交流电时,为什么直线电动机产生直线方向的电磁力而旋转电动机产生电磁转矩?

5.17   旋转电动机的同步转速与磁极对数成反比例关系,试问直线电动机的直线运行速度与磁极对数之间也有这种关系吗?

5.18   何谓磁悬浮力? 有哪些方法能产生磁悬浮力?

5.19   现代的磁悬浮列车常用哪些方法产生磁悬浮力?

5.20   试分析盘式交流电机在电磁弹射器中的作用。

5.21   盘式交流电机双定子结构有什么特点? 起什么作用?

第 5 章   习题解答

第6章　直流电动机的电力拖动

PPT

第6章
直流电动
机的电力
拖动

6.1　电力拖动系统的运动方程式

正如绪论所言,凡是由电动机作原动机,拖动生产机械运转,能完成生产任务的系统,都称为电力拖动系统。电力拖动系统一般由电动机、传动机构、生产机械、电源和控制装置五部分组成,如图 6.1 所示。工业生产中最典型的电力拖动系统有电力机车、起重机、龙门刨床等。

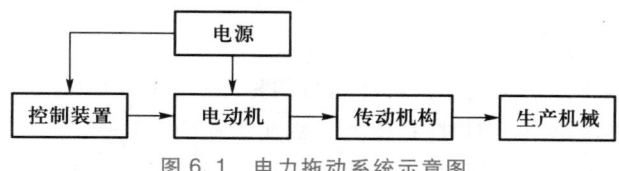

图 6.1　电力拖动系统示意图

尽管实际电力拖动系统种类很多,然而它们都有相同的运动规律。电力拖动系统的运动规律可以用动力学中的运动方程式来描述。分析系统的运动规律时,先分析单轴电力拖动系统,再分析多轴电力拖动系统。所谓单轴电力拖动系统,就是电动机的转轴直接拖动生产机械运转的系统,如图 6.2 所示。

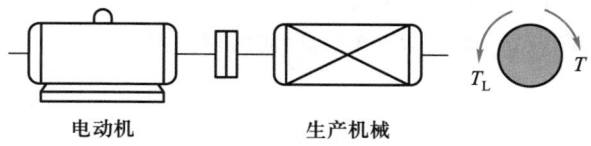

电动机　　　　生产机械

图 6.2　单轴电力拖动系统示意图

电动机的空载转矩 T_0 比较小,一般可以忽略。若忽略电动机的空载转矩 T_0,当电动机的电磁转矩 T 和生产机械负载转矩 T_L 相等时,即 $T-T_L=0$,系统处于稳态。当 $T>T_L$ 时,电磁转矩 T 除克服负载转矩 T_L 外,还使系统产生角加速度 $\dfrac{\mathrm{d}\Omega}{\mathrm{d}t}$。角加速度与系统的转动惯量 J 及转矩之间的关系为

$$T - T_L = J \frac{\mathrm{d}\Omega}{\mathrm{d}t} \tag{6.1}$$

式中 Ω 为角速度(单位 rad/s)。

工程上,常用飞轮惯量或飞轮矩 $GD^2(\mathrm{N \cdot m^2})$ 表示系统的惯性,用转速 n 表示系统的速度。GD^2 与 J 之间的关系为

$$J = M\rho^2 = \frac{G}{g} \cdot \frac{D^2}{4}$$

所以就有

$$GD^2 = 4gJ$$

式中,M 和 G 分别为系统转动部分的质量(kg)和重量(N);ρ 和 D 分别为系统转动部分的惯性半径和惯性直径(m);g 为重力加速度,$g = 9.8 \ \mathrm{m/s^2}$。

角速度 Ω 与转速 n 的关系为

$$\Omega = 2\pi \frac{n}{60}$$

将上面两式代入运动方程式(6.1)中,化简后得到

$$T - T_L = \frac{GD^2}{375} \frac{\mathrm{d}n}{\mathrm{d}t} \tag{6.2}$$

式中的 $(T - T_L)$ 称为动态转矩。

当动态转矩为零时,系统处于恒转速运行的稳态;动态转矩大于零时,系统处于加速运动的过程中;动态转矩小于零时,系统处于减速运动的过程中。

由于电动机运行状态的不同和生产机械负载类型的不同,电动机轴上的电磁转矩 T 和负载转矩 T_L 不仅大小不同,方向也是变化的,可以把运动方程式(6.2)写成更为通用的形式

$$(\pm T) - (\pm T_L) = \frac{GD^2}{375} \frac{\mathrm{d}n}{\mathrm{d}t} \tag{6.3}$$

式中括号内正、负号规定为:以转速 n 为参考方向,电磁转矩 T 与 n 同向时取正号,反向时取负号;负载转矩 T_L 与 n 同向时取负号,反向时取正号。

6.2   多轴系统中工作机构转矩、力、飞轮矩和质量的折算

实际的电力拖动系统常常是多轴系统,如图 6.3(a)所示。工作机构的转速 n_g 与电动机转速 n 不相等,在电动机与工作机构之间常备有变速机构,如齿轮减速箱等。对于多轴电力拖动系统,通常是将电动机轴作为研究对象,把传动机构和工作机构等效为电

动机轴上的一个负载,将一个实际的多轴系统采用折算的办法等效为一个单轴系统,如图 6.3(b)所示,图中 T_L 为折算后的等效负载转矩,GD^2 为折算后系统总的等效飞轮矩。负载转矩折算的原则是保持折算前后系统传送的功率相同;飞轮矩折算的原则是保持折算前后系统储存的动能相同。

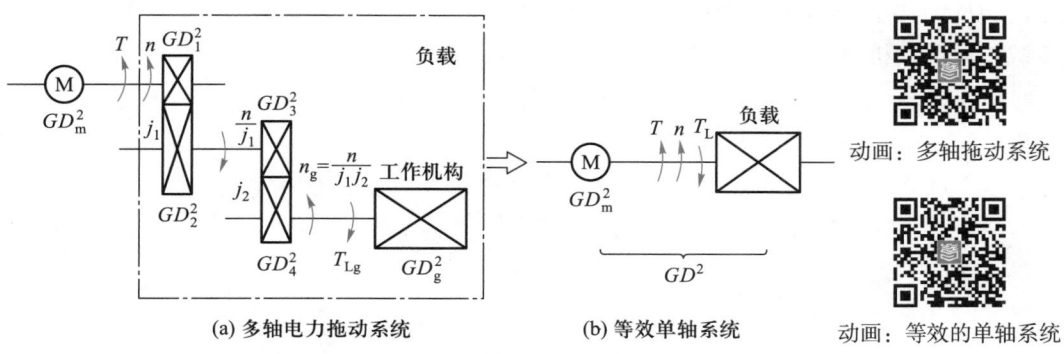

(a) 多轴电力拖动系统   (b) 等效单轴系统

动画:多轴拖动系统

动画:等效的单轴系统

图 6.3 多轴电力拖动系统等效成单轴系统

6.2.1 工作机构转矩的折算

图 6.3(a)是工作机构作旋转运动的多轴系统;图 6.3(b)是折算后的等效单轴系统的示意图。图中 n 为电动机转速,其角速度为 Ω。n_g 为工作机构转速,其角速度为 Ω_g。j_1,j_2 为各对齿轮的转速比,则有

$$n_g = \frac{n}{j_1 j_2} = \frac{n}{j}$$

式中 $j = j_1 j_2 = n/n_g$,称为传动机构的总转速比或总传动比;一般 $n_g < n$,$j > 1$,传动机构是减速的。

图 6.3 中,T_{Lg} 为工作机构轴上的负载转矩,T_L 为折算到电动机轴上的负载转矩。若为多级传动,传动机构的效率 η_C 应为各级效率的乘积,即 $\eta_C = \eta_{C1}\eta_{C2}\eta_{C3}\cdots$。由于传动机构要消耗一部分功率,所以 $\eta_C < 1$。

负载转矩折算原则是折算前后系统传送的功率不变,当电动机带动工作机构旋转时,功率由电动机传给负载,传动机构损耗由电动机承担,即

$$T_L \Omega \eta_C = T_{Lg} \Omega_g$$

所以

$$T_L = \frac{T_{Lg}\Omega_g}{\Omega \eta_C} = \frac{T_{Lg}}{\left(\dfrac{\Omega}{\Omega_g}\right)\eta_C} = \frac{T_{Lg}}{j \eta_C} \tag{6.4}$$

式中,$j = \dfrac{\Omega}{\Omega_g} = \dfrac{n}{n_g}$ 为电动机轴与工作机构轴的转速比。

由负载转矩折算公式(6.4)可看出,由低速轴折算到高速轴时,$j>1$,等效负载转矩变小;由高速轴折算到低速轴时,$j<1$,等效负载转矩变大。

若电动机工作在制动状态,例如提升机构下放重物时,为保持下放速度不至于过快而且是匀速下放,就应该让电动机运行于制动状态,使电动机轴上产生一个与下放速度方向相反的转矩,与负载转矩平衡。此时是重物带动电动机轴旋转,功率传递方向是从负载传向电动机,传动机构的功率损耗应由负载承担,即

$$T_L \Omega = T_{Lg} \Omega_g \eta_C$$

所以

$$T_L = \frac{T_{Lg} \Omega_g}{\Omega} \eta_C = \frac{T_{Lg}}{\left(\dfrac{\Omega}{\Omega_g} \right)} \eta_C = \frac{T_{Lg}}{j} \eta_C \tag{6.5}$$

6.2.2　做直线运动的工作机构作用力的折算

有一些生产机械具有直线运动的工作机构,如龙门刨床的工作台和起重机的提升装置。

1. 工作机构为平移运动

某些生产机械具有作平移运动的工作机构,如刨床的工作台,就是典型的平移运动,如图 6.4 所示。

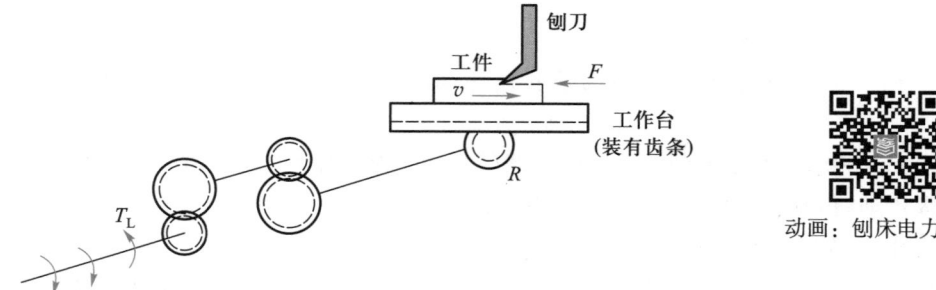

图 6.4　刨床电力拖动示意图

图 6.4 中 F 为工作机构作平移运动时所克服的阻力的大小,即切削力;v 为工作机构的平移速度的大小,则工作机构的功率(即切削功率)P 为

$$P = Fv$$

切削力反映到电动机轴上表现为负载转矩 T_L,T_L 应满足折算前后功率不变的原则,若不计传动机构损耗,将 $\Omega = 2\pi \dfrac{n}{60}$ 代入上式,则有

$$P = Fv = T_L \Omega = T_L 2\pi \frac{n}{60}$$

则

$$T_L = \frac{Fv}{2\pi \dfrac{n}{60}} = 9.55 \frac{Fv}{n}$$

若考虑传动机构损耗由电动机负担,则有

$$T_L = 9.55 \frac{Fv}{n\eta} \qquad (6.6)$$

动画:起重机提升运动

2. 升降运动的工作机构

生产实践中,典型的升降运动工作机构是电梯、起重机。现以起重机为例来进行分析。

图 6.5 所示为一起重机示意图。电动机 M 通过减速装置拖动卷筒,绕在卷筒上的钢丝绳悬挂一重量为 G 的重物。显然,重物升降运动的转矩折算与功率传递的方向有密切关系。

（1）提升运动

设电动机的转速为 n 时,重物匀速上升速度大小为 v,匀速提升时重物对钢丝绳的拉力等于重物的重量 G,则提升重物的功率为 Gv。设提升时传动机构效率为 $\eta^{\uparrow}$,电动机提升负载,则减速机构的损耗应当由电动机负担。设提升重物 G 时折算到电动机轴上的转矩为 T_L,依据折算前后系统传送功率不变的原则,就有

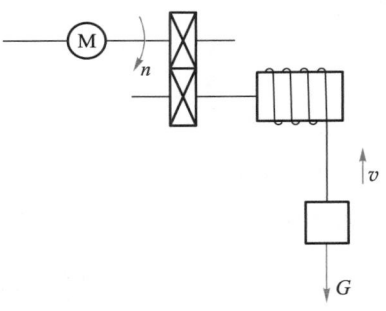

图 6.5 起重机电力拖动示意图

$$T_L \Omega \eta^{\uparrow} = Gv$$

即

$$T_L = \frac{Gv}{\Omega \eta^{\uparrow}} = 9.55 \frac{Gv}{n\eta^{\uparrow}} \qquad (6.7)$$

动画:起重机下降运动

（2）下降运动

对起重机而言,重物下降时,运行状态是重物拖着电动机旋转,负载是帮助运动的,而电动机的电磁转矩反而是阻碍运动的。功率传递的方向是由负载到电动机,减速机构的损耗应由负载来负担,设下降时传动机构的效率为 $\eta^{\downarrow}$,则有

$$T_L \Omega = Gv\eta^{\downarrow}$$

即

$$T_L = \frac{Gv}{\Omega}\eta^{\downarrow} = 9.55 \frac{Gv}{n}\eta^{\downarrow} \qquad (6.8)$$

比较式(6.7)和式(6.8)可知,同一重物在提升和下放时折算到电动机轴上的等效转矩 T_L 是不相同的,下放时折算的等效转矩小于提升时折算的等效转矩。

6.2.3   传动机构与工作机构飞轮矩的折算

飞轮矩 GD^2 用来表示旋转物体机械惯性的大小。转速为 n 的旋转物体具有的动能为

$$A = \frac{1}{2}J\Omega^2 = \frac{1}{2}\frac{GD^2}{4g}\left(2\pi\frac{n}{60}\right)^2 \tag{6.9}$$

在图 6.3(a)中,工作机构转轴的转速为 n_g,飞轮矩为 GD_g^2,设飞轮矩 GD_g^2 折算到转速为 n 的电动机轴上的等效飞轮矩为 GD_z^2,根据折算前后动能保持不变的原则,就有

$$\frac{1}{2}\frac{GD_g^2}{4g}\left(2\pi\frac{n_g}{60}\right)^2 = \frac{1}{2}\frac{GD_z^2}{4g}\left(2\pi\frac{n}{60}\right)^2$$

化简后得到

$$GD_z^2 = \frac{GD_g^2}{j^2}$$

上式表明,飞轮矩的折算值是实际值除以转速比的平方。这样就可以将图 6.3(a)中各级传动轴的飞轮矩 $GD_1^2 \sim GD_4^2$ 和负载(工作机构)的飞轮矩 GD_g^2 折算到电动机轴上,用一个等效的飞轮矩 GD^2 来表示,如图 6.3(b)所示。它们之间的关系是

$$GD^2 = GD_m^2 + GD_1^2 + \frac{GD_2^2 + GD_3^2}{j_1^2} + \frac{GD_4^2 + GD_g^2}{j_1^2 j_2^2} \tag{6.10}$$

式中,GD_m^2 为电动机本身的飞轮矩。

实际上,传动机构和负载飞轮矩的折算值在总的飞轮矩 GD^2 中所占比例较小,为简化复杂的计算,常采用适当加大电动机飞轮矩的方法来估算总的飞轮矩。估算公式是

$$GD^2 = (1+\delta)GD_m^2 \tag{6.11}$$

式中,δ 取值范围为 $0.2 \sim 0.3$,视实际传动机构与负载的飞轮矩大小而定。如果电动机轴上还有其他大飞轮矩的部件,如抱闸的闸轮,则 δ 的取值要适当加大。

6.2.4   做直线运动的工作机构质量的折算

在类似图 6.4 所示的电力拖动系统中,工作机构做直线运动,若工作机构的质量为 M,直线运行速度大小为 v,则其所具有的动能为

$$A = \frac{1}{2}Mv^2 = \frac{1}{2}\frac{G}{g}v^2$$

设直线运动的工作机构质量 M 折算到电动机轴上的等效飞轮矩为 GD_z^2,根据折算前后动能相等的原则,就有

$$\frac{1}{2}\frac{G}{g}v^2 = \frac{1}{2}\frac{GD_Z^2}{4g}\left(2\pi\frac{n}{60}\right)^2$$

整理后得到

$$GD_Z^2 = 365\frac{Gv^2}{n^2} \tag{6.12}$$

6.3　生产机械的负载转矩特性

　　电力拖动系统的运行状态取决于电动机和负载双方,在分析系统运行状态前,必须知道电动机的电磁转矩 T、负载转矩 T_L 与转速 n 之间的关系。电动机中 T 与 n 的关系称为电动机的机械特性,这在 1.7 和 3.8 节中已经分析过。负载转矩 T_L 与 n 的关系称为生产机械的负载转矩特性。大多数生产机械的负载转矩特性可归纳为下列三种类型。

　　1. 恒转矩负载特性

　　所谓恒转矩负载特性,是指负载转矩 T_L 与转速 n 无关,无论转速 n 如何变化,T_L 绝对值的大小始终保持为常数不变。恒转矩负载又分为反抗性恒转矩负载和位能性恒转矩负载两种。

　　（1）反抗性恒转矩负载

　　这类负载又称之为摩擦转矩负载,其特点是负载转矩作用的方向总是与运动方向相反,即总是阻碍运动的制动性质的转矩。当转速方向改变时,负载转矩大小不变,但作用方向随之改变。依据 6.1 节中对 T_L 正负号的规定,对于反抗性恒转矩负载,当 n 为正向时,T_L 与 n 的正向相反,T_L 应为正,负载特性曲线位于第 I 象限;当 n 反向,T_L 也跟着反向,n 由正变负,T_L 也跟着由正变负,负载特性曲线位于第 III 象限,如图 6.6 所示,可知 T_L 始终与 n 同正负。

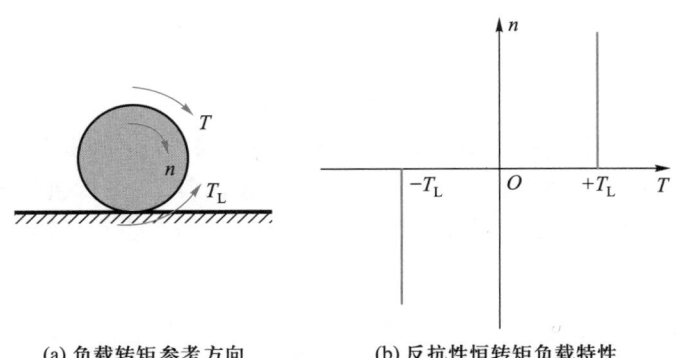

(a) 负载转矩参考方向　　　　(b) 反抗性恒转矩负载特性

图 6.6　反抗性恒转矩负载特性及其参考方向

（2）位能性恒转矩负载

这类负载的特点是转矩的大小和方向恒定不变,即负载转矩 T_L 与转速 n 的方向无关,提升机带重物的升降运动就是典型例子。由图 6.7 看出,重物不论是作提升或下放运动,重物的重力所产生的负载转矩的方向总是不变的。图 6.7 中,设提升作为 n 的正向,提升时重物产生的 T_L 与 n 的方向相反,则 T_L 为正,负载特性曲线位于第 I 象限;下放时,n 为负,而 T_L 的方向不变,仍旧为正,负载特性曲线位于第 IV 象限。

2. 泵及通风机类负载转矩特性

水泵、油泵、通风机和螺旋桨等都属此类负载,特点是负载转矩的大小与转速的平方成正比,即

$$T_L = Kn^2$$

式中,K 为比例系数,转矩特性曲线是一条抛物线,如图 6.8 所示。

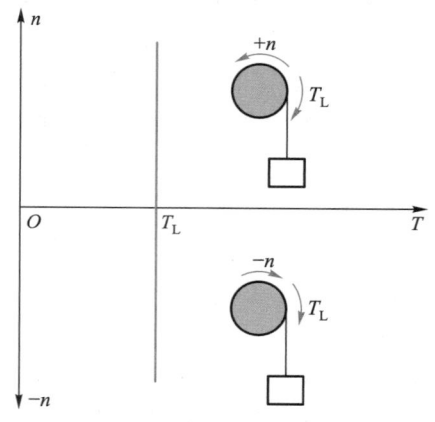

图 6.7   位能性恒转矩负载特性

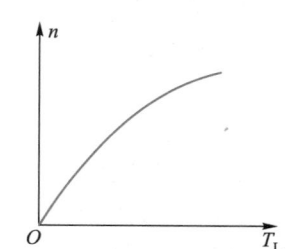

图 6.8   泵及通风机类负载特性

3. 恒功率负载转矩特性

所谓恒功率负载,就是当转速 n 变化时,负载从电动机轴上吸收的功率基本不变。负载从电动机吸收的功率就是电动机轴上输出的功率 P_2。

$$P_2 = T_L \Omega$$

$$T_L = \frac{P_2}{\Omega} = P_2 \frac{60}{n2\pi}$$

当 P_2 为常数时,负载转矩 T_L 与转速 n 成反比,转矩特性曲线是一条双曲线,如图 6.9 所示。

某些机床的切削加工就具有这种特点,如车床、刨床等,在进行粗加工时,切削量大,阻力矩较大,所以要低速切削;而精加工时,切削量小,阻力矩也小,可高速切削。这样就保证了高、低速时的功率不变。

例 6.1   图 6.10 所示的电力拖动系统中,已知飞轮矩 $GD_a^2 = 14.5$ N·m^2,$GD_b^2 = 18.8$ N·m^2,$GD_f^2 = 120$ N·m^2,传动效率 $\eta_1 = 91\%$,$\eta_2 = 93\%$,转矩 $T_L = 85$ N·m,转速 $n = 2\,450$ r/min,$n_b = 810$ r/min,$n_f = 150$ r/min,忽略电动机空载转矩,求:

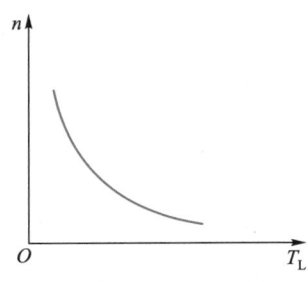

图 6.9 恒功率负载转矩特性

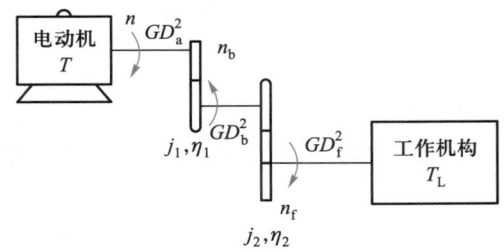

图 6.10 某电力拖动系统示意图

（1）折算到电动机轴上的系统总飞轮矩 GD^2；

（2）折算到电动机轴上的负载转矩 T_L'。

解：（1）系统总飞轮矩

$$GD^2 = \frac{GD_f^2}{\left(\dfrac{n}{n_f}\right)^2} + \frac{GD_b^2}{\left(\dfrac{n}{n_b}\right)^2} + GD_a^2 = \left[\frac{120}{\left(\dfrac{2\ 450}{150}\right)^2} + \frac{18.8}{\left(\dfrac{2\ 450}{810}\right)^2} + 14.5\right] N \cdot m^2$$

$$= (0.45 + 2.055 + 14.5) N \cdot m^2 = 17.005\ N \cdot m^2$$

（2）负载转矩

$$T_L' = \frac{T_L}{\dfrac{n}{n_f}\eta_1\eta_2} = \frac{85}{\dfrac{2\ 450}{150} \times 0.91 \times 0.93}\ N \cdot m = 6.15\ N \cdot m$$

例 6.2 某刨床电力拖动系统如图 6.4 所示。已知切削力 $F = 10\ 000$ N，工作台与工件运动速度 $v = 0.7$ m/s，传动机构总效率 $\eta = 81\%$，电动机转速 $n = 1\ 450$ r/min，电动机的飞轮矩 $GD_m^2 = 100\ N \cdot m^2$，求：

（1）切削时折算到电动机轴上的负载转矩；

（2）估算系统的总飞轮矩；

（3）不切削时，工作台及工件反向加速，电动机以 $\dfrac{dn}{dt} = 500$ r/min $\cdot$ s^{-1} 恒加速度运行，计算此时系统的动态转矩绝对值。

解：（1）切削功率

$$P = Fv = 10\ 000 \times 0.7\ W = 7\ 000\ W$$

切削时折算到电动机轴上的负载转矩

$$T_L = 9.55 \frac{Fv}{n\eta} = 9.55 \times \frac{7\ 000}{1\ 450 \times 0.81}\ N \cdot m = 56.92\ N \cdot m$$

（2）估算系统总的飞轮矩

$$GD^2 \approx 1.2 GD_m^2 = 1.2 \times 100\ N \cdot m^2 = 120\ N \cdot m^2$$

（3）不切削时，工作台与工件反向加速时，系统动态转矩绝对值

$$T' = \frac{GD^2}{375}\frac{\mathrm{d}n}{\mathrm{d}t} = \frac{120}{375} \times 500 \ \mathrm{N \cdot m} = 160 \ \mathrm{N \cdot m}$$

6.4   电力拖动系统稳定运行的条件

电动机的机械特性和生产机械的负载转矩特性共同决定电力拖动系统的运行状态。上节绘出了三种类型的负载转矩特性,下面就讨论电动机机械特性的绘制。

6.4.1   他励直流电动机机械特性的绘制

通常从电动机的铭牌上和产品目录中查到有关数据,计算相关的参数,就可绘制出机械特性。先绘制固有特性,再绘制人为特性。

1. 他励直流电动机固有特性的绘制

在 1.7 节分析过,略去电枢反应去磁效应的影响时,机械特性是一条略下垂的直线,只要算出特性上的两个不重合点,便可将特性画出。为计算方便,通常选取理想空载点与额定运行点来绘制机械特性。

对于理想空载点,$T = 0$,$n = n_0$,只需计算理想空载转速 n_0。在额定运行点,$n = n_N$,$T = T_N$,从电机的铭牌上或产品目录中可查到 n_N,只需计算额定转矩 T_N 即可。

(1) 计算 n_0

$$n_0 = \frac{U_N}{C_e \Phi_N}$$

他励直流电动机电枢感应电动势 $E_a = C_e \Phi n$,电枢电路电压平衡方程 $U = E_a + R_a I_a$,在额定运行状态时 $I_a = I_N$,$\Phi = \Phi_N$,所以就有

$$C_e \Phi_N = \frac{U_N - R_a I_N}{n_N}$$

只要知道 R_a 的数值,即可算出 $C_e \Phi_N$ 与 n_0。

对实际电动机,可用伏安法实测,测试线路如图 6.11 所示。测试时,不加励磁,在电枢两端加一个可调的低电压 U_0,调节 U_0,使 I_a 为额定值,这时的 U_0 与 I_a 之比就是 R_a,由 R_a 可求 $C_e \Phi_N$,从而求得 n_0。

也可依据经验公式估算电枢额定感应电动势 E_{aN} 的数值,再计算 $C_e \Phi_N$ 和 R_a,最后计算 n_0。对中小容量的直流电机,一般估算

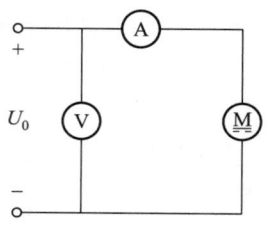

图 6.11   利用伏安法测电枢总电阻 R_a

$$E_{aN} = 0.95 \ U_N$$

$$R_a I_N = 0.05\ U_N$$

则

$$C_e \Phi_N = \frac{0.95 U_N}{n_N}$$

$$R_a = \frac{0.05 U_N}{I_N}$$

所以 $n_0 = \dfrac{U_N}{C_e \Phi_N} = \dfrac{n_N}{0.95} = 1.053\ n_N$

（2）计算额定电磁转矩 T_N

T_N 的计算方法有两种：

① 由求得的 $C_e \Phi_N$ 计算 T_N。由式（1.14）可知

$$C_T = 9.55 C_e$$

$$T_N = C_T \Phi_N I_N = 9.55 C_e \Phi_N I_N$$

② 工程计算时，略去 T_0，有

$$T_N = 9\,550\,\frac{P_N}{n_N}$$

例 6.3　已知一台他励直流电动机的额定数据为：$P_N = 7.5$ kW，$U_N = 220$ V，$I_N = 41$ A，$n_N = 1\,500$ r/min，试绘制其固有机械特性。

解：（1）计算 n_0：因为 R_a 未给出，所以估算 E_{aN}，取

$$E_{aN} = 0.95 U_N = 0.95 \times 220\ \text{V} = 209\ \text{V}$$

$$C_e \Phi_N = \frac{E_{aN}}{n_N} = \frac{209}{1\,500}\text{V/(r/min)} = 0.139\,33\ \text{V/(r/min)}$$

$$n_0 = \frac{U_N}{C_e \Phi_N} = \frac{220}{0.139\,33}\ \text{r/min} = 1\,579\ \text{r/min}$$

也可以用估算公式直接求 $n_0 = 1.053\ n_N = 1\,579$ r/min

得理想空载点：$T = 0$，$n_0 = 1\,579$ r/min。

（2）计算 T_N：$T_N = C_T \Phi_N I_N = 9.55 C_e \Phi_N I_N =$ 9.55 × 0.139 33 × 41 N·m = 54.55 N·m

得额定运行点：$n_N = 1\,500$ r/min，$T_N = 54.55$ N·m

过理想空载点和额定运行点作直线，即绘制出固有机械特性如图 6.12 曲线 1 所示。

2. 电枢电路串电阻人为特性的绘制

电枢电路串电阻 R_Ω 后，其机械特性表示式为

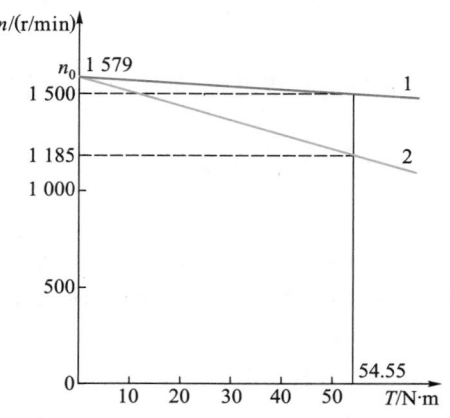

图 6.12　固有特性与串电阻人为特性

$$n = \frac{U_{\mathrm{N}}}{C_e \Phi_{\mathrm{N}}} - \frac{R_a + R_\Omega}{C_e \Phi_{\mathrm{N}} C_T \Phi_{\mathrm{N}}} T$$

（1）计算 n_0：理想空载转速 n_0 的计算方法与固有特性相同。

（2）计算额定负载运行点（$T = T_{\mathrm{N}}$，$n = n_{\mathrm{RN}}$）：T_{N} 的计算方法与前面固有特性相同；n_{RN} 是电机在电枢电路中串电阻并带额定负载运行时的转速，可依据

$$n_{\mathrm{RN}} = \frac{U_{\mathrm{N}}}{C_e \Phi_{\mathrm{N}}} - \frac{R_a + R_\Omega}{C_e \Phi_{\mathrm{N}} C_T \Phi_{\mathrm{N}}} T_{\mathrm{N}}$$

计算出 n_{RN} 的数值。由 T_{N} 和 n_{RN} 可以确定额定运行点。

过理想空载点和额定运行点作直线，得电枢电路串电阻的人为特性。

工程上习惯用额定电阻 $R_{\mathrm{N}} = U_{\mathrm{N}}/I_{\mathrm{N}}$ 的百分值表示 R_Ω 的实际数值，所以解题时应将百分值换算成实际值。

例 6.4   电机的额定数据见例题 6.3，现在电枢电路串入一电阻 $R_\Omega = 0.2 R_{\mathrm{N}}$，试绘制电枢电路串入电阻的人为特性。

解：换算 R_Ω

$$R_\Omega = 0.2 R_{\mathrm{N}} = 0.2 \frac{U_{\mathrm{N}}}{I_{\mathrm{N}}} = 0.2 \times \frac{220}{41} \ \Omega = 1.07 \ \Omega$$

（1）理想空载点

同例题 6.3，$T = 0$，$n_0 = 1\,579$ r/min

（2）额定负载运行点

取 $E_{a\mathrm{N}} = 0.95 U_{\mathrm{N}} = 0.95 \times 220$ V $= 209$ V，由例 6.3 可知 $C_e \Phi_{\mathrm{N}} = 0.139\,33$ V/(r/min)

$$R_a = 0.05 U_{\mathrm{N}}/I_{\mathrm{N}} = 11/41 \ \Omega = 0.268\,3 \ \Omega$$

则有

$$n_{\mathrm{RN}} = n_0 - \frac{R_a + R_\Omega}{C_e \Phi_{\mathrm{N}} C_T \Phi_{\mathrm{N}}} T_{\mathrm{N}} = \left(1\,579 - \frac{0.268\,3 + 1.07}{9.55 \times 0.139\,33^2} \times 54.55\right) \text{r/min} = 1\,185 \ \text{r/min}$$

得额定负载运行点，$T_{\mathrm{N}} = 54.55$ N·m，$n_{\mathrm{RN}} = 1\,185$ r/min，绘制出串电阻人为特性，见图 6.12 曲线 2。

按同样的分析思路，可绘制出他励直流电动机降压与弱磁人为机械特性。

6.4.2   电力拖动系统稳定运行条件分析

他励直流电动机拖动恒转矩负载的系统如图 6.13 所示，曲线 1 是他励直流电动机的机械特性，是一条略下垂的直线；曲线 2 是恒转矩负载特性，交点 A 称为系统的运行点。在 A 点，$T = T_{\mathrm{L}}$，系统处于平衡状态。

系统在运行中总是要受到外界干扰作用，如果在外界干扰作用下，系统虽然偏离了原来的平衡状态，但能达到新的平衡状态，或者在外界干扰作用消失后，系统又重新回到原来的平衡状态，这样的系统是能稳定运行的系统，其对应的运行点称为稳定运行点，否

则是不稳定的系统,其对应的运行点称为不稳
定运行点。

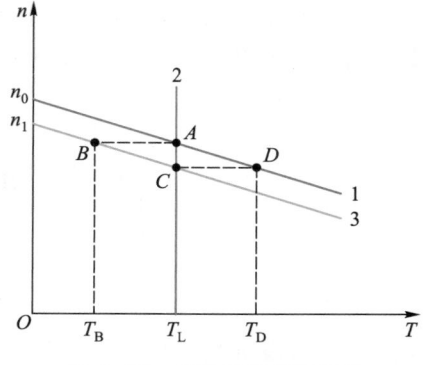

图 6.13 能稳定运行的系统

如果图 6.13 所示的系统受到外界干扰作
用,例如电源电压突然降低了,使他励直流电动
机的理想空载转速由 n_0 降低为 n_1,机械特性曲
线 1 向下平移为曲线 3。由于系统有机械惯性,
转速不能突变,运行点由 A 变为 B,$n_A = n_B$,在 B
点 $T_B < T_L$,系统减速,运行点沿曲线 3 由 B 点变
至 C 点,在 C 点 $T = T_L$,系统达到了新的平衡状
态,所以这样的系统是能稳定运行的系统。若
电源电压恢复了,则系统的运行点由 C 点变为 D 点,在 D 点 $T_D > T_L$,系统加速,运行点沿
曲线 1 由 D 点重新回到 A 点,所以 A 点是系统的稳定运行点。

如果电动机具有上翘的机械特性,如图 6.14 的曲线 1,电动机拖动的是恒转矩负载,如
图中的曲线 2,两曲线相交于 A 点,在 A 点,$T = T_L$,系
统达到了平衡状态。若电源电压突然增大,则电磁转
矩 T 增大,系统要加速,由于机械特性是上翘的,电动
机转速的升高会使电磁转矩 T 更加增大,带动系统继
续加速,系统达不到新的平衡状态,所以这样的系统
是不稳定的系统,A 点是系统的不稳定运行点。

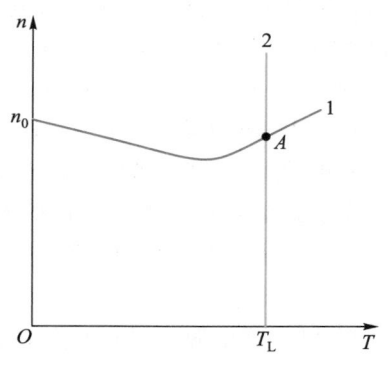

图 6.14 不稳定的系统

从上述分析可知,$T = T_L$ 仅仅是系统稳定运行的必
要条件,但不是充分条件。系统稳定运行的必要且
充分条件是:机械特性和负载转矩特性有交点,在
交点 $T = T_L$,且转速升高时 $T < T_L$,转速降低时 $T > T_L$,
也就是说,在交点处有

$$\frac{\mathrm{d}T}{\mathrm{d}n} < \frac{\mathrm{d}T_L}{\mathrm{d}n}$$

这就是系统稳定运行的必要且充分条件。

例 6.5 判定图 6.15 中各点是否为稳定运行点。图中曲线 1 为电动机的机械特性,
曲线 2 为生产机械的负载特性。

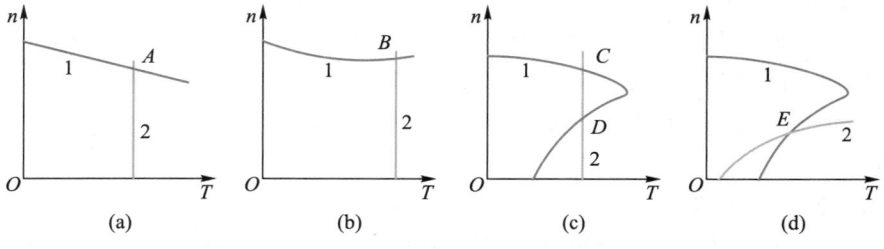

图 6.15 利用稳定条件判定图中各点是否为稳定运行点

解:依据稳定运行条件可知,图中各点都满足稳定运行的必要条件,而满足充分条件的只有 A、C 和 E 点,故此三点为稳定运行点;B、D 点不满足充分条件,为不稳定运行点。

6.5 他励直流电动机的起动

6.5.1 他励直流电动机的起动方法

电动机的起动是指电动机接通电源后,从静止状态加速到所要求的稳定转速的过程。依据系统运动方程式可知,要使电动机起动,必须要有 $T>T_L$,使 $\mathrm{d}n/\mathrm{d}t>0$,系统才能加速。为了产生较大的起动转矩 T_{st},应该满磁通起动,只要 $T_{st}>T_L$,电动机就从静止状态加速旋转起来。起动时不允许在电枢绕组上直接加上额定电压,因为在起动前,电动机转速为零,电枢感应电动势 E_a 也为零,电枢绕组电阻 R_a 又很小,若起动时加上额定电压,会产生过大的起动电流 I_{st},$I_{st}=U_N/R_a$,其值可达额定值的 $10\sim20$ 倍。这样大的起动电流会产生强烈火花,甚至烧毁换向器;还会加剧电网电压的波动,影响同一电网上其他设备的正常运行,甚至可能引起电源开关跳闸。

除了微型直流电动机由于 R_a 较大可以直接起动外,一般直流电动机都不允许直接起动。为限制过大的起动电流,一般采用降压起动和电枢回路串电阻起动两种方法。

1. 降压起动

起动时,将电源电压降低为 U',使 $I_{st}=(2\sim2.5)I_N$,即

$$I_{st}=\frac{U'}{R_a}=(2\sim2.5)I_N$$

待电动机转速升高,电枢电动势 E_a 上升,电流降低,这时再逐步升高电源电压,始终保证在起动的全过程中 I_{st} 不超过允许值。

随着电力电子技术的发展,可以采用图 6.16 所示的可控整流降压起动系统。图中 $\mathrm{VT}_1\sim\mathrm{VT}_4$ 是晶闸管,组成单相桥式可控整流电路。起动时控制晶闸管的触发控制角,使整流电路的输出电压较低,从而限制起动电流,随着转速的升高,再使整流电路的输出电压线性增加,直至起动完成。这样的直流调压系统不仅用于起动,还可以用于电动机的调速,关于调速原理可以参考6.7.3 节。

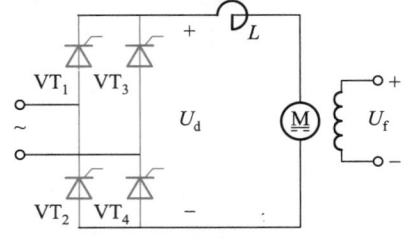

图 6.16　可控整流降压起动系统

2. 电枢回路串电阻起动

起动时在电枢回路内串入电阻,用来限制起动电流,等电动机转速升高,电枢电动势 E_a

升高,再逐步切除外串电阻,直到电动机达到要求的转速,如图 6.17 所示。电磁转矩 $T = C_T \Phi I_a$,T 与 I_a 成正比,所以在图 6.17 的横坐标上可以将 T 与 I_a 标注在一起,只是它们在横坐标上的比例系数不同而已;当然也可以将起动转矩 T_{st} 和起动电流 I_{st} 标注在一起;T_L 是负载转矩,$T = T_L$ 时的电枢电流也称为负载电流 I_L,也把 T_L 与 I_L 标注在一起。

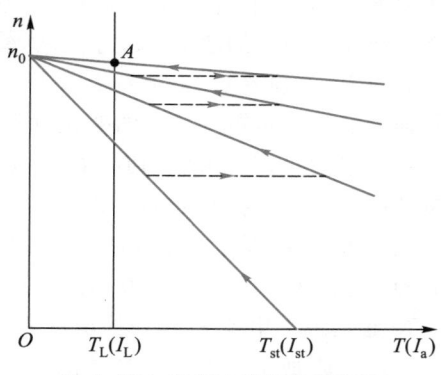

图 6.17 电枢回路串电阻起动

6.5.2 起动电阻的计算

为加快起动过程,起动转矩要大,但以起动电流不超过最大允许电流为限,一般最大允许电流约为额定电流的 2~2.5 倍。

串电阻起动的原则是:在保证不超过最大允许电流的前提下尽可能平滑和快速起动。这就要求各段起动电阻都对应着相同的最大电流和相同的切换电流,起动段数一般约为3~4 段。

1. 分级起动过程分析

现以串三段电阻起动为例进行分析,起动时线路原理图和机械特性如图 6.18(a)和 (b)所示。

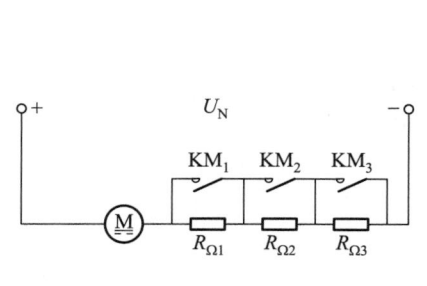

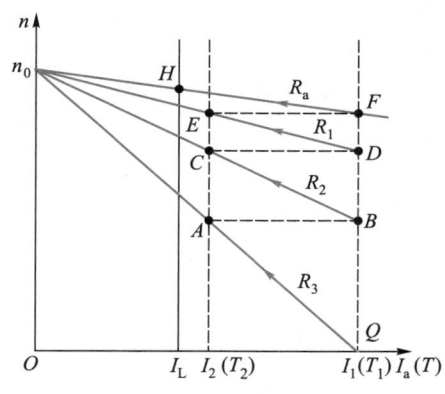

(a) 线路原理图   (b) 机械特性

图 6.18 逐级切换电阻起动时线路原理图及特性曲线

$R_{\Omega 1} \sim R_{\Omega 3}$ 为起动电阻,$KM_1 \sim KM_3$ 为接触器的动合触点。电枢回路电阻为 R_a,令 $R_1 = R_a + R_{\Omega 1}$,$R_2 = R_a + R_{\Omega 1} + R_{\Omega 2}$,$R_3 = R_a + R_{\Omega 1} + R_{\Omega 2} + R_{\Omega 3}$。先将电动机加上励磁,把 $KM_1 \sim KM_3$ 断开,此时电枢回路总电阻为 R_3,接通电源电压 U_N,在 $n = 0$ 时,起动电流为 $I_1 = U_N / R_3$,与 R_3 对应的机械特性与横轴的交点 Q 是起动点。显然,$I_1 > I_L$,即 $T_1 > T_L$,电动机由 Q 点开始起动,变化过程沿曲线 R_3 由 $Q \rightarrow A$。

为得到较大的加速转矩,到 A 点时闭合 KM_3,切除 $R_{\Omega 3}$,一般称切换电阻时的电流 I_2 为切换电流,对应的转矩称切换转矩。切除 $R_{\Omega 3}$ 后的电枢总电阻为 $R_2 = R_a + R_{\Omega 1} + R_{\Omega 2}$,对应的特性曲线如图中的曲线 R_2。在切换瞬间,转速不能突变,运行点由曲线 R_3 上的 A 点过渡到曲线 R_2 上的 B 点,电流从 I_2 突增至 I_1,电磁转矩 T 从 T_2 突增到 T_1,得到与开始起动时同样大的加速转矩。之后的变化过程沿 R_2 曲线由 $B \rightarrow C$。

到 C 点时再闭合 KM_2,切除 $R_{\Omega 2}$,电枢总电阻为 $R_1 = R_a + R_{\Omega 1}$,运行点从曲线 R_2 上 C 点过渡到曲线 R_1 上的 D 点,再沿曲线 R_1 由 $D \rightarrow E$。

到达 E 点时,最后闭合 KM_1,切除 $R_{\Omega 1}$,运行点从曲线 R_1 上的 E 点过渡到固有特性上的 F 点,然后到达 H 点。在 H 点,$T = T_L$,系统稳定运行,起动过程结束。

2. 起动最大电流 I_1 和切换电流 I_2 的选择

I_1 选择原则应是不超过电动机容许的最大电流 I_m,I_m 为额定电流的 $2 \sim 2.5$ 倍,所以

$$I_1 \leqslant I_m = (2 \sim 2.5) I_N \tag{6.13}$$

若要求快速起动,则 I_1 可选大些,若要求平稳缓慢起动,则 I_1 可选小些。

I_2 选择原则是兼顾起动的快速性及起动设备费用的合理性。一般 I_2 选择的范围为

$$I_2 = (1.1 \sim 1.2) I_N \tag{6.14}$$

分级起动时,各级的 I_1(或 T_1)和 I_2(或 T_2)分别都取相同的值,这样可使电动机起动时加速度均匀。令

$$\beta = \frac{I_1}{I_2} = \frac{T_1}{T_2}$$

β 称为起动电流比(或起动转矩比)。

3. 起动电阻的计算

由图 6.18(b)可知 $n_A = n_B$,即

$$\frac{U - R_3 I_2}{C_e \Phi} = \frac{U - R_2 I_1}{C_e \Phi}$$

化简后可得

$$\frac{I_1}{I_2} = \frac{R_3}{R_2}$$

因为 $n_C = n_D$ 同理可得

$$\frac{I_1}{I_2} = \frac{R_2}{R_1}$$

由 $n_E = n_F$ 可得

$$\frac{I_1}{I_2} = \frac{R_1}{R_a}$$

综合起来就有

$$\frac{R_3}{R_2} = \frac{R_2}{R_1} = \frac{R_1}{R_a} = \frac{I_1}{I_2} = \beta \tag{6.15}$$

上式说明相邻两级起动电阻之比均等于起动电流比。若已知电枢电阻 R_a 和起动电流比 β,则各级起动电阻为

$$R_1 = \beta R_a$$
$$R_2 = \beta R_1 \qquad\qquad (6.16)$$
$$R_3 = \beta R_2$$

各级外串电阻为

$$R_{\Omega 1} = R_1 - R_a$$
$$R_{\Omega 2} = R_2 - R_1 \qquad\qquad (6.17)$$
$$R_{\Omega 3} = R_3 - R_2$$

若起动级数为 m,则最大起动电阻

$$R_m = \beta^m R_a$$

即

$$\beta = \sqrt[m]{\frac{R_m}{R_a}} \qquad\qquad (6.18)$$

或者

$$m = \frac{\lg \dfrac{R_m}{R_a}}{\lg \beta} \qquad\qquad (6.19)$$

现分两种情况介绍起动电阻计算步骤。

(1) 起动级数已知为 m 时,按下述步骤进行。

① 根据式(6.13)选定 I_1。

② 计算最大起动电阻

$$R_m = \frac{U}{I_1}$$

③ 已知或估算出 R_a 时按式(6.18)计算起动电流比 β。

④ 依据式(6.16)和式(6.17)计算各级起动电阻及分段外串电阻。

(2) 起动级数未知时,按下述步骤进行。

① 按式(6.13)、式(6.14)和式(6.15)初选 I_1,I_2 和计算 β。

② 计算最大起动电阻

$$R_m = \frac{U}{I_1}$$

③ 已知或估算出 R_a 时按式(6.19)计算起动级数 m。若求得 m 为小数,则取邻近的较大的整数(如 m 为 2.67 则取 $m=3$),然后将所取整数代入式(6.18)中对 β 值进行修

正,再用修正后的 β 值对 I_2 进行修正。修正后的 I_2 应满足取值范围要求,否则应另选级数 m,再重新修正 β 和 I_2 值。

④ 将修正后的 β 值代入式(6.16)和式(6.17)中,计算出各级总电阻和分段外串电阻。

6.6   他励直流电动机的制动

同其他型号的电动机一样,他励直流电动机也有两种基本的运行状态,即电动运行状态和制动运行状态。

在电动运行状态,电动机的电磁转矩 T 与转速 n 同方向,T 为拖动性质转矩,负载转矩 T_L 为制动性质转矩。按转速方向的不同,又可分为正向电动与反向电动两种电动运行状态。正向电动状态时转速 n 为正,电磁转矩 T 亦为正,机械特性位于第 I 象限,拖动反抗性恒转矩负载时能稳定运行于图 6.19 中的 A 点;反向电动状态时转速 n 为负,电磁转矩 T 亦为负,机械特性位于第 III 象限,拖动反抗性恒转矩负载时能稳定运行于图 6.19 中的 B 点。从能流关系分析,电动机都是从电网吸收电能,向轴上的负载输出机械能,功率流程如图 6.24(a)所示。

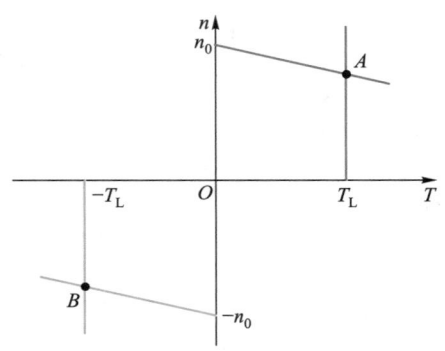

图 6.19   他励直流电动机的电动运行状态

制动运行状态时电动机的电磁转矩 T 与转速 n 方向相反,这时 T 变为制动性质的阻转矩。从能流关系分析,电动机从轴上所带负载中吸收机械能,将之转化为电能。显然,其机械特性位于第 II 或第 IV 象限。

本节讨论制动问题,而且集中讨论电动机的电气制动。电气制动目的是:

① 使电力拖动系统迅速减速停车。一般称采用拉闸断电源停车的方法为自然停车,这也是一种制动减速停车过程,不过此时制动转矩为很小的系统摩擦阻转矩,所以停车时间长。采用电气制动,让电动机的电磁转矩起阻转矩作用,从而可快速停车。

② 限制位能性负载的下放速度。在下放重物时,若传动装置轴上仅有重物,则系统在重物的重力作用下,其下放速度会越来越快,必将超过允许的安全速度,这是非常危险的。若使电动机产生一个与下放速度相反的转矩,可以抑制转速的升高,从而能安全匀速下放重物。

他励直流电动机的制动方法有能耗制动、反接制动和回馈制动。

6.6.1 能耗制动

1. 方法及原理

能耗制动接线图如图 6.20 所示。当起动用接触器 KM_1 触点闭合,制动用接触器 KM_2 触点断开时,直流电动机工作在电动状态,I_a、T、n 和 T_L 的参考方向如图 6.20(a)所示,图中 I_f 为励磁电流,机械特性如图 6.20(c)中的曲线 1,电动机运行在图 6.20(c)中的 A 点。要实现能耗制动,可使接触器 KM_1 的触点断开,同时使接触器 KM_2 的触点接通,此时直流电动机脱离电网,电枢两端外加电压为零,则理想空载转速 n_0 也等于零,其机械特性是图 6.20(c)中过 O 点的曲线 2。

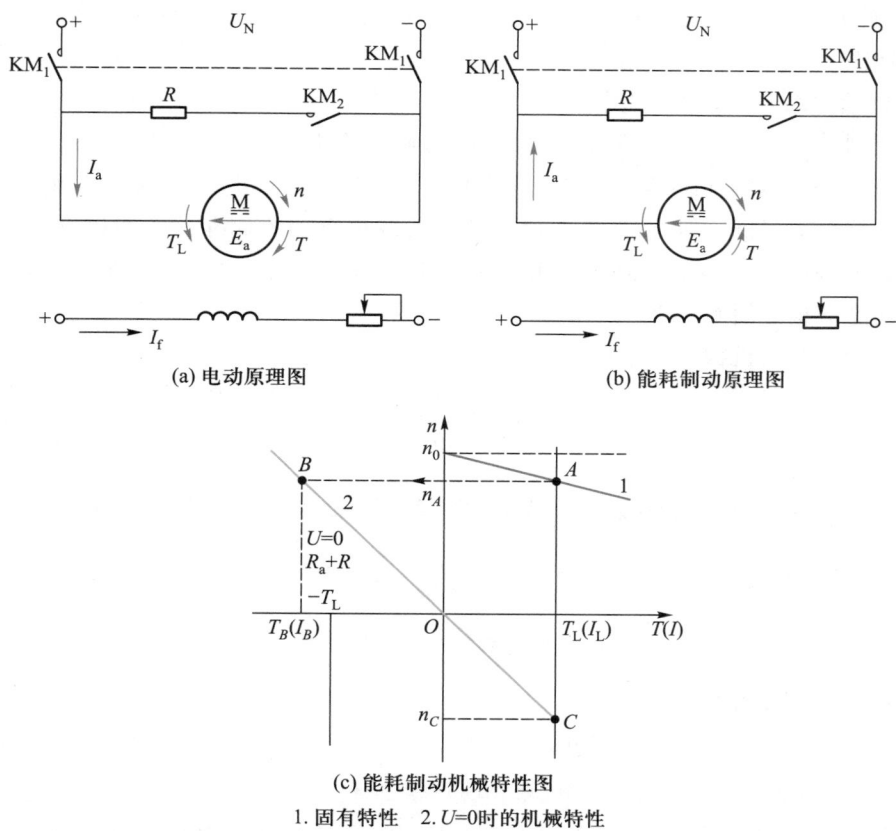

(a) 电动原理图　　　　　　　　(b) 能耗制动原理图

(c) 能耗制动机械特性图
1. 固有特性　2. $U=0$ 时的机械特性

图 6.20　他励直流电动机的能耗制动原理与机械特性

由于机械惯性使转速 n 不能突变,所以感应电动势 E_a 大小与方向未变,在 E_a 作用下,电枢电流 $I_a = -E_a/(R_a+R)$ 改变方向变为负值,电磁转矩 T 也随之反向变为负值,T 与 n 反向,成为制动转矩,系统进入制动过程,如图 6.20(b)所示。制动瞬间,由于转速 n 不能突变,电动机将以 n_A 的速度从曲线 1 上的 A 点过渡到曲线 2 上的 B 点。由图可

知,作用在电动机轴上的转矩为$-|T_B|-T_L<0$,系统沿曲线 2 减速,随着 n 下降,E_a 下降,T 的绝对值减小,直至 O 点,$n=0$,$T=0$,若电动机拖动反抗性恒转矩负载,则系统停车。上述过程是将正转的电力拖动系统快速停车的制动过程,在从 B 点→O 点制动减速过程中,$T<0$,$n>0$,T 始终起制动作用,称这种制动方式为能耗制动过程或能耗制动停车过程。

电动机若拖动位能性恒转矩负载,制动前仍运行于曲线 1 上的 A 点,如果采用上述能耗制动方法,从图 6.20(c)可知,运行点从 A→B→O 是能耗制动过程,与拖动反抗性恒转矩负载时完全相同。但到了 O 点后,如不采用其他制动方法(如机械抱闸)停车,则由于 $T=0$,位能性负载转矩 T_L 将拖着系统反转。n 反向为负,E_a 必反向,I_a 及 T 同时反向,T 反向为正,T 与 n 仍然反向,T 还是制动转矩,只不过由于 $T_L>T$,系统才能反向加速,直到 C 点,此时 $T=T_L$,系统以 n_C 转速稳定运行。在 C 点处的稳定运行状态称之为能耗制动运行状态。

2. 能量关系及制动电阻计算

能耗制动过程中,电机脱离了电网,从电网输入的功率 $P_1=0$。电机的 E_a 与 I_a 同方向,电机作为一台发电机在运行,与一般的发电机不同之处在于:能耗制动时轴上的机械能不是由原动机提供,而是由系统所储存的动能或由重物所储存的位能提供的;发出的电功率 E_aI_a 没有输送给电网而是消耗在电枢回路的电阻上,所以称之为能耗制动。能耗制动的功率流程如图 6.24(b)所示。

能耗制动时的机械特性方程为

$$n=-\frac{R_a+R}{C_eC_T\Phi^2}T=-\beta T \tag{6.20}$$

式中,$\beta=\dfrac{R_a+R}{C_eC_T\Phi^2}$ 为斜率,能耗制动曲线 2 的斜率 β 随制动电阻 R 的变化而变化,但 R 不能太小,否则 I_a 会超过电动机最大允许电流 I_m。选择 R 的原则是

$$I_a=\frac{E_a}{R_a+R}\le I_m=(2\sim2.5)I_N$$

由此可得能耗制动电阻计算公式为

$$R\ge E_a/(2\sim2.5)I_N-R_a \tag{6.21}$$

式中,E_a 取制动前稳态值或匀速下放重物时产生的 E_a。

能耗制动方法较简单,制动时电动机脱离电网,不需要吸收电功率,比较经济、安全。常用于反抗性负载电气制动停车,在提升设备中也常用于匀速下放重物。

3. 能耗制动过渡过程

能耗制动的过渡过程与负载性质有关。

(1) 位能性恒转矩负载

电动机带位能性恒转矩负载,其能耗制动过渡过程实际上是转速的变化过程。

将制动过程的运动方程 $T = T_L + \dfrac{GD^2}{375}\dfrac{dn}{dt}$ 代入式（6.20）中,得到

$$n = -\beta T_L - \beta \frac{GD^2}{375}\frac{dn}{dt}$$

令 $T_M = \beta\dfrac{GD^2}{375} = \dfrac{GD^2}{375} \cdot \dfrac{R_a + R}{C_e C_T \Phi^2}$,称 T_M 为拖动系统的机电时间常数;也令 $-\beta T_L = -\dfrac{R_a + R}{C_e C_T \Phi^2}T_L = n_L$,当 T_L 为常数时,n_L 亦为常数。于是就得到方程式

$$n = n_L - T_M \frac{dn}{dt} \tag{6.22}$$

上式为非齐次常系数一阶微分方程,用分离变量法求通解

$$\frac{dn}{n - n_L} = -\frac{dt}{T_M}$$

两边积分得

$$\ln(n - n_L) = -\frac{t}{T_M} + C$$

$$n - n_L = e^{-t/T_M + C} = C_1 e^{-t/T_M}$$

由初始条件确定 C_1,设 $t = 0$ 开始制动的初始速度为 n_Q,代入上式可得 $C_1 = n_Q - n_L$,整理后得到

$$n = n_L + (n_Q - n_L)e^{-t/T_M}$$

当 $t \to \infty$ 时,由上式可知 $n = n_L$,在图 6.20 中电动机稳态运行点在 C 点,转速为 n_C,所以 $n_L = n_C$;从图 6.20 中还可知制动开始时转速为 $n_Q = n_A$,所以就得到能耗制动过程中转速表达式为

$$n = n_C + (n_A - n_C)e^{-t/T_M} \tag{6.23}$$

其转速变化曲线如图 6.21 所示。

（2）反抗性恒转矩负载

电动机带反抗性恒转矩负载能耗制动过程与带位能性恒转矩负载能耗制动过程相同,只不过制动过程到 $n = 0$ 时就结束,不像带位能性负载那样,转速要反向到达 n_C 时才结束。转速变化规律与带位能性负载能耗制动中的转速变化规律在 $n \geq 0$ 区段是相同的,所以其转速表达式为

$$n = n_C + (n_A - n_C)e^{-t/T_M} \quad (n \geq 0)$$

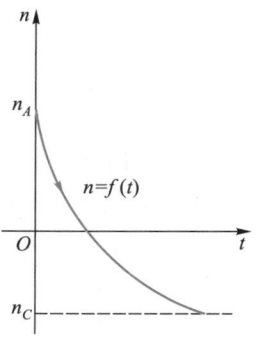

图 6.21 带位能性负载能耗制动时转速的变化过程

6.6.2 反接制动

他励直流电动机反接制动可分为电压反接制动和转速反向的反接制动两种。

1. 电压反接制动

（1）方法及原理

图 6.22（a）为电压反接制动电路原理图，KM_1 接通 KM_2 不通时，直流电动机正向接通电源电压 U_N，工作在电动状态，I_a、n、T、T_L 的参考方向在图 6.22（a）中用实线箭头标出，图中 I_f 为励磁电流，机械特性如图 6.22（b）的曲线 1。为实现电压反接制动，在 KM_1 断开瞬间让 KM_2 接通，直流电动机电枢两端与电源反向接通，U_a 反向，由 U_N 变为 $-U_N$，E_a 方向未变，U_a 和 E_a 作用方向一致，$I_a = (-U_a-E_a)/(R_a+R_f)$ 为负值，$T = C_T\Phi I_a$ 也为负值，电磁转矩为制动转矩，系统进入反接制动状态。$-I_a$、$-T$ 在图中用虚线标出。为防止出现过大的制动电流，在反接的同时在电枢电路中串入一较大的限流电阻 R_f。此时 $n_0 = -U_N/C_e\Phi$ 为负值，机械特性如图 6.22（b）的曲线 2。在切换瞬间，由于转速不能突变，电动机将以 n_A 的速度从曲线 1 上的 A 点过渡到曲线 2 上的 B 点。显然，T_B 为负值，与 n 方向相反，为制动性质的转矩，T_B 与 T_L 共同作用，使电动机运行点从 $A \to B \to C$，且沿曲线 2 减速，直至 C 点，$n=0$，制动停车过程结束。如果轴上带的是反抗性恒转矩负载，此时应切断电源，若不切断电源，当 $T_C > T_L$ 时，有可能反向起动。

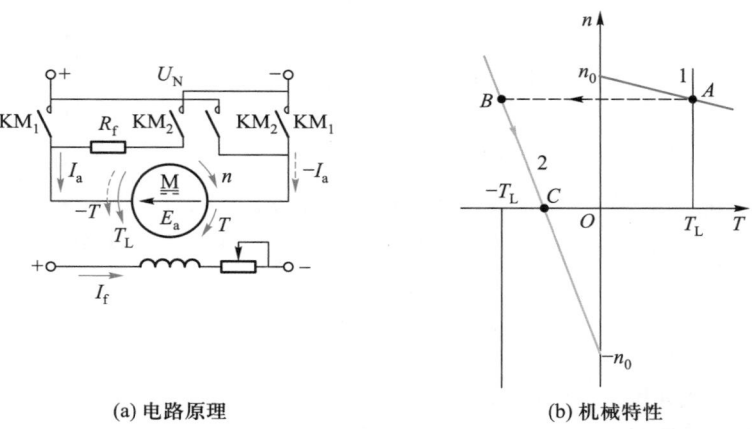

(a) 电路原理   (b) 机械特性

1.固有特性   2.$U=-U_N$ 电枢串 R_f 的人为特性

图 6.22   电压反接制动的电路原理和机械特性

（2）能量关系及制动电阻计算

在制动过程中，系统速度降低所释放出来的动能，减去空载损耗后，转变为电磁功率 P_M；同时电动机仍接在电源上，只不过极性反接罢了，所以仍从电源吸收电功率 P_1。所有这些功率全部消耗在电枢回路的电阻 (R_a+R_f) 上。功率流程如图 6.24（c）所示。

电压反接制动的机械特性方程为

$$n = -\frac{U_N}{C_e\Phi} - \frac{R_a+R_f}{C_eC_T\Phi^2}T = -n_0 - \beta T \tag{6.24}$$

由图 6.22（b）可看出，式（6.24）对应的机械特性是一条过 $-n_0$ 点且 $\beta = \dfrac{R_a+R_f}{C_eC_T\Phi^2}$ 的直

线。反接制动曲线 2 的斜率 β 也随制动电阻 R_f 的变化而变化,为了使制动时的最大电流不超过电动机最大允许电流 I_m,选择 R_f 的原则是

$$I_\mathrm{a} = \frac{U+E_\mathrm{a}}{R_\mathrm{a}+R_\mathrm{f}} \leqslant I_\mathrm{m} = (2 \sim 2.5) I_\mathrm{N}$$

由此可导出反接制动时应串入的电阻 R_f 为

$$R_\mathrm{f} \geqslant (U+E_\mathrm{a})/(2 \sim 2.5) I_\mathrm{N} - R_\mathrm{a} \tag{6.25}$$

2. 转速反向的反接制动

他励直流电动机轴上带位能性恒转矩负载,以 n_A 速度提升,运行点为图 6.23 中曲线 1 与负载 T_L 的交点 A。如果突然在电动机电枢回路中串入电阻 R_f,电动机机械特性变为曲线 2,由于转速来不及突变,系统以 n_A 速度过渡到曲线 2 上的 B 点,由图看出,$T_B <$ T_L,系统沿曲线 2 减速,到 C 点时系统速度为零,电动运行状态结束。此时,电动机转矩 T_C 仍小于 T_L,系统在重物作用下反向加速,运行点进入第Ⅳ象限,开始下放重物。n 反

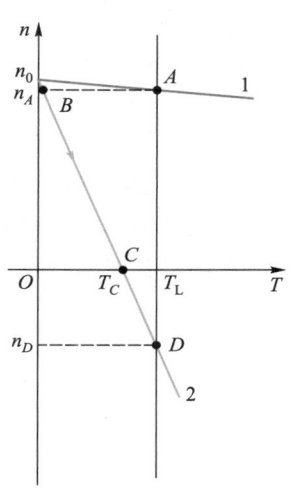

向,E_a 反向,但电枢电流 $I_\mathrm{a} = \dfrac{U-(-E_\mathrm{a})}{R_\mathrm{a}+R_\mathrm{f}}$ 与电动运行时方向一致,产生的电磁转矩仍为正,所以可判断出系统进入制动运行状态。系统在 T_L 作用下沿曲线 2 反向加速,直到 $T = T_\mathrm{L}$ 时,系统以 n_D 速度匀速下放重物。这种情况是由于位能性负载拖着电动机反转而发生的,而且有稳定运行点 D,故称之为倒拉反转运行。

图 6.23 倒拉反转运行时的机械特性

倒拉反转运行的功率关系与电压反接制动过程的功率关系一样。功率流程如图 6.24(c)所示,区别仅在于机械能的来源。电压反接制动中,向电动机输送的机械功率是负载所释放的动能;而倒拉反转运行中,机械功率是负载的位能变化提供的。因此倒拉反转制动方式不能用来停车,只能用于下放重物。

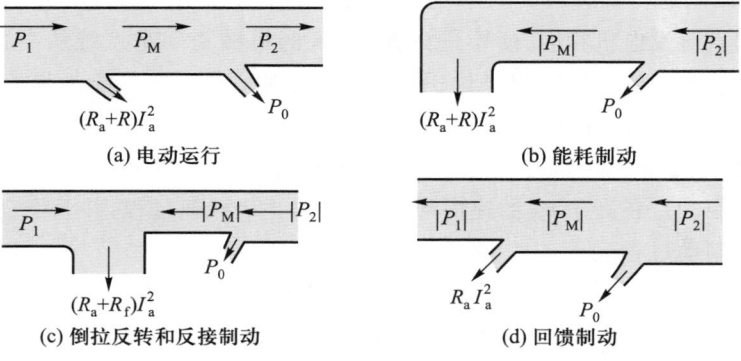

图 6.24 他励直流电动机各种运行状态下功率流程图

倒拉反转运行时电枢回路应串入的制动电阻 R_f 计算公式为

$$R_f = \frac{U+E_a}{I_L} - R_a \tag{6.26}$$

式中,I_L 为负载电流。

6.6.3 回馈制动

1. 正向回馈制动过程

他励直流电动机带恒转矩负载 T_L 运行于图 6.25(a)中固有特性 1 上的 A 点。若电压由 U_N 突降为 U_1,则理想空载转速由 n_0 降低为 n_{01},其对应的机械特性如图中曲线 2 所示,运行点会从 $A \rightarrow C$,此时 $n_C = n_A > n_{01}$,则 $E_{aC} > U_1$,$I_a = \dfrac{U_1 - E_{aC}}{R_a}$ 反向,T 反向,T 与 n 方向相反,电动机进入制动运行状态。在 T 和 T_L 共同作用下,电动机转速下降,到 B 点时 $n = n_{01}$,$T = 0$,制动运行状态结束。当然,运行点过 B 点后,仍有 $T < T_L$,所以运行点进入第 Ⅰ 象限后电动机在电动状态下继续降速,直到 $T = T_L$,稳定运行于 D 点。

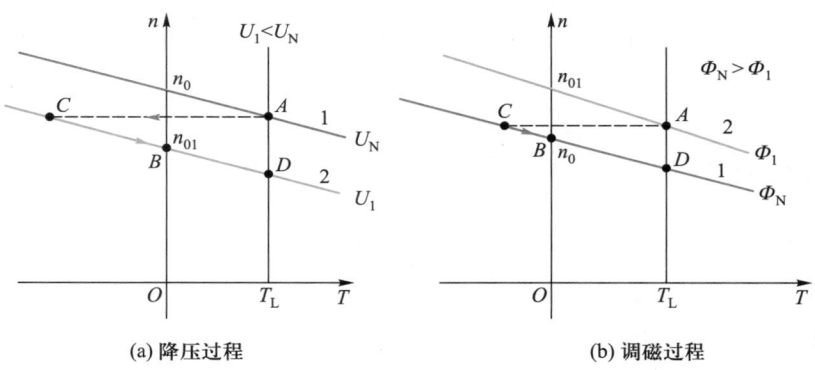

(a) 降压过程   (b) 调磁过程

图 6.25 他励直流电动机降速过程中的回馈制动特性

从 $C \rightarrow B$ 制动运行状态时的功率流程如图 6.24(d)所示。由图可知,这种制动状态的功率关系和直流发电机相同,所不同的是,输入的机械功率是系统从高速到低速这一降速过程中释放出来的动能所提供的;另一显著区别是发出的电能不是给用电设备,而是返送回直流电源,因为在 A 点时 $P_1 = U_N I_a$ 为正,电源向电动机输送功率 P_1,在 C 点时电枢电流 I_{aC} 反向为负,$P_1 = U_1 I_{aC}$ 为负,电动机向电源回送功率 P_1,故称这种制动为回馈制动。但这种制动是在高于 n_{01} 的速度降到 n_{01} 时的一个减速过程,并无稳定运行点,故称之为正向回馈制动过程。

正向回馈制动过程同样出现在他励直流电动机由弱磁通 Φ_1 增加到额定磁通 Φ_N 的减速过程中,见图 6.25(b)。读者可自行分析其制动过程。

2. 正向回馈制动运行

典型例子是如图 6.26 所示的无轨电车下坡。电车在平路上行驶,摩擦力产生的阻转矩为 T_{L1},稳定运行点为 A,在 A 点 $T=T_{L1}$,是正向电动运行状态。当电车下坡时,轴上新出现了位能性的拖动转矩 T_{L3},其方向与前进方向相同,与 T_{L1} 方向相反,且数值上要大于 T_{L1}。设下坡时外部作用在电车上的总转矩为 T_{L2},则 $T_{L2}=T_{L3}-T_{L1}$,这时的 T_{L2} 为拖动转矩,其对应的负载特性曲线为曲线 2,在 $(T+T_{L2})$ 作用下系统运行点会从电动状态的 A 点逐步加速到理想空载点,过理想空载点后电磁转矩 T 变为制动转矩,由于 $T_{L2}>T$,系统会继续加速,直至运行点到达第 II 象限的 B 点,在 B 点 $T=T_{L2}$,系统以 $n_B>n_0$ 的速度稳定运行。这种回馈制动能使电车恒速下坡,故称为正向回馈制动运行。轴上所输入的机械功率是电车减少位能所提供的,其功率关系完全与正向回馈制动过程时相同。

3. 反向回馈制动运行

他励直流电动机带位能性恒转矩负载运行于正向提升状态的 A 点时,突然改变电枢电压极性,电动机机械特性由曲线 1 变为曲线 2,如图 6.27 所示。运行点从 $A\to B$,T_B 变负。在 T_B 与 T_L 共同作用下,转速沿曲线 2 迅速下降到 $n=0$ 的 D 点。$B\to D$ 这一段即为反接制动状态。由于是位能性负载,T_D 与 T_L 都是反向拖动转矩,故系统迅速反向起动加速,转速很快上升到 $|-n_0|$,从 $D\to-n_0$ 这一段为反向电动状态。尽管在 $-n_0$ 点 $T=0$,但位能性负载仍使系统加速。运行点进入第 IV 象限,电动机产生的转矩与转速反向,变为制动性质转矩。因为 T 仍小于 T_L,系统继续加速到 C 点时,$T=T_L$,系统以 n_C 速度匀速下放重物。此时 $|n|>|-n_0|$,故称这种运行状态为反向回馈制动运行状态。其功率关系与前述二种回馈制动的功率关系完全相同。

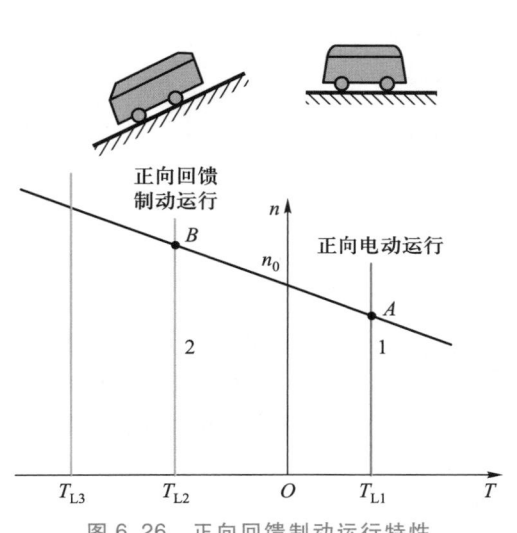

图 6.26　正向回馈制动运行特性

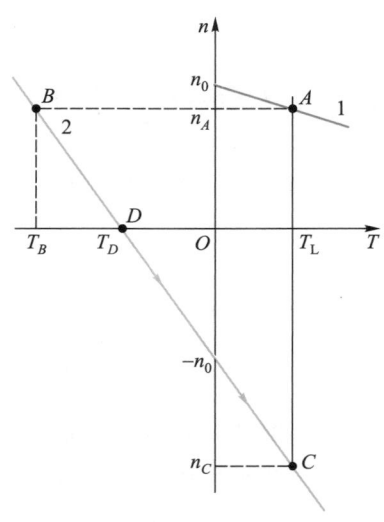

图 6.27　反向回馈制动运行特性

从以上三种回馈制动分析可知,回馈制动的特点是:$n>n_0$,$E_a>U$,将系统所储存的机械能变为电能回送到电网。

例 6.6   一台他励直流电动机,额定功率 $P_N = 22$ kW,额定电压 $U_N = 220$ V,额定电流 $I_N = 115$ A,额定转速 $n_N = 1\,500$ r/min,电枢回路总电阻 $R_a = 0.1$ Ω,忽略空载转矩 T_0,电动机带 $T_L = 0.9T_N$ 的负载运行时,要求 $I_m \leqslant 2I_N$,若运行于正向电动状态,试问:

(1) 负载为反抗性恒转矩负载,采用能耗制动过程停车时,电枢回路应串入的制动电阻最小值是多少?

(2) 负载为位能性恒转矩时,例如起重机,忽略传动机构损耗,要求电动机运行在 $n_1 = -200$ r/min 匀速下放重物。采用能耗制动运行,电枢回路应串入的电阻值是多少? 该电阻上的功率损耗是多少?

解:(1) 反抗性恒转矩负载能耗制动过程应串入电阻值的计算

计算 $C_e\Phi_N$

$$C_e\Phi_N = \frac{U_N - R_a I_N}{n_N} = \frac{220 - 115 \times 0.1}{1\,500} \text{ V/(r/min)} = 0.139 \text{ V/(r/min)}$$

理想空载转速

$$n_0 = \frac{U_N}{C_e\Phi_N} = \frac{220}{0.139} \text{ r/min} = 1\,582.7 \text{ r/min}$$

额定转速降落

$$\Delta n_N = n_0 - n_N = 1\,582.7 \text{ r/min} - 1\,500 \text{ r/min} = 82.7 \text{ r/min}$$

额定运行状态时感应电动势

$$E_{aN} = C_e\Phi_N n_N = 0.139 \times 1\,500 \text{ V} = 208.5 \text{ V}$$

负载转矩 $T_L = 0.9T_N$ 时的转速降落

$$\Delta n = \frac{0.9T_N}{T_N}\Delta n_N = 0.9 \times 82.7 \text{ r/min} = 74.4 \text{ r/min}$$

带负载转矩 $T_L = 0.9T_N$ 时电动机的转速为

$$n = n_0 - \Delta n = 1\,582.7 \text{ r/min} - 74.4 \text{ r/min} = 1\,508.3 \text{ r/min}$$

制动开始时的电枢感应电动势

$$E_a = \frac{n}{n_N}E_{aN} = \frac{1\,508.3}{1\,500} \times 208.5 \text{ V} = 209.7 \text{ V}$$

能耗制动应串入的制动电阻最小值

$$R_{min} = \frac{E_a}{I_m} - R_a = \frac{209.7}{2 \times 115} \text{ Ω} - 0.1 \text{ Ω} = 0.812 \text{ Ω}$$

(2) 位能性恒转矩负载能耗制动运行时,电枢回路串入电阻及电阻上功率损耗的计算

因忽略传动机构损耗,故下放时负载转矩

$$T_L = 0.9T_N$$

负载电流

$$I_{a1} = \frac{T_L}{T_N}I_N = 0.9 \times 115 \text{ A} = 103.5 \text{ A}$$

转速为-200 r/min 时电枢感应电动势

$$E_{a1} = C_e \Phi_N n = 0.139 \times (-200) \text{ V} = -27.8 \text{ V}$$

串入电枢回路的电阻

$$R_1 = \frac{-E_{a1}}{I_{a1}} - R_a = \frac{27.8}{103.5} \Omega - 0.1 \Omega = 0.169 \Omega$$

R_1 上的功率损耗

$$PR_1 = I_{a1}^2 R_1 = 103.5^2 \times 0.169 \text{ W} = 1\ 810.4 \text{ W}$$

6.7　他励直流电动机的调速

　　在电力拖动系统中,为适应生产工艺的要求,往往要求电动机改变运行速度,称电动机运行速度的改变为调速。如车床切削工件,粗加工时用低速,精加工时用高速。

　　现代电力拖动系统都采用电气调速。所谓电气调速,是指通过改变电动机电气参数,来改变拖动系统运行速度。

　　他励直流电动机采用电气调速时具有优越的调速性能,所以广泛应用于对调速性能要求较高的生产机械上,如龙门刨床、大型立式车床和大型轧钢机等。

6.7.1　调速指标

　　他励直流电动机采用电气调速的方法有三种,即电枢串电阻调速、降压调速和弱磁调速。常用调速指标来评价调速方法的优劣。调速指标有静差率、调速范围和调速的平滑性,还有调速的经济性。

　　1. 静差率 δ

　　静差率 δ 又称转速变化率,是指电动机由理想空载转速 n_0 到额定负载时转速的变化率,即在 $T = T_N$ 时的 δ

$$\delta = \frac{n_0 - n}{n_0} = \frac{\Delta n}{n_0} \qquad (6.27)$$

式中,$\Delta n = n_0 - n$ 称为转速降落,简称转速降。

　　由上式可知,在 n_0 相同时,机械特性越硬,Δn 就越小,δ 就越小,表明电动机转速的相对稳定性就越高。观察图 6.28 中所绘出的三条机械特性曲线,在额定负载转矩 T_N 不变时,曲线 1 比曲线 2 硬。对于曲线 1,$\delta_1 = \Delta n_1/n_0$;对于曲

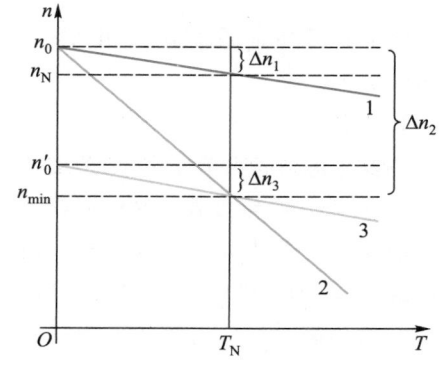

图 6.28　不同机械特性下的静差率

线 2，$\delta_2 = \Delta n_2 / n_0$。显然，$\Delta n_1 < \Delta n_2$，所以 $\delta_1 < \delta_2$。

静差率除了与机械特性硬度有关外，还与理想空载转速 n_0 有关。对于同样硬度的机械特性，Δn 相同，但从式（6.27）可知，n_0 越低，δ 越大；n_0 越高，δ 越小。在图中，曲线 1 和 3 具有同样的硬度，即 $\Delta n_1 = \Delta n_3$，$\delta_3 = \Delta n_3 / n_0'$，因为 $n_0' < n_0$，所以 $\delta_3 > \delta_1$。

生产机械调速时，依据工艺要求，需保持一定的转速稳定性，要求 δ 应小于某一允许值。不同生产机械对 δ 要求也不同，例如精加工的金属切削机床，要求 $\delta \leq 0.1$；普通车床 $\delta \leq 0.3$；而精度要求很高的造纸机，则要求 $\delta \leq 0.001$。

2. 调速范围 D

调速范围 D 的定义是：在额定负载时，电力拖动系统可能运行的最高转速 $n_{\max}$ 与最低转速 $n_{\min}$ 之比。即

$$D = \frac{n_{\max}}{n_{\min}} \bigg|_{T = T_N} \tag{6.28}$$

对拖动系统而言，希望调速范围 D 要大些而静差率 δ 要小些，但是实行起来有困难，因为这两项性能指标是互相制约的。只有当静差率要求不高，即 δ 较大时，最低转速 $n_{\min}$ 才会小些，调速范围 D 才能大些；反之，若静差率要求高，即 δ 小，$n_{\min}$ 就会大些，则 D 就会小些。所以对调速范围 D 和静差率 δ 要综合考虑，不可偏颇。可以推导出 D 与 δ 之间的关系为

$$D = \frac{n_{\max}}{n_{\min}} = \frac{n_{\max}}{n_{0\min} - \Delta n_N} = \frac{n_{\max}}{\dfrac{\Delta n_N}{\delta_{\max}} - \Delta n_N} = \frac{n_{\max} \delta_{\max}}{\Delta n_N (1 - \delta_{\max})} \tag{6.29}$$

式中，$n_{0\min}$ 是与最低速度 $n_{\min}$ 相对应的理想空载转速。

3. 调速的平滑性

调速时，相邻两级转速的接近程度，用平滑系数 ϕ 来衡量，它是相邻两级转速之比

$$\phi = \frac{n_i}{n_{i-1}}$$

由上式可知 ϕ 越接近 1，相邻两级速度就越接近，则调速平滑性就越好。无级调速时的 $\phi = 1$。

4. 调速的经济性

主要考虑调速装置的初投资、维护维修费用和调速时的电能损耗等。

5. 调速方式与负载特性的匹配

他励直流电动机有电枢串电阻调速、降压调速和弱磁调速三种调速方法，归纳为两种调速方式，即恒转矩调速方式和恒功率调速方式。在调速前后，电动机的电磁转矩保持不变的调速方式称为恒转矩调速方式；在调速前后，电动机的电磁功率保持不变的调速方式称为恒功率调速方式。电枢串电阻调速和降压调速属恒转矩调速方式，弱磁调速

属恒功率调速方式。

在电力拖动系统中,他励直流电动机的最佳运行状态是满载运行,这时的电枢电流 I_a 等于额定电流 I_N。若 $I_a>I_N$,则电动机过载,过载运行的电动机发热严重,会损坏电动机的绝缘;若 I_a 远小于 I_N,则电动机轻载,拖动能力没有得到充分发挥。

他励直流电动机运行时,I_a 的大小完全由负载的大小来决定,因为 $I_a=\dfrac{T}{C_T\Phi}$,若忽略空载转矩 T_0,则 $T=T_L$,T_L 越大,T 也就越大,I_a 也就越大;反之,T_L 越小,I_a 也就越小。

负载分为恒转矩负载、恒功率负载和泵类负载,这就存在调速方式与负载的相互配合问题。恰到好处的配合是既能使系统满足调速性能要求,又能使 $I_a=I_N$,让电动机的拖动能力得到充分发挥。

如果电动机拖动恒转矩负载采用恒转矩调速方式,这时只要选择电动机的额定电磁转矩 T_N 等于负载转矩 T_L 就可以实现恰到好处的配合,因为不论系统运行速度如何变化,恒转矩负载 T_L 总是不变的,因而 T_N 总是等于 T_L,电动机就可以拖动负载在所要求的速度上运行,满足调速性能要求,而且 T 总是等于 T_N 不变,所以 $I_a=I_N$,电动机总是处于最佳的满载运行状态。称恒转矩调速方式与恒转矩负载之间恰到好处的配合为匹配。

电动机拖动恒功率负载采用恒功率调速方式也能实现恰到好处的配合,所以也称电动机拖动恒功率负载采用恒功率调速方式为匹配。

如果电动机拖动恒转矩负载采用恒功率调速方式,则负载 T_L 是不变的,但是在恒功率调速方式下 T 是变化的,变化的 T 与不变的 T_L 不能很好地配合,称恒功率调速方式与恒转矩负载之间为不匹配。

如果电动机拖动恒功率负载采用恒转矩调速方式,则负载 T_L 是变化的,而 T 是不变的,T 与 T_L 也不能很好地配合,也称恒转矩调速方式与恒功率负载之间为不匹配。

总之,他励直流电动机拖动恒转矩负载应采用恒转矩调速方式,拖动恒功率负载应采用恒功率调速方式。

下面就依据电动机的机械特性和调速指标来分析他励直流电动机的三种调速方式。

6.7.2　电枢回路串电阻调速

他励直流电动机拖动恒转矩负载 T_L 运行在 a 点,速度为 n_a,如图 6.29 所示。若在电枢回路串入电阻 $R_{\Omega1}$,则运行点由 a 点过渡到人为特性($R_a+R_{\Omega1}$)的 b 点,在 b 点 $T<T_L$,系统要减速,运行点由 b 点沿人为特性到达 c 点,在 c 点 $T=T_L$,系统以较低的速度 n_c 运行,完成了调速过程。

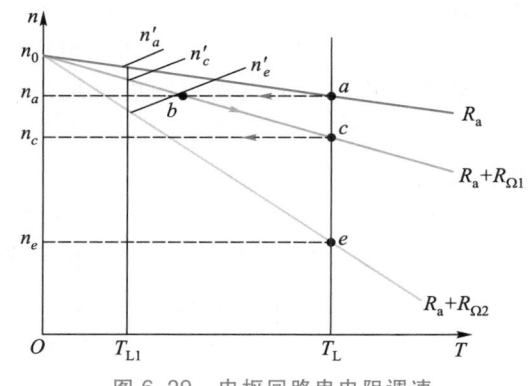

图 6.29　电枢回路串电阻调速

转速降 $\Delta n \propto (R_a + R_\Omega)$，电阻 R_Ω 越大，Δn 就越大，转速越低。例如在电枢回路串入电阻 $R_{\Omega 2}(R_{\Omega 2} > R_{\Omega 1})$，系统会以更低的速度 n_e 运行。从串入电阻后所得到的新稳定运行点（如图 6.29 中的 c、e 点）可知，调速前后，电动机的输出转矩不变，且等于 T_L，故属于恒转矩调速方式。如果将电动机运行于固有机械特性上的转速称为基速，那么用电枢回路串电阻的调速方法，其调速方向一定是从基速往下调。

电枢回路串电阻的调速方法设备简单、操作方便，但电阻只能分段调节，属有级调速，调速平滑性差。从图 6.29 可见，当负载由 T_L 减小为 T_{L1} 时，调速范围变小了，如图中 n_a' 至 n_e' 的速度变化范围小于 n_a 至 n_e 的速度变化范围，尤其在轻载时，调速范围更小。电枢回路电阻上电能损耗大，电动机效率低。所以这种调速方法仅用在要求调速性能不高的生产机械上，如起重机、矿井使用的电机车等。

6.7.3   可控整流的直流调压调速

保持直流电动机磁通为额定值，电枢回路不串入电阻，通过改变电枢电压来改变直流电动机转速的调速方法称为调压调速。

由直流电动机的机械特性

$$n = \frac{U}{C_e \Phi} - \frac{R}{C_e C_T \Phi^2} T = n_0 - \beta T \tag{6.30}$$

可知，改变电枢电压时，机械特性仍为直线，斜率 $\beta = \dfrac{R}{C_e C_T \Phi^2}$ 保持不变，随着电枢电压的

降低，机械特性平行地向下移动，如图 6.30 所示，当带恒转矩负载 T_L，电枢电压 $U_1 > U_2 > U_3 > U_4$，则对应的电动机的转速为 $n_1 > n_2 > n_3 > n_4$。

随着电力电子技术的发展，改变电枢直流电压最常用的方法就是采用晶闸管可控整流电路，将交流电压整流为可调直流电压。对于小容量直流电动机，可采用单相桥式可控整流电路对直流电动机的电枢绕组供电，如图 6.31 所示，可控整流电路输出直流电压为

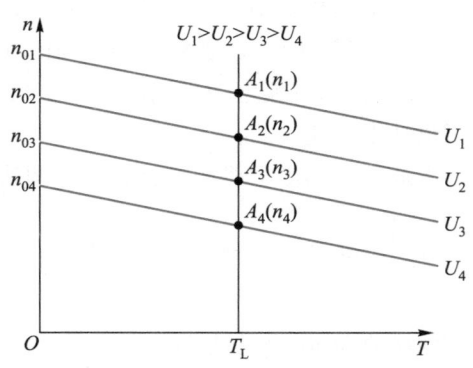

图 6.30   直流电动机调压调速特性

$$U_d = 0.9 U \cos \alpha \tag{6.31}$$

式中，U 为单相交流电压的有效值，α 为晶闸管的触发控制角，改变控制角 α 就能改变直流电压 U_d，从而改变直流电动机的转速。图中的 L 为平波电抗器，用来减小电流的脉动，保持电流的连续。将式(6.31)代入式(6.30)，就可以得到在电流连续的情况下的机械特性为

$$n = \frac{0.9U\cos\alpha}{C_e\Phi} - \frac{R}{C_eC_T\Phi^2}T \qquad (6.32)$$

对于容量较大的直流电动机采用三相桥式可控整流电路,其调压调速系统如图 6.32 所示。在电流连续情况下,三相桥式可控整流电路输出直流电压为

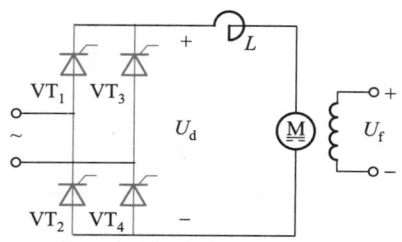

图 6.31 单相桥式可控整流电路供电 的调压调速系统

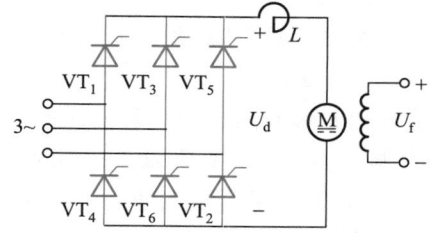

图 6.32 三相桥式可控整流电路供电 的调压调速系统

$$U_d = 2.34U\cos\alpha \qquad (6.33)$$

式中,U 为相电压的有效值,通过改变控制角 α 就能改变直流电压 U_d。

将式(6.33)代入式(6.30)得到机械特性为

$$n = \frac{2.34U\cos\alpha}{C_e\Phi} - \frac{R}{C_eC_T\Phi^2}T \qquad (6.34)$$

式(6.32)和式(6.34)对应的机械特性如 图 6.33 所示,增大控制角 α,电动机的转速就 降低,如图中 $\alpha_1 < \alpha_2 < \alpha_3 < \alpha_4$,则 $n_1 > n_2 > n_3 > n_4$, 两式中的 R 是电枢电阻 R_a 和整流电路的电 阻之和。

直流调压调速系统常采用速度负反馈 形成闭环控制系统,这样就可以连续调节控 制角 α,使整流电压连续可调,因而电动机的 转速也是连续可调的,从而实现无级调速。

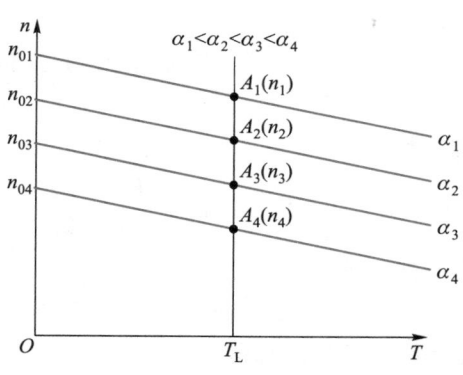

图 6.33 可控整流的直流电 动机调压调速特性

6.7.4 弱磁调速

弱磁调速方法是:保持电枢电压为额定电压,电枢回路不串入电阻,在电动机轴上所 带负载不是太大的前提下,人为降低电动机的磁通,从而达到调速的目的。由他励直流 电动机机械特性方程可知,减弱磁通时,理想空载转速 n_0 升高,同时 Δn 也增大,但因电 枢电阻 R_a 很小,一般情况下 n_0 比 Δn 增加得多些。所以弱磁时转速会升高,改变磁通 Φ 时机械特性如图 6.34 所示。

图中曲线 1 为电动机的固有机械特性,$\Phi = \Phi_N$;曲线 2 为弱磁后的人为特性,$\Phi = \Phi' < \Phi_N$。

电动机带恒转矩负载 T_L 时稳定运行在曲线 1 的 A 点,在弱磁的瞬间,电动机转速不能突变,运行点由曲线 1 的 A 点过渡到曲线 2 的 C 点,再沿曲线 2 加速到 B 点,在 B 点 $T = T_L$,系统稳定运行在 B 点,显然,$n_B > n_A$,说明弱磁是升速的,弱磁调速是从基速向上调速的一种调速方法。

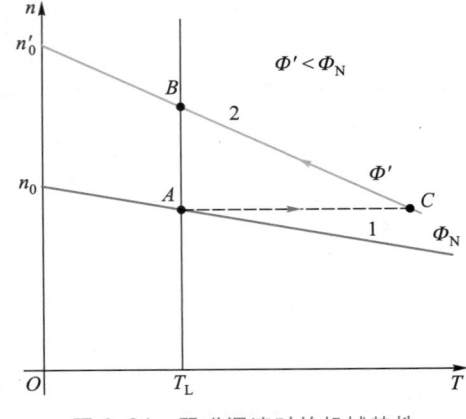

图 6.34　弱磁调速时的机械特性

通常把弱磁调速与调压调速结合起来,以扩大调速范围,在基速以下采用调压调速,在基速以上采用弱磁调速。系统总的调速范围为这两种方法调速范围的乘积。

例 6.7　一台他励直流电动机,额定功率 $P_N = 22$ kW,额定电压 $U_N = 220$ V,额定电流 $I_a = 115$ A。额定转速 $n_N = 1\,500$ r/min,电枢回路总电阻 $R_a = 0.1$ Ω,忽略空载转矩 T_0,电动机带额定负载运行时,要求把转速降到 1 000 r/min,计算:

（1）采用电枢串电阻调速需串入的电阻值;

（2）采用降低电源电压调速需把电源电压降到多少;

解:（1）电枢串入电阻值的计算

计算 $C_e \Phi_N$

$$C_e \Phi_N = \frac{U_N - R_a I_N}{n_N} = \frac{220 - 0.1 \times 115}{1\,500} \text{ V/(r/min)} = 0.139 \text{ V/(r/min)}$$

理想空载转速

$$n_0 = \frac{U_N}{C_e \Phi_N} = \frac{220}{0.139} \text{ r/min} = 1\,582.7 \text{ r/min}$$

额定转速降落

$$\Delta n_N = n_0 - n_N = 1\,582.7 \text{ r/min} - 1\,500 \text{ r/min} = 82.7 \text{ r/min}$$

电枢串电阻后转速降落

$$\Delta n = n_0 - n = 1\,582.7 \text{ r/min} - 1\,000 \text{ r/min} = 582.7 \text{ r/min}$$

电枢串电阻为 R,则有

$$\frac{R_a + R}{R_a} = \frac{\Delta n}{\Delta n_N}$$

$$R = R_a \left(\frac{\Delta n}{\Delta n_N} - 1 \right) = 0.1 \times \left(\frac{582.7}{82.7} - 1 \right) \text{ Ω} = 0.605 \text{ Ω}$$

（2）降低电源电压数值的计算

降低电源电压后的理想空载转速

$$n_{01} = n + \Delta n_N = 1\,000 \text{ r/min} + 82.7 \text{ r/min} = 1\,082.7 \text{ r/min}$$

降低后的电源电压为 U_1,则

$$\frac{U_1}{U_N}=\frac{n_{01}}{n_0}$$

$$U_1=\frac{n_{01}}{n_0}U_N=\frac{1\ 082.7}{1\ 582.7}\times220\ \text{V}=150.5\ \text{V}$$

▶▶▶ 小结

1. 凡是由电动机拖动生产机械运动的系统都称为电力拖动系统。结构简单的是单轴系统,即生产机械直接与电动机转轴相连。描述单轴系统的运动方程式是 $T-T_L=\dfrac{GD^2}{375}\dfrac{\mathrm{d}n}{\mathrm{d}t}$ 。实际运行的是多轴系统,需要将多轴系统工作机构的转矩、力、飞轮矩和质量等都折算到电动机的转轴上,变换成单轴系统,分析和计算就简单方便。

2. 生产机械负载有反抗性恒转矩负载、位能性恒转矩负载、风机类负载和恒功率负载。电力拖动系统稳定运行的充分必要条件是

$$T=T_L\quad\text{且}\quad\frac{\mathrm{d}T}{\mathrm{d}n}<\frac{\mathrm{d}T_L}{\mathrm{d}n}$$

3. 直流电动机起动时电枢绕组感应电动势为零,而且绕组电阻又很小,若加额定电压起动,起动电流会很大,可达额定电流的 $10\sim20$ 倍,这是不允许的。为降低起动电流,他励直流电动机可以降压起动和电枢回路串电阻起动。晶闸管可控整流降压起动,控制方便,起动时控制晶闸管触发控制角,使整流装置输出较低的电压,限制起动电流,随转速的升高,再控制整流装置的输出电压线性增大,直至起动完成。电枢回路串电阻起动也可以限制起动电流,起动时串入全部起动电阻,随转速的升高再逐级切除串入的电阻,直至起动结束。

4. 他励直流电动机制动方法有能耗制动、反接制动和回馈制动。能耗制动是将电枢回路断电后外接电阻形成闭合回路,这时电枢电流反向,电磁转矩反向成为制动转矩,使系统减速停车。带位能性负载要在停车时抱闸,防止系统反转。电压反接制动时将电枢两端与电源反向接通,电枢电流反向,电磁转矩反向成为制动转矩,使系统减速停车,停车时切断电源,抱闸。当电车下坡转速升高到超过理想空载转速时,电枢电流反向,电磁转矩成为制动转矩,电动机释放下坡的位能回馈电网,是回馈制动。

5. 直流电动机调速范围大,静差率小,调速性能好。调速方法有电枢回路串电阻调速、调压调速和弱磁调速。增大电枢回路电阻,电枢电流变小,电磁转矩变小,电动机减速运行。串电阻调速是有级调速,调速平滑性较差。晶闸管可控整流调压调速是无级调速,调速性能好,是一种先进的调速方法。

▶▶▶ 思考题与习题

6.1　电力拖动系统中什么是单轴系统?什么是多轴系统?

6.2　怎样将一个多轴系统等效为一个单轴系统?

6.3　什么是动态转矩?系统的运行状态与动态转矩有什么关系?

6.4　将多轴系统采用折算的办法等效为单轴系统时,负载转矩折算的原则是什么?飞轮矩折算的

原则是什么?

6.5　从负载转矩特性看,生产机械分为哪几类? 他们各有什么特点?

6.6　电力拖动系统中,什么是稳定运行的系统? 什么是不稳定运行的系统?

6.7　直流电动机为什么不能直接起动? 一般用哪些方法起动直流电动机?

6.8　试说明直流电动机电枢回路串电阻起动的原理。

6.9　试说明直流电动机能耗制动方法及原理。

6.10　什么是静差率? 静差率跟哪些因素有关?

6.11　一台他励直流电动机的额定数据为: $P_N = 54$ kW, $U_N = 220$ V, $I_N = 270$ A, $n_N = 1\,150$ r/min。估算额定运行时的 E_{aN},再计算 $C_e\Phi_N$、T_N、n_0,最后画出固有机械特性。

6.12　一台他励直流电动机的额定数据为: $P_N = 7.5$ kW, $U_N = 220$ V, $I_N = 40$ A, $n_N = 1\,000$ r/min, $R_a = 0.5\ \Omega$。拖动 $T_L = 0.5\ T_N$ 恒转矩负载运行时电动机的转速及电枢电流是多大?

6.13　画出习题 6.11 中那台电动机电枢回路串入 $R = 0.1\ R_a$ 和电压降到 $U = 150$ V 的两条人为机械特性曲线。

6.14　一台他励直流电动机的额定数据为: $P_N = 7.5$ kW, $U_N = 220$ V, $I_N = 85.2$ A, $n_N = 750$ r/min, $R_a = 0.13\ \Omega$。拟采用三级起动,最大起动电流限制在额定电流的 2.5 倍,求各段的起动电阻值。

6.15　一台他励直流电动机的额定数据为: $P_N = 17$ kW, $U_N = 220$ V, $I_N = 90$ A, $n_N = 1\,500$ r/min, $R_a = 0.147\ \Omega$。试问

(1)　直接起动时的电流为多少?

(2)　若限制最大起动电流为额定电流的两倍,有几种方法可以做到? 并计算出所采用方法的参数。

6.16　一台他励直流电动机的额定数据为: $P_N = 29$ kW, $U_N = 440$ V, $I_N = 76$ A, $n_N = 1\,000$ r/min, $R_a = 0.376\ \Omega$。采用电枢回路串电阻方法调速,已知最大静差率为 $\delta_{max} = 30\%$,试计算:

(1)　调速范围;

(2)　电枢回路串入的最大电阻值;

(3)　拖动额定负载转矩运行在最低转速时,电动机输出功率和外串电阻上消耗的功率。

6.17　一台他励直流电动机的额定数据为: 额定功率 $P_N = 40$ kW, $U_N = 220$ V, $I_N = 200$ A, $n_N = 1\,000$ r/min, $R_a = 0.1\ \Omega$。生产工艺要求最大静差率 $\delta_{max} = 20\%$,现采用降低电源电压调速,试计算:

(1)　系统能达到的调速范围;

(2)　上述调速范围内电源电压的最小值与最大值。

6.18　一台他励直流电动机的额定数据为: $P_N = 18$ kW, $U_N = 220$ V, $I_N = 94$ A, $n_N = 1\,000$ r/min,在额定负载下,试问:

(1)　想降速至 800 r/min 稳定运行,外串多大电阻? 采用降压方法,电源电压应降至多少伏?

(2)　想升速到 1 100 r/min 稳定运行,弱磁系数 Φ/Φ_N 为多少?

6.19　一台他励直流电动机的额定数据为: $P_N = 13$ kW, $U_N = 220$ V, $I_N = 68.7$ A, $n_N = 1\,500$ r/min, $R_a = 0.195\ \Omega$,拖动一台吊车的提升机构,吊装时用抱闸抱住,使重物停在空中。若提升某重物吊装时抱闸坏了,需要用电动机把重物吊在空中不动,已知重物的负载转矩 $T_L = T_N$,问此时电动机电枢回路应串入多大电阻?

6.20　一台他励直流电动机拖动某起重机提升机构,他励直流电动机的额定数据为: $P_N = 30$ kW, $U_N = 220$ V, $I_N = 158$ A, $n_N = 1\,000$ r/min, $R_a = 0.069\ \Omega$,当下放某一重物时,已知负载转矩 $T_L = 0.7\ T_N$,若

欲使重物在电动机电源电压不变时以 $n = -550$ r/min 转速下放,问电动机可能运行在什么状态? 计算该状态下电枢回路应串入的电阻值是多少?

6.21　一台他励直流电动机的额定数据为: $P_N = 29$ kW, $U_N = 440$ V, $I_N = 76$ A, $n_N = 1\ 000$ r/min, $R_a = 0.377\ \Omega$。

(1) 电动机在回馈制动状态下工作, $I_a = -60$ A,电枢电路不串电阻,求电动机的转速及电动机向电网回馈的功率;

(2) 电动机带位能性负载在能耗制动状态下工作,转速 $n = -500$ r/min, $I_a = I_N$,求电枢电路串入的电阻及电动机轴上的输出转矩;

(3) 电动机在反接制动状态下工作, $n = -600$ r/min, $I_a = 50$ A,求电枢电路串入的电阻、电动机轴上的输出转矩、电网供给的功率、从轴上输入的功率、在电枢电路中电阻上消耗的功率。

第 6 章　习题解答

第7章 三相异步电动机的电力拖动

📺 PPT

第7章
三相异步
电动机的
电力拖动

7.1 三相异步电动机的起动

7.1.1 三相异步电动机在起动中存在的问题及解决办法

异步电动机从静止状态过渡到稳定运行状态的过程称为异步电动机的起动过程。

将电动机的定子三相绕组直接接三相电源,定子、转子回路不串接元器件的起动方法称为直接起动。直接起动的方法简单易行,但存在起动电流很大而起动转矩却不够大的问题。

1. 起动电流很大

电动机运行时,定子旋转磁场与转子的相对切割速度为 $\Delta n = n_1 - n = sn_1$,相对切割速度越大,转子电流就越大。在正常运行时,s 很小,为 $0.015 \sim 0.05$,则 Δn 为同步转速 n_1 的 $0.015 \sim 0.05$ 倍,比较小;而在起动瞬间,$n = 0$,$s = 1$,则 $\Delta n = n_1$,是正常运行时的 $20 \sim 66$ 倍,相对切割速度很大,因而在转子绕组中产生的感应电动势和电流比正常运行时大许多倍,从而使定子电流即起动电流 I_{st} 很大,为额定电流的 $4 \sim 7$ 倍,即 $I_{st} = (4 \sim 7) I_N$。起动电流 I_{st} 与额定电流 I_N 之比称为起动电流倍数 K_I。起动过程中电流的变化规律如图 7.1 中的曲线 2 所示。

2. 起动转矩不够大

起动时 $n = 0$,$s = 1$,转子电抗 $X_2 = X_{20}$,X_{20} 是转子静止不动时的电抗,远远大于正常运行时的电抗 $X_{2s} = sX_{20}$,故而起动时转子功率因数 $\cos \varphi_2$ 比较小。

定子电压平衡方程式是 $\dot{U}_1 = -\dot{E}_1 + Z_1 \dot{I}_1$,起动电流很大,使得定子绕组的漏阻抗压降 $Z_1 I_1$ 增大,感应电动势 E_1 减小,E_1 与气隙磁通 Φ_1 成正比,从而导致 Φ_1 减小,随着转速升高,I_1 变小,$Z_1 I_1$ 变小,E_1 增大,Φ_1 增大。

由电磁转矩表达式 $T = C_T \Phi_1 I_2' \cos \varphi_2$ 可知,T 与 Φ_1、I_2' 和 $\cos \varphi_2$ 分别成正比关系,尽管起动时 I_2' 很大,但是 Φ_1 的减小和 $\cos \varphi_2$ 的减小,使得起动转矩 T_{st} 却不够大,$T_{st} = (0.8 \sim$

1.2)T_N。起动转矩 T_{st} 与额定转矩 T_N 之比称为起动转矩倍数 K_T。起动过程中电磁转矩的变化规律,即机械特性如图 7.1 中的曲线 1 所示。

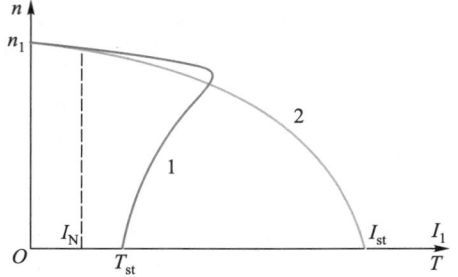

图 7.1 直接起动时的机械特性与电流特性

过大的起动电流会对电网造成大的冲击,使供电变压器输出电压降低,影响其他设备正常运行。起动转矩不大会影响电动机带负载起动的能力,使得带重负载起动变得很困难,甚至无法起动。所以只有功率小于 7.5 kW 的小型异步电动机,且供电变压器容量较大时才允许直接起动。

为了改善起动性能,有些特殊型号的电动机从结构和材质上进行了改进,能限制起动电流和增大起动转矩,如高起动转矩笼型异步电动机等,可以直接起动。

一般情况下,可根据经验公式来确定电动机能否直接起动:设电源总容量为 $S_N(kV \cdot A)$,电动机的额定功率为 $P_N(kW)$,则起动电流倍数 K_I 应满足下述条件,即

$$K_I = \frac{I_{st}}{I_N} \leqslant \frac{3}{4} + \frac{S_N}{4P_N} \tag{7.1}$$

只有满足条件的电动机才允许直接起动,否则不允许直接起动。当电动机不允许直接起动时,可以采用降压起动、串电阻(或电抗)起动和其他方法起动,所有的起动方法都是为了限制起动电流或者增大起动转矩,以改善起动性能。

例 7.1 有两台三相笼型异步电动机,起动电流倍数都为 $K_I = 6.5$,其供电变压器容量为 560 kV · A,两台电动机的额定功率分别为 $P_{N1} = 22$ kW,$P_{N2} = 70$ kW,问这两台电动机能否直接起动?

解:根据经验公式(7.1):

第一台电动机:$\frac{3}{4} + \frac{560}{4 \times 22} = 7.11 > 6.5$ 允许直接起动

第二台电动机:$\frac{3}{4} + \frac{560}{4 \times 70} = 2.75 < 6.5$ 不允许直接起动

7.1.2 笼型异步电动机的起动

笼型异步电动机不能在转子回路串电阻,在不能直接起动时就只有降压起动,有多种降压起动方法。

1. 定子串电阻或串电抗器降压起动

在电动机的定子回路中串入起动电阻 R_{st} 或起动电抗 X_{st} 进行起动时,起动电流在 R_{st} 或 X_{st} 上产生压降,降低了定子绕组上的电压,从而减小了起动电流。

定子串电阻或串电抗器降压起动时的原理图如图 7.2(a)及(b)所示。起动时接触

器 KM_1 闭合,KM_2 断开,电动机定子绕组通过 R_{st} 或 X_{st} 接入电网降压起动;起动完成后,KM_2 闭合,切除 R_{st} 或 X_{st},电动机全压正常运行。

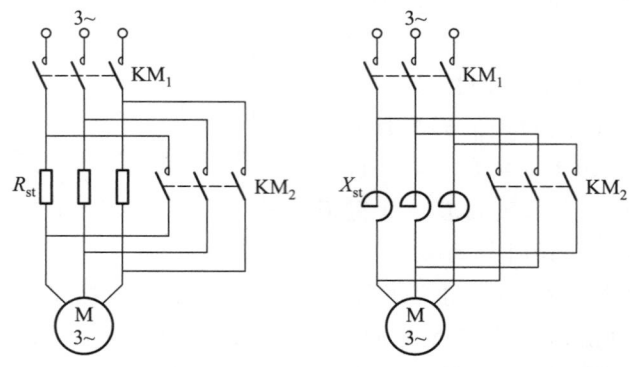

(a) 定子串电阻降压起动   (b) 定子串电抗降压起动

图 7.2   定子串电阻或串电抗器降压起动原理图

设电动机在全压起动时的起动电流为 I_{st},起动转矩为 T_{st}。当电动机定子串入电阻或电抗器时,定子绕组上的电压 $U_1 = KU_N < U_N$,$K < 1$,设对应的起动电流为 I_{stR},起动转矩为 T_{stR}。根据转子短路时的等值电路,可以计算起动电流 I_{stR} 为

$$I_{stR} = \frac{U_1}{\sqrt{(R_1 + R_2')^2 + (X_1 + X_2')^2}} = \frac{KU_N}{\sqrt{(R_1 + R_2')^2 + (X_1 + X_2')^2}} = KI_{st} < I_{st} \qquad (7.2)$$

由式(3.83)可知,起动转矩与定子绕组的电压平方成正比,可以计算起动转矩 T_{stR}:

$$\frac{T_{stR}}{T_{st}} = \frac{U_1^2}{U_N^2}$$

$$T_{stR} = \frac{U_1^2}{U_N^2} T_{st} = K^2 T_{st} < T_{st} \qquad (7.3)$$

由上两式可知,定子串电阻或电抗器起动时,起动电流下降为 KI_{st},但起动转矩却下降到了 $K^2 T_{st}$,所以该方法只适用于轻载起动。

例 7.2   一台三相笼型异步电动机,其额定功率 $P_N = 60$ kW,额定电压 $U_N = 380$ V,定子 Y 联结,额定电流 $I_N = 136$ A,起动电流为 $6.5 I_N$,起动转矩为 $1.1 T_N$,但因供电变压器的限制,该电动机最大起动电流为 500 A。试问:

(1) 若采用定子串电抗器空载降压起动,每相应串入多大电抗值 X_{st}?

(2) 若拖动负载转矩 $T_L = 0.3 T_N$ 起动,要求起动时电动机的最小起动转矩为负载转矩的 1.1 倍,是否还能用电抗器起动?若可以,计算每相串入电抗取值的范围是多少?

解:(1) 全压起动时

$$I_{st} = 6.5 I_N = 6.5 \times 136 \text{ A} = 884 \text{ A}$$

电动机起动时功率因数很低,可以忽略绕组电阻的影响,认为电动机的阻抗就是电动机的电抗,这时定子串电抗器相当于两个电抗相串联,所以电动机允许的电压降 KU_N

与电抗器上的电压降 U_X 之和等于 U_N，即 $KU_N+U_X=U_N$，

$$K=\frac{I_{stX}}{I_{st}}=\frac{500}{884}=0.566$$

由于定子串入电抗器后，电动机短路电阻 R_K 相对很小，可忽略不计，则电抗器上的电压降为

$$U_X=(1-K)U_N=(1-0.566)\times220\text{ V}=95.5\text{ V}$$

则应串入最小的电抗值为

$$X_{st}=\frac{U_X}{I_{stX}}=\frac{95.5}{500}\ \Omega=0.19\ \Omega$$

（2）拖动负载转矩 $T_L=0.3T_N$ 时的起动转矩与直接起动转矩之比为

$$K=\sqrt{\frac{1.1T_L}{T_{st}}}=\sqrt{\frac{0.33T_N}{1.1T_N}}=\sqrt{0.3}=0.548$$

则串电抗器起动电流 I'_{st} 为

$$I'_{st}=KI_{st}=0.548\times884\text{ A}=484.4\text{ A}<500\text{ A}$$

所以可以采用串电抗器起动。每相串入电抗器最大值为

$$U_X=(1-0.548)U_N=0.452\times220\text{ V}=99.4\text{ V}$$

$$X_{st}=\frac{U_X}{I'_{st}}=\frac{99.4}{484.4}=0.205\ \Omega$$

串入电抗取值的范围为 0.19~0.205 Ω。

2. Y-△ 起动

Y-△ 起动即 Y-D 起动，适用于正常运行时定子绕组为三角形联结（D 联结）的异步电动机，其接线原理图如图 7.3 所示。起动时使接触器触头 KM_1、KM_3 闭合，定子三相绕组连接成星形，这时加在定子每相绕组上的电压为额定电压的 $1/\sqrt{3}$，电动机降压起动，转速开始上升；等转速上升到接近额定转速时，使 KM_3 断开、KM_2 闭合，定子绕组改接成三角形联结，电动机全压运行。

电动机直接起动时，定子绕组是 △ 联结，每相绕组上的电压 $U_1=U_N$，设每相起动电流为 $I_{st\triangle}$。采用 Y-△ 起动，起动时定子绕组 Y 连接，每相绕组上的起动电压 U'_1 为

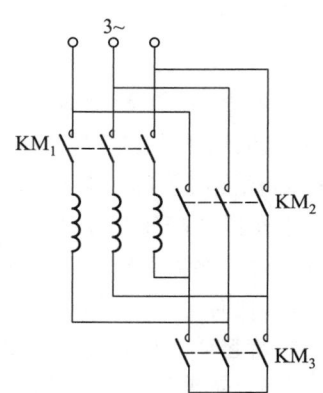

图 7.3　Y-△ 起动时的接线图

$$U'_1=\frac{U_N}{\sqrt{3}}$$

设这时每相起动电流为 I_{stY}，则 I_{stY} 与 $I_{st\triangle}$ 的关系为

$$\frac{I_{stY}}{I_{st\Delta}} = \frac{U'_1}{U_1} = \frac{U_N/\sqrt{3}}{U_N} = \frac{1}{\sqrt{3}}$$

电动机直接起动和 Y-Δ 起动时的电压和电流关系如图 7.4 所示。

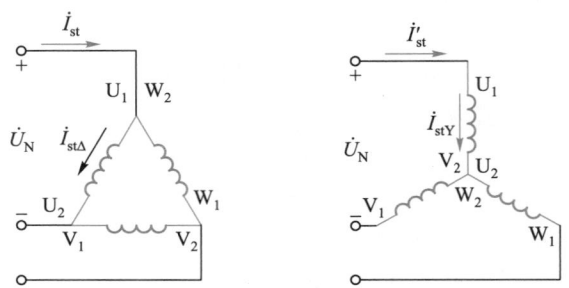

图 7.4   直接起动和 Y-Δ 降压起动时的电压和电流关系

由图 7.4 可以看出,电动机直接起动时,对供电变压器造成冲击的线电流即起动电流 I_{st} 为

$$I_{st} = \sqrt{3}\,I_{st\Delta}$$

而 Y-Δ 起动时,对供电变压器造成冲击的起动电流 $I'_{st} = I_{stY}$,所以

$$\frac{I'_{st}}{I_{st}} = \frac{I_{stY}}{\sqrt{3}\,I_{st\Delta}} = \frac{1}{3} \tag{7.4}$$

上式说明,Y-Δ 起动时对供电变压器造成冲击的起动电流降低到直接起动时的 1/3,这是很明显的优点。

设 T_{st}、T'_{st} 分别是直接起动和 Y-Δ 降压起动时的起动转矩,则

$$\frac{T'_{st}}{T_{st}} = \left(\frac{U'_1}{U_1}\right)^2 = \frac{1}{3} \tag{7.5}$$

上式表明,Y-Δ 起动时电动机的起动转矩降低到直接起动时的 1/3,这是美中不足之处,故只能用于小容量异步电动机的空载或轻载起动。

3. 自耦变压器降压起动

自耦变压器降压起动的原理线路如图 7.5 所示。起动时,三相自耦变压器 TA 的三个绕组通过接触器 KM₂、KM₃ 的触点连成星形接于交流电网,接触器 KM₁ 是断开的。从图中看到,这时电动机的定子绕组是接在自耦变压器的二次侧,电动机在降低了的定子电压下开始起动。待转速上升到一定数值后,再断开接触器 KM₂ 和 KM₃,同时接通接触器 KM₁,将自耦变压器切除,电动机接上全电压运行。

图 7.5 中自耦变压器的一次侧接电源,二次侧接电动机,其一相电路如图 7.6 所示。

设自耦变压器的二次电压与一次电压之比,即降压比为 K_A(K_A 的倒数是自耦变压器的变比 K),$K_A < 1$,即

$$K_A = \frac{U_2}{U_1} = \frac{N_2}{N_1}$$

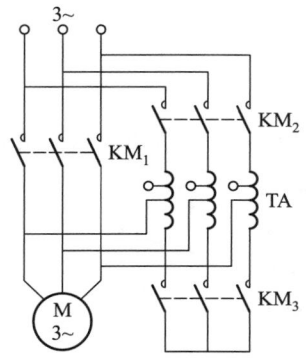

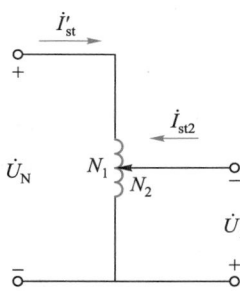

图 7.5 自耦变压器降压起动原理线路图   图 7.6 自耦变压器降压起动一相电路图

设电动机降压起动时的起动电流为 I_{st2}，与直接起动电流 I_{st1} 之间关系为

$$\frac{I_{st2}}{I_{st1}} = \frac{U_2}{U_1} = K_A$$

忽略励磁电流时，自耦变压器一次电流 I_{st}' 与二次电流 I_{st2} 之比，与一次二次匝数之比成反比，即

$$\frac{I_{st}'}{I_{st2}} = \frac{N_2}{N_1} = K_A$$

自耦变压器降压起动电流 I_{st}' 与直接起动电流 I_{st1} 之比为

$$\frac{I_{st}'}{I_{st1}} = K_A^2$$

上式表明，采用自耦变压器降压起动时，电动机定子电压下降到直接起动时的 K_A 倍（$K_A < 1$），而对电源造成的冲击电流即起动电流更是下降到只有直接起动时的 K_A^2 倍，这是优点所在。

自耦变压器降压起动时，电动机的起动转矩 T_{st}' 与直接起动时的起动转矩 T_{st} 之间的关系为

$$\frac{T_{st}'}{T_{st}} = \left(\frac{U_2}{U_1}\right)^2 = K_A^2$$

电动机的起动转矩也下降为只有直接起动时的 K_A^2 倍，这是缺点所在。

起动用的自耦变压器，有多个抽头可供选用。例如，QJ$_2$ 型有三个抽头，其电压等级分别是电源电压的 55%、64%、73%，选用不同的抽头，即不同的 K_A 值，就可以得到不同的起动电流和起动转矩，以满足不同的起动要求。

自耦变压器降压起动有多种电压可供选择，比较灵活，在起动次数少、容量较大的笼型异步电动机上应用较为广泛。缺点是自耦变压器体积大，而且不允许频繁起动。

以上介绍的几种降压起动方法都减小了起动电流，但同时又降低了起动转矩，只适合于空载或轻载起动。

7.1.3   特殊型号笼型异步电动机的起动

与普通笼型异步电动机相比,特殊型号笼型异步电动机在结构和材质方面都作了改进,能限制起动电流和增大起动转矩,被称为高起动转矩笼型异步电动机,具有较好的起动性能,不仅可用于空载或轻载起动,也可用于负载起动。属于这类型号的笼型异步电动机有:高转差率笼型异步电动机、深槽式和双笼型异步电动机。它们的机械特性如图 7.7 所示,曲线 1 为普通笼型异步电动机的机械特性,曲线 2 为深槽及双笼型异步电动机的机械特性,曲线 3、4 为高转差率笼型异步电动机的机械特性。

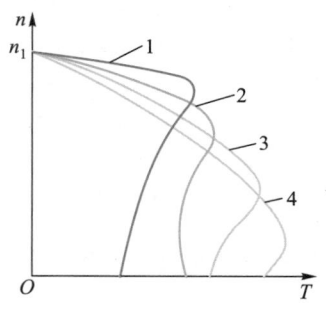

图 7.7   高起动转矩笼型
异步电动机机械特性

1. 高转差率笼型异步电动机

其结构特点是,转子导条由高电阻率的材料铸成,并且有较小的截面,转子电阻大。额定转差率 s_N 大约在 $0.07 \sim 0.13$ 之间,比普通笼型异步电动机的高,故而称为高转差率笼型异步电动机,也称为高转子电阻笼型异步电动机。起动转矩倍数 K_T 较大,在 $2.4 \sim 2.7$ 之间,机械特性如图 7.7 中曲线 3 所示,起动转矩大,但特性较软。若转子电阻再增大,其机械特性如图中曲线 4 所示。由于起动转矩大,可以带负载起动,常用于需要频繁起动的生产机械中。

2. 深槽式异步电动机

这种电动机是利用转子槽漏磁通所引起的电流集肤效应来改善起动性能的。它的结构特点是转子槽做得又深又窄。当转子绕组中有电流时,槽中漏磁通分布如图 7.8(a) 所示,导条下部所交链的磁通比上部要多。

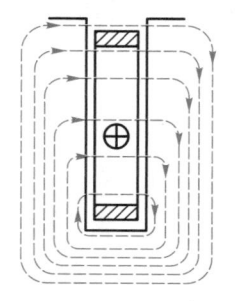

(a) 转子的槽型及漏磁通的分布

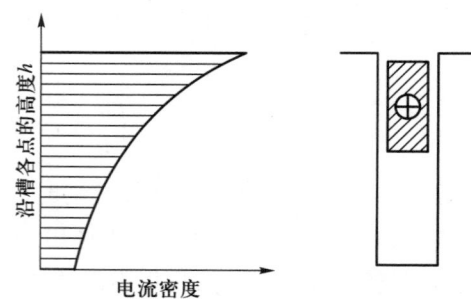

(b) 导条内电流密度的分布   (c) 导条的有效截面积

图 7.8   深槽笼型异步电动机转子导条的集肤效应

电动机起动时 $s = 1$,转子电流的频率最高($f_2 = sf_1 = f_1$),转子槽漏电抗最大($X_2 = 2\pi f_1 L_2$),在转子阻抗中占主要部分。这时转子电流在导条中的分布基本上与槽漏电抗成反比,由于转子导条下部所交链的磁通比上部多,导条下部的漏抗比上部大,所以电流集中在槽口部分,槽中电流密度分布曲线如图 7.8(b) 所示。电流集中在上部的效果就相当于减小了导条的有效截面积,如图 7.8(c) 所示,也就增大了转子电阻 R_2'。由式 (3.83) 可知,起动转矩 T_{st} 与 R_2' 近似地成正比关系,在起动时将产生较大的起动转矩,同时使起动电流有所减小。集肤效应的强弱与电流的频率及槽形尺寸有关,频率愈高,槽形愈窄愈深,电流集肤效应愈明显。当电动机达到额定转速稳定运行时,转子电流频率 f_2 很小,为 $0.5 \sim 3$ Hz,集肤效应就很小,此时电流将均匀分布,不会增大 R_2' 和转子损耗,电动机仍能保持较好的工作性能。

3. 双笼型异步电动机

这种电动机转子上有两套笼型绕组,如图 7.9 所示。对于铸铝转子,上层绕组截面积较小,具有较大的电阻,下层绕组截面积较大,电阻较小,其转子槽形如图 7.10(b) 所示。有些大中型双笼型电动机,上下笼是用不同的材料制成,如上笼用黄铜制成以加大上笼的电阻,下笼用紫铜,截面又大,电阻较小,其转子槽形如图 7.10(a) 所示。每套笼型绕组都有自己的端环。下笼由于槽较深,漏磁通多,故电抗很大。当电动机在起动时,转子中的频率是电网频率,下层绕组电抗很大,电流很小,电流集中在上层绕组,又由于上层绕组电阻大,可以产生较大的起动转矩,称上层笼为起动笼。当电动机转起来以后,下层笼电抗减小,电阻较小,电流增加,在正常运行中起主要作用,又称运行笼或工作笼。实际上双笼型转子电动机可看成上、下两层鼠笼联合运行的结果。图 7.11 曲线 1 和曲线 2 分别为上、下笼的"T-n"曲线,曲线 3 是它们的合成曲线。改变上、下鼠笼的电阻值可得到不同形状的"T-n"曲线,这是双笼型电动机的优点。

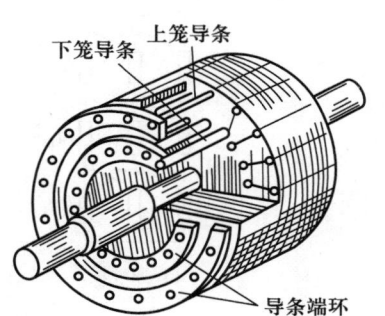

图 7.9 双笼型异步电动机的转子结构

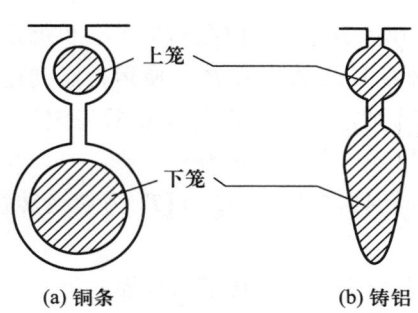

图 7.10 双笼型异步电动机的转子槽形

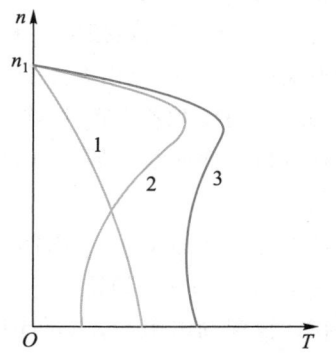

图 7.11 双笼型异步电动机的机械特性

双笼型异步电动机起动转矩大,可用于重载起动。但功率因数较低,结构比较复杂。

7.1.4   绕线转子三相异步电动机的起动

绕线转子三相异步电动机有转子回路串电阻分级起动和串频敏变阻器起动。

1. 转子回路串电阻分级起动

由式(3.83)可知,起动转矩 T_{st} 与 R'_2 近似地成正比关系,起动时在转子回路中串入附加电阻,不仅可以减小起动电流,而且可以增大起动转矩,使电动机具有良好的起动性能。为加快起动过程,可将串入的起动电阻逐段切除,如图 7.12 所示。

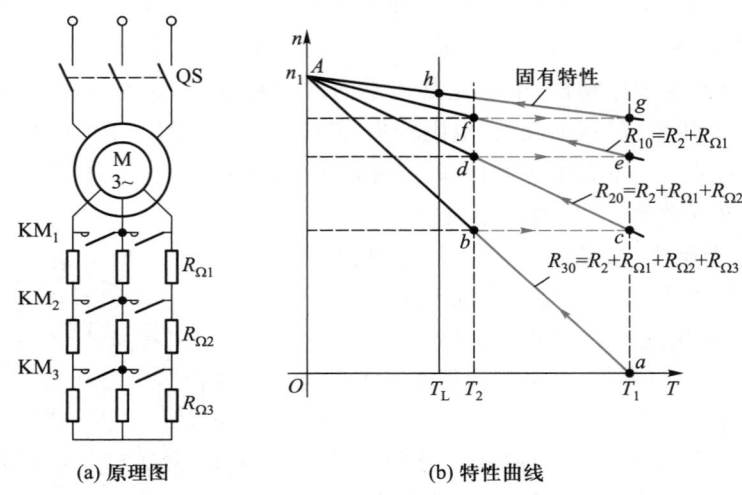

(a) 原理图   (b) 特性曲线

图 7.12   绕线转子异步电动机串电阻起动

起动时将开关 QS 合上,让定子绕组接电源电压,将接触器 KM_1、KM_2 和 KM_3 的触头全部断开,转子回路接入全部起动电阻(转子回路每相的总电阻为 R_{30})起动,相应的机械特性曲线为 Aa 曲线,电动机在最大起动转矩 T_1 作用下沿着 Aa 曲线加速。为了有较大的加速度,到 b 点时,让接触器 KM_3 的触头闭合,将电阻 $R_{\Omega3}$ 切除。由于机械惯性,电动机转速不能突变,运行点由 b 点变到 c 点,转矩由 T_2 增大到 T_1,驱使电动机进一步加速。同理,至 d 点,用接触器 KM_2 切除 $R_{\Omega2}$;至 f 点用接触器 KM_1 再切除 $R_{\Omega1}$,使运行点到达电动机固有机械特性曲线上的 g 点。若负载转矩为 T_L,则电动机加速到 h 点后稳定运行,起动过程结束。

最大起动转矩 T_1 一般限制在 $(1.5\sim2.0)T_N$ 范围内(或 $0.85T_m$);T_2 为切换转矩,一般选择 $T_2 \geqslant (1.1\sim1.2)T_L$。

在计算起动电阻前,先要计算转子电阻 R_2。在额定状态下转子的铜损耗为

$$P_{Cu2} = s_N P_M \approx s_N \sqrt{3} E_{2N} I_{2N} = 3R_2 I_{2N}^2$$

所以就有

$$R_2 = \frac{s_N E_{2N}}{\sqrt{3} I_{2N}} \tag{7.6}$$

上式中 E_{2N} 是转子额定线电动势,I_{2N} 是转子额定线电流,转子绕组是 Y 联结,I_{2N} 也是转子额定相电流。

下面讨论各级起动电阻计算方法,由式(3.87)有

$$T = \frac{2T_m}{s_m} s$$

由式(3.81)有

$$s_m = \frac{R_2' + R_\Omega'}{X_1 + X_2'}$$

这样就有

$$T = \frac{2T_m s(X_1 + X_2')}{R_2' + R_\Omega'}$$

在图 7.12 中有:$s_b = s_c$,$s_d = s_e$,$s_f = s_g$,用 T_c 和 T_b 分别表示在 c 点和 b 点的电磁转矩,则有

$$\frac{T_1}{T_2} = \frac{T_c}{T_b} = \frac{s_c R_{30}}{s_b R_{20}} = \frac{R_{30}}{R_{20}}$$

同理有

$$\frac{T_1}{T_2} = \frac{R_{20}}{R_{10}} = \frac{R_{10}}{R_2} = \beta \tag{7.7}$$

式中,β 是起动转矩比。则各级起动电阻为

$$\begin{aligned}
R_{10} &= \beta R_2 \\
R_{20} &= \beta R_{10} = \beta^2 R_2 \\
R_{30} &= \beta^3 R_2 \\
&\vdots \\
R_{m0} &= \beta^m R_2
\end{aligned} \tag{7.8}$$

起动电阻中各分段电阻值为

$$\begin{aligned}
R_{\Omega 1} &= R_{10} - R_2 = (\beta - 1) R_2 \\
R_{\Omega 2} &= R_{20} - R_{10} = \beta R_{\Omega 1} \\
R_{\Omega 3} &= R_{30} - R_{20} = \beta R_{\Omega 2} \\
&\vdots
\end{aligned} \tag{7.9}$$

图中各段机械特性曲线都线性化,成为直线,即认为电磁转矩 T 与转差率 s 成正比,对 R_{30} 机械特性曲线有 $T_1/T_2 = s_a/s_b$,同理有

$$T_1/T_2 = s_c/s_d = s_e/s_f = s_e/s_g , (s_f = s_g)$$

$$\beta^3 = (T_1/T_2)^3 = (s_a/s_b)(s_c/s_d)(s_e/s_g) = s_a/s_g = 1/s_g , (s_a = 1)$$

在固有机械特性上,有 $T_1 = (T_N/s_N)s_g$,则 $s_g = \dfrac{T_1}{T_N}s_N$,代入 β^3 的表达式中就有

$$\beta = \sqrt[3]{\frac{T_N}{T_1 s_N}}$$

若起动级数为 m,其一般形式为

$$\beta = \sqrt[m]{\frac{T_N}{T_1 s_N}} \tag{7.10}$$

也就是

$$m = \frac{\lg\left(\dfrac{T_N}{T_1 s_N}\right)}{\lg \beta} \tag{7.11}$$

起动电阻计算分两种情况,一是已知起动级数 m,二是起动级数 m 未知。

当 m 已知时,首先由式(7.6)求出 R_2;再根据 $T_N = 9\,550\dfrac{P_N}{n_N}$,由 P_N 和 n_N 求出 T_N;然后根据 $T_1 = (1.5 \sim 2.0)T_N$ 选取 T_1,根据 $T_2 = (1.1 \sim 1.2)T_L$ 选取 T_2,求出起动转矩比 $\beta = \dfrac{T_1}{T_2}$,最后由式(7.9)求出起动电阻中各分段电阻值 $R_{\Omega 1}$、$R_{\Omega 2}$ 及至 $R_{\Omega m}$。

当 m 未知时,也是先求出 R_2、T_N,选取 T_1 和 T_2,求出 β;然后根据式(7.11)算出 m',并取最接近的整数作为级数 m;代回式(7.10)算出修正后的 β,并校核 $T_2 = T_1/\beta$ 是否满足 $T_2 \geqslant (1.1 \sim 1.2)T_L$ 的要求。如果 T_2 不满足要求,应另选级数 m,再重新修正 β 和 T_2,直至 T_2 满足要求,则最后由式(7.9)求出起动电阻中各分段电阻值。

例 7.3 一台三相绕线转子异步电动机额定数据如下:$P_N = 15$ kW,$n_N = 730$ r/min,转子三相绕组 Y 联结,其额定电压 $E_{2N} = 165$ V,额定电流 $I_{2N} = 48$ A。已知负载转矩 $T_L = 110$ N·m,要求最大起动转矩等于额定转矩的 2 倍。试求:起动分级数及每级起动电阻值。

解:
$$s_N = \frac{750 - 730}{750} = 0.027$$

$$R_2 = \frac{s_N E_{2N}}{\sqrt{3} I_{2N}} = \frac{0.027 \times 165}{\sqrt{3} \times 48} \ \Omega = 0.054 \ \Omega$$

$$T_1 = 2T_N = 2 \times 9\,550 \times \frac{15}{730} \ \text{N·m} = 392.5 \ \text{N·m}$$

初取 $T_2 = 1.2T_L = 1.2 \times 110$ N·m $= 132$ N·m,得

$$\beta' = \frac{T_1}{T_2} = \frac{392.5}{132} = 2.97$$

则

$$m' = \frac{\lg\left(\dfrac{T_N}{T_1 s_N}\right)}{\lg \beta'} = \frac{\lg\left(\dfrac{T_N}{0.027 \times 2T_N}\right)}{\lg 2.97} = 2.68$$

取 $m = 3$,则

$$\beta = \sqrt[m]{\frac{T_N}{T_1 s_N}} = \sqrt[3]{\frac{T_N}{T_1 s_N}} = \sqrt[3]{\frac{T_N}{0.027 \times 2T_N}} = 2.645\ 7$$

校核:$T_2 = T_1/\beta = 392.5/2.645\ 7 = 148.354\ \text{N} \cdot \text{m} > 1.2T_L = 1.2 \times 110\ \text{N} \cdot \text{m} = 132\ \text{N} \cdot \text{m}$
可以认为级数 $m = 3$ 符合要求。各段起动电阻为

$$R_{\Omega 1} = (\beta - 1)R_2 = (2.645\ 7 - 1) \times 0.054\ \Omega = 0.088\ 9\ \Omega$$

$$R_{\Omega 2} = \beta R_{\Omega 1} = 2.645\ 7 \times 0.088\ 9\ \Omega = 0.235\ \Omega$$

$$R_{\Omega 3} = \beta R_{\Omega 2} = 2.645\ 7 \times 0.235\ \Omega = 0.622\ \Omega$$

2. 转子回路串频敏变阻器起动

频敏变阻器就是一个三相铁心线圈,类似一台一次绕组 Y 联结但没有二次绕组的三相心式变压器,如图 7.13 所示。铁心用厚钢板或铸铁板叠压而成,铁损耗大。

若忽略频敏变阻器绕组的电阻和漏抗,其一相等值电路如图 7.14 所示。图中 X_m 是绕组的励磁电抗,R_m 是代表铁损耗的等效励磁电阻。

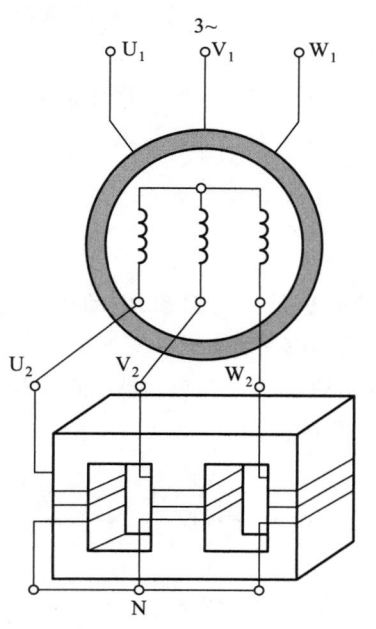

图 7.13 绕线转子异步电动机转子串频敏变阻器起动

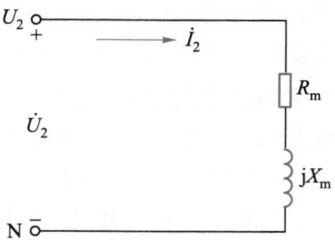

图 7.14 频敏变阻器一相等值电路

图 7.15 为转子串频敏变阻器起动原理图与机械特性曲线。起动时接触器 KM_1 闭合,KM_2 断开,电动机的转子串入频敏变阻器起动,$s = 1$,转子电流的频率 $f_2 = sf_1 = f_1$ 最大,

频敏变阻器的铁损耗耗近似地与转子电流频率 f_2 的平方成正比,这时的铁损耗很大,与其等效的 R_m 也就很大,相当于在转子回路中串入大电阻,既限制了起动电流,又增大了起动转矩。随着转速的升高,转子电流频率 $f_2 = sf_1$ 逐渐下降,R_m 及 X_m 都自动减小,到起动快结束时,f_2 很小,仅有 $1 \sim 3$ Hz,R_m 及 X_m 都很小,频敏变阻器已不再起作用,可将接触器 KM_2 闭合,切除频敏变阻器,电动机完成起动过程。

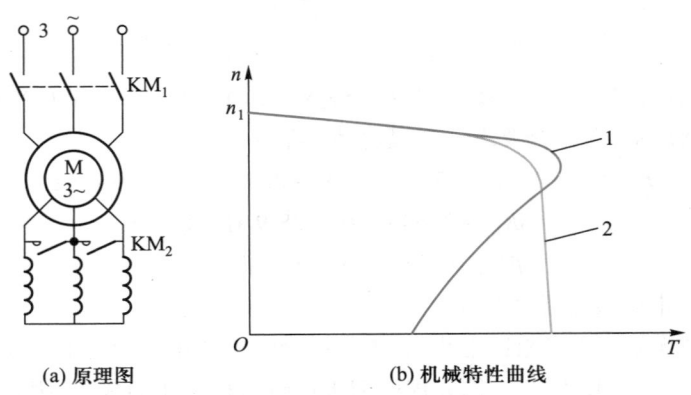

(a) 原理图   (b) 机械特性曲线

图 7.15   转子串频敏变阻器起动原理图与机械特性曲线

为便于比较,在图 7.15(b)中绘出了两条机械特性曲线,曲线 1 为固有机械特性;曲线 2 是转子回路串频敏变阻器起动时的机械特性,可以看出,从起动点到线性工作区,电磁转矩始终保持较大值,从而具有良好的起动性能。

转子回路串频敏变阻器起动的方法,控制简单,运行可靠,最适用于需要频繁起动的生产机械。

7.1.5   三相异步电动机的软起动

绕线转子异步电动机转子回路串电阻的起动方法是有级起动,电动机在起动中从一级切换到另一级时仍然会产生瞬时冲击电流,起动不够平稳。

随着电力电子技术的发展,一种新型的无级起动器——软起动器(又称固态起动器)以其优良的起动性能和保护性能得到了越来越广泛的应用。

1. 软起动器的工作原理

所谓的软起动器就是晶闸管三相移相调压器,如图 7.16 所示,主电路有 6 个晶闸管,每 2 个反并联,组成三相调压器对电动机供电。改变晶闸管触发导通的控制角 α,就能改变调压器的输出电压,由于是通过改变控制角相位来调压,所以称移相调压。当移相调压器用于电动机起动时,可使三相异步电

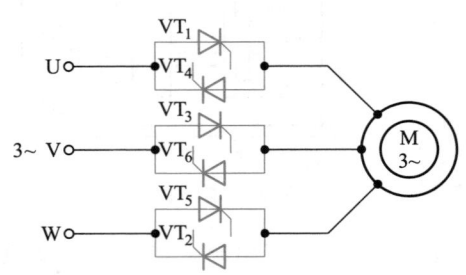

图 7.16   三相异步电动机软起动主电路图

动机平滑地起动,故而称为软起动器,根据需要能实现斜坡电压软起动、斜坡恒流软起动等。当移相调压器用于电动机调速时可使速度平滑地变化,称为软调速。还可以用于电动机的平稳制动,称为软制动。

2. 软起动的起动方法

软起动有多种起动方法,常用的起动方法有斜坡电压软起动和斜坡恒流软起动。

(1) 斜坡电压软起动

起动电压从较低的起始电压 U_s 开始,以固定的速率上升,直至达到额定电压 U_N 并保持不变,如图 7.17 所示,电压由小到大斜坡上升,可以实现无级降压起动。电磁转矩与电压的平方成正比,呈抛物线上升。改变起始电压 U_s 和电压上升斜率就可以改变起动时间。

(2) 斜坡恒流软起动

软起动器大多以起动电流为控制对象。斜坡恒流软起动时,起动电流按固定的上升斜率由零上升至限定起动电流 I_{sm},并保持不变,直至起动结束,电流才下降为正常运行电流,如图 7.18 所示。起动电流 $I_{sm} = (1.5 \sim 4.5)I_N$,可根据要求进行调节,要求起动转矩大,可选取较大的 I_{sm},否则应选取较小的 I_{sm}。

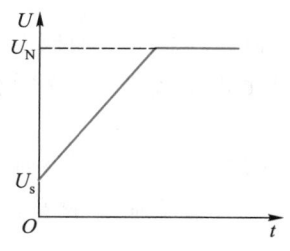
图 7.17　斜坡电压软起动

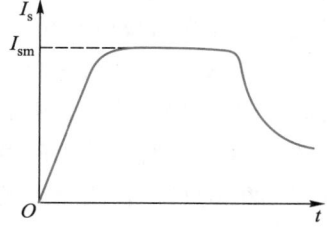
图 7.18　斜坡恒流软起动

除了三相移相调压器用作软起动器外,变频器作为软起动器,其起动性能更为优越,可实现无过流软起动,也可实现恒转矩软起动,适用于各种类型负载的起动,并且具有软停车、软调速等功能,只是价格较贵,但是随着电力电子技术的发展,随着价格的下降,变频器的应用前景会越来越广阔。关于变频器可参考 7.2.3 小节。

7.2　三相异步电动机的调速

近年来,随着新型大功率电力电子器件的出现,随着现代控制理论、微电子技术和计算机技术的发展,交流电动机的调速技术也取得了可喜的进展,得到了越来越广泛的应用。

根据异步电动机的转速公式

$$n = n_1(1-s) = \frac{60f_1}{p}(1-s)$$

三相异步电动机有下述三种基本调速方法：

① 改变电源频率 f_1 而调速的变频调速；

② 改变定子绕组磁极对数 p 而调速的变极调速；

③ 改变转差率调速，包括改变定子电压调速、转子回路串电阻调速、串级调速。

7.2.1   改变磁极对数的变极调速

由公式 $n_1 = \dfrac{60f_1}{p}$ 可知，在电源频率 f_1 不变时，电动机的同步转速 n_1 与磁极对数 p 成反比。改变磁极对数 p 就可以改变 n_1，从而改变转子转速 n。

改变磁极对数调速的异步电动机，一般都是笼型的。因为极数的改变必须在定子和转子上同时进行，而笼型转子电动机，转子极数是随定子极数的改变而自动改变的，改变磁极对数时只考虑定子方面即可。

1. 变极原理

现以四极电动机变为两极电动机为例，说明其变极原理。一台四极电动机定子 U_1 相绕组有两个线圈，$U_1 U_2''$ 与 $U_1' U_2'$，它们正向串联，即首尾相连，如图 7.19 所示。当 U_1 相绕组流过电流时，产生的磁动势是四极的。

如果将图 7.19 中两个线圈的正向串联变成反向串联，如图 7.20(a)所示，或者变成反向并联，如图 7.20(b)所示。改变接线的 U_1 相绕组流过电流时，它产生的磁动势是两极的。

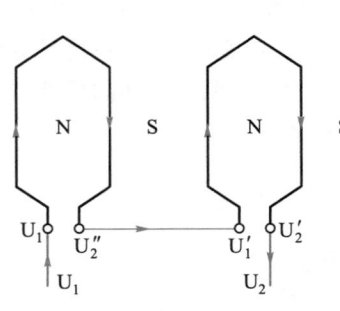

图 7.19   绕组变极原理图（$2p=4$）

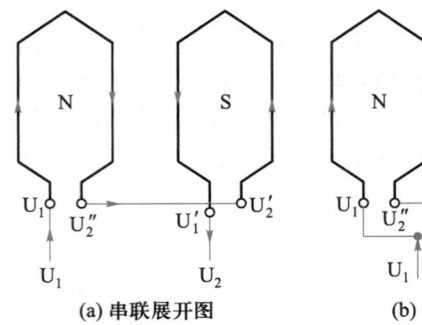

(a) 串联展开图   (b) 并联展开图

图 7.20   绕组变极原理图（$2p=2$）

电动机定子绕组是三相绕组，变极时三相绕组应同时换接。

从电流方向来看，变极时，U_1 相绕组中有半相绕组的电流改变方向。从中可以得出结论：三相笼型异步电动机的定子绕组，如果把每相绕组中的半相绕组的电流改变方向，则电动机的磁极对数便成倍变化，同步转速也成倍改变，电动机运行的转速也接近成倍变化。

2. 两种常用的变极调速方法

（1） Y–YY 联结

Y 联结时，定子每相绕组中的两个半相绕组正向串联，如图 7.21（a）所示，设磁极对数为 $2p$，同步转速为 $n_1/2$。

YY 联结时，定子每相绕组中的两个半相绕组反向并联，如图 7.21（b）所示，设磁极对数减半为 p，同步转速为 n_1。

假设电动机定、转子每相绕组中两个半相绕组的电阻及电抗分别相等，即分别为 $\dfrac{R_1}{2}$、$\dfrac{R_2'}{2}$、$\dfrac{X_1}{2}$、$\dfrac{X_2'}{2}$。则在 Y 联结时，每相绕组中的两个半相绕组顺向串联，所以每相绕组的电阻及电抗应为半相绕组的 2 倍，即为 R_1、R_2'、X_1、X_2'；YY 联结时，

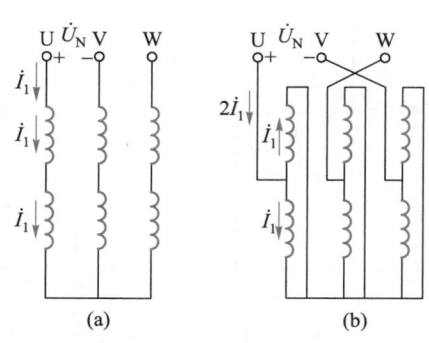

图 7.21   三相异步电动机 Y–YY 变极接线图

因两个半相绕组并联，故每相绕组的电阻及电抗应为半相绕组的一半，即为 $\dfrac{R_1}{4}$、$\dfrac{R_2'}{4}$、$\dfrac{X_1}{4}$、$\dfrac{X_2'}{4}$。Y 联结与 YY 联结，其每相电压相等，$U_1 = \dfrac{U_N}{\sqrt{3}}$。

由式（3.79）可知，最大转矩 T_m 与磁极对数 p 成正比，与电阻及电抗 $\left[R_1 + \sqrt{R_1^2 + (X_1 + X_2')^2}\right]$ 成反比，当由 Y 变成 YY 联结时，磁极对数变为原来的 $\dfrac{1}{2}$，而对应的电阻及电抗变为原来的 $\dfrac{1}{4}$，所以 T_m 变为原来的 2 倍，即 $T_{mYY} = 2T_{mY}$。同理起动转矩也有类似关系，即 $T_{stYY} = 2T_{stY}$。

由于临界转差率 $s_m = \dfrac{R_2'}{\sqrt{R_1^2 + (X_1 + X_2')^2}}$ 只与电阻及电抗有关，由 Y 变为 YY 联结时，定转子的电阻及电抗同时变化，也就是在 s_m 的表达式中分子与分母成比例变化，所以 s_m 不变，即 $s_{mYY} = s_{mY}$。

根据以上数据，可定性画出 Y–YY 变极调速时异步电动机机械特性如图 7.22 所示。若拖动恒转矩负载 T_L 运行时，从 Y 向 YY 变极调速，临界转差率 s_m 保持不变，但是电动机的转速、最大转矩和起动转矩都增加了一倍。可以看出，Y–YY 变极调速属于恒转矩调速方式。

（2） Δ–YY 接法

Δ–YY 变极接线如图 7.23（a）和（b）所示。Δ 联结时，定子每相中的两个半相绕组正向串联，磁极对数为 $2p$，同步转速为 $n_1/2$。YY 联结时，定子每相中的两个半相绕组反向并联，磁极对数减半为 p，同步转速为 n_1。

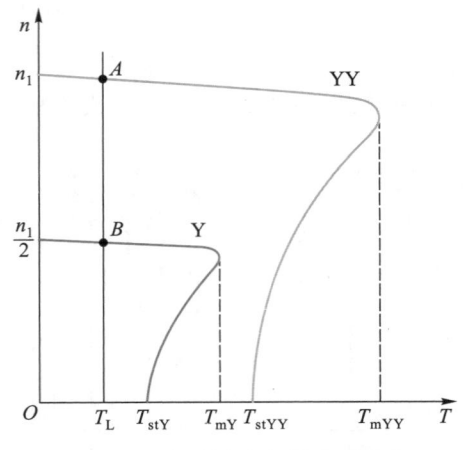

图 7.22   Y-YY 变极调速时异步
电动机机械特性

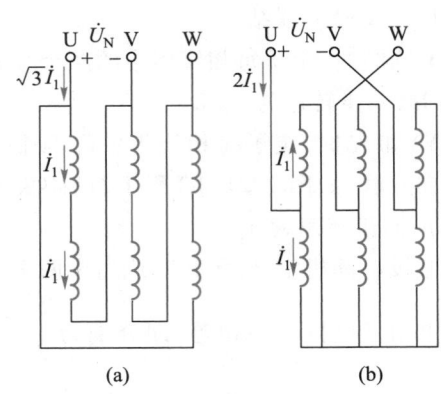

图 7.23   三相异步电动机 △-YY 变极接线图

仍先假设电动机定、转子每相绕组中两个半相绕组的电阻及电抗分别相等,分别为 $\frac{R_1}{2}$、$\frac{R_2'}{2}$、$\frac{X_1}{2}$、$\frac{X_2'}{2}$。△ 联结时,一相绕组的电阻及电抗为 R_1、R_2'、X_1、X_2';在改接为 YY 联结时,每相绕组的电阻及电抗为 $\frac{R_1}{4}$、$\frac{R_2'}{4}$、$\frac{X_1}{4}$、$\frac{X_2'}{4}$。△ 联结时,相电压 $U_{1\triangle} = U_N$,而 YY 联结时相电压 $U_{1YY} = \frac{U_N}{\sqrt{3}} = \frac{U_{1\triangle}}{\sqrt{3}}$。

由 △ 联结变为 YY 联结时,磁极对数由 $2p$ 减半为 p,最大转矩 T_m 与磁极对数成正比,也减半;对应的电阻及电抗变为原来的 $\frac{1}{4}$,T_m 与对应的电阻及电抗成反比,会增大 4 倍;绕组的电压变为原来的 $\frac{1}{\sqrt{3}}$,T_m 与电压平方成正比,会降低 3 倍。所有这些变化,使最大转矩变为原来的 $\frac{2}{3}$,即 $T_{mYY} = \frac{2}{3} T_{m\triangle}$。同理 $T_{stYY} = \frac{2}{3} T_{st\triangle}$。对应的阻抗的变化不会引起 s_m 的变化,所以 $s_{mYY} = s_{m\triangle}$。

根据以上数据,可定性画出 △-YY 变极调速的机械特性如图 7.24 所示。

变极调速方法的优点在于设备简单、运行可靠、机械特性较硬;缺点是转速只能成倍增长,为有级调速。Y-YY 联结常应用

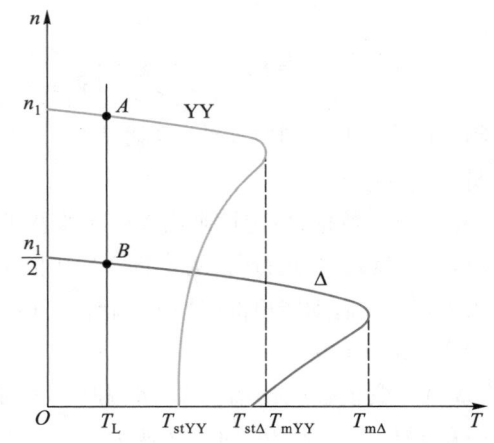

图 7.24   △-YY 变极调速的机械特性

于起重电葫芦、运输传送带等恒转矩的生产机械;Δ-YY 联结适用于基本属恒功率性质的生产机械,例如各种机床的粗加工(低速)和精加工(高速)。

（3）变极调速要注意相序的变化

变极调速在改变定子绕组的接线方式时,必然会改变定子绕组的相序。假如定子三相绕组 U、V、W 的轴线在空间的位置沿顺时针依次为 0°、120°、240°,在 YY 联结时,设磁极对数 $p=1$,根据电角度=机械角度×p,则电角度等于机械角度,当三相绕组 U、V、W 流过对称的三相电流时,其对应的相位关系为 0°、120°、240°,设其相序为正转相序;而改为 Δ 联结或 Y 联结时,磁极对数 $p=2$,则电角度=机械角度×2,所以三相绕组的相位关系为 0°、240°、480°(相当于 120°),其相序变为反转相序,如果不改变定子绕组与电源的连接,电动机将反转。为了保证在变极调速前后电动机的转向不变,在改变定子绕组接线方式的同时,必须将定子三相绕组中任意两相的出线端对调,再接到三相电源上,如图 7.21 和图 7.23 所示。

变极调速只适用于专用变速笼型异步电动机,不适用于普通笼型异步电动机,因为普通笼型异步电动机定子每相绕组的中点没有抽头,无法改变绕组的接线方式,不能变极调速。

7.2.2　三相异步电动机变频调速原理

由 $n_1 = \dfrac{60f_1}{p}$ 可知,当磁极对数不变时,同步转速 n_1 与电源频率 f_1 成正比。若连续改变三相异步电动机电源的频率 f_1,就可以连续改变同步转速 n_1,从而可平滑连续地改变电动机的转速,这种改变电源频率 f_1 的调速方法称为变频调速。

变频调速时,调频调压要同时进行。因为电动机定子每相电压 $U_1 \approx E_1$,气隙磁通为

$$\Phi_1 = \frac{E_1}{4.44f_1 N_1 k_{N1}} \approx \frac{U_1}{4.44f_1 N_1 k_{N1}} \tag{7.12}$$

正常运行时气隙磁通 Φ_1 为额定磁通,已接近饱和。若保持电压 U_1 不变,当频率 f_1 调小时,Φ_1 会增大到过饱和,将导致励磁电流急剧增大,铁损耗增加,电动机发热厉害;当频率 f_1 调大时,Φ_1 会减小,T 与 Φ_1 成正比,T 会减小,这也是不可取的。总之,调频一定要调压,使 Φ_1 不变或基本保持不变,电动机才能安全运行。

异步电动机的额定频率称为基频,即电网频率 50 Hz。变频调速时可以从基频向上调,也可以从基频向下调。

1. 从基频向下调的变频调速

在变频调速中保持 E_1/f_1 等于常数,则 Φ_1 保持不变,是恒磁通控制方式。电动机的电磁转矩

$$T = \frac{P_{\mathrm{M}}}{\Omega_1} = \frac{3{I_2'}^2 \dfrac{R_2'}{s}}{2\pi \dfrac{n_1}{60}} = \frac{3p}{2\pi f_1}\left[\frac{E_2'}{\sqrt{\left(\dfrac{R_2'}{s}\right)^2 + {X_2'}^2}}\right]^2 \frac{R_2'}{s} = \frac{3pf_1}{2\pi}\left(\frac{E_1}{f_1}\right)^2 \frac{\dfrac{R_2'}{s}}{\left(\dfrac{R_2'}{s}\right)^2 + {X_2'}^2} \qquad (7.13)$$

式中 $E_1 = E_2'$。上式是保持磁通为常数的变频调速的机械特性方程式,下面分析其机械特性独特之处。

(1) 对式(7.13)求导,并令 $\dfrac{\mathrm{d}T}{\mathrm{d}s} = 0$,可得到最大转矩 T_{m} 和与之对应的临界转差率 s_{m} 为

$$s_{\mathrm{m}} = \frac{R_2'}{X_2'} = \frac{R_2'}{2\pi f_1 L_2'} = a\,\frac{1}{f_1} \qquad (7.14)$$

式中 $a = \dfrac{R_2'}{2\pi L_2'}$ 为常数,

$$T_{\mathrm{m}} = \frac{1}{2}\,\frac{3p}{2\pi}\left(\frac{E_1}{f_1}\right)^2 \frac{1}{2\pi L_2'} = 常数 \qquad (7.15)$$

上式中 $\dfrac{E_1}{f_1}$ 为常数,所以 T_{m} 为常数,表明变频调速时无论频率 f_1 如何变,T_{m} 始终不变。

(2) 由于 s 较小,可认为 $\left(\dfrac{R_2'}{s}\right)^2 \gg {X_2'}^2$,在式(7.13)中可忽略 ${X_2'}^2$,则有

$$T \approx \frac{3p}{2\pi}\left(\frac{E_1}{f_1}\right)^2 \frac{f_1 s}{R_2'} = K \cdot f_1 \cdot s \qquad (7.16)$$

式中 $K = \dfrac{3p}{2\pi R_2'}\left(\dfrac{E_1}{f_1}\right)^2$ 为常数。由上式可知,$s \approx T/(Kf_1)$,代入 Δn 的表达式中就有

$$\Delta n = n_1 - n = sn_1 = \frac{T}{Kf_1}\,\frac{60f_1}{p} = \frac{60T}{Kp} \qquad (7.17)$$

上式表明,若 T 不变,不管 f_1 如何变化,Δn 都相等。这一点说明不同频率 f_1 对应的各条机械特性是互相平行的。

根据变频调速中 T_{m} 不变和不同频率的机械特性是互相平行的特点,只要画出额定频率的机械特性,就可以画出其他频率的机械特性,如图 7.25 所示。从图中可以看出,变频调速前后,电动机的电磁转矩不变,所以 $\dfrac{E_1}{f_1}$ = 常数的变频调速属恒转矩调速。

由于定子相电动势 E_1 不便于测量,而相电压 U_1 易于测量,在变频调速中保持 U_1/f_1 等于常数较为容易实现,这时 Φ_1 只是近似保持不变,其对应的机械特性如图 7.26 所示。随着频率的降低,T_{m} 会减小,可在低频段采用电压补偿的办法来提高调速精度。

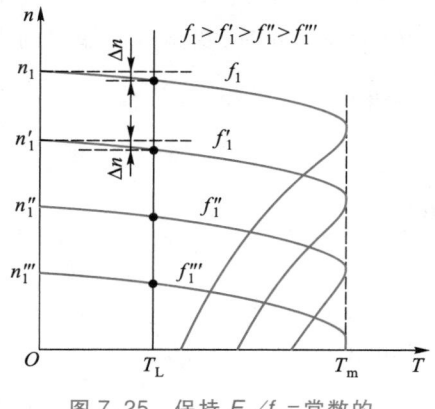

图 7.25 保持 $E_1/f_1 =$ 常数的
变频调速机械特性

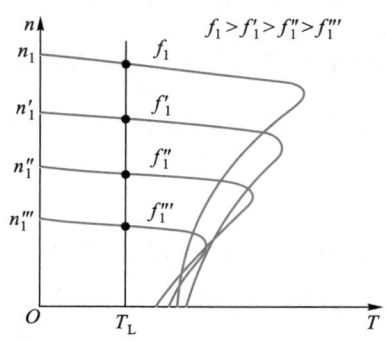

图 7.26 保持 $U_1/f_1 =$ 常数的
变频调速机械特性

2. 从基频向上调的变频调速

在基频以上变频调速时,定子频率 f_1 高于额定频率 f_N,要保持 Φ_1 恒定,定子电压将高于额定电压,这是不允许的。基频以上变频调速时,只能保持电压 U_1 为额定电压不变。这样,随着 f_1 升高,磁通 Φ_1 必然会减小,这是降低磁通升速的调速方法,类似于他励直流电动机的弱磁调速方法。

f_1 大于 50 Hz 升频时,由式(3.80)和式(3.81)得到 T_m 及 s_m 分别为

$$T_m \approx \frac{3pU_N^2}{4\pi f_1} \frac{1}{2\pi f_1(L_1+L_2')} \propto \frac{1}{f_1^{\,2}} \tag{7.18}$$

$$s_m \approx \frac{R_2'}{2\pi f_1(L_1+L_2')} \propto \frac{1}{f_1} \tag{7.19}$$

最大转矩时的转速降

$$\Delta n_m = s_m n_1 \approx \frac{R_2'}{2\pi f_1(L_1+L_2')} \frac{60f_1}{p} = 常数 \tag{7.20}$$

总之,从基频向上调的变频调速,T_m 与 f_1 的平方成反比,s_m 与 f_1 成反比,而 Δn_m 为常数,其机械特性曲线如图 7.27 所示。f_1 升高时 Φ_1 会减小,使 T 减小;f_1 升高也会使 Ω_1 增大,$P_M = T\Omega_1$,在 T 减小的同时 Ω_1 增大,使得 P_M 基本保持不变,所以在基频以上的变频调速是恒功率调速方式。

例 7.4 一台三相四极笼型异步电动机,额

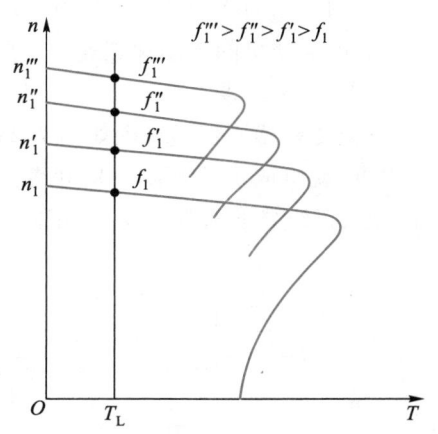

图 7.27 保持 $U_1 = U_N$ 不变的
升频调速机械特性

定数据为：$P_N = 25$ kW，$U_N = 380$ V，$I_N = 51.3$ A，$n_N = 1460$ r/min，采用变频调速，拖动 $T_L = 0.7\,T_N$ 的恒转矩负载。试计算：将此负载转速调为 900 r/min 时，变频电源输出的电压 U_1 和频率 f_1 各为多少？假定在调频过程中保持 $\dfrac{U_1}{f_1}$ = 常数。

解：电动机在固有机械特性上的额定转差率为

$$s_N = \frac{n_1 - n_N}{n_1} = \frac{1500 - 1460}{1500} = 0.0267$$

$T_L = 0.7\,T_N$ 对应的转差率为

$$s = \frac{T_L}{T_N} s_N = 0.7 \times 0.0267 = 0.0187$$

则对应的转速降为

$$\Delta n = s n_1 = 0.0187 \times 1500 \text{ r/min} = 28 \text{ r/min}$$

因为电动机变频调速时的人为机械特性斜率不变，即转速降落值不变，所以，变频以后的同步转速为

$$n_1' = n + \Delta n = (900 + 28)\,\text{r/min} = 928 \text{ r/min}$$

则有

$$f_1 = \frac{p n_1'}{60} = \frac{2 \times 928}{60} \text{Hz} = 30.93 \text{ Hz}$$

$$U_1 = \frac{U_N}{f_N} f_1 = \frac{380}{50} \times 30.93 \text{ V} = 235.1 \text{ V}$$

7.2.3　变频调速用的变频器

变频调速用的变频器可将电网 50 Hz 的交流电变换为频率可调、电压可调的交流电，常用于交流电动机的起动和调速。变频器分交-交变频器和交-直-交变频器。

1. 交-交变频器

交-交变频器原理示意图如图 7.28(a) 所示。两组晶闸管可控整流装置反并联对负载 Z 供电，就组成了变频器一相电路，如图 7.28(b) 所示。电路工作时正、反组整流装置轮流导通，正组导通时封锁反组，正向电流流过负载；经过半个周期，反组导通，同时封锁

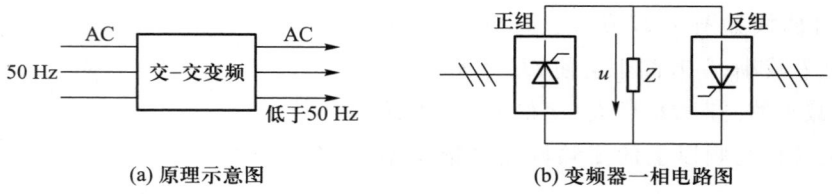

(a) 原理示意图   (b) 变频器一相电路图

图 7.28　交-交变频器原理示意图及变频器-相电路图

正组,反向电流流过负载。如此循环,负载上流过的是交流电,负载电压 u 也是交流电压。交流电的频率取决于正、反两组的切换频率,切换越慢,频率越低。

晶闸管可控整流装置输出电压与控制角 α 的余弦 $\cos \alpha$ 成正比,如果在正组导通的半个周期内让控制角 α 由 $\pi/2$ 逐渐减少到 0,然后再逐渐增大到 $\pi/2$,则输出电压从 0 逐渐增至最大,再逐渐减小至 0,接近正弦半波。在另外半个周期内,对反组进行同样的控制,就可以得到接近正弦波的输出电压。将三个图 7.28(b)所示的变频电路进行适当连接,就是三相变频电路。

由于其交流输出电压是直接由交流输入电压组合形成,因而其输出频率比输入频率低得多,仅为电网的 1/3 左右,多用于低速异步电动机调速。

2. 交-直-交变频器

交-直-交变频器原理示意图如图 7.29 所示,整流装置(整流器)将电网 50 Hz 的恒压恒频交流电整流为直流电,逆变装置(逆变器)再将直流电逆变为变压变频的交流电。交流变直流的过程称为整流。直流变交流的过程称为逆变,其对应的装置称为逆变器,能实现逆变功能的电路就是逆变电路。

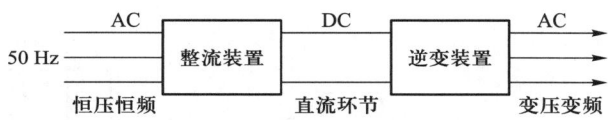

图 7.29 交-直-交变频器原理示意图

逆变器分为有源逆变器和无源逆变器。输出端接到交流电网的逆变器是有源逆变器;输出端直接接到负载上的是无源逆变器。根据相数分为单相逆变器与三相逆变器。根据滤波器的不同又分为电压型逆变器和电流型逆变器。在输入端并联电容器的是电压型逆变器,这时直流电源相当于恒压源;在输入端串联电感的是电流型逆变器,这时直流电源相当于恒流源。

一种电压型三相桥式逆变电路如图 7.30 所示。有 6 个晶体管 VT_1—VT_6,6 个二极管 VD_1—VD_6,每个晶体管反并联一个二极管组成一个桥臂,共 6 个桥臂。二极管和晶体管反并联是为了保护晶体管。直流输入电压为 U_D,直流侧接有滤波电容器 C_1 和 C_2,所以是电压型的,且 $C_1 = C_2$,则 $U_{C1} = U_{C2} = U_D/2$,以电源中点 N′ 为零电平基准点。交流侧输出 U、V、W 三相电压,接三相负载 Z_U、Z_V、Z_W。N 是三相负载中点。

电路采用 180° 导电方式,即每个桥臂导电角度为 180°。各相开始导电的角度依次相差 120°。经过计算和绘制波形图相结合,得到 U 相相电压 u_{UN} 波形图如图 7.30(b)所示,波形是阶梯波。V 相、W 相相电压波形图与 U 相的相同,只是分别有 120° 和 240° 的相位移。

为使相电压为正弦波,常用的控制方法有正弦波脉宽调制,即 SPWM(sinusoidal pulse width modulation)。正弦波脉宽调制是将正弦波用一组等幅、等距、不等宽的矩形脉冲序

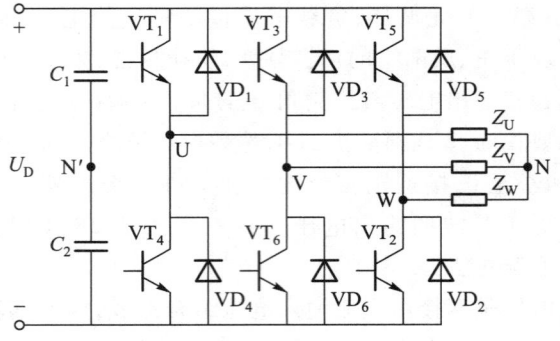

(a) 电压型三相桥式逆变电路

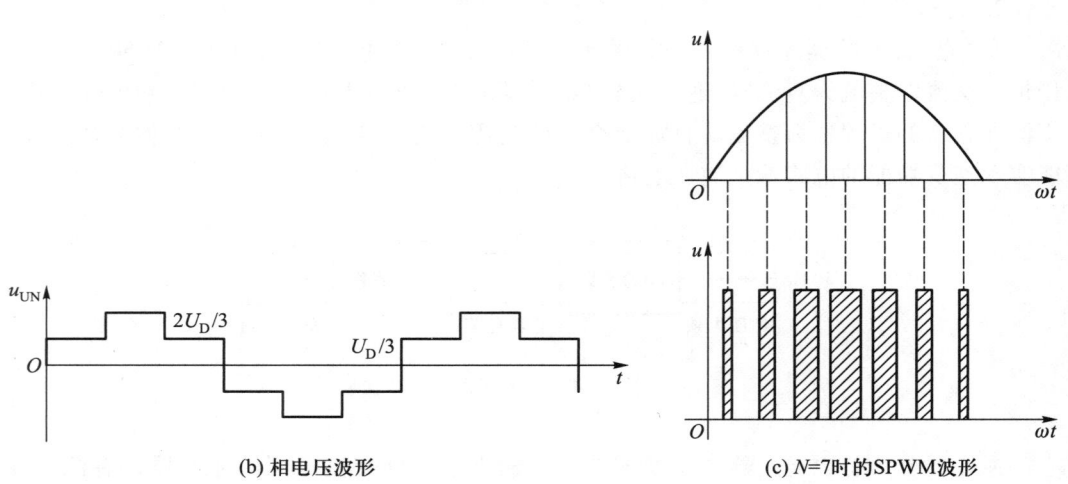

(b) 相电压波形

(c) N=7时的SPWM波形

图 7.30　电压型三相桥式逆变电路

列来等效,如图 7.30(c)所示。首先把正弦半波分成 $N(N=7)$ 等份,就可把正弦半波看成由 N 个彼此相连的脉冲序列组成。这些脉冲宽度相等,都等于 π/N,且脉冲顶部就是正弦波的组成部分,所以各脉冲的幅值按正弦规律变化。然后把上述脉冲序列用同样数量的、等幅而不等宽的矩形脉冲序列代替,调整矩形脉冲宽度,使矩形脉冲面积和相应正弦部分面积相等,就得到一组脉冲序列,这就是 PWM 波形。由于各脉冲宽度是按正弦规律变化的,所以 PWM 波形和正弦半波是等效的。对于正弦的负半周,也可以用同样的方法得到 PWM 波形。合在一起就得到与一个正弦波等效的 SPWM 波形。这就是正弦波脉宽调制。

　　还有一种电流型的交-直-交变频器,可参考图 8.4。

7.2.4　绕线转子异步电动机转子回路串电阻调速

绕线转子异步电动机转子回路串电阻调速接线图如图 7.31(a) 所示。图 7.31(b) 为机械特性图,曲线 1 为没有串入电阻时的机械特性,曲线 2、3、4 分别为外串电阻 $R_{\Omega 1}$、$(R_{\Omega 1}+R_{\Omega 2})$、$(R_{\Omega 1}+R_{\Omega 2}+R_{\Omega 3})$ 时的机械特性。

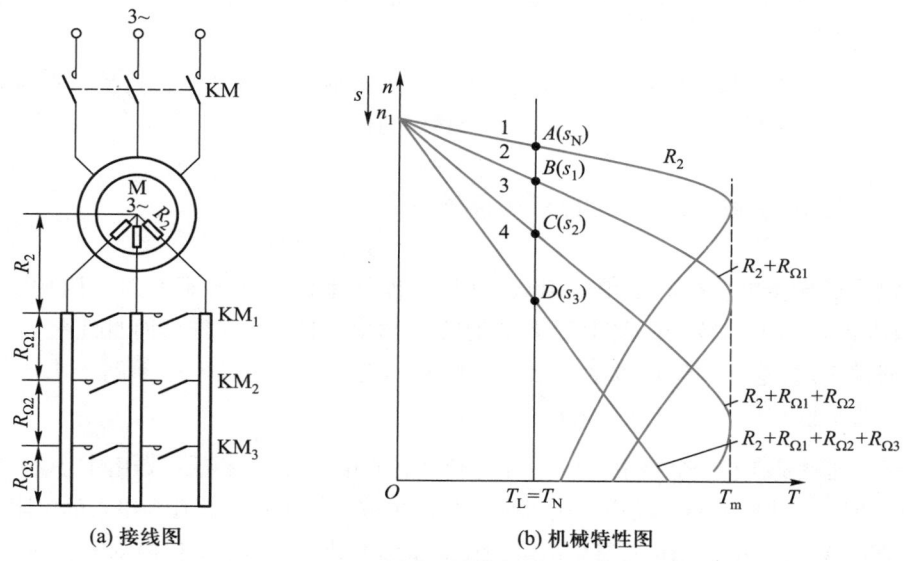

图 7.31　绕线转子异步电动机转子回路串电阻调速

图 7.31 中以拖动额定恒转矩负载 $T_L = T_N$ 为例,说明串入不同电阻时电动机有不同的转速:外串电阻越大,转速越低。当接触器 KM_1 触头闭合,切除全部外串电阻,电动机运行在曲线 1 的 A 点,转速最高;当接触器 KM_1 触头断开、KM_2 触头闭合时,转子串入电阻 $R_{\Omega 1}$,运行点在曲线 2 的 B 点,转速降低;当接触器 KM_2 触头断开、KM_3 触头闭合时,转子串入电阻 $(R_{\Omega 1}+R_{\Omega 2})$,运行点在曲线 3 的 C 点,转速更低;若将 KM_3 触头断开,转子串入全部电阻 $(R_{\Omega 1}+R_{\Omega 2}+R_{\Omega 3})$,运行点在曲线 4 的 D 点,转速最低。

下面定量计算转差率与转子电阻的关系。

将式 (3.81) $s_m = \dfrac{R_2'}{X_1 + X_2'}$ 代入式 (3.87) $T = \dfrac{2T_m}{s_m} s$,得到

$$T = \frac{2T_m s(X_1 + X_2')}{R_2'}$$

当负载转矩 T_L 为常数不变时,T 亦为常数不变,由上式可知 $s/R_2' =$ 常数,即转差率与转子电阻成正比关系,所以就有

$$\frac{R_2}{s_N}=\frac{R_2+R_{\Omega 1}}{s_1}=\frac{R_2+R_{\Omega 1}+R_{\Omega 2}}{s_2}=\frac{R_2+R_{\Omega 1}+R_{\Omega 2}+R_{\Omega 3}}{s_3} \tag{7.21}$$

上式定量地表示出,转子电阻越大,转差率就越大,转速就越低。

由图 7.31(b)可见,调速前后电磁转矩 T 为常数不变,所以转子串电阻调速是恒转矩调速方式。

转子串电阻调速时,转差功率消耗在转子回路中,调速系统的效率低,是这种调速方法的缺点。

这种调速方法的优点是,转子串接的调速电阻还可兼作起动电阻和制动电阻使用。多用于对调速性能要求不高且断续工作的生产机械,如桥式起重机、通风机、轧钢辅助机械等。

7.2.5   绕线转子异步电动机的串级调速

绕线转子异步电动机转子串电阻调速时,转差功率消耗在转子回路电阻中,电能损耗大,效率低。如果在转子回路中用串电动势代替串电阻进行调速,而且还将转差功率吸收后回馈电网,这样的调速方法当然为人们所称道。称这种在转子回路中串电动势的调速方法为绕线转子异步电动机的串级调速。

串级调速就是在转子电路中,串入一个相位和转子电动势 $\dot{E}_{2s}$ 相反(或相同)、频率等于 f_2 的附加电动势 $\dot{E}_f$ 去吸收转差功率。从调速效果上看,串入的电动势起着和串入的电阻一样的作用,见图 7.32(a)和(b),图(a)是串电阻,图(b)是串电动势。转子电流频率 f_2 是变化的,要使附加电动势 $\dot{E}_f$ 的频率总是等于 f_2 是比较困难的,为避免这样的困难,先将 $\dot{E}_{2s}$ 整流为直流,再将 $\dot{E}_f$ 接入直流回路中,如图 7.32(c)所示。这样,E_f 就是直流电动势,没有频率问题。E_f 有两个作用:一是调速,改变 E_f 的大小,就可以改变转子电流 I_2 的大小,从而改变电磁转矩 T,达到调速的目的;二是作为转子整流器的负载,吸收整流器输出的转差功率并回馈电网。

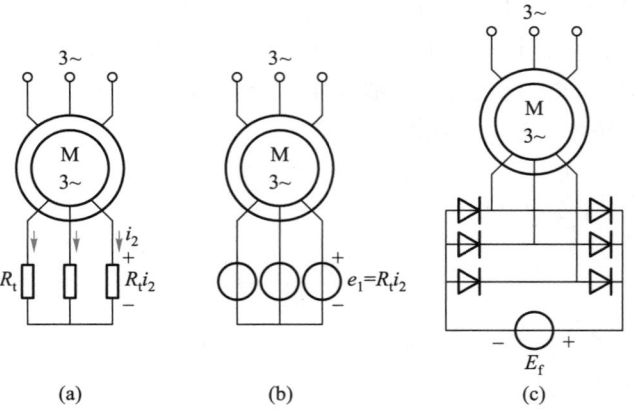

图 7.32   异步电动机串级调速原理图

为了达到这两个目的,附加电动势 E_f 用逆变器来实现,如图 7.33 所示。逆变器的交流侧通过变压器 TP 接入电网,直流侧接入转子整流回路,改变逆变器的逆变角 β,就可以改变逆变器电压 U_β,也就是改变了 E_f 的大小,从而实现调速,同时逆变器将直流电能逆变为交流电能回馈电网。

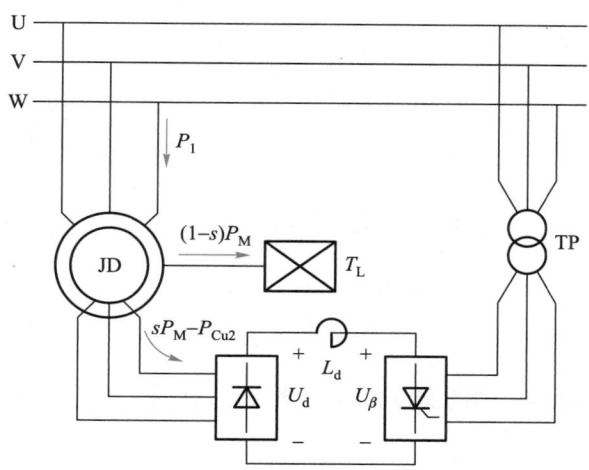

图 7.33   晶闸管串级调速系统

从图 7.33 可见,串级调速时,电动机从电网吸收功率 P_1,减去定子铜损和铁损就是传送到转子的电磁功率 P_M,其中一部分转变为机械功率 $P_m = (1-s)P_M$,另一部分为转子回路的转差功率 $P_s' = sP_M$;P_s' 中的一部分消耗在转子绕组的电阻上,即转子的铜损 P_{Cu2},其余部分 $(sP_M - P_{Cu2})$ 送入整流器,经逆变器反馈回电网,从而提高了调速系统的效率。

串级调速时若 $\dot{E}_f$ 与 $\dot{E}_{2s}$ 相反,$E_{2s} = sE_{20}$,则转子电流为

$$I_2 = \frac{sE_{20} - E_f}{\sqrt{R_2^2 + (sX_{20})^2}} \qquad (7.22)$$

由式(3.72)有 $T = C_T \Phi_1 I_2' \cos \varphi_2 = C_2 \Phi_1 I_2 \cos \varphi_2$

$$= C_2 \Phi_1 \cos \varphi_2 \frac{sE_{20} - E_f}{\sqrt{R_2^2 + (sX_{20})^2}} = T_1 - T_2$$

式中 $I_2' = I_2/K_i$,K_i 是异步电动机的电流变比,$C_2 = C_T/K_i$,$T_1 = C_2 \Phi_1 \cos \varphi_2 \dfrac{sE_{20}}{\sqrt{R_2^2 + (sX_{20})^2}}$ 是没有附加电动势 E_f 时的电磁转矩,即 $n = f(T_1)$ 就是电动机的固有机械特性,如图 7.34(a)所示;$T_2 = C_2 \Phi_1 \cos \varphi_2 \dfrac{E_f}{\sqrt{R_2^2 + (sX_{20})^2}}$ 是附加电动势 E_f 产生的电磁转矩,E_f 越大,T_2 越大,$s = 0$ 时 T_2 最大,s 增大 T_2 变小,$n = f(T_2)$ 的机械特性如图 7.34(b)所示。图(b)中与 $-T_2$ 对应

的附加电动势是 $-E_{\mathrm{f}}$，即附加电动势与转子电动势 $\dot{E}_{2\mathrm{s}}$ 是反相的；与 T_2 对应的附加电动势是 E_{f}，即附加电动势与 $\dot{E}_{2\mathrm{s}}$ 是同相的。$\dot{E}_{\mathrm{f}}$ 与 $\dot{E}_{2\mathrm{s}}$ 同相时有 $T=T_1+T_2$，反相时有 $T=T_1-T_2$，串级调速的机械特性是图（a）和图（b）的合成，如图（c）所示，三条机械特性曲线居中的一条是没有串级调速的固有机械特性，上面一条是 $\dot{E}_{\mathrm{f}}$ 与 $\dot{E}_{2\mathrm{s}}$ 同相时的机械特性，下面一条是 $\dot{E}_{\mathrm{f}}$ 与 $\dot{E}_{2\mathrm{s}}$ 反相时的机械特性。

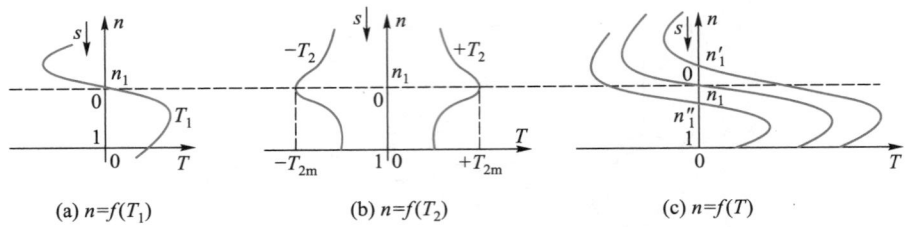

(a) $n=f(T_1)$　　　　　(b) $n=f(T_2)$　　　　　(c) $n=f(T)$

图 7.34　绕线转子异步电动机串级调速的机械特性

图（c）中机械特性与纵轴的交点是理想空载点，这时 $T=0$，$I_2=0$，设对应的转差率为 s_0，若 $\dot{E}_{\mathrm{f}}$ 与 $\dot{E}_{2\mathrm{s}}$ 相反，将 s_0 代入式（7.22）就有

$$s_0 E_{20} - E_{\mathrm{f}} = 0$$

$$s_0 = \frac{E_{\mathrm{f}}}{E_{20}}$$

其对应的理想空载转速 $n_1'' = n_1(1-s_0) = n_1\left(1-\dfrac{E_{\mathrm{f}}}{E_{20}}\right) < n_1$，$E_{\mathrm{f}}$ 愈大，n_1'' 愈小，机械特性曲线近似地平行下移。若拖动恒转矩负载，则反相串入的电动势 E_{f} 愈大，电动机的转速愈低，所以称 $\dot{E}_{\mathrm{f}}$ 与 $\dot{E}_{2\mathrm{s}}$ 反相的串级调速为低同步串级调速。产生电动势 E_{f} 的逆变器吸收转子的转差功率并回馈电网。

如果 $\dot{E}_{\mathrm{f}}$ 与 $\dot{E}_{2\mathrm{s}}$ 同相，则

$$I_2 = \frac{sE_{20}+E_{\mathrm{f}}}{\sqrt{R_2^2+(sX_{20})^2}} \tag{7.23}$$

在理想空载点 $I_2=0$，得到 $s_0 E_{20}+E_{\mathrm{f}}=0$，$s_0=-\dfrac{E_{\mathrm{f}}}{E_{20}}$，其对应的理想空载转速 $n_1' = n_1(1-s_0) = n_1\left(1+\dfrac{E_{\mathrm{f}}}{E_{20}}\right) > n_1$，$n_1'$ 高于同步转速 n_1，机械特性曲线近似地平行上移，所以称 $\dot{E}_{\mathrm{f}}$ 与 $\dot{E}_{2\mathrm{s}}$ 同相的串级调速为超同步串级调速。

绕线转子异步电动机常工作在低同步串级调速状态，在图 7.33 中，$E_{\mathrm{f}}=U_{\beta}=2.34U_2\cos\beta$，$U_2$ 是逆变变压器二次侧电压，改变逆变器的逆变角 β，就可以改变逆变器电压 U_{β}，也就是改变了 E_{f} 的大小，从而实现调速。

7.3　三相异步电动机的制动

在电力拖动系统中,有两种情况要求电动机能够运行在制动状态:一是生产机械下放重物时,为使系统保持匀速下放;二是在生产机械需要降速或停车时,为加快系统降速或停车的过程。运行在制动状态时,电动机的电磁转矩 T 与转速 n 方向相反,是制动性的阻转矩。

和直流电动机一样,交流电动机的制动也有回馈制动、反接制动和能耗制动。

7.3.1　三相异步电动机的回馈制动

当异步电动机的转速 n 高于同步转速 n_1 时,电动机运行在回馈制动状态,如图 7.35 所示。

由于 $n>n_1$,则 $s<0$,由式(3.69)可知电动机输出的机械功率为

$$P_m = 3I_2'^2\frac{1-s}{s}R_2' < 0$$

这表明电动机实际上是吸收负载的机械功率,并转换为电能回馈电网,异步电动机是作为发电机运行。

回馈制动分正向回馈制动和反向回馈制动,如图 7.35 所示。下面将要分析的变极降速过程是正向回馈制动,而匀速下放重物则是反向回馈制动。

在反向回馈制动下放重物时,应将电动机按下放的方向接通电源。电动机的同步转速为 $-n_1$,起动转矩为 $-T_{st}$,总加速转矩 $T-T_L=-(T_{st}+T_L)<0$, $\dfrac{dn}{dt}<0$,电动机沿

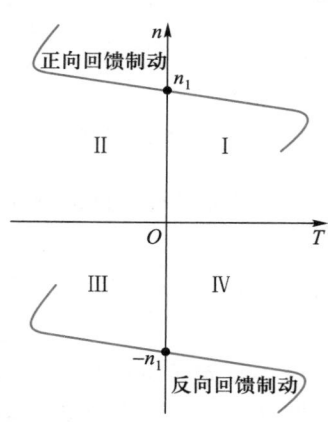

图 7.35　异步电动机回馈
制动状态下的机械特性

机械特性上的 A 点开始反向加速,最后稳定运行在 C 点上,如图 7.36 所示。C 点的实际转速 $|n_c|$ 大于同步转速 $|n_1|$,C 点为反向回馈制动运行点。如果电动机是绕线转子异步电动机,改变转子回路电阻的大小,即可调节重物下放的速度,如图中曲线 1 上的 B 点和曲线 2 上的 D 点,就是转子回路串入不同电阻的结果。转子串入的电阻越大,下放的速度越快。为了避免电动机转速太高而造成事故,转子串入电阻不宜太大。

异步电动机改变磁极对数降速和变频调速的降速过程中也会出现回馈制动,属正向回馈制动,如图 7.37 所示。变极调速前,假设电动机运行在机械特性曲线 1 上的 A 点,其转速接近于同步转速 n_1。当电动机磁极对数突然增加时,同步转速下降为 n_1',机械特性

变为曲线 2。由于机械惯性,电动机转速不能突变,工作点由 A 点平移至 B 点,电磁转矩变为负值,起制动作用,电动机沿曲线 2 减速,最后稳定运行在 D 点,转速接近于同步转速 n_1'。在整个降速过程中,电动机运行在第 II 象限 BC 段机械特性曲线上时,转速 n 大于同步转速 n_1',电动机处于回馈制动过程中,不断吸收系统所储存的动能,并转换成电能回馈电网,回馈制动起到了加快降速的作用。

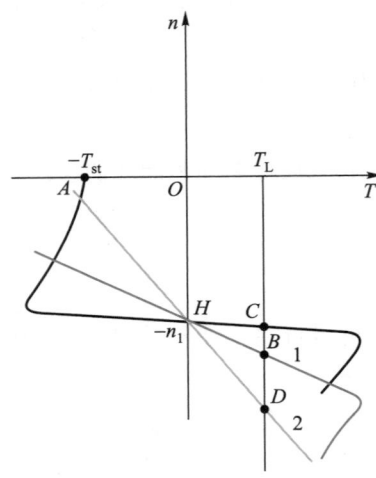

图 7.36　下放重物时的反向回馈制动

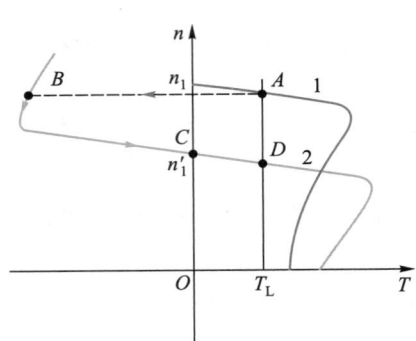

图 7.37　变极调速过程中的回馈制动

变频降速过程中回馈制动原理与改变磁极对数降速的回馈制动原理相同。

7.3.2　三相异步电动机的反接制动

1. 改变定子电源相序的反接制动

若异步电动机拖动反抗性恒转矩负载在固有机械特性曲线 1 上的 A 点稳定运行,如图 7.38 所示,为了使电动机迅速停车或反转,可突然改变通入定子的三相电源的相序,定子旋转磁动势立即反向,以 $-n_1$ 的同步速度旋转。这时电动机的机械特性变为图 7.38 中的曲线 2,运行点从曲线 1 上的 A 点平行过渡到曲线 2 上的 B 点,电磁转矩由 T_A 变为 T_B,T 与 n 反向,即进入反接制动状态。

在负载 T_L 和 T_B 共同作用下,转速从 $n_A = n_B$ 迅速沿特性曲线 2 下降到零,即图上的 C 点,反接制动结束。

反接制动时电动机的转差率为

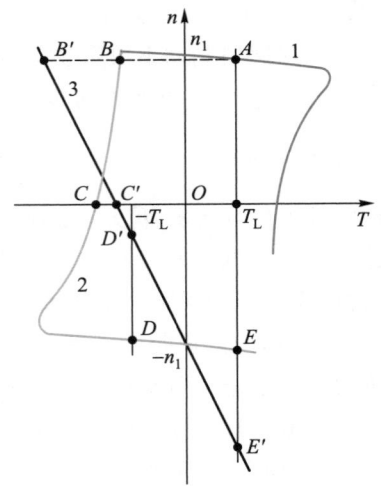

图 7.38　电源相序反向的反接制动

$$s = \frac{-n_1 - n}{-n_1} = \frac{n_1 + n}{n_1} > 1 \tag{7.24}$$

电磁功率 P_M、机械功率 P_m 及转差功率 P_{Cu2} 分别为

$$P_M = 3I_2'^2 \frac{R_2'}{s} > 0 \tag{7.25}$$

$$P_m = P_M(1-s) < 0 \tag{7.26}$$

$$P_{Cu2} = 3I_2'^2 R_2' = sP_M = P_M - P_m = P_M + |P_m| \tag{7.27}$$

由以上三式可见,在制动过程中,电动机从电网吸收的电功率 P_M 和从轴上输入机械功率 P_m 都转变为转差功率,以发热的形式消耗在转子回路的电阻中。

如果制动是为了停车,当制动到 $n = 0$ 时,即图 7.38 中的 C 点,应立即切断电源抱闸停车。如果制动是为了快速反转,则不要切断电源和抱闸,若 $|T_C| > |T_L|$,电动机将反向起动沿曲线 2 加速直至 D 点稳定运行,工作于反向电动状态。

若轴上带的是位能性恒转矩负载,则电动机会一直反向加速,从 $C \to D \to E$ 点。电动机以 n_E 速度匀速下放重物,运行于反向回馈制动状态。

反接制动特别适合于要求频繁正、反转的生产机械,以便迅速改变旋转方向提高生产率。

由于反接制动时转差功率很大,对于笼型异步电动机,这时全部转差功率都消耗在转子电阻上,并转变为热能,使电动机严重发热,所以在单位时间内反接制动的次数不宜太多,前后两次制动的时间间隔不能太短。对绕线转子三相异步电动机,在反接制动时可在转子回路中串入较大的电阻,其作用是:一方面限制过大的制动电流,使大部分转差功率消耗在转子外串电阻上,减轻了电动机的发热;另一方面还可增大临界转差率 s_m,使电动机在制动开始时能够产生较大的制动转矩,如图 7.38 中的曲线 3 所示,在 B' 点的制动转矩大于在 B 点的制动转矩,加快了制动过程。

2. 倒拉反转制动运行

绕线转子三相异步电动机拖动位能性恒转矩负载在固有机械特性曲线 1 上的 A 点以 n_A 的速度提升重物,如图 7.39 所示。如果要匀速下放重物,则可在转子回路中串入足够大的电阻 R,使电动机的机械特性变为图 7.39 中的曲线 2,在串入电阻瞬间,电动机运行点从特性曲线 1 上的 A 点过渡到特性曲线 2 上的 B 点,由图可见,此时 $T_B < T_L$,电动机开始从 B 点向 C 点减速。到达 C 点时,$n = 0$,但因 $T_C < T_L$,在位能性负载转矩 T_L 作用下,电动机开始反向起动,进入第Ⅳ象限后反向加速直到 D 点,$T = T_L$,电动机稳定运行,以 n_D 的速度匀速下放重物。

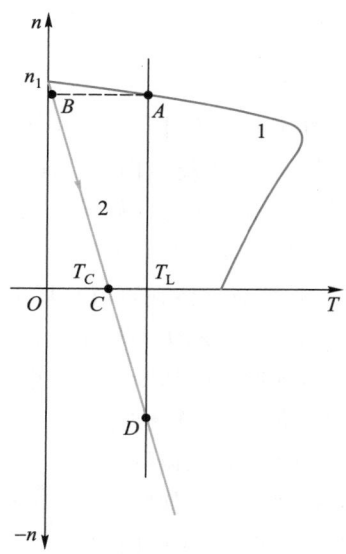

图 7.39 转速反向的反接制动

在第Ⅳ象限，$T>0$、$n<0$，是制动状态。转差率为

$$s=\frac{n_1-n_D}{n_1}=\frac{n_1+|n_D|}{n_1}>1$$

这时电动机内部的能量关系与定子电源相序反接的反接制动相同，即 $P_{\mathrm{m}}<0$、$P_{\mathrm{Cu2}}=P_{\mathrm{M}}+|P_{\mathrm{m}}|$，这种匀速下放重物的制动运行也属于反接制动，称为倒拉反转制动运行。

7.3.3　三相异步电动机的能耗制动

　　三相异步电动机采用能耗制动的接线图如图 7.40(a)所示。设电动机原来处于电动运行状态，转速为 n。现突然断开电动机的三相交流电源，同时把直流电流 I 通入定子任意两相绕组中去，即开关 KM_1 断开、KM_2 闭合，电动机就进入能耗制动运行。

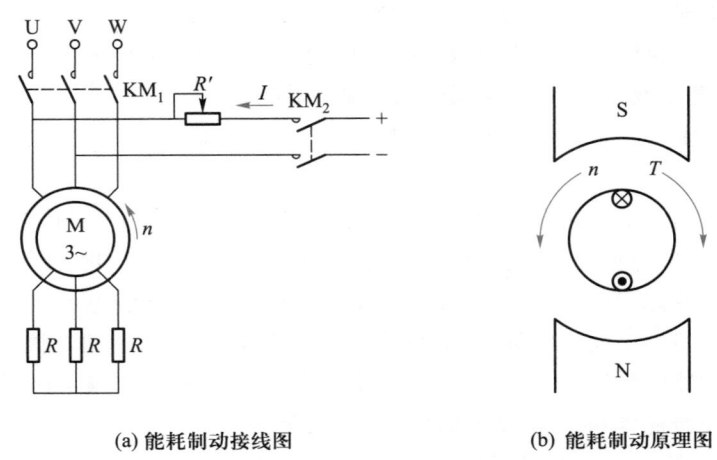

(a) 能耗制动接线图　　　　(b) 能耗制动原理图

图 7.40　能耗制动

　　直流电流流过定子两相绕组，就在电动机气隙中建立一个位置固定、大小不变的直流磁场，假定磁场方向自下向上，如图 7.40(b)所示。电动机转子由于惯性会继续旋转，如图中所示为逆时针旋转。以转子上部导体为例，说明产生的电磁力起制动作用：转子上部导体向左切割直流磁场，用右手定则可知，产生的感应电动势和电流的方向是流入纸面的，载流导体在直流磁场中会受到电磁力的作用，其方向用左手定则可知是向右的，产生的电磁转矩 T 与转子导体向左的运动方向相反，阻止转子运动，起制动作用。

　　能耗制动时切断了交流电源，电动机气隙中只有直流恒定磁场，无旋转磁场，电动机减速到 $n=0$ 时，转子与直流磁场相对静止，感应电动势为零，电动机的电磁转矩也为零，即 $n=0$，$T=0$，机械特性是一条经过原点的曲线，如图 7.41 中曲线 1 所示。增加转子电阻得到的机械特性如图 7.41 中曲线 2 所示；增大直流励磁电流能增大电磁转矩，对应的机械特性如图 7.41 中曲线 3 所示。对笼型异步电动机可用增大直流励磁电流的方法，来增大高速时的制动转矩，而对绕线转子异步电动机则宜采用转子串电阻的方法来增大制动

转矩。

如果电动机拖动的负载为反抗性恒转矩负载,电动机减速到 $n=0$ 时,制动过程结束。这时转子与直流磁场相对静止,感应电动势为零,电动机的电磁转矩也为零,电动机可靠停车。

如果拖动的是位能性恒转矩负载,当转速降低到零时,若要停车,必须采用机械抱闸刹车。若要反转,则不要机械抱闸刹车,电动机会在位能性负载转矩 T_L 拖动下反向起动加速,直到 C 点($T=T_L$),使负载保持匀速下降,C 点称为能耗制动运行点。如卷扬机等提升装置,常用能耗制动方法匀速下放位能性负载,并且用改变转子回路外串电阻办法调节匀速下放的速度,例如增大

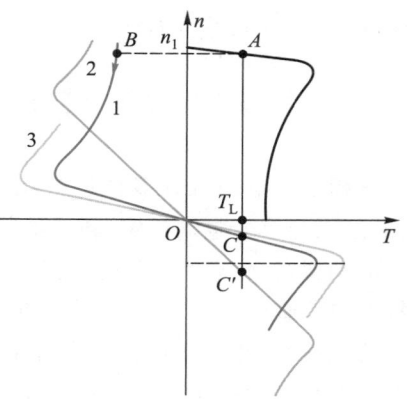

图 7.41　异步电动机能耗制动时的机械特性

转子电阻,则运行点由曲线 1 上的 C 点变至由曲线 2 上的 C' 点,增大了匀速下放的速度。

7.3.4　三相异步电动机的软停车和软制动

三相晶闸管移相调压器有多种用途,既可用于电动机的软起动、软调速,也可用于软停车和软制动。

1. 软停车

有些机械设备要求平稳缓慢地停车,例如水泵,如果快速停车会使水流流速突变,造成压力骤变,产生所谓的水锤效应而损坏水泵。软停车就是使电动机的工作电压从额定电压逐渐下降到零,实现平稳缓慢地停车。控制晶闸管的触发控制角,可使晶闸管移相调压器的输出电压,即电动机的工作电压从额定电压缓慢下降,从而实现软停车,如图 7.42 所示,软停车的时间长短可按机械设备的要求预先设定。

2. 软制动

软制动常采用能耗制动的方法,即制动时切除电动机的交流电源,同时给定子绕组通入直流电,产生电磁转矩使电动机快速停车。在图 7.16

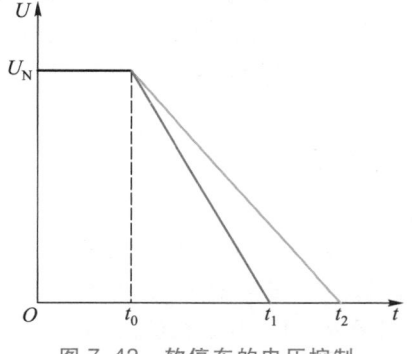

图 7.42　软停车的电压控制

中的移相调压器的 6 个晶闸管自上向下排列为 1、4、3、6、5、2,如果 6 个晶闸管按 1、2、3、4、5、6 的顺序依次导通,则可使电动机运行在电动状态。要软制动时可让 1 号和 2 号晶闸管继续工作,其余的都关断,这样电动机没有交流电源,但是 1 号和 2 号晶闸管组成半波整流电路,可对定子的两相绕组通直流电,进行能耗制动。用变频器也能实现软制动

和软停车,而且效果会更好。

7.3.5　三相异步电动机的各种运行状态分析

　　三相异步电动机有多种运行状态,各种运行状态都是在负载转矩保持不变的前提下,通过人为改变电动机定、转子的某些参数而获得的。

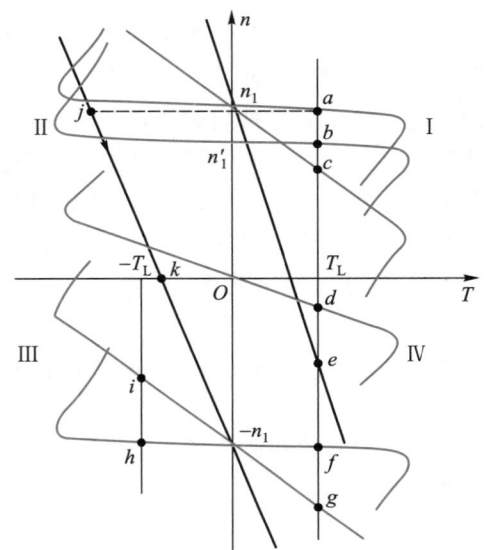

　　电动机各种运行状况是通过电动机机械特性与负载转矩特性在 T-n 直角坐标平面上的四个象限中交点的变化来讨论的。与他励直流电动机相同,三相异步电动机按其电磁转矩 T 与 n 是同向还是反向,分为电动运行状态和制动运行状态,其对应的机械特性曲线如图 7.43 所示。

　　从图 7.43 中可以看出,在第 I 象限,T 为正,n 也为正,稳定点 a、b、c 为正向电动运行点。在第 III 象限,T 为负,n 也为负,工作点 h 和 i 为反向电动运行点。在第 II 象限,T 为负,n 为正,jk 段为反接制动过程。在第 IV 象限,T 为正,n 为负,f 和 g 为反向回馈制动运行点,d 点是能耗制动运行点,e 点是倒拉反转运行点。

图 7.43　三相异步电动机各种运行状态对应的机械特性曲线

　　根据生产工艺要求,可使三相异步电动机工作在 T-n 直角坐标平面上的任意象限中,实现机电能量的转换。

▶▶▶ 小结

　　1. 三相异步电动机起动时定子旋转磁场对转子切割速度很大,转子电流很大,$\dot{I}_1 = \dot{I}_0 + (-\dot{I}_2')$,从大小看,$I_0$ 基本不变,定子电流 I_1 随转子电流 I_2 增大而增大,起动时定子电流是额定电流的 4~7 倍。所以三相异步电动机不允许直接起动。

　　2. 为限制起动电流,笼型异步电动机的起动方法有定子串电阻或串电抗器起动、Y-△ 起动和自耦变压器降压起动,这些方法在降低起动电流的同时也降低了起动转矩,只能用于空载或轻载起动。高转差率笼型异步电动机、深槽笼型异步电动机和双笼型异步电动机既能限制起动电流,又能增大起动转矩,可以带负载起动。

　　3. 绕线转子三相异步电动机可在转子回路串电阻起动或串频敏变阻器起动。由于起动转矩与转子电阻成正比,所以串电阻起动既能限制起动电流,还能增大起动转矩。起动时转子回路串入全部起动电阻,随转速升高再逐级切除串入的电阻,直至起动完成。频敏变阻器的等效电阻随转子电流频率而变化,起动时电阻很大,转速升高后,电阻变小,起动完成后应将频敏变阻器切除。

4. 同步转度 $n_1=60f_1/p$,改变极对数 p 就改变了 n_1,也就改变了电动机转速,称为变极调速。变极调速有两种方法。一是将每相绕组中的两个半相绕组正向串联,三相绕组接成 Y 联结,若磁极对数为 $2p$,则同步转速为 $n_1/2$;变极时将每相绕组中的两个半相绕组反向并联,三相绕组接成 YY 联结,磁极对数变为 p,同步转速为 n_1。二是将每相绕组中的两个半相绕组正向串联,三相绕组接成 Δ 联结,若磁极对数为 $2p$,则同步转速为 $n_1/2$;变极时将每相绕组中的两个半相绕组反向并联,三相绕组接成 YY 联结,磁极对数变为 p,同步转速为 n_1。变极调速时要同时改变电源相序,否则会反转。变极调速只适用于笼型异步电动机。

5. 异步电动机变频调速时调频调压要同时进行,因为 $\Phi_1=U_1/(4.44f_1N_1k_{N1})$,如果不调压,$f_1$ 调小时,Φ_1 会增大到过饱和状态,铁损增大,电动机发热厉害。f_1 调大时,Φ_1 会变小,电磁转矩会变小,这是要尽可能避免的。所以调频时必须要调压,使 U_1 与 f_1 之比为常数。变频中常用的是交-直-交变频器,即先将交流整流为直流,再将直流逆变为交流。逆变器主要有电压型逆变器和电流型逆变器。

6. 绕线转子异步电动机可在转子绕组回路串电阻调速,转差功率消耗在转子回路电阻中,效率低。绕线转子异步电动机串级调速时既可以调速,又可以将转差功率回馈电网,效率高。

7. 异步电动机能耗制动时,先断开交流电源,再将直流通入定子的任意两相绕组中,会产生制动转矩,使系统减速停车。反接制动是突然改变定子三相电源的相序,定子旋转磁场立即反向,电磁转矩变为制动转矩,系统快速减速停车。回馈制动能在制动的同时将转差功率回馈电网。

▶▶▶ 思考题与习题

7.1　为什么小容量的直流电动机不允许直接起动,而小容量的三相异步电动机却可以直接起动?

7.2　三相异步电动机起动时,为什么起动电流很大,而起动转矩却不大?

7.3　什么情况下三相异步电动机不允许直接起动?

7.4　绕线转子异步电动机为何不采用降压起动?

7.5　什么是异步电动机的 Y-Δ 起动? 它与直接起动相比,起动电流和起动转矩有什么变化?

7.6　笼型异步电动机采用自耦变压器降压起动时,起动电流和起动转矩的大小与自耦变压器的降压比 $K_A=\dfrac{N_2}{N_1}$ 是什么数量关系?

7.7　说明深槽式和双笼型异步电动机改善起动特性的原因,并比较其优缺点。

7.8　绕线转子异步电动机转子回路串适当的起动电阻后,为什么既能抑制起动电流又能增大起动转矩? 如把电阻改为电抗,其结果又将怎样?

7.9　为什么绕线转子异步电动机转子回路串入的电阻太大反而会使起动转矩变小?

7.10　绕线转子异步电动机转子回路串频敏变阻器起动的原理是什么?

7.11　为什么说绕线转子异步电动机转子回路串频敏变阻器起动比串电阻起动效果更好?

7.12　三相异步电动机轴上带的负载转矩越重,起动电流是否越大? 为什么? 负载转矩的大小对电动机起动的影响表现在什么地方?

7.13　在基频以下变频调速时,为什么要保持 $\dfrac{E_1}{f_1}$=常数,它属于什么调速方式?

7.14　在基频以上变频调速时,电动机的磁通如何变化? 它属于什么调速方式?

7.15 笼型异步电动机如何实现变极调速？变极调速时为何要同时改变定子电源的相序？

7.16 定性画出 Y-YY 变极调速的机械特性。它属于何种调速方式？

7.17 绕线转子异步电动机转子串电抗能否调速？为什么？

7.18 三相异步电动机串级调速的基本原理是什么？

7.19 三相笼型异步电动机：$P_N = 110$ kW，定子 $\triangle$ 联结，额定电压 $U_N = 380$ V，额定转速 $n_N = 740$ r/min，额定效率 $\eta_N = 86\%$，额定功率因数 $\cos \varphi_N = 0.82$，起动电流倍数 $K_I = 6.4$，起动转矩倍数 $K_T = 1.8$。试求：

（1）直接起动时的起动电流和起动转矩；

（2）若供电变压器允许起动电流限定在 480 A 以内，负载转矩 T_L 为 750 N·m 时，问能否采用 Y-$\triangle$ 降压起动方法起动？

7.20 三相笼型异步电动机，已知 $U_N = 6$ kV，$n_N = 1\ 450$ r/min，$I_N = 20$ A，$\triangle$ 联结，$\cos \varphi_N = 0.87$，$\eta_N = 87.5\%$，$K_I = 7$，$K_T = 2$。

（1）试求额定转矩 T_N；

（2）电网电压降到多少伏以下就不能拖动额定负载起动？

（3）采用 Y-$\triangle$ 起动时的初始起动电流为多少？当 $T_L = 1.1\ T_N$ 时能否起动？

（4）采用自耦变压器降压起动，并保证在 $T_L = 0.5\ T_N$ 时能可靠起动，自耦变压器的降压比 K_A 为多少？电网供给的最初起动电流是多少？

7.21 三相笼型异步电动机 $P_N = 160$ kW，定子 Y 联结，额定电压 $U_N = 380$ V，额定电流 $I_N = 288$ A，额定转速 $n_N = 1\ 490$ r/min，起动电流倍数 $K_I = 6.9$，起动转矩倍数 $K_T = 2.1$。

（1）试求直接起动时的起动电流和起动转矩；

（2）若把起动电流限定在 1 400 A 以内，采用定子串电抗起动，定子回路每相应串入的电抗值为多大？

7.22 一台绕线转子三相异步电动机 $P_N = 37$ kW，额定电压 $U_{1N} = 380$ V，额定转速 $n_N = 1\ 441$ r/min，$E_{2N} = 316$ V，$I_{2N} = 74$ A，过载倍数 $\lambda_m = 3.0$，起动时负载转矩 $T_L = 0.76\ T_N$。试求转子串电阻三级起动时的起动电阻。

7.23 一台三相绕线转子异步电动机，定子绕组 Y 联结，主要数据为：$P_N = 22$ kW，$U_{1N} = 380$ V，$n_N = 710$ r/min，$\lambda_m = 2.8$，$E_{2N} = 161$ V，$I_{1N} = 49.8$ A，$I_{2N} = 90$ A，电动机拖动反抗性恒转矩负载 $T_L = 0.82\ T_N$，要求反接制动时 $T = 2.0\ T_L$。试问：

（1）转子每相串入的电阻值为多少？

（2）若电动机停车时不及时切断电源，电动机最后结果如何？

7.24 起重机由一台三相绕线转子异步电动机拖动，其数据为：$P_N = 75$ kW，$U_{1N} = 380$ V，$n_N = 970$ r/min，$E_{2N} = 392$ V，$I_{2N} = 121$ A，$\lambda_m = 2.5$。已知电动机升降重物时负载转矩 $T_L = 0.76\ T_N$。试求：

（1）在固有机械特性上运行时的转速；

（2）当转子每相串入电阻为 0.66 Ω 时的转速；

（3）当下放重物转速为 970 r/min 时转子回路每相应串入的电阻值。

第 7 章 习题解答

第8章　同步电动机和直线电动机及磁浮列车的电力拖动

同步电动机电力拖动的重点是分析同步电动机的起动和变频调速两个方面；直线电动机和磁浮列车电力拖动的重点是分析"直线异步电动机和斥浮型磁浮列车的电力拖动"及"直线同步电动机和吸浮型磁浮列车的电力拖动"。

▶ PPT
第8章
同步电动
机和直线
电动机及
磁浮列车
的电力
拖动

8.1　同步电动机的起动

同步电动机的电磁转矩是由定子电流产生的旋转磁场与转子直流磁场相互作用而产生的，只有当两者相对静止即同步时，才能得到固定方向的电磁转矩。如果两个磁场之间有相对运动，瞬时电磁转矩是存在的，但平均电磁转矩为零，这可用图 8.1 来说明。在某一瞬间，两磁场的相对位置如图(a)所示，这时产生的电磁转矩方向是逆时针方向；由于有相对运动，经过一段时间后，两磁场的相对位置如图(b)所示，这时产生的电磁转矩方向是顺时针方向。这种大小和方向是交变的电磁转矩，称为脉动转矩，其平均转矩为零。

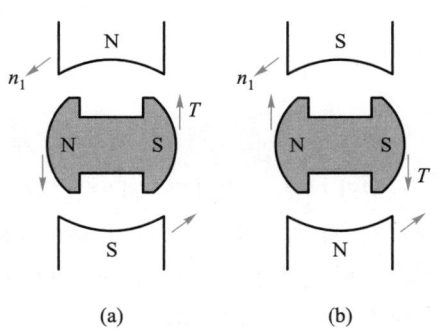

图 8.1　定子磁场与转子磁场有相对
运动时产生交变的电磁转矩

如果将同步电动机励磁并将定子绕组接三相交流电源直接起动，这时定子旋转磁场的转速为同步转速 n_1，而转子磁场的转速为零，两者转速不相等，有相对运动，产生的平均电磁转矩为零，同步电动机没有起动转矩，不能起动。只有借助于其他方法才能起动，常用的方法有异步起动法和变频起动法。

1. 异步起动法

同步电动机没有起动转矩，为了起动的需要，一般在转子磁极的极靴上装有类似于异步电动机的笼型绕组，称为起动绕组，也称阻尼绕组，因为该绕组在同步电动机转速振荡时也能起阻尼作用。

起动时,定子绕组接三相交流电源,转子励磁绕组不给励磁,而是串接电阻形成闭合回路,这时的同步电动机相当于异步电动机,利用起动绕组产生的电磁转矩,称为异步转矩进行起动;等到电动机的转速升高到接近同步转速时才给励磁,利用励磁绕组产生的电磁转矩,称为同步转矩将电动机牵入同步,完成起动过程。这种利用异步电动机的工作原理来起动同步电动机的方法,称为同步电动机的异步起动法。其整个起动过程包括"异步起动"和"牵入同步"两个阶段。

（1）异步起动

异步起动时的线路图如图 8.2 所示,起动时,把开关 S 投向起动侧（图 8.2 中的左侧）,让励磁绕组串接附加电阻构成闭合回路,附加电阻约为励磁绕组电阻 R_f 的 10 倍,然后用开关 S_1 把同步电动机的定子绕组接三相交流电源,利用起动绕组产生的异步转矩起动同步电动机。

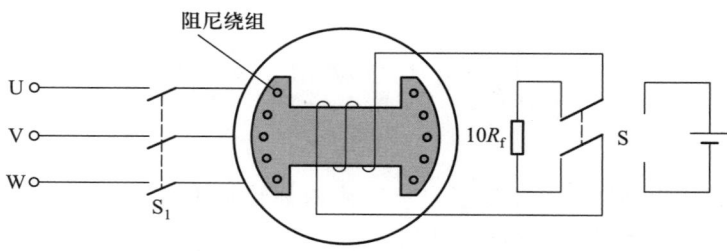

图 8.2   同步电动机异步起动线路图

（2）牵入同步

在异步转矩的拖动下,同步电动机的转速不断上升,当上升到接近同步转速,也就是亚同步时,应将开关 S 投向运行侧（图 8.2 中的右侧）,让励磁绕组接通直流电源,将励磁电流通入励磁绕组,这一过程称为投励。投励后,在励磁绕组产生的同步转矩作用下将电动机牵入同步,完成起动过程。

2. 变频起动法

变频起动法是使用变频器来起动同步电动机。变频器能将频率恒定、电压恒定的三相交流电变为频率连续可调、电压连续可调的三相交流电,而且电压与频率成比例地变化。起动时将变频器的输入端接交流电网电压,输出端接同步电动机定子三相绕组,同时将励磁绕组通入直流励磁。调节变频器,使输出频率由较低的频率开始不断地上升,从而使得定子旋转磁场也从较低的转速开始上升。这样,在起动瞬间,定、转子磁场转速相差比较小,在同步转矩作用下,使转子起动加速,跟上定子磁场转速。然后连续不断地使变频器的输出频率升高,转子的转速就连续不断地上升,直至变频器的输出频率达到电网的额定频率,转子转速达到同步转速,完成起动过程。

8.2 同步电动机的变频调速

同步电动机稳态运行时,转子的转速等于定子磁场的转速,即 $n = n_1 = \dfrac{60f_1}{p}$,要改变转子的转速,唯一的方法就是改变加到定子绕组中的三相交流电压的频率,这就是同步电动机的变频调速。

同步电动机变频调速时,改变了转子的转速,在转子转速变化的同时,改变加到定子绕组中的电压频率,从而使定子磁场的转速等于变化了的转子的转速而实现同步。

在同步电动机变频调速中,为了能够实现转子转速的变化来控制变频器频率的变化,就必须有转子位置检测器。转子位置检测器检测出转子位置及转速的变化,并向变频器发出控制信号,使变频器输出频率随转子转速而变,从而使定子磁场的转速和转子转速实现同步。这样,同步电动机、变频器、转子位置检测器就组成了同步电动机变频调速系统。

用于调速的同步电动机常采用旋转磁极型结构,没有滑环,没有换向器,常称为无换向器电动机。无换向器电动机变频调速系统组成原理图如图 8.3 所示。

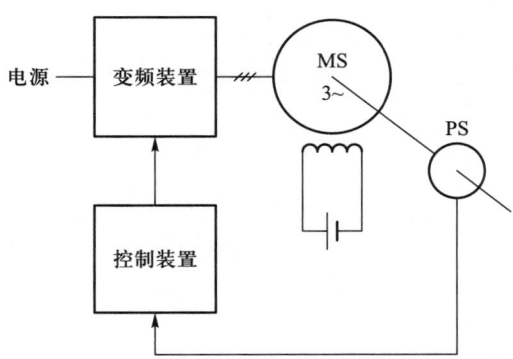

图 8.3 无换向器电动机变频调速系统组成原理图

1. 系统的组成

系统主要由四部分组成。

(1)同步电动机(MS)

同步电动机是旋转磁极型爪式结构的同步电动机,可以做到无滑环无换向器。

(2)位置检测器(PS)

位置检测器是无换向器电动机特有的部件,用于检测转子位置及转速,并向变频器发出控制信号,控制变频器的输出频率。位置检测器通常都做成无接触式,根据原理和

结构的不同,有以下两种:

① 接近开关式。它是由带有缺口的磁性旋转圆盘和带有电感线圈的探头组成,和转子一同旋转的圆盘与固定在定子上的探头距离发生变化时,引起探头电感变化,使振荡条件变化而产生检测信号。

② 光电式。它利用光电耦合原理,当转动的转盘未挡住光源时,接受发光信号,无检测信号输出;当转盘凸出部分挡住光源时,产生检测信号。

（3）控制装置

转子位置检测器发出的控制信号,经过控制装置的处理和分配后,形成变频器的频率控制信号,用于同步电动机的速度控制和正反转控制。

（4）变频器

调速系统中的变频器将频率恒定的电网电压变为频率可调、电压可调的三相交流电,向同步电动机的定子绕组供电。

变频器分为交-交变频器和交-直-交变频器。由于交-直-交变频器的调频范围大,所以得到了广泛应用,图 8.4 是交-直-交电流型无换向器电动机调速系统原理图。交-直-交变频器由可控整流桥和逆变桥组成。可控整流桥将三相交流电整流为电压可调的直流电;逆变桥将直流电逆变为频率可调的三相交流电,所以输出的是频率可调、电压可调的三相交流电。可控整流桥就是可控整流器,逆变桥就是逆变器。电压型变频器可参看图 7.30。

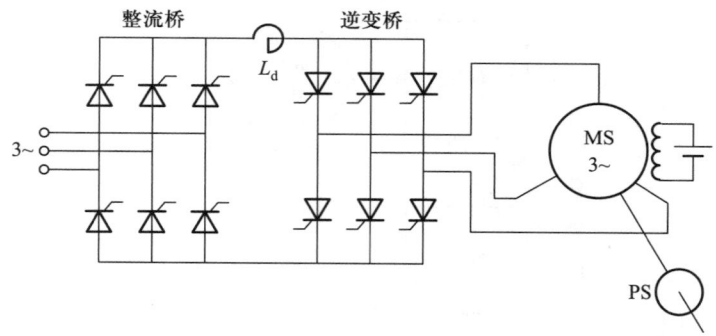

图 8.4　交-直-交电流型无换向器电动机调速系统原理图

2. 系统的调速原理

由系统组成可知,交-直-交变频器把频率恒定的交流电变换为频率可调、电压可调的交流电,给定子绕组供电,当励磁绕组给励磁时,同步电动机能带负载运行。要调速时,例如要提高转速,就要提高系统的给定控制电压,控制晶闸管的移相触发信号,使整流桥的晶闸管提前触发导通,即控制角 α 变小,根据公式 $U_d = 2.34\,U\cos\alpha$ 可知,整流桥输出的直流电压 U_d 升高,经逆变桥逆变后加到定子绕组中的三相交流电压也升高,同步电动机的电磁转矩增加,转子转速上升,同时转子位置检测器发出的控制信号频率增加,控制逆变器输出频率升高,使定子磁场的转速升高到等于转子的转速而实现同步。降速的过程则与之相反。总之,通过改变给定控制电压的大小就可以改变无换向器电动机的转速,达到调速的目的。

8.3 直线电动机及磁浮列车的电力拖动

直线电动机能够产生直线作用力,可用来拖动做直线运动的负载,例如物流输送中各种推挂输送线、航母的电磁弹射器等都是用直线电动机作拖动电机。

使用直线电动机拖动做直线运动的负载,具有结构简单、效率高、可靠性高等优点。这些优点在直线电动机拖动的高速列车和磁浮列车中得到了更充分的发挥,本节重点分析和研究直线电动机拖动的高速列车和磁浮列车的电力拖动。

8.3.1 直线异步电动机和斥浮型磁浮列车的电力拖动

直线电动机和磁悬浮装置的完美组合,形成了磁浮列车的拖动系统。

磁浮列车改变了传统轨道车辆靠轮轨摩擦力推进的方式,采用磁力悬浮车体和直线电动机的拖动技术,使列车在轨道上浮起滑行,具有节能、高速(时速可达 500 km 以上)、安全、无轮轨接触的噪声和振动等一系列优点,被誉为 21 世纪一种理想的交通工具。

普通列车是靠车轮在轨道上滚动前进,只要机车的牵引力能克服摩擦阻力,列车就可以运行。磁浮列车是在轨道上浮起滑行,稳定运行时需要有三个方向的作用力:水平方向的牵引力、垂直方向的磁浮力和两侧方向的导向力。牵引力用于克服行进中的阻力,牵引列车前进;磁浮力用于克服重力的作用,将车体悬浮起来;导向力用来保证列车在轨道上滑行而不偏离轨道,不会出现脱轨的危险。

在磁浮列车中,用于拖动的直线电动机可以是直线异步电动机,也可以是直线同步电动机。使用直线异步电动机作原动机的高速磁浮列车原理示意图如图 8.5 所示,这是列车在拐弯处的剖面图,用来说明三个方向作用力的存在,突出表明导向作用力的意义。除电刷外,列车车厢结构是左右对称的,为了表示尽可能多的部件结构,在剖面图中,左右两部分的剖面剖在不同的位置上,所以从图上看起来车厢是不对称的,其实是左右对称的。

在列车运行的铁路路基上安装了三根并行的轨道,两侧的两根轨道是钢轨,中间的一根轨道是铝制的铝板,用作直线异步电动机的滑子(转子);在列车车厢底部中央正对着铝板的两个侧面安装了三相绕组,作为直线异步电动机的定子,这样,铝板和短定子结合在一起,就组成了双边型短定子直线异步电动机。一般异步电动机,长、宽、高的尺寸是有限的,而双边型短定子直线异步电动机的转子是铁路路基的铝制轨道,电动机的长度取决于轨道的长度,轨道无限延伸,电动机的长度就无限增长。

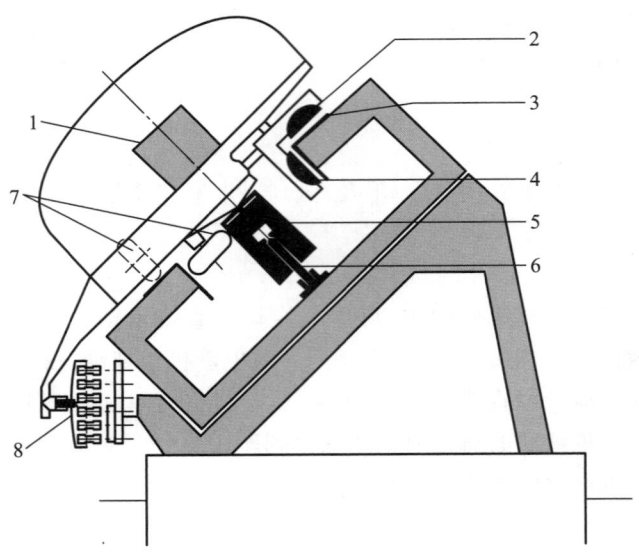

图 8.5　直线异步电动机拖动的高速磁浮列车剖面图

1. 逆变器　2. 磁浮电磁铁　3. 钢轨　4. 导向电磁铁　5. 直线电动机的定子
6. 滑子　7. 支持轮和导向轮　8. 电刷和汇流排

　　钢轨用的是角钢。在列车车厢底部两侧正对着角钢的水平面和侧面分别安装了磁浮电磁铁和导向电磁铁,这两个电磁铁在列车高速运行时与角钢相互作用能产生垂直方向的磁浮力和侧向的导向力。

　　在铁路路基左侧的道床上安装了汇流排,通以直流电;安装在列车车厢左下侧的电刷与汇流排有滑动接触,将直流电引入到列车上的配电室中。配电室中的逆变器将直流电逆变为频率可调、电压可调的三相交流电,加到直线异步电动机的定子三相绕组中;配电室也将直流电通入到磁浮电磁铁和导向电磁铁的线圈中。

　　列车运行需要的牵引力是由直线异步电动机产生的。当逆变器输出的三相交流电加到直线异步电动机定子三相绕组中,就会产生直线运动磁场,直线运动磁场与作为滑子的铝板相互作用会产生直线电磁力,铝板是固定在铁路道床中央不动的,直线电磁力就推动直线异步电动机的定子和与其相连的列车作直线运动,成为牵引列车前进的牵引力。

　　列车运行需要的磁浮力和导向力分别由磁浮电磁铁、导向电磁铁与钢轨相互作用而产生。当磁浮电磁铁和导向电磁铁的线圈通直流电时,就成为极性恒定的磁极,列车行驶时,这些安装在列车车厢底部的磁极与钢轨之间就会有相对运动。在 5.4.4 小节中已经分析过,作水平直线运动的磁极与固定的导体之间的相对运动速度很大时,磁极就会受到与运动方向垂直的、排斥性的电磁力的作用,相对运动速度越大,电磁力就越大。导向电磁铁与钢轨的侧面是面对面的,磁浮电磁铁与钢轨的水平面是面对面的。列车高速运行时,导向电磁铁和列车会受到一个沿侧向方向的水平电磁力的作用,这就是导向力。

同时磁浮电磁铁和列车会受到一个垂直向上的电磁力的作用,这就是磁浮力。由于这种磁浮列车的磁浮力是排斥性的电磁力,就称这种类型的磁浮列车为斥浮型磁浮列车;如果磁浮列车的磁浮力是吸引性的电磁力,则称之为吸浮型磁浮列车,后面将要分析这种类型的磁浮列车。

　　在正常运行时,列车的中心线位于铁路道床的中央,列车左右两侧的导向电磁铁与两侧钢轨的距离相等,所产生的导向力 F_1 和 F_2 大小相等、方向相反,列车保持平衡,如图 8.6 所示。如果由于某种外部原因的扰动,使列车往一侧,如往左侧偏移,左侧导向电磁铁与钢轨的距离变小,导向力 F_1 变大;而右侧导向电磁铁与钢轨的距离变大,导向力 F_2 变小,它们的合力自左向右,阻止

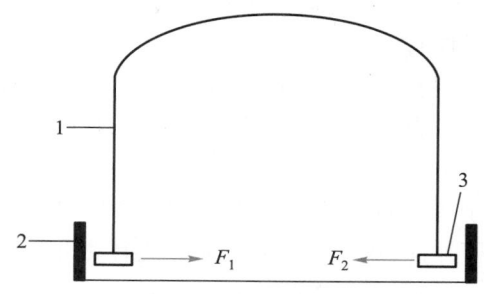

图 8.6　列车导向力的导向原理
1. 车厢　2. 钢轨　3. 导向电磁铁

列车左偏而回到铁路轨道中央,从而保证列车在轨道上方行驶而不偏离轨道。在图 8.5 的列车中,除了有电磁导向力作用外,安装在车厢底部的导向轮也产生机械作用力阻止列车偏离轨道。

　　在分析了各电磁装置的工作原理后,再来分析高速磁浮列车的电力拖动就水到渠成。高速磁浮列车的电力拖动包括列车的起动、调速、制动、反向等。

　　1. 列车的起动

　　起动前列车停靠在轨道上,起动时将逆变器输出的三相交流电的频率由零逐渐升高,加到直线异步电动机定子的三相绕组中,直线异步电动机产生牵引力,牵引列车起动、加速。同时将磁浮电磁铁和导向电磁铁的线圈通直流电,因为速度太低,不能够产生磁浮力,列车只能依靠车轮在轨道上滚动前进,图 8.5 中的支持轮就起这种作用。随着列车行驶速度的增大,就会产生磁浮力。逆变器输出频率越来越高,列车运行速度越来越大时,磁浮力也越来越大,当磁浮力大到足以克服列车的重力时,列车就脱离轨道悬浮起来滑行,成为名副其实的磁浮列车。

　　2. 列车的调速

　　列车行驶的速度由逆变器输出的三相交流电的频率决定。当定子绕组通入三相交流电时,直线异步电动机定子磁场直线运行速度的大小与频率成正比,即 $v_1 = 2\tau f_1$,τ 为定子绕组的极距;列车运行速度的大小 v 亦与频率成正比,即 $v = 2\tau f_1(1-s)$,s 为滑差率。提高逆变器输出频率,列车运行速度就会提高;相反,运行速度就会降低。所以变频调速是高速列车和磁浮列车普遍采用的调速方法。

　　3. 列车的制动

　　要制动时,降低逆变器输出频率即可,其制动原理图如图 8.7 所示。制动

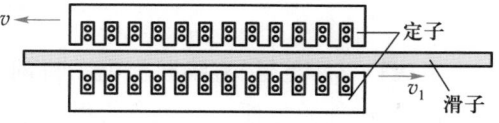

图 8.7　制动原理图

前,逆变器输出频率为 f_1,直线异步电动机定子磁场直线运行速度 $v_1 = 2\tau f_1$,假定其方向如图中所示是向右的,则磁场要带动滑子向右运动,由于滑子(铝板)是固定不动的,滑子对定子的反作用力就推动定子向左运动,牵引力是向左的。定子运行速度即列车行驶速度 $v = 2\tau f_1(1-s)$,这时定子磁场相对于固定不动的滑子的运动速度为 $(v_1 - v) = s2\tau f_1 > 0$,其方向是向右的。

制动时,将频率降为 f_1', $f_1' < f_1$,则定子磁场的速度降为 $v_1' = 2\tau f_1'$,而列车运行速度受惯性的影响不能立即改变,仍为 v,这时定子磁场相对于滑子的运动速度为 $(v_1' - v) = 2\tau f_1' - 2\tau f_1(1-s)$,$s$ 很小,只要 f_1 与 f_1' 有一定的差值,就有 $v_1' < v$,即 $v_1' - v < 0$,这时定子磁场相对于滑子的运动方向是向左的,与原来向右的方向相反,这样电磁力就反了方向,牵引力也就反了方向,成为阻碍列车前进的制动力。

制动时,列车降速释放出来的动能由直线异步电动机回馈电网,直线异步电动机运行于回馈制动状态。

4. 列车反向运行

改变逆变器加到直线异步电动机定子绕组中的三相交流电的相序,就改变了定子磁场的行进方向,也就改变了列车的运行方向。

8.3.2　直线同步电动机和吸浮型磁浮列车的电力拖动

自德国人赫尔曼·肯佩尔于 1922 年提出磁悬浮的构想以来,经过人们不断地探索,反复地试验比较后发现,直线同步电动机是磁浮列车理想的拖动电动机,使用直线同步电动机拖动的磁浮列车原理结构示意图如图 8.8 所示。

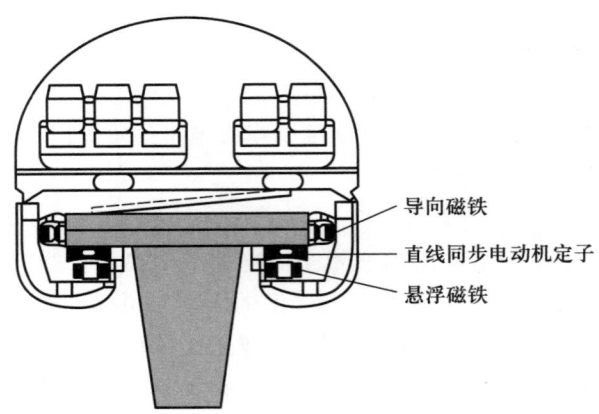

图 8.8　直线同步电动机拖动的磁浮列车原理结构示意图

为了减轻车厢重量,直线同步电动机的定子安装在线路轨道下方,由地面配电站中的变频器供电,简单方便。为了节约用电,定子沿整个线路是分段的,只有当列车要通过某一路段时,才对该路段的定子绕组供电。在列车车厢底部正对着定子处安装了磁浮电磁铁,其实磁浮电磁铁就是直线同步电动机的转子,给磁浮电磁铁的线圈通直流电就是给转子励磁。这样,安放在铁道线路中的定子和车厢底部的磁浮电磁铁就组成了长定子直线同步电动机。在5.4.4小节中已分析过,当同步电动机空载时,定、转子磁场的磁极轴线相重合,两种磁场异极性相吸产生的电磁力就是磁浮力;当同步电动机带负载时,等效的定子磁极轴线领先转子磁极轴线的角度为功角 θ,两种磁场异极性相吸所产生的电磁力可分解为水平方向的牵引力和垂直方向的磁浮力。所以不论是否带负载,通电后的直线同步电动机都能产生磁浮力,而带负载时还能产生水平方向的牵引力。因为磁浮力是异极性磁极相吸产生的,就称这种磁浮列车为吸浮型磁浮列车;前面介绍的磁浮列车的磁浮力是同极性磁极相斥产生的,是斥浮型磁浮列车。

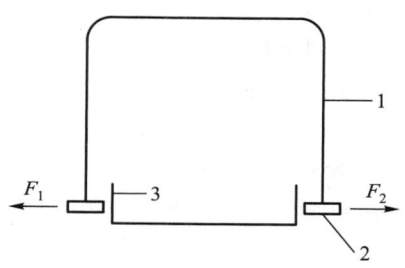

图 8.9　导向电磁铁的导向作用
1. 车厢　2. 导向电磁铁　3. 钢轨

在列车车厢底部面对轨道的侧面安装了导向电磁铁,导向电磁铁和轨道组成了列车的导向系统。与前面分析的导向力产生的原理相同,即当磁极高速沿轨道滑行时,磁极会受到轨道的排斥力的作用,这就是导向力,如图8.9所示。正常运行时,列车的中心线位于线路的中央,左右两侧的导向电磁铁与左右两侧轨道侧面的间隙是相等的,左右两侧产生的导向力 F_1 和 F_2 大小相等、方向相反,其合力为零。当列车往一侧,如往右侧偏时,右侧导向电磁铁与轨道的间隙变大,导向力 F_2 变小;而左侧导向电磁铁与轨道间的间隙变小,导向力 F_1 变大,合力自右向左,阻止列车右偏,使列车重新回到轨道中央。

磁浮列车上装有发电机和车载蓄电池,列车行驶时,发电机对蓄电池充电,蓄电池对磁浮电磁铁和导向电磁铁的线圈供电,所以即使在列车没有行驶的静止状态下,依靠蓄电池供电也可使列车悬浮较长时间。

磁浮列车悬浮在一条双轨线路上,线路由每段可达 60 m 的钢结构或混凝土结构的支撑梁组成,根据地形的情况,既可以铺设在平地上,也可以铺设在细高的支架上,如图8.8所示。

吸浮型磁浮列车的电力拖动也包括起动、制动、调速、反向。

1. 列车的起动

将列车所在区段的定子绕组由地面配电站的变频器通以三相交流电,由车载蓄电池向磁浮电磁铁和导向电磁铁的线圈供电。定子磁场和通电的磁浮电磁铁的相互作用,会产生电磁吸引力,将磁浮电磁铁和车厢底部拉向轨道的底部,从而使列车车厢从轨道的顶部被抬高而离开轨道悬浮起来。

当然定子磁场对通电的磁浮电磁铁的作用也会产生水平方向的牵引力,牵引列车前进。在列车起动过程中,将通入定子绕组的三相交流电的频率由零逐渐升高,则列车运行的速度也由零逐渐升高,直至达到所需要的行驶速度,完成起动过程。当列车以一定速度行驶时,导向电磁铁产生的导向力能对列车进行导向控制。

2. 列车的制动

正常运行时,直线同步电动机(等效)的定子磁极轴线领先相当于转子的磁浮电磁铁的磁极轴线一个功角 θ,直线运行的定子磁场牵引列车同步前进。改变加到定子绕组中的三相交流电的频率,就改变了定子磁场同步运行速度 $v_1 = 2\tau f_1$,当频率降低时,定子磁场同步速度亦降低,而列车速度不能瞬间改变,这样,使得直线同步电动机的转子速度超过定子磁场的同步速度,转子磁极领先定子磁极,相互作用的电磁力反了方向,由原来的牵引力变为制动力,对列车进行制动,所以采用降低频率对列车进行制动的方法灵活方便。制动时,列车降速运行释放出来的动能回馈电网,实现回馈制动。

3. 列车的调速

磁浮列车都是采用变频调速的方法对列车行驶速度进行控制,提高三相交流电源的频率就能提高列车运行速度,反之亦然,这样,在列车由零到最高运行速度的宽广调速范围内都可以灵活精确地进行速度控制。

4. 列车反向运行

改变变频器加到直线同步电动机定子绕组中三相交流电的相序,列车就反向运行。

▶▶▶ 小结

1. 若给同步电动机转子励磁绕组加励磁,定子绕组接三相交流电源直接起动,这时定子旋转磁场的转速为同步转速 n_1,转子磁场的转速为零,两者有相对运动。若某一时刻定子磁场的 N 极领先转子磁场的 N 极,经过一段时间后定子磁场的 N 极就落后转子磁场的 N 极,如此循环,产生的电磁转矩是变化的,时而是顺时针的,时而是逆时针的,平均电磁转矩为零,没有起动转矩。所以同步电动机不能直接起动。

2. 为解决同步电动机没有起动转矩的问题,一般在同步电动机转子磁极的极靴上装有笼型绕组,称为起动绕组。起动时定子绕组接三相交流电源,转子励磁绕组不给励磁,而是串接电阻形成闭合回路,这时的同步电动机相当于异步电动机,利用起动绕组产生的电磁转矩起动,等到转子转速升高到接近同步转速时才给励磁,将转子牵入同步。这种起动方法称为同步电动机的异步起动法。

3. 用变频器起动同步电动机时,先将转子励磁绕组给励磁,定子绕组由变频器供电,调节变频器由较低的频率开始不断上升,定子旋转磁场也从较低的转速开始上升,定、转子磁场转速差比较小,在同步转矩作用下可使转子起动、加速,不断地跟上定子磁场的转速,直至达到同步转速,然后切换至电网供电,完成起动过程。当然有需要时变频器也可用于同步电动机的调速。

4. 吸浮型磁浮列车的牵引力由直线同步电动机产生。直线同步电动机的定子绕组安装在线路轨道下方,在列车车厢底部正对着定子处安装了磁浮电磁铁,这就是直线同步电动机的转子。当定子绕组通三相交流、转子通直流时,定、转子磁场异极性相吸产生的电磁力可分解为水平方向的牵引力和垂直方向的磁浮力,成为吸浮型磁浮列车。在列车车厢底部面对轨道侧面安装了导向电磁铁,组成了列车的导向系统,保持列车行驶在轨道中央而不偏离。斥浮型磁浮列车工作原理与吸浮型磁浮列车的相类似。

>>> 思考题与习题

8.1　何谓同步电动机异步起动法？为什么同步电动机要采用异步起动法起动？

8.2　为什么异步起动时,同步电动机转子励磁绕组既不能开路,又不能短路,而要串接约为励磁绕组电阻值的 5~10 倍的电阻？

8.3　装在同步电动机主极极靴中类似于感应电动机的笼型绕组有什么作用？

8.4　何谓投励？投励的最佳时间在什么时候？为什么？

8.5　为什么用变频器来起动同步电动机的时候要限制频率的上升率？

8.6　无换向器电动机调速系统主要由哪些部分组成？

8.7　试分析交-直-交电流型无换向器电动机的调速原理。

8.8　无换向器电动机转子位置检测器的作用是什么？

8.9　试分析接近开关式位置检测器的工作原理。

8.10　磁浮列车正常运行时需要几种作用力？

8.11　试分析磁浮列车的直线电动机产生牵引力的作用原理。

8.12　一台磁浮列车的直线电动机的定子绕组由变频器供电,要求在频率为 50 Hz 时磁浮列车行驶速度为 360 km/h,试计算直线电动机定子绕组极距 τ。

8.13　磁浮列车通常分为哪两种类型？它们各有什么特点？

8.14　何谓导向力？试分析磁浮列车导向力的作用原理。

8.15　试分析斥浮型磁浮列车产生磁浮力的作用原理。

8.16　试分析吸浮型磁浮列车产生磁浮力的作用原理。

8.17　磁浮列车通常采用什么方法调速？

8.18　试分析磁浮列车制动减速的原理。

第 8 章　习题解答

第9章　太阳能和风能发电技术

电动机拖动负载运行,其电能来自电网。而电网的电能来自与之相连的发电厂。火力发电厂燃烧煤、石油及天然气等化石燃料发电,不仅要消耗掉宝贵的不可再生的自然资源,而且还会污染环境,带来温室效应等问题。水力发电站存在泥沙沉淀和水土保持及生态平衡问题。核电站存在核泄漏的安全问题。长期以来人们渴望能寻找到一种无污染而环保的可再生能源来发电,这就是太阳能发电和风能发电。

太阳是个炽热的大火球,温度极高,内部压力极大,其组成物质已离化呈离子态,相互剧烈碰撞引发类似氢弹爆炸的核聚变反应,产生巨大的能量。太阳能以辐射的形式向太空发射,地球一年中接收到的太阳辐射能高达 1.8×10^{18} kW·h,是全球全年能耗的数万倍,可谓取之不尽,用之不竭。

风能是由太阳能转换而来的,也是遍布全球的可再生能源。我国风能资源丰富,可开发的风能资源总量约为 10 亿千瓦,开发利用前景广阔。

本章先分析用风力机带动发电机发电的风能发电技术,然后分析太阳能发电技术。

9.1　风能与风电场

太阳辐射造成地球表面大气层受热不均,导致大气压力分布不匀,在不均衡的压力作用下,空气沿水平方向运动就形成风。风是流动的空气,流动的空气具有动能,这就是风能。风能常用"风能密度"来描述,所谓风能密度是指空气在单位时间里流过单位面积产生的动能。当空气密度为 ρ,风速为 v 时,在单位时间(1 s)里流过单位面积的空气质量 $M = \rho v$,所以风能密度 A 为

$$A = \frac{1}{2}Mv^2 = \frac{1}{2}\rho v^3 \tag{9.1}$$

由上式可知,风能密度与风速的三次方成正比,例如平均风速为 10 m/s 时,风能密度大约为 600 W/m²;当平均风速为 15 m/s 时,风能密度为 2 025 W/m²。由于风速是变化的,所以风能密度也是变化的,一个地区的风能密度常用平均风能密度 A_{av} 来表示。

平均风能密度可以用直接计算法来进行计算,即将某地一年(或一月)中每天 24 小

时逐时实测到的风速,按一定的风速间距(比如风速间距为 1 m/s)分成若干个等级风速,如 $v_1(1$ m/s$),v_2(2$ m/s$),\cdots,v_K(K$ m/s$),\cdots,v_i(i$ m/s$)$,然后将各等级风速在该年(或月)出现的累计小时数 $h_1,h_2,\cdots,h_K,\cdots,h_i$,分别乘以相应风速下的风能密度$\left(h_K\times\dfrac{1}{2}\rho v_K^3\right)$,相加求和之后再除以一年(或月)的总时数 h,就可求得一年(或月)平均风能密度 A_{av} 为

$$A_{av}=\frac{1}{h}\sum_{K=1}^{i}\frac{1}{2}h_K\rho v_K^3 \tag{9.2}$$

类似的计算方法可以用来计算一年(或月)的平均风速 v_{av} 为

$$v_{av}=\frac{1}{h}\sum_{K=1}^{i}h_K v_K \tag{9.3}$$

我国定义年平均风速为 6 m/s 以上,年平均风能密度大于 300 W/m^2,一年中风速为 $(3\sim25)$ m/s 的小时数在 5 000 小时以上的地区为风能资源丰富区。可以考虑在风能资源丰富区建风力发电厂。风力发电厂通常也称为风电场。

在风能资源丰富区建风电场时除了尽量选择年平均风速较大的地方外,还要交通运输方便,并网条件良好,即风电场离电网要近,一般应小于 20 km。

9.2 风能发电原理

风力发电机主要由风力机(也称风轮机)和发电机两部分组成。风力机将水平流动的风能转换为机械能,发电机将机械能转换为电能。风力机通过叶片(也称桨叶)吸收风能,风力机的叶片数目不多,一般为 1~4 片,大多为双叶或三叶。叶片安装在轮毂上,轮毂与风力机的旋转主轴相连。如果风力机的主轴是水平放置的水平轴,则叶片必须沿径向与轮毂相连,叶片旋转时就是风轮,风轮带动水平主轴旋转,称这种风力机为水平轴式风力机,叶片与风轮的旋转平面成一定角度(称安装角),如图 9.1 和图 9.4 所示。图 9.1 中增速箱的作用是将风轮的低转速转换为发电机的高转速。

风力机要能吸收风能,并将风能转换成机械能,要求叶片具有特殊的形状和结构,如图 9.2 中的叶片就是常用的一种。叶片的上翼面与下翼面的形状是不同的,上翼面向上弯曲成为凸面;下翼面凹进去成为凹面。当空气流过形状不同的上、下翼面时,速度是不同的,流经上翼面的气流会加速,压力降低;流经下翼面的气流减速,压力升高,上、下翼面的压力差在叶片上产生了由凹面指向凸面的气动合力 F。将 F 分解为两个垂直的分力 F_1 和 F_d,F_1 是与风向平行的水平作用力,称为轴向推力,通过塔架作用在地面上;F_d 是与风向垂直的分力,称为驱动力,使叶片旋转做功,带动风力机的主轴旋转,将风能转换为机械能。

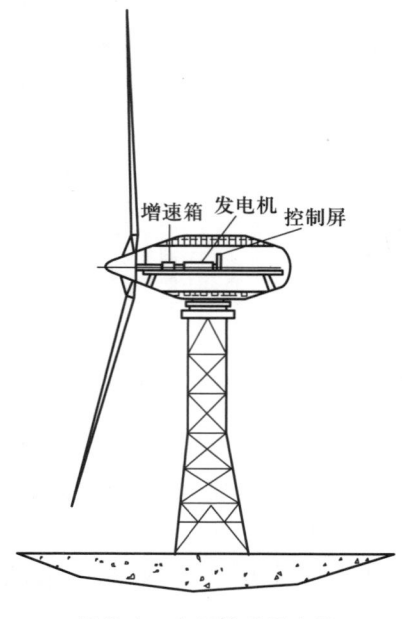

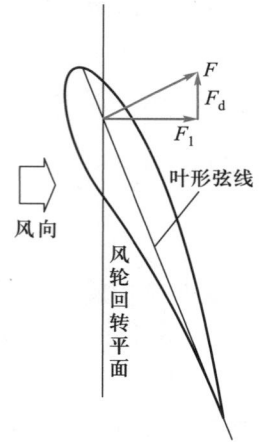

图 9.1　水平轴式风力机　　　　图 9.2　风轮机受力分析

　　风力机吸收风能的多少取决于风速和风轮的半径。若风力机的风轮半径为 R，则风轮旋转时扫过的面积为 πR^2；若风速为 v，则风能密度即单位时间里流过单位面积的风能为 $\dfrac{1}{2}\rho v^3$，这时流过风轮所扫过的面积上的风能功率 P_w 为

$$P_\mathrm{w} = \frac{1}{2}\rho v^3 \pi R^2 \tag{9.4}$$

风能功率 P_w 肯定不能全部为风力机所吸收，只有一部分能被风力机吸收利用，其吸收利用的程度用风能系数 C 表示，这样，风力机吸收的功率 P_1 为

$$P_1 = \frac{1}{2}C\rho v^3 \pi R^2 \tag{9.5}$$

C 的最大值为 0.593。

　　上式表明，风力机吸收的风能与风速的三次方成正比，与风轮半径的平方成正比，因而大功率风力机的风轮直径很大，有的竟达一百米以上。上式还表明，要提高风力机吸收风能的能力，就要提高风能系数。提高风能系数就是根据风的特性，在风力机上安装相应的调控装置。

　　风的特性是随机的，是变化无常的，具体表现为风向的随机性和风速的随机性。

1. 风向的随机性

　　一个地区的风向是变化不定的，例如我国大部分地区夏天吹东南方，冬天刮西北风。

就是在同一个地方,在同一天不同时间的风向也是不同的,比如在沿海地区,白昼时低层风从海洋吹向陆地称为海风;夜间时,情况相反,低层风从陆地吹向海洋,称为陆风。

当风轮对准风向,即风轮回转面与风向垂直时,风力机吸收的风能最大。要使风力机尽可能多地吸收风能,风轮必须随风向变化而变化,并始终对准风向,因而要在风力机上安装调向装置,以使风力机能自动跟踪风向的变化。

2. 风速的随机性

一个地区的风速有时比较低,有时比较高,有时甚至是"狂风大作,飞沙走石"。而风力机的转速不应该像风速这样变化,时而慢,时而快,有时甚至飞转起来。如果是这样,则对风力机拖动的发电机的运行十分不利。因为发电机是与交流电网相连的,而电网的电压和频率都是固定不变的,要求与之相连的发电机的转速基本上是恒定的,所以要在风力机上安装调速装置,以使风力机的转速基本上恒定不变。

风力机上的调向装置和调速装置有多种型式,中小型风力机常用的是尾舵调向装置和偏航式调速器。

(1)尾舵调向装置,调向装置也称迎风装置,尾舵调向装置也称尾舵迎风装置,就是在风力机的尾部装上一个尾舵,整个风力机通过轴承安装在机座上,如图9.3所示,风力机可以围绕与地面垂直的 z 轴转动。如果原来的风向是沿 x 轴正对着风轮,如今风向变了,向右偏转了一个角度 δ,称 δ 为风斜角,这时作用在风力机上使风力机围绕 z 轴转动的有三个转矩:一是风力作用在风轮上产生的转矩 T_w,

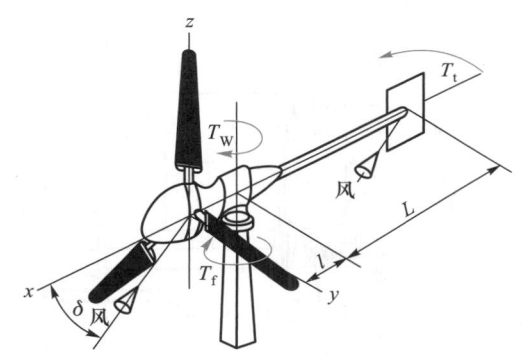

图9.3　风力机尾舵调向装置

其方向是顺时针的;二是风力作用在尾舵上产生的转矩 T_t,其方向是逆时针的;三是阻止风力机转动的摩擦阻转矩 T_f,其方向是与转动方向相反的。当风斜角 δ 增大时,T_t 和 T_w 均增大,通过合理设计尾舵,使 T_t 比 T_w 增加得更多一些。当 δ 增大到一定值时,使得 $T_t \geqslant T_w + T_f$,则风力机的机头会随风向右偏转,直至机头对准风向,风斜角 $\delta = 0$,再次使风轮回转平面与风向垂直,风力机就自动跟踪了风向的变化。

(2)偏航式调速器,如图9.4中所示的调速器,这种调速器的关键设计是使风轮轴偏离主轴一定的距离,从而产生一个偏心距。在与风轮成一体的偏转体上安装一副弹簧,弹簧的另一端固定在机座底盘上。预调弹簧弹力,使在设计风速内风轮偏转力矩小于或等于弹簧力矩。当风速超过设计风速时,风轮偏转力矩大于弹簧力矩,使风轮偏离风向一定的角度,风轮吸收的风能降低,阻止风轮转速的升高。在遇到强风时,可使风轮转到与风向相平行,以使风轮停转,保护风轮。

装有调向装置和调速器的风力机,在风向变化时,由于调向装置的作用,风力机能自动跟踪风向的变化,使风轮总能对准风向,从而使风力机总是尽可能多地吸收风能。当风速过高,风力机吸收的风能过多,甚至超过额定功率时,风力机和发电机会处于超负荷运行状态,这时由于调速装置的作用,限制了风力机转速的升高,使风力发电机系统在额定功率下运行,而不会超负荷运行,从而保证了风力发电机系统发出的电能最多,而工作又安全可靠。

9.3　风力发电装置和风力发电技术

　　水平轴式风力发电装置主要由以下几个部分组成:风轮、传动机构、调速器、调向机构、发电机、机座、塔架等,如图 9.4 所示。

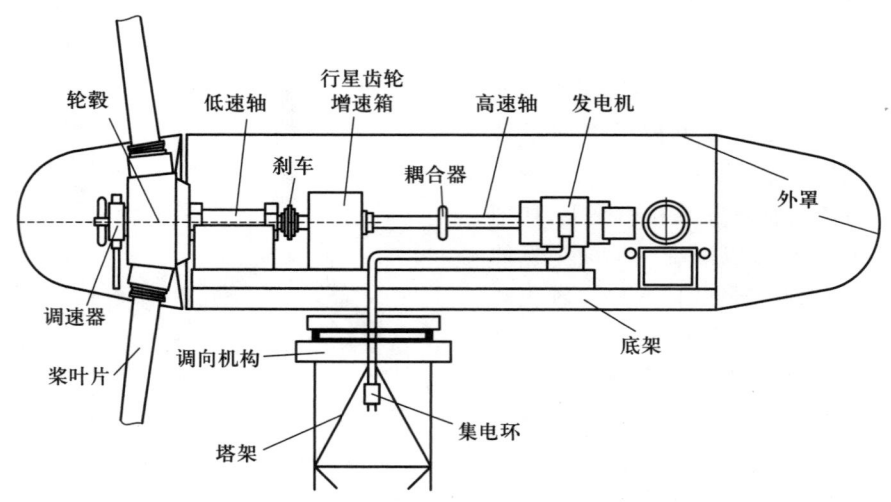

图 9.4　水平轴式风力发电装置结构简图

　　① 风轮,叶片沿径向与轮毂相连,轮毂与主轴相连,叶片旋转时通过轮毂带动主轴旋转,形成风轮。

　　② 传动机构,包括低速轴、高速轴、增速齿轮箱、联轴节和制动器等。低速轴与风力机相连;高速轴与发电机相连。通过增速箱将风力机的低转速转换为发电机的高转速。

　　③ 调速器,图中所用的调速器是偏航式调速器。

　　④ 调向机构,就是调向装置,能控制风轮机自动跟踪风向的变化,前面介绍的尾舵调向装置就是其中的一种。

　　⑤ 发电机,根据并网运行技术的不同,有同步发电机、笼型异步发电机和绕线转子异步发电机等。

　　风力发电机与电网并网运行有两种并网技术,就是变转速-恒频技术和恒转速-恒频技术。

1. 变转速-恒频技术

采用这种技术的风力机的转速是可以变化的,不是恒定的,因而发电机发出的交流电的频率也是变化的,不是恒定的,这与电网的要求是不相符的,因为电网的频率是固定的(50 Hz),要求发电机发出交流电的频率是恒定不变的。解决问题的办法是使用变频器,常用的是交-直-交变频器,即先把发电机发出的频率变化的交流电整流为直流电,再把直流电逆变为频率固定(50 Hz)的交流电,其原理示意图如图 9.5 所示。变频器由整流器和逆变器组成,整流器把发电机发出的交流电整流为直流电,逆变器把直流电逆变为 50 Hz 的交流电送入电网。关于变频器可参考 7.2.3 小节。

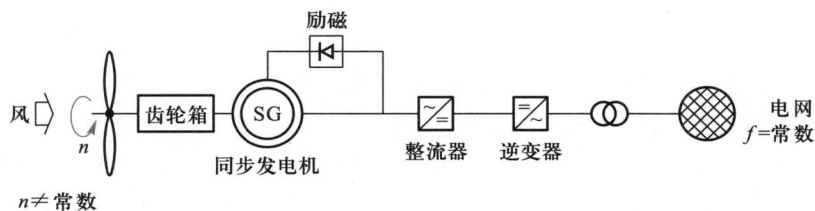

图 9.5　变转速-恒频技术中交-直-交变频器的工作原理

2. 恒转速-恒频技术

采用这种技术的风力机的转速是恒定的,因而发电机发出的交流电的频率是恒定的,选择传动机构一个合适的传动比,可以使发电机发出的交流电的频率等于电网的额定频率,这样风力发电机就可以与电网并网运行。适用恒转速-恒频技术的发电机有同步发电机和笼型异步发电机。

(1) 同步发电机。同步电机、异步电机与直流电机一样都可以是可逆运行的。所谓可逆运行是指同一台电机在不同的运行条件下,可以作电动机运行,也可以作发电机运行。当同步电机的定子三相绕组接交流电源、转子励磁绕组接直流电源时,同步电机将电能转换为机械能,拖动负载作功,作同步电动机运行。如果同步电机转子的励磁绕组接直流电源励磁,转子在外力拖动下旋转,定子的三相绕组中就会感应出三相对称的电动势,这时的同步电机就作为同步发电机运行。

在风力机拖动同步发电机运行时,风力机将风能转换为机械能,同步发电机将机械能转换为电能。若电网的频率为 f_1,同步发电机的磁极对数为 p,调节好风力发电机传动比,使同步发电机在正常运行时的转速为 $n_1 = \dfrac{60f_1}{p}$,则同步发电机发出的交流电的频率就等于电网频率 f_1,风力发电机就可并网运行,向电网源源不断地输送电能。

(2) 笼型异步发电机,就是处于回馈制动运行的笼型异步电动机。当笼型异步电动机的转速 n 低于同步转速 $n_1 = \dfrac{60f_1}{p}$ 时,笼型异步电动机从电网吸收电能,转换为机械能,带动负载工作,其机械特性曲线位于第 I 象限,如图 9.6 所示。当笼型异步电动机在外力带动下运转,并且转速超过同步转速时,其机械特性曲线延伸至第Ⅱ象限,笼型异步电动机作发电机运行,将机械能转换为电能送入电网。

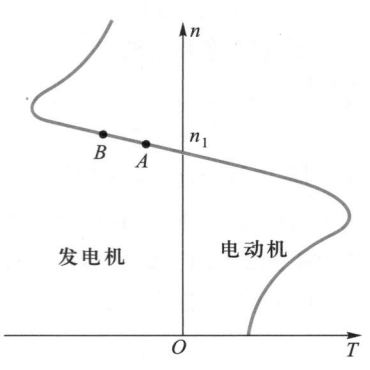

图 9.6   异步电动机机械特性

在风力发电机中,同步发电机对转速有严格要求,要求运行转速等于同步转速,发电机发出的交流电的频率才能等于电网的频率,发电机才能并网运行。而笼型异步发电机对转速没有严格要求,只要转速高于同步转速就可以,不要求转速是恒定不变的,如图 9.6 中的 A 点、B 点,尽管它们的转速不相等,但都是稳定运行工作点,都能并网运行。正是基于对转速没有严格要求的优点,笼型异步发电机比同步发电机得到了更广泛的应用。

笼型异步电机无论是作电动机运行还是作发电机运行,都需要从电网吸收励磁电流,由式(3.63)可知 $\dot{I}_1 = \dot{I}_{10} + (-\dot{I}_2')$,$\dot{I}_{10}$ 是空载励磁电流,$\dot{I}_2'$ 是转子电流的折算值,也就是负载电流,$\dot{I}_1$ 是定子电流,其中一部分作负载电流,另一部分作励磁电流。所以,笼型异步电机无论处于何种工作状态,都需要从电网吸收励磁电流,即要从电网吸收无功功率。

笼型异步发电机可以有两种运行方式,即并网运行和单独运行。例如在海岛及远离电网的边远地区,风力发电机就不能并网运行,只能单独运行。笼型异步发电机在单独运行时,没有电网,无法吸收励磁电流,在这种情况下,其电压建立要有一个自励建压过程,如同并励直流发电机自励建压过程一样。自励建压有两个条件,一是电机本身存在一定的剩磁,二是在定子绕组输出端外接一组电容器如图 9.7 所示。

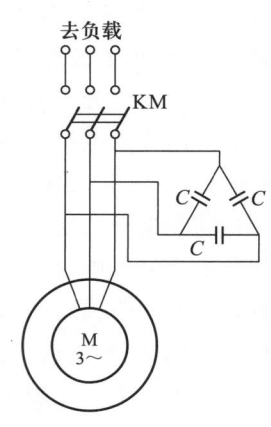

图 9.7   笼型异步发电机单独运行自励建压电路

当风力机带动笼型异步发电机的转子旋转时,由于有剩磁 $\dot{\Phi}$,就在定子三相绕组中感应出很低的电动势 $\dot{E}$,在定子绕组与外接的电容器之间就有容性电流 $\dot{I}_c$ 流过。$\dot{\Phi}$、$\dot{E}$、$\dot{I}_c$ 三者之间的相量关系如图 9.8 所示,感应电动势 $\dot{E}$ 落后磁通 $\dot{\Phi}$ 90°,容性电流 $\dot{I}_c$ 超前 $\dot{E}$ 一个功率因数角 φ,将 $\dot{I}_c$ 分解为两个垂直的分量 $\dot{I}_{ca}$ 和 $\dot{I}_{cr}$,$\dot{I}_{ca}$ 是有功分量,$\dot{I}_{cr}$ 是无功分量,也就是励磁电流,产生的磁场与原来的剩磁 $\dot{\Phi}$ 的方向一致,使气隙磁通增加,从而使定子绕组感应电动势增大到 E_1,如图 9.9 所示。图中曲线 1 是发电机的磁化特性曲线,曲线 2 是电容器的伏安特性曲线。增大的电动势 E_1 会使定子绕组中电流增大到 I_1,增大的电流 I_1 又会使电动势再增大到 E_2,如此互相促进,不断增大,直至感应电动势 E 增大到磁化特性曲线 1 和伏安特性曲线 2 的交点 A 时

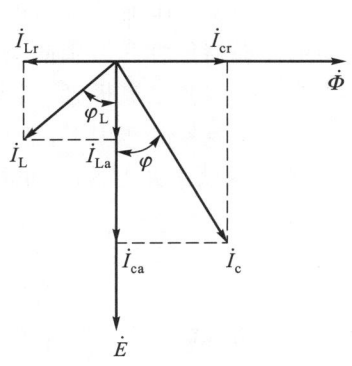

图 9.8　磁通与感应电动势及
电流之间的相量关系图

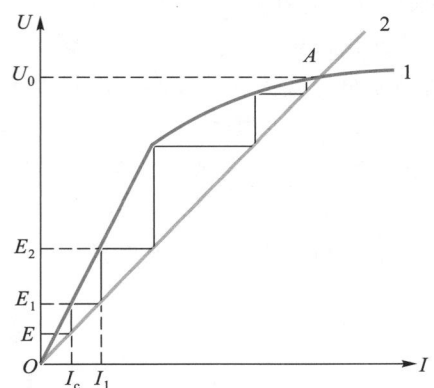

图 9.9　笼型异步发电机自励建压过程

才能保持稳定不变,这时发电机的端电压就建立起来了,这一过程称为笼型异步发电机的自励建压过程,类似于 1.8.3 小节中分析的并励发电机自励建压过程。

如果笼型异步发电机在建压过程中,定子绕组不是接电容器,而是直接接负载。由于负载多为感性负载,就有感性电流 $\dot{I}_L$ 流过定子绕组,$\dot{I}_L$ 落后于 $\dot{E}$ 一个功率因数角 φ_L,如图 9.8 所示,其励磁电流分量 $\dot{I}_{Lr}$ 产生的磁通与原磁通 $\dot{\Phi}$ 方向相反,起去磁作用,发电机的电压就建立不起来,发电机就发不出电。

在笼型异步发电机外接电容器使端电压建立起来后,合上开关 KM,风力发电机就可带负载运行,这时电容器起着为发电机和负载提供无功功率的作用。

9.4　太阳能发电

我国太阳能资源丰富。多数省份年太阳辐照量(一年中单位面积接收的太阳辐照量的总和)为 4 200～5 400 MJ/m^2,属太阳能资源丰富带;新疆等地年太阳辐照量为 5 400～6 700 MJ/m^2,属太阳能资源更丰富带;西藏大部分地区年太阳辐照量超过 6 700 MJ/m^2,属太阳能资源极丰富带。我国利用太阳能的前景广阔。

直接利用太阳能有三种基本方式:太阳能热利用、太阳能热发电和太阳能光伏发电。前面分析的风力发电是一种间接利用太阳能的方式。

太阳能热利用是将接收到的太阳能转换为热能加以利用。如太阳能热水器、太阳灶等。

太阳能热发电是利用聚光集热器把太阳能聚集起来,通过热交换器产生高温高压的过热蒸汽,驱动汽轮机带动发电机发电。

太阳能光伏发电是利用半导体材料的"光伏效应",直接将太阳能转换为电能,习惯上也称这种发电方式为光伏发电。能将太阳能转换为电能的器件称为太阳能光伏电池,简称太阳能电池。太阳能电池相当于一个具有 PN 结的半导体光电二极管,当太阳光照射在半导体 PN 结上时,会激发出新的空穴-电子对,在 PN 结电场的作用下,空穴由 P 区流向 N 区,电子由 N 区流向 P 区,电路接通后就形成电流。这就是光电效应,也称光伏效应。本节重点分析太阳能光伏发电技术。

9.5   太阳能光伏发电系统组成

1. 太阳能电池

太阳能光伏发电系统的核心组件是太阳能电池。以 P 型硅材料为基底制成的太阳能电池结构示意图如图 9.10 所示。基体材料层称为基区层,基体材料是 P 型硅材料的称为 P 层。P 层上面是 N 层,亦称顶区层,是在基体材料表面用高温掺杂扩散的方法制成,位于电池正面,是光照面,用于接收太阳光,其上连接着的上电极是电池的负极。由 P 层引出来的下电极是正极。P 层和 N 层之间形成的 PN 结是电荷区。太阳光的照射会在电荷区激发出新的空穴-电子对,在 PN 结电场的作用下,空穴由 P 区流向 N 区,电子由 N 区流向 P 区,当正极和负极通过外部电路连通时就有电流流通。电池表面上的减反射膜可以减少太阳光的反射,增大对入射太阳光的吸收,提高电池的光电转换效率。

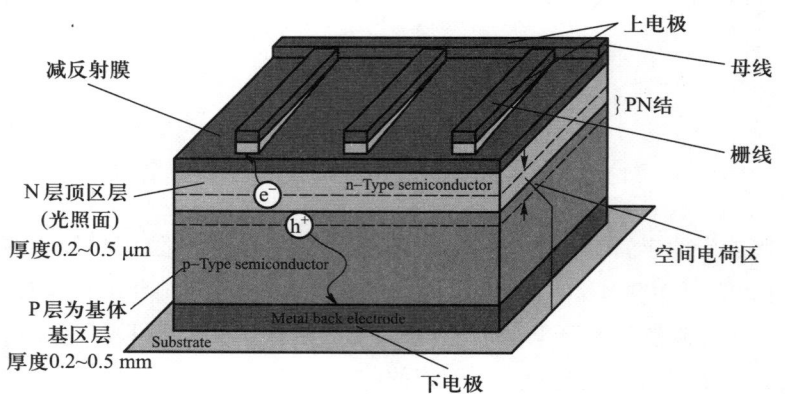

图 9.10   太阳能电池结构示意图

常用的太阳能电池有单晶硅太阳能电池和多晶硅太阳能电池。单晶硅太阳能电池的光电转换效率高,为 15% 左右,但制造成本高;多晶硅太阳能电池的光电转换效率为 10% 左右,但价格较为便宜,有成本优势,因而得到更广泛的应用。

图 9.10 中的电池是构成电池组的最小单元,称为太阳能电池单体,工作电压为 0.45~0.5 V,电流为 20~25 mA,远低于实际应用所需要的电压和功率,一般不单独作为电源使用。实际应用中是将多个单体电池进行适当的串、并联连接,经过封装后组成一个可以单独对外供电的最小单元,称为太阳能电池组件,功率为几瓦至百余瓦。当需要较高的电压和较大的功率时,可把多个太阳能电池组件再进行串、并联并装在支架上,就构成了太阳能电池阵列,也称太阳能电池方阵,如图 9.11 所示。

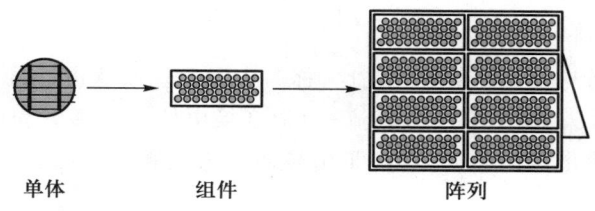

单体   组件   阵列

图 9.11 太阳能电池阵列

2. 储能装置

太阳能电池属于间歇性电源,白天有太阳光能发电,晚上没有太阳光不能发电。为了给负载提供稳定电能必须要有储能装置。常用蓄电池作为储能装置。当太阳光照很强时太阳能电池在向负载供电的同时也向蓄电池充电,将一部分电能储存在蓄电池中;当太阳光照很弱时,蓄电池向负载放电。利用蓄电池的充、放电功能使供电系统稳定运行。蓄电池充、放电功能由控制器进行控制,其示意图如图 9.12 所示。开关 K 控制直流负载与电源之间的接通或断开。系统中有防反充二极管,其作用是在夜晚太阳能电池不发电或运行中出现短路故障时,阻止蓄电池通过太阳能电池放电。

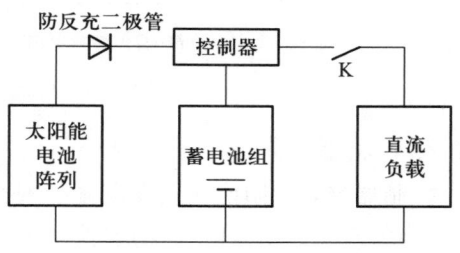

图 9.12 蓄电池充、放电功能示意图

3. 变换器

太阳能电池输出直流电,当负载是交流负载时,或者太阳能光伏发电系统与电网并网运行时,就要用 DC/AC 变换器将直流变为交流,这就是逆变器。若负载是直流负载,但与太阳能光伏发电系统的电压不相等,需要进行电压变换。能对直流电压幅值或极性进行变换的变换器称为直流-直流变换器,也即 DC/DC 变换器。

逆变器的逆变电路有电压型逆变电路和电流型逆变电路,电压型逆变电路用电容器滤波,电流型逆变电路用电感滤波。图 7.30 所示电路是电压型三相桥式逆变电路;图 8.4 所示电路是电流型三相桥式逆变电路。

一种直流-直流变换电路及波形如图 9.13 所示。图中 VT 是开关器件,电感 L 和电容器 C 组成低通滤波器,VD 是续流二极管,U_D 是电源电压,t_{on} 是开关导通时间,t_S 是周期。

电路工作原理:VT 导通时,二极管 VD 反偏不导通,低通滤波器输入电压为直流电源电压 U_D;VT 关断时低通滤波器输入电压为零,低通滤波器输入电压 u 的波形如图 9.13(b)所示。由于滤波器的作用使得负载电压为直流电压 U_O,亦表示在图 9.13(b)中。

$$U_O = \frac{1}{T_S}\int_0^{T_S} u(t)\,dt = \frac{1}{T_S}\left(\int_0^{t_{on}} U_D\,dt + \int_{t_{on}}^{T_S} 0\,dt\right)$$

$$= \frac{t_{on}}{T_S} \times U_D = \delta U_D \tag{9.6}$$

$\delta = t_{on}/T_S$ 是导通时间与一个周期时间之比,称为占空比。改变占空比 δ 可以改变负载电压 U_O,$\delta \leq 1$,则 $U_O \leq U_D$,这是降压型直流-直流变换电路。电感 L 和电容器 C 组成的低通滤波器可降低输出电压的脉动。当 VT 由导通转为关断时,电感 L 的储能可通过 R 和 VD 释放。

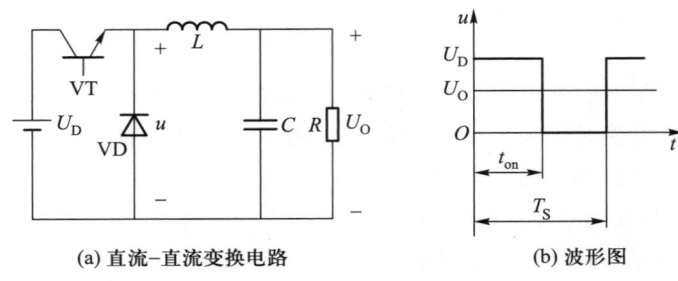

(a) 直流-直流变换电路　　　　　　(b) 波形图

图 9.13　直流-直流变换电路及波形图

4. 控制器

控制器控制太阳能光伏发电系统安全、高效运行。如图 9.12 所示的直流光伏发电系统,当太阳光照很强时,控制器控制太阳能电池在向直流负载供电的同时也给蓄电池组充电,当太阳光较弱时控制蓄电池组向负载供电。控制器还控制开关 K 的通、断,从而控制直流负载与电源之间的接通或断开。

在图 9.14 的交流光伏系统中,控制器控制 DC/AC 逆变器和开关 K,将太阳能电池阵列输出的直流电逆变为交流电,对负载供电。

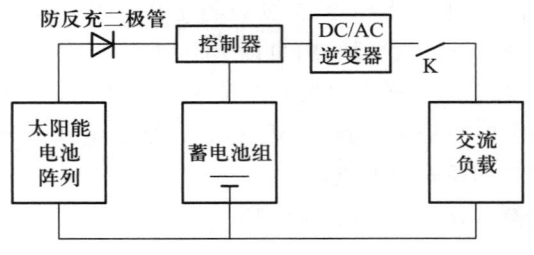

图 9.14　交流光伏系统

　　在图 9.15 所示交直流光伏系统中,控制器的控制作用更多,既可以根据太阳光照强弱控制蓄电池组的充、放电过程,还可以控制 DC/AC 逆变器和开关 K_1、K_2,对直流和交流负载进行控制。

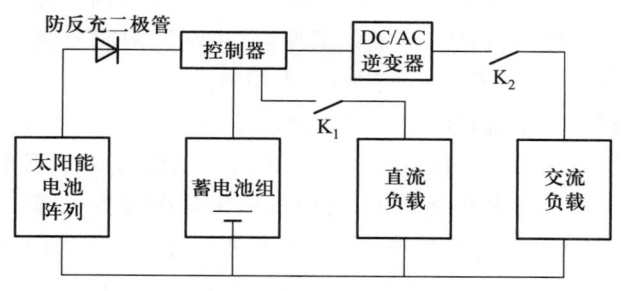

图 9.15　交直流光伏系统

　　图 9.16 是光伏并网发电系统原理图,太阳能电池与交流电网并网运行。太阳能电池阵列发出的电能直接分配到用电负载上,多出的电能送入电网,不足时由电网输入电能进行补充,与电网之间的电力交换是双向的。控制器控制蓄电池组的充、放电,控制 DC/DC 变换器和 DC/AC 逆变器,与电网并网运行和对交流负载供电也都由控制器控制。

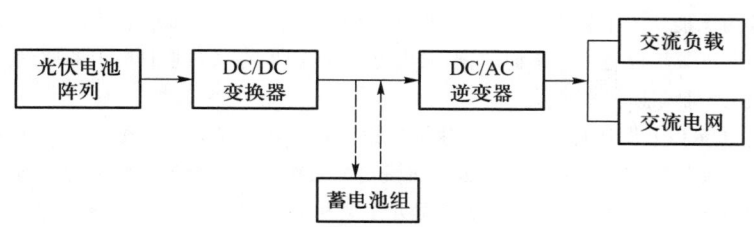

图 9.16　光伏并网发电系统原理图

　　控制器另一个重要控制功能是使系统供电效率更高。图 9.17 是太阳能电池伏安特性曲线,I_{sc} 是短路电流,V_{oc} 是开路电压,伏安特性曲线上的任意一点都可以是太阳能电池的工作点。若负载电阻为 R,则负载的伏安特性曲线就是过原点的直线,斜率等于电阻 R 的倒数,即 $1/R$,它与太阳能电池伏安特性曲线的交点就是太阳能电池的工作点。当调整好负载电阻为 R_M 时,太阳能电池的工作点在 M 点,电压为 V_M,电流为 I_M,且功率 $P_M = V_M I_M$ 为最大,称 M 点是太阳能电池的最佳工作点,V_M 是最佳工作电压,I_M 是最佳工作电流,R_M 是最佳工作电阻。在最佳工作点,太阳能电池的效率 η 最高

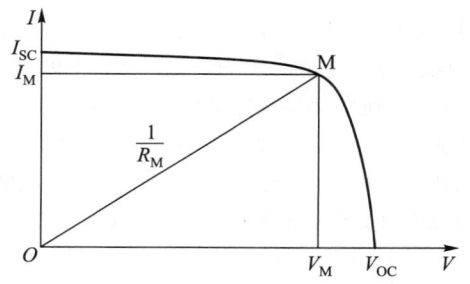

图 9.17　太阳能电池伏安特性曲线

$$\eta = \frac{P_{\mathrm{M}}}{P_{\mathrm{IN}}} \times 100\%$$

上式中 P_{M} 是太阳能电池最大输出功率，P_{IN} 是太阳能电池输入功率。

　　太阳能电池的伏安特性曲线随太阳光照强度和工作温度而变化，因而其最佳工作点也是变化的。控制器的作用就是追踪最佳工作点，控制太阳能光伏发电系统，使太阳能电池工作在最佳工作点，这种控制方式称为最大功率点跟踪。

　　最大功率点跟踪常用干扰观测法。工作原理是，先让太阳能电池工作在给定参考电压下，检测其输出功率；然后给工作电压加一个正向电压扰动量，检测输出功率是否增加了，若增加了，再加一个正向电压扰动量，若检测输出功率减少了，则加一个负向电压扰动量，如此控制可以使太阳能电池工作点逼近最佳工作点，提高太阳能电池的效率。

▶▶▶ 小结

　　1. 在化石能源日渐枯竭之时，人们渴望能寻找到一种无污染而环保的可再生能源来发电，这就是太阳能发电和风能发电。我国太阳能资源很丰富，风能资源也很丰富，太阳能发电和风能发电开发利用前景广阔。

　　2. 风力发电机主要由风力机和发电机两部分组成。风力机将水平流动的风能转换为机械能，发电机将机械能转换为电能。为了吸收风能，风力机叶片的上翼面向上弯曲形成凸面，下翼面凹进去形成凹面，空气流过上、下翼面时速度是不同的，形成压力差，能产生与风向垂直向上的驱动力，驱动风力机旋转，将风能转换为机械能。

　　3. 风力发电机可以并网运行，也可以单独带负载运行。如果风力发电机运行时转速变化比较大，并网运行可以采用变转速-恒频技术，即将发电机发出的频率变化的交流电整流为直流，然后将直流电逆变成频率为 50 Hz 的交流电送入电网。笼型异步电动机并网之前，应先调整好风力机和异步电动机之间的传动比，使得在正常运行时异步电动机的转速超过同步转速 n_1，处于回馈制动运行状态，作发电机运行，不论速度是高是低，其回馈电网的交流电频率都是 50 Hz，可以并网运行。笼型异步发电机单独供电时，应先将定子绕组单独外接一组电容器，让笼型异步发电机自励建压，当电压建立起来后再向外部负载供电。

　　4. 太阳能电池相当于一个具有 PN 结的半导体光电二极管，当太阳光照射在半导体 PN 结上，会激发出新的空穴-电子对，在 PN 结电场的作用下，空穴由 P 区流向 N 区，电子由 N 区流向 P 区，电路接通后就形成电流，这就是光伏发电原理。一个单体电池功率很小，要将多个单体电池进行串、并联，组成组件，才具有供电能力。再将组件进行串、并联，构成太阳能电池阵列，方可用于实际供电系统。

　　5. 太阳能发电系统除了太阳能电池阵列，还有蓄电池、变换器、控制器等。蓄电池用作储能器，当太阳光照很强时，太阳能电池阵列在对负载供电的同时还对蓄电池充电；当太阳光照很弱时，蓄电池对负载放电。太阳能电池阵列无论是向交流负载供电，还是并网运行，都要有逆变器作为变换器，将太阳能电池阵列发出的直流电逆变为交流电。控制器控制太阳能发电系统跟踪最大功率点，可安全高效运行。

>>> **思考题与习题**

9.1　什么是风能密度？风能密度与风速有什么关系？

9.2　如何用直接计算法求得一个地区一年的平均风能密度？

9.3　风力机通过叶片吸收风能的原理是什么？

9.4　风力发电机采用哪些措施来提高风能系数？

9.5　尾舵调向装置为什么能自动跟踪风向的变化？

9.6　某地区当平均风速为 10 m/s 时，风能密度大约为 600 W/m²，试问当平均风速为 18 m/s 时，风能密度为多少？

9.7　为什么风力发电机要安装增速箱？

9.8　采用恒转速-恒频技术的风力发电装置是选用同步发电机好还是选用笼型异步发电机好？为什么？

9.9　采用笼型异步发电机的风力发电装置一定要恒转速运行吗？为什么？

9.10　简述笼型异步发电机单独运行自励建压原理。

9.11　笼型异步发电机自励建压时为什么要外接电容器？

9.12　什么是光伏效应？什么是太阳能光伏发电？

9.13　什么是太阳能电池的单体？组件？阵列？它们有什么关系？

9.14　为什么太阳能电池在最佳工作点时效率最高？

9.15　为什么干扰观测法能使太阳能发电系统跟踪最大功率点？

第 9 章　习题解答

第10章　电力拖动系统中电动机的选择

电力拖动系统中的电动机是原动机,选择合适的电动机是电力拖动系统安全运行的基础。选择电动机的容量不宜过大,也不能过小,只有恰到好处地选择电动机的容量,电力拖动系统才能安全而经济地运行。

10.1　选择电动机的基本要求

选择电动机的基本要求是"拖得动,满负荷,热不坏"。

所谓"拖得动"是指在起动时电动机的起动转矩大于负载转矩,起得动;在运行中电动机的最大转矩大于负载的最大转矩,拖得动。

所谓"满负荷"就是满载运行,即电动机的额定功率等于或略大于生产机械负载功率,但又不会出现大马拉小车的现象。

所谓"热不坏"是对电动机内部绝缘材料的要求。由于定、转子有铜损和铁损,运行中的电动机会发热,温度会升高,有温升(电动机温度与环境温度之差)。电动机中耐热性能最差的是绕组中的绝缘材料,不同等级的绝缘材料,其最高允许温度是不相同的,所以其最高允许温升也是不相同的,常用的绝缘材料分为五个等级。设电动机带额定负载长期运行时达到的稳态温升为 τ_{wN},则其内部的绝缘材料是根据其允许的最高温升 τ_m 等于 τ_{wN} 来选择的,即 $\tau_m = \tau_{wN}$,τ_{wN} 越高,τ_m 就越高,绝缘材料等级也就越高,所以电动机连续长时间满负荷工作也不会过热。实际的电力拖动系统中电动机正常长期工作时的负载不允许大于额定负载,其正常的稳态温升 τ_w 也不会大于 τ_{wN},即 $\tau_w \leqslant \tau_{wN} = \tau_m$,这样,电动机可以长期安全地工作也不会过热。

10.2　电动机的一般选择

电动机的一般选择是选择电动机的种类、型式、额定电压和电动机工作制。

1. 电动机种类的选择

电动机分直流电动机和交流电动机两大类。直流电动机又分为他励、并励、串励和复励电动机等。交流电动机分为笼型异步电动机、绕线转子异步电动机和同步电动机等。电动机种类的选择应根据生产机械对起动、调速及制动性能等方面的具体要求而定。

凡是不需要调速的拖动系统应优先选用笼型异步电动机,因为笼型异步电动机结构简单、运行可靠、价格便宜、维护方便。长期工作、不需调速且容量大的生产机械,如球磨机、空气压缩机等常用同步电动机拖动,因为同步电动机可以改善电网功率因数。

对于调速范围大、调速平滑性要求较高的拖动系统,可选用笼型异步电动机、变频器和生产机械组成的变频调速系统,能够实现无级调速。对一般容量的拖动系统也可以选用直流电动机。

对调速范围不大、调速级数较少的拖动系统,也可选用绕线转子异步电动机。

2. 电动机型式的选择

不同生产机械的工作环境差异很大,电动机与生产机械之间也有不同的连接方式,应根据生产机械的工作环境等因素确定电动机型式。电动机型式主要有开启式、防护式、封闭式、防爆式、立式和卧式等。当生产环境较恶劣时应选用封闭式的;有防爆要求的宜选用防爆式的。

3. 电动机额定电压的选择

电动机额定电压的选择,应由生产机械的供电条件来决定。我国常用的交流电压等级有 220 V、380 V、6 kV、10 kV…,低压三相交流电动机额定电压 380 V,高压大容量的电动机额定电压是 6 kV 或 10 kV。如果生产机械负载容量不大,而且是由低压供电系统供电,这时可选用额定电压是 380 V 的交流电动机作拖动电机。若生产机械负载容量大,而且有高压供电系统供电,这时可选用额定电压是 6 kV 或 10 kV 的交流电动机作拖动电机。

10.3　电动机工作制的选择

电动机的温升不仅取决于电动机发热和冷却情况,而且还与负载持续工作时间的长短有关。从发热的观点将电动机的工作制分成三类。

1. 连续工作制

电动机连续工作时间很长,可长达几小时、几昼夜甚至更长。电动机的温升可以达到稳定温升。铭牌上对工作制没有特别标注的电动机都属于连续工作制。通风机、水泵、造纸机等连续工作制的生产机械都应选用连续工作制的电动机。

2. 短时工作制

短时工作制是指电动机的工作时间较短,运行时的温升达不到稳定值,而停车的时间却很长,足以使电动机完全冷却到周围环境温度,即温升为零。我国规定的短时工作制的标准时间有 15 min、30 min、60 min、90 min 四种。这类电动机是以带额定负载在短时工作中能达到的最大温升作为选择绝缘材料的依据,故而只能带额定负载作短期运行,不能带额定负载作长期连续运行。若带额定负载作长期连续运行,其稳定温升将超过绝缘材料允许的最高温升而将电动机烧坏。水闸闸门启闭机、机床辅助机构等短时工作的生产机械应选用短时工作制的电动机。

3. 周期性断续工作制

在这种工作制中,工作时间和停歇时间相互交替,两段时间都较短。在工作期间,电动机温升来不及达到稳定值;在停歇期间,电动机温升也降不到零。这样,经过若干个周期后,电动机温升将在某一范围内上下波动。这类电动机也只能带额定负载作周期性断续运行,不能带同样的额定负载作连续运行,否则电动机也会过热而烧坏。

在周期性断续工作制中,负载工作时间与整个周期之比称为负载持续率 $ZC\%$(也称暂载率),我国规定的标准负载持续率有 15%、25%、40%、60% 四种,一个周期的时间规定小于 10 min。起重机、电梯、轧钢辅助机械等都是周期性断续工作制生产机械,应选用周期性断续工作制的电动机作拖动电机。

总之,电动机的工作制应与生产机械的工作制相配合。原则上连续工作的生产机械应选用连续工作制电动机作拖动电机;短时工作制的生产机械应选用短时工作制电动机;周期性断续工作制的生产机械应选用周期性断续工作制的电动机。

10.4　电动机容量的选择

电动机容量的选择就是选择电动机的额定功率 P_N。一般是先预选电动机的额定功率,然后进行发热校验,通过后再校验过载能力,有需要时还要校验起动能力。若校验都通过,则预选的电动机合格,否则重选电动机,直至通过校验为止。

10.4.1　连续工作制电动机额定功率的选择

连续工作制电动机所带的负载可分为常值负载与变化负载(大多数情况属周期性变化负载)。

1. 常值负载下电动机额定功率的选择

若长期连续工作的电动机所拖动的负载是恒定的或基本恒定的,设负载功率为 P_L,选择额定功率 P_N 等于或略大于 P_L 的电动机即可,即 $P_N \geqslant P_L$。

由于是常值负载,所以对预选的电动机不需要进行发热校验,也不必进行过载能力校验。若选用笼型异步电动机,须校验其起动能力,如果是在轻载条件下起动(如水泵等),也不必进行起动能力校验。

2. 变化负载下电动机额定功率的选择

首先根据生产机械负载图 $P_L = f(t)$ 求出生产机械的平均功率 P_{Ld} 为

$$P_{Ld} = \frac{\sum\limits_{i=1}^{n} P_{Li} t_i}{\sum\limits_{i=1}^{n} t_i} \qquad (10.1)$$

上式中,P_{Li} 是第 i 段的负载功率;t_i 是第 i 段的时间,一个周期共有 n 段。

从一个阶段变化到另一个阶段是有过渡过程的,在过渡过程中电动机发热较为严重。而上述的 P_{Ld} 中没有反映过渡过程的发热情况。考虑过渡过程,电动机的额定功率应按下式预选

$$P_N \geqslant (1.1 \sim 1.6) P_{Ld} \qquad (10.2)$$

对于起动、制动频繁的负载,要在系数(1.1~1.6)中取偏大的数值。

对预选的电动机要进行发热校验。发热校验在工程上都采用间接的计算方法,如等效功率法。

等效功率法的基本原理是用一个不变的等效功率来代替实际上变化的负载功率,而在同一周期内两者的平均损耗功率 ΔP_d 相等,即产生的热量相当。

实际变化的负载在一个周期内平均损耗功率 ΔP_d 为

$$\Delta P_d = \frac{\sum\limits_{i=1}^{n} \Delta P_i t_i}{\sum\limits_{i=1}^{n} t_i} \qquad (10.3)$$

上式中 ΔP_i 为第 i 段负载的损耗功率。

电动机在运行中因损耗而发热。损耗有不变损耗,如铁损耗,不随负载变化;还有可变损耗,如定、转子铜损耗,铜损耗与负载电流平方成正比。即损耗 ΔP 为

$$\Delta P = P_0 + P_{cu} = P_0 + C I^2 \qquad (10.4)$$

上式中,P_0 为不变损耗;P_{cu} 为铜损耗,是电流流过电阻时产生的损耗;当电动机主回路的电阻不变时,C 为常数。这样,变化负载下第 i 段负载的损耗功率 ΔP_i 为

$$\Delta P_i = P_0 + C I_i^2 \qquad (10.5)$$

上式中 I_i 为第 i 段的负载电流。

由 $P = \sqrt{3} UI\cos\varphi\eta \times 10^{-3}$ kW 可知,在电压、功率因数和效率不变时,输出功率与负载电流成正比,于是式(10.5)又可表示为

$$\Delta P_i = P_0 + C_1 P_i^2 \qquad (10.6)$$

上式中 C_1 为常数;P_i 为第 i 段的输出功率。将式(10.6)代入式(10.3),就得到平均损耗功率 ΔP_d 为

$$\Delta P_{\mathrm{d}} = \frac{\sum\limits_{i=1}^{n}(P_0 + C_1 P_i^2)t_i}{\sum\limits_{i=1}^{n}t_i} = P_0 + \frac{C_1\sum\limits_{i=1}^{n}P_i^2 t_i}{\sum\limits_{i=1}^{n}t_i}$$

$$= P_0 + C_1 P_{\mathrm{dx}}^2 \tag{10.7}$$

上式中 P_{dx} 为

$$P_{\mathrm{dx}} = \sqrt{\frac{\sum\limits_{i=1}^{n}P_i^2 t_i}{\sum\limits_{i=1}^{n}t_i}} \tag{10.8}$$

P_{dx} 就是与实际变化负载产生的热量相当的等效功率。

从已知的电动机功率负载图 $P = f(t)$，由上式就可求出 P_{dx}，当满足 $P_{\mathrm{dx}} \leqslant P_{\mathrm{N}}$ 时，则发热校验通过，再校验过载能力，必要时还要校验起动能力。若校验都通过，则预选的电动机合格。若发热校验没有通过，应重选功率较大的电动机，使 $P_{\mathrm{dx}} \leqslant P_{\mathrm{N}}$，之后再校验过载能力，必要时还要校验起动能力。若校验都通过，则重选的电动机合格。

10.4.2　短时工作制电动机额定功率的选择

对于短时工作方式，可选用短时工作制电动机，也可选用周期性断续工作制电动机。

专为短时工作制设计的电动机，有较大的过载倍数和起动转矩，所以应尽量为短时工作的生产机械选用短时工作制电动机。

当实际工作时间接近或等于标准工作时间时，只需选用具有相同标准工作时间的电动机，其额定功率 $P_{\mathrm{N}} \geqslant P_{\mathrm{L}}$ 即可。

当电动机实际工作时间 t_{g} 与标准工作时间 t_{gN} 相差较大时，应把 t_{g} 下的功率 P_{g} 换算成 t_{gN} 下的功率 P_{gN}，再按 P_{gN} 选择电动机的额定功率。换算的依据是在 t_{g} 下与 t_{gN} 下的损耗相等，即发热情况相同。由式（10.6）可知，损耗发热与负载功率平方成正比，于是就有

$$P_{\mathrm{g}}^2 t_{\mathrm{g}} = P_{\mathrm{gN}}^2 t_{\mathrm{gN}} \tag{10.9}$$

$$P_{\mathrm{gN}} = P_{\mathrm{g}} \sqrt{\frac{t_{\mathrm{g}}}{t_{\mathrm{gN}}}} \tag{10.10}$$

换算时应取与 t_{g} 最为接近的 t_{gN} 代入上述公式中去计算 P_{gN}，然后选定 t_{gN} 下电动机的额定功率 P_{N} 为

$$P_{\mathrm{N}} \geqslant P_{\mathrm{gN}} \tag{10.11}$$

如果没有合适的短时工作制电动机，可选用周期性断续工作制电动机，其对应关系近似为：工作时间 30 min 的相当于负载持续率为 $ZC\% = 15\%$；60 min 的相当于 $ZC\% = 25\%$；90 min 的相当于 $ZC\% = 40\%$。从对应的周期性断续工作制电动机中选择额定功率 $P_{\mathrm{N}} \geqslant P_{\mathrm{L}}$ 即可。

10.4.3 周期性断续工作制电动机额定功率的选择

周期性断续工作制电动机的负载持续率 $ZC\%$ 分 15%、25%、40%、60% 四种标准,如果生产机械负载持续率 $ZC\%<10\%$,可按短时工作制选电动机;如果 $ZC\%>70\%$,可按连续工作制选电动机。

如果生产机械负载持续率 $ZC\%$ 在 10%~70% 之间,应优先选周期性断续工作制电动机。因为周期性断续工作制电动机的起动和过载能力强,能满足周期性断续工作制生产负载对起动和过载性能的要求。

如果生产机械负载持续率与四种标准持续率的一种相同或相近时,可根据生产机械的功率、转速等参数,直接从周期性断续工作制电动机的产品目录中选择合适的电动机。

如果生产机械负载持续率与四种标准持续率相差较大时,应选择最接近的一种标准持续率,把负载功率 P_g 换算成该标准持续率下的功率 P_{gN},功率换算原则是损耗相等,发热情况相同。参照式(10.10)就有

$$P_{gN}=P_g\sqrt{\frac{ZC_x\%}{ZC\%}} \tag{10.12}$$

式中,$ZC_x\%$ 为生产机械负载持续率;$ZC\%$ 为标准持续率。这样就可以从对应的标准负载持续率的产品目录中选择电动机。

▶▶▶ 小结

选电动机一般是先选电动机的种类、型式、额定电压和电动机工作制,然后选电动机的容量。

1. 凡是不需要调速的拖动系统应优先选用笼型异步电动机,因为笼型异步电动机结构简单、运行可靠、价格便宜、维护方便。

2. 对于调速范围大、调速平滑性要求较高的拖动系统,可选用笼型异步电动机、变频器和生产机械组成的变频调速系统,能够实现无级调速。对一般容量的有调速要求的拖动系统也可以选用直流电动机。

3. 原则上长期连续工作的生产机械应选用长期连续工作制电动机作拖动电机;短时工作制的生产机械应选用短时工作制电动机;周期性断续工作制的生产机械应选用周期性断续工作制的电动机。

4. 为长期连续工作的生产机械选择拖动电动机的步骤是:

(1) 预选电动机的额定功率。由生产机械负载图 $P_L=f(t)$ 求出生产机械的平均功率 P_{Ld},电动机的额定功率应按下式预选

$$P_N\geqslant(1.1\sim1.6)P_{Ld}$$

对于起动、制动频繁的负载,要在系数(1.1~1.6)中取偏大的数值。

(2) 对预选的电动机进行发热校验。发热校验在工程上都采用间接的计算方法,如等效功率法。等效功率法的基本原理是用一个不变的等效功率来代替实际上变化的负载功率,而在同一周期内两者的平均损耗功率相等,即产生的热量相当。从已知的生产机械负载图 $P=f(t)$,求出等效功率 P_{dx},当满

足 $P_{dx} \leqslant P_N$ 时,则发热校验通过,再校验过载能力,必要时还要校验起动能力。若校验都通过,则预选的电动机合格。若发热校验没有通过,应重选功率较大的电动机,使 $P_{dx} \leqslant P_N$,之后再校验过载能力,必要时还要校验起动能力。若校验都通过,则重选的电动机合格。

>>> 思考题与习题

10.1   电动机可以长期安全地工作也不会过热的条件是什么?

10.2   凡是不需要调速的拖动系统应优先选用何种类型的电动机作为拖动电动机?为什么?

10.3   为什么短时工作制电动机只能带额定负载作短期运行,不能带额定负载作长期连续运行?

10.4   为什么周期性断续工作制电动机只能带额定负载作周期性断续运行,不能带同样的额定负载作连续运行?

10.5   通风机、水泵、造纸机等生产机械应选用何种工作制的电动机作拖动电动机?

10.6   水闸闸门启闭机、机床辅助机构等生产机械应选用何种工作制的电动机作拖动电动机?

10.7   等效功率法的基本原理依据是什么?

10.8   当短时工作制的生产机械的实际工作时间 t_g 与短时工作制电动机的标准工作时间 t_{gN} 相差较大时,应把 t_g 下的负载功率 P_g 换算成 t_{gN} 下的负载功率 P_{gN},换算的依据是什么?怎样换算?

10.9   如果生产机械负载持续率与周期性断续工作制电动机的四种标准持续率相差较大时,应选择最接近的一种标准持续率,把负载功率换算成该标准持续率下的功率,功率换算原则是什么?怎样换算?

10.10   试概括长期连续工作制电动机容量选择的基本方法和步骤。

第 10 章   习题解答

参考文献

［1］唐介.电机与拖动［M］.3 版.北京:高等教育出版社,2014.

［2］许晓峰.电机及拖动［M］.4 版.北京:高等教育出版社,2014.

［3］杨贵恒.太阳能光伏发电系统及应用［M］.北京:化学工业出版社,2011.

［4］王立志,赵红言,齐凯等.模拟电子技术基础［M］.北京:高等教育出版社,2018.

［5］韩雪涛.全图讲解电动机［M］.北京:电子工业出版社,2017.

模拟试卷

模拟试卷(1)

模拟试卷(1)的参考答案

模拟试卷(2)

模拟试卷(2)的参考答案

郑重声明

高等教育出版社依法对本书享有专有出版权。任何未经许可的复制、销售行为均违反《中华人民共和国著作权法》，其行为人将承担相应的民事责任和行政责任；构成犯罪的，将被依法追究刑事责任。为了维护市场秩序，保护读者的合法权益，避免读者误用盗版书造成不良后果，我社将配合行政执法部门和司法机关对违法犯罪的单位和个人进行严厉打击。社会各界人士如发现上述侵权行为，希望及时举报，我社将奖励举报有功人员。

反盗版举报电话　　（010）58581999　58582371

反盗版举报邮箱　dd@hep.com.cn

通信地址　北京市西城区德外大街4号　高等教育出版社法律事务部

邮政编码　100120

防伪查询说明

用户购书后刮开封底防伪涂层，使用手机微信等软件扫描二维码，会跳转至防伪查询网页，获得所购图书详细信息。

防伪客服电话　　（010）58582300

网络增值服务使用说明

一、注册/登录

访问http://abook.hep.com.cn/，点击"注册"，在注册页面输入用户名、密码及常用的邮箱进行注册。已注册的用户直接输入用户名和密码登录即可进入"我的课程"页面。

二、课程绑定

点击"我的课程"页面右上方"绑定课程"，正确输入教材封底防伪标签上的20位密码，点击"确定"完成课程绑定。

三、访问课程

在"正在学习"列表中选择已绑定的课程，点击"进入课程"即可浏览或下载与本书配套的课程资源。刚绑定的课程请在"申请学习"列表中选择相应课程并点击"进入课程"。

如有账号问题，请发邮件至：abook@hep.com.cn。